普通高等教育"十一五"国家级规划教材

高频电子线路

（第二版）

刘波粒　刘彩霞　主编

科学出版社
北京

内 容 简 介

本教材参照教育部教学指导委员会制定的《电子信息科学与电气信息类“电子线路(Ⅱ)”课程教学基本要求》,博取国内外同类教材之优点,以编者多年的教学经验和教改需要编写而成。编者在“工程教育”的理念下,以“精选内容、突出重点、联系实际”为原则,旨在服务于教学,贴近于实践。同时编者制作了与教材同步的2个教学课件(包括 Authorware 版和 PPT 版),其中 Authorware 版以“板书演示”、“动画演示”和“仿真演示”三位一体的形式再现了课堂教学新体系,便于教师教学与学生自学。

本教材由绪论、高频电路基础、高频小信号放大器、高频功率放大器、正弦波振荡器、振幅调制与解调及混频、角度调制与解调、反馈控制电路、无线电技术的应用9章组成。

本教材可作为高等院校电子信息工程、通信工程等专业高频电子线路、通信电子线路、非线性电子线路等课程的本科教材或教学参考书,也可供从事电子技术的工程技术人员参考。

图书在版编目(CIP)数据

高频电子线路/刘波粒,刘彩霞主编. —2版. —北京:科学出版社,2014.6
普通高等教育“十一五”国家级规划教材
ISBN 978-7-03-041136-5

Ⅰ.①高… Ⅱ.①刘…②刘… Ⅲ.①高频-电子电路-高等学校-教材
Ⅳ.①TN710.2

中国版本图书馆 CIP 数据核字(2014)第128282号

责任编辑:潘斯斯 / 责任校对:韩 杨
责任印制:赵 博 / 封面设计:迷底书装

科学出版社 出版
北京东黄城根北街16号
邮政编码:100717
http://www.sciencep.com

北京华宇信诺印刷有限公司印刷
科学出版社发行 各地新华书店经销

*

2008年 7 月第 一 版 开本:787×1092 1/16
2014年 6 月第 二 版 印张:15 3/4
2025年 12 月第十七次印刷 字数:413 000

定价:59.00 元

(如有印装质量问题,我社负责调换)

第二版前言

“高频电子线路”是电子信息工程、通信工程等电子信息类专业重要的专业基础课程，具有很强的理论性、工程性与实践性。本教材为普通高等教育“十一五”国家级规划教材，第一版于2008年出版后，已先后印刷6次，并得到了国内几十所高校师生的认可。

随着现代通信技术和无线电技术的发展，组成通信系统的主要功能电路虽然经历了电子管、晶体管、场效应管、集成电路及大规模集成系统等不同的实现过程，但是各个功能电路输入信号与输出信号的频谱变换关系是没有变化的，即基本原理是不变的。为此，编者以“精选内容、突出重点、联系实际”为原则，尽量体现“分立为基础，分立为集成服务”的教学思想。

第二版在保持原有教材特点的同时，考虑到不少高等院校习惯于传统的《高频电子线路》内容以及学时有限的情况，对原教材进行了较大程度的改编。

(1) 将分属于原第2章“高频小信号放大器”和第5章“变频电路”中的选频网络和非线性电路的分析方法两部分内容抽取出来，组成高频电路基础，作为第2章的内容。教师在教学中可以根据教学需要把本章内容分布到相应章节中介绍。

(2) 由于 *RC* 正弦波振荡器的振荡频率较低，且在先修课《模拟电子技术基础》中已经介绍，所以将原第4章“正弦波振荡器”中的 *RC* 正弦波振荡器删去，剩余部分作为第5章内容。

(3) 为了体现频谱线性搬移的特点，将原第5章“变频电路”与第6章“振幅调制与解调电路”合二为一，组成“振幅调制、解调及混频”，作为第6章内容。

(4) 由于本课程主要研究模拟通信系统，且在后续的《通信原理》课程中，将详细介绍有关数字调制与解调的知识，所以删去原第9章“数字调制与解调”的内容。

(5) 在内容编排上，体现由单元电路到系统电路的认识规律，重视基础功能电路。在电路分析中，力求讲透基本单元电路，对所涉及的基本原理和基本分析方法尽量阐述详尽。在各章节主要知识点处添加例题，有助于读者加深对基础知识的理解和应用。

(6) 为了体现“卓越工程师”培养计划中所要求的“能力”，添加了实际电路，培养读者的分析能力和工程设计意识。

本教材由刘波粒、刘彩霞任主编，李海洋、赵立志、玄金红任副主编，具体分工如下：刘波粒主要负责第1～4章的编写，统稿，校对；刘彩霞主要负责第7～8章的编写和第9章部分内容的编写，全书校对，PPT课件制作；李海洋（中北大学信息与通信工程学院）主要负责5～6章的编写；赵立志编写第9章部分内容；玄金红编写自测题、习题及答案；郭际负责 Authorware 课件的程序设计及制作；郭要军负责课件的 Flash 动画制作；屈建萍负责课件的 EWB 实验仿真。

本书提供两个课件以及教材中自测题和习题的详解，请访问 http://www.sciencereading.cn，选择“网上书店”，检索图书名称，在图书详情页“资源下载”栏目中获取本书附带教学资源。EWB仿真软件获北京掌宇金仪科教仪器设备有限公司的正式授权。

本教材由西安电子科技大学曾兴雯教授主审，曾教授在百忙中仔细审阅书稿，并提出了很多宝贵的修改建议，对提高本版编写质量起到了重要作用。

在此特别感谢科学出版社对第二版教材出版的关注和支持，感谢为第一版作出贡献的所有教师和多年来广大读者、兄弟院校教师对本教材提出的建议。

由于编者水平有限，再加上时间仓促，难免有疏漏或不妥之处，恳请广大读者和同行批评指正，意见和要求可联系电子信箱：liuboli@126.com。

主　编

2013 年 12 月

第一版前言

《高频电子线路》是电子、信息、通信类等专业重要的必修课，是基础理论课程向专业工程类课程过渡的桥梁。

鉴于本课程概念抽象、内容庞杂、学时有限等特点，我们围绕着如何培养学生的能力这一中心进行着多方位的教学改革。在教材内容方面，侧重电路的形成，旨在突出设计思想；强化实际电路分析，介绍前沿知识，旨在理论联系实际；编排自测题（包括填空、选择、判断）、思考题与习题，并附有详细的参考答案（在光盘上），便于学生自学。同时，为了便于教与学，我们开创性地制作了与教材同步的教学课件，实现了“板书演示、动画演示、仿真演示”三位一体的课堂教学新体系。

在教材编写中，刘彩霞编写了第1、4、9章，第3章和第7章的部分内容，并对各章进行了“本章小结”；刘波粒编写了第2、10章；黄伟志编写了第3章；赵彦霞编写了第5、8章；安颖编写了第6、7章。崔岳完成了电路图的绘制工作。

在课件制作中，刘彩霞负责课件内容的精选、排版、画图等大量工作；胡纪刚、刘巧丽制作了课件片头，郭要军、郭际负责动画制作和EWB仿真实验。

本教材由刘彩霞、刘波粒任主编，黄伟志、安颖、赵彦霞任副主编，其中，刘彩霞进行教材组织、统稿、校对等大量工作，刘波粒、边晓娜、靳慧龙进行了部分校对工作。边晓娜、屈建萍、玄金红、栗苹、胡永杰等参与了课件的制作。

由于编者水平有限，再加上时间仓促，难免有疏漏或不妥之处，恳请广大读者批评指正，意见和要求可联系电子信箱：hbsdlcx@126.com。

主　编

2008年4月

第一版前言

目　　录

第1章　绪　　论

无线电技术是人们在不断寻求传递信息的各种方式中发展起来的，它和无线电通信的发展几乎是密不可分的。广义地说，凡是在发信者和收信者之间，利用任何方法，通过任何媒介完成信息的传递都可称为通信。能够完成信息传递的设备总和称为通信系统。

本章在追溯无线电通信技术发展的同时，重点介绍无线通信系统的组成。

1.1　通信技术发展简史

在实现远距离快速传递信息方面，史料上就有烽火狼烟、驿站快马接力、信鸽、旗语等记载。

直到19世纪电磁学的理论与实践已有坚实的基础后，人们才开始探索用电磁能量传递信息的方法。1837年，美国发明家莫尔斯(F. B. Morse)发明了有线电报(telegraph)，创造了莫尔斯电码，开创了近代通信的新纪元。1876年，美籍英国发明家贝尔(Alexander G. Bell)发明了电话(telephone)，能够直接将话音信号变为电信号沿导线传送，并成立了世界上第一家电话公司。由于电报、电话都是沿导线传送信号的，从而实现了早期的有线通信。

1864年，英国物理学家麦克斯韦(J. Clerk Maxwell)发表了"电磁场的动力学理论"这一著名论文，总结了前人在电磁学方面的工作，得出了电磁场方程，从理论上预见了电磁波的存在，为后来无线电技术的发展奠定了坚实的理论基础。1887年，德国物理学家赫兹(H. Hertz)以卓越的实验技巧证实了电磁波是客观存在的，他在实验中指出：电磁波在自由空间的传播速率与光速相同，并能产生反射、折射等与光波性质相同的现象。打破了人们认为电只能够沿导线传输的思维方式。此后，许多国家的科学家如英国的罗吉(O. J. Lodge)、法国的勃兰利(Branly)、俄国的波波夫(A. C. ПОПВ)和意大利的马克尼(Gugliemo Marconi)都在纷纷研究如何利用电磁波来实现信息的传输，其中马克尼的贡献最大，他于1895年首次用电磁波进行了几百米距离的通信并获得成功，1901年又完成了横跨大西洋的通信，从而无线电通信进入了实用阶段，并于1909年获得了诺贝尔物理学奖。但那时的无线电通信设备是：发送设备用火花发射机、电弧发生器或高频发电机等；接收设备则用粉末(金属屑)检波器。

1904年，英国科学家弗莱明(J. A. Fleming)发明电子二极管之后，才开始进入无线电电子学时代。1907年，美国物理学家李·德·福雷斯特(Lee de Forest)在电子二极管的基础上发明了电子三极管，用它可组成具有放大、振荡、变频、调制、检波和波形变换等重要功能的电子线路，为现代千变万化的电子线路提供了"心脏"器件。电子管的出现是电子技术发展史上的第一个里程碑。

1948年，美国物理学家肖克莱(W. Shockley)、巴丁(Bardeen)和布拉顿(W. H. Brattain)共同发明了晶体三极管(transistor)，并一起获得1956年的诺贝尔物理学奖。晶体管在节约电能、缩小体积与重量、延长寿命等方面远胜过电子管，取代了电子管的统治地位，成为电子技术发展史上的第二个里程碑。

1958年，美国德州仪器公司工程师杰克·基尔比(J. K. Kilby)发明了集成电路，奠定了现代微电子技术的基础，也因此于 2000 年获得了诺贝尔物理学奖。这种将“管”和“路”结合起来的集成电路是电子技术发展史上的第三个里程碑。

1978 年，美国贝尔实验室研制成功第一代模拟移动通信技术(简称 1G)先进移动电话系统(Advanced Mobile Phone System，AMPS)，建成了蜂窝状移动通信系统，主要特点是采用频分复用(FDMA)模拟制式，语音信号为模拟调制，典型代表是美国的 AMPS 和英国的全接入通信系统(Total Access Communications System，TACS)。1987 年出现了利用数字传输方式实现语音、数据等业务的第二代数字移动通信技术(简称 2G)，主要采用的是时分多址(TDMA)技术(典型代表是美国的 D-AMPS、欧洲的 GSM 和日本的 PDC 系统)和窄带码分多址(CDMA)技术(典型代表是美国的 IS-95 系统)。2G 以传输话音和低速数据业务为目的，又称为窄带数字通信系统，它与 1G 相比，仅仅是移动通信性能提高了许多。从 1996 年开始，为了解决中速数据传输问题，又出现了以 GPRS 和 IS-95B 为代表的第 2.5 代移动通信技术(简称 2.5G)。2000 年，国际电信联盟(ITU)从 10 种第三代(简称 3G)地面候选无线接口技术方案中最终确定了三个通信系统的接口技术标准，即欧洲和日本共同提出的 WCDMA、美国以高通公司为代表提出的 CDMA2000 以及我国以大唐电信集团为代表提出的 TD-SCDMA，这三种标准都采用了 CDMA 这一核心技术。近年来 3G 已经进入市场应用和推广，它可以提供前两代产品不能提供的宽带信息服务。

移动通信系统从 2G 到 3G 的发展实现了从单纯的语音通信向数据通信的跨越，尽管其传输速率可达 2Mbit/s，但仍无法满足无线多媒体通信和信息时代迅猛发展的要求，这一切无疑推动了业界对下一代通信系统的研发工作。根据 ITU 的规定，第四代移动通信技术(简称 4G)应该满足以下两个条件：静态传输速率达到 1Gbit/s，移动状态下传输速率要达到 100Mbit/s(比目前的拨号上网快 2000 倍)。它集 3G 与 WLAN(无线局域网)技术于一体，能够传输高质量视频图像，并满足几乎所有用户对无线服务的要求。为了达到上述技术指标及实现各项功能，世界各技术阵营基本均以 OFDM 和 MIMO 技术作为 4G 核心技术。2010 年 10 月，由我国主导的新一代宽带移动通信技术 TD-LTE-Advanced 已成功被 ITU 确定为全球 4G 标准，TD-SCDMA 与 4G 主流技术有机结合，显著提高了系统性能。2013 年底工业和信息化部正式发放 4G 牌照，宣告中国通信行业进入 4G 时代。当然要顺利地把 4G 系统投入实际应用，会遇到技术和市场等很多方面的挑战，还有很长的路要走。

第五代移动通信技术(简称 5G)是 4G 之后的延伸，目前正在研究中，还没有一个具体标准。但是有消息报道韩国已成功研发 5G，手机在利用该技术后无线下载速度可以达到每秒 3.6G，这一技术预计将于 2020 年开始推向商业化。目前，包括中国在内的很多国家都开始投入 5G 的准备和研发工作。

移动通信技术每一代的发展都是技术的突破和观念的创新。

1.2 通信系统的组成

1.2.1 通信系统的基本组成

通信的一般含义是从发送者到接收者之间信息的传递。通信系统是指实现这一通信过程的全部技术设备和信道的总和。通信系统的种类很多，它们的具体设备和业务功能可能各不相同，然而经过抽象和概括，均可用图 1.2.1 所示的基本组成框图来表示。

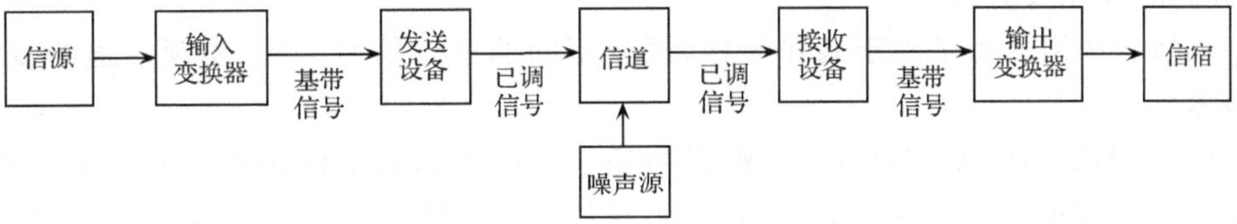

图 1.2.1 通信系统的组成框图

1. 信源与输入变换器

信源就是信息的来源，它有不同的形式，如声音、图像、文字、电码等。

当输入信息为非电量（如声音、图像等）时，必须有输入变换器（如话筒、摄像机等），其作用是将信源输入的信息变换成电信号（通常也称为基带信号）。当输入信息本身就是电信号（如计算机输出的二进制信号、传感器输出的电流或电压信号等）时，在能够满足发送设备要求的条件下，输入变换器可省略而直接进入发送设备。

2. 发送设备

发送设备用来将基带信号进行某种处理并以足够的功率送入信道，以实现信号有效传输，因此发送设备主要有两个任务：一是调制，二是放大。

所谓调制（modulation）就是用基带信号控制高频振荡信号的某一参数，使该参数随基带信号而线性变化的过程，以便将基带信号变换成适合信道传输的频带信号。通常将基带信号称为调制信号（modulating signal）；等幅高频振荡信号称为载波（carrier）信号，它就像人们出远门要乘坐的飞机和火车一样，是装载调制信号的工具；携有调制信号的载波称为已调信号（modulated signal）。

所谓放大是指对调制信号及已调信号的电压和功率进行放大、滤波等处理，以保证已调信号有足够的功率送入信道。

为什么信号在发送设备中要进行调制呢？

我们知道，人耳能听到的声音频率在20Hz～20kHz范围内，通常把这一范围的频率称为音频。声波在空气中传播的速率（约340m/s）比光速慢得多，而且衰减相当快。一个人无论怎样尽力高声呼喊，他的声音也不会传得很远。为了把声音传到远方，常用的方法是将它变为电信号，再设法把电信号传送出去。传送图像也是一样。

1）信号传送存在的问题

（1）由天线理论可知，只有天线实际长度与电信号的波长相近时，电信号才能通过天线以电磁波形式有效进行辐射。例如，声音信号的各频率分量分布在0.02～20kHz，由$\lambda=c/f$（其中$c=3\times10^8$m/s）可知其对应的波长为$15\times10^3\sim15\times10^6$m，显然利用天线辐射是不现实的。

（2）即使这样超长的天线能够制造出来，当基带信号由天线直接发射时，由于各发射台发射的均为同一频段的低频信号，它们也会在信道中混在一起，互相干扰，接收设备也无法选出需要电台的信号。就像许多人都在说唱，相互干扰，人们无法听到想要听到的声音一样。

此外，还存在信道利用率低和抗干扰性能差等问题。

2）调制的作用及方式

（1）调制的作用。为了易于制作天线，区分不同的电台信号，同时实现信道的复用，需采用调制技术。

理论和实践都证明，只有高频（射频）信号适于天线辐射和无线传播。若将低频调制信号装载到不同的指定的高频载波上，则不仅使天线长度大大缩短，而且接收机可以选择不同电台的载波频率，实现了频分多路通信。另外改变了相对带宽，提高了系统性能。

（2）调制方式。根据调制信号和载波的不同，调制可分为模拟调制（analog modulation）和数字调制（digital modulation）。若用模拟调制信号控制高频正弦载波的三个参数（振幅、频率和相位）中的某一个，则将有调幅（Amplitude Modulation，AM）、调频（Frequency Modulation，FM）和调相（Phase Modulation，PM）三种调制方式。例如，电视信号中，图像是调幅，伴音是调频，广播电台信号中常用的方法是调幅与调频。若调制信号是数字信号，则还可以有数字键控方式的调制，如幅度键控（ASK）、频移键控（FSK）、相移键控（PSK）以及差分相移键控（DPSK）等，近年来还出现了很多窄带调制方式，如 MSK、16QAM 等。

为了便于读者理解，在此以普通调幅波为例，直观地认识一下调制方式。

假设调制信号 $u_\Omega(t)=U_{\Omega m}\cos\Omega t$，载波信号 $u_c(t)=U_{cm}\cos\omega_c t$，并且载波信号的角频率 ω_c 远大于调制信号的角频率 Ω，其波形如图 1.2.2(a)和图 1.2.2(b)所示。按照调制的概念可知，对于普通调幅可理解为载波的振幅 U_{cm} 随调制信号 $u_\Omega(t)$ 大小的变化而变化，由此可得到相应的普通调幅波波形，如图 1.2.2(c)。

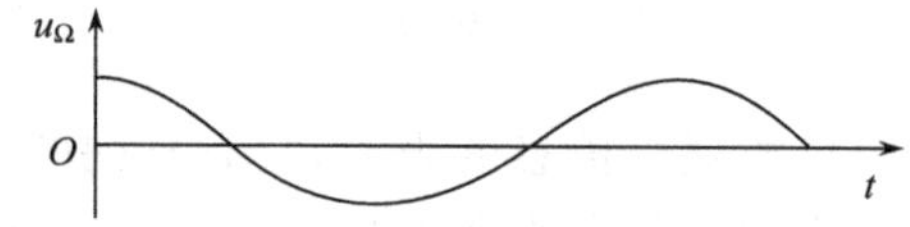

(a) 调制信号

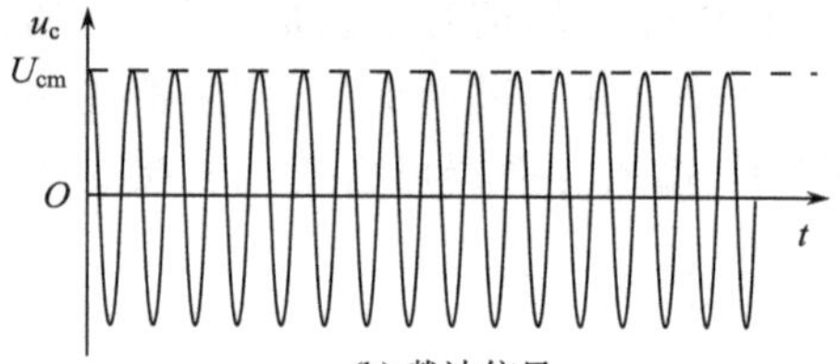

(b) 载波信号

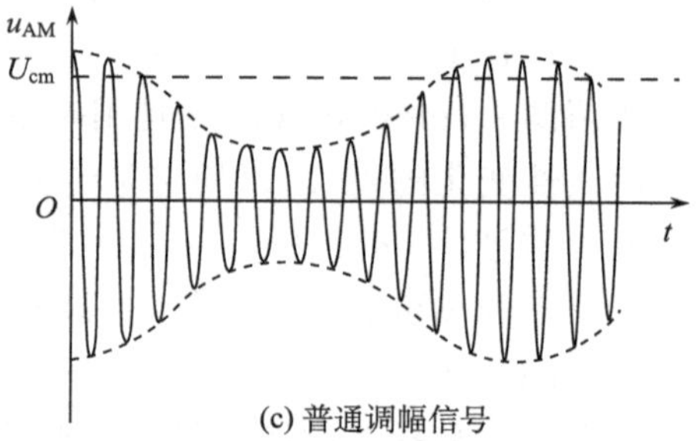

(c) 普通调幅信号

图 1.2.2　单频调制普通调幅信号

3. 信道与噪声源

信道是连接发、收两端信号的通道，又称为传输媒介。通信系统中应用的信道可分为无线信道（如自由空间、海水等）和有线信道（如电线、电缆、光缆等）。不同信道有不同的传输特性，相同信道对不同频率的信号传输特性也是不同的。下面着重介绍自由空间的无线信道电磁波的传播情况。

为了讨论问题的方便，对不同频率的电磁波人为地划分为若干个区域，称为频段，也称为波段。从 30kHz 开始，频率每增加 10 倍作为一个波段，其实波段的划分是很粗略的，没有明显的分界线。各波段的划分及其主要的传播方式如表 1.2.1 所示。

电磁波从发射天线辐射出去后，其传播方式与波长有关，主要有沿地面传播的地波、靠电离层折射和反射传播的天波以及沿空间直线传播的空间波。另外还有当大气层或电离层出现不均匀团块时，无线电波有可能被这些不均匀媒质向四面八方反射，使一部分能量到达接收点，这就是散射波。

表 1.2.1 无线电波的波(频)段划分及其用途

波段名称		波长范围	频率范围	主要传播方式和用途
长波波段		10^3～10^4m	30～300kHz (低频 LF)	地波;远距离通信
中波波段		10^2～10^3m	300～3000kHz (中频 MF)	地波、天波;广播、通信、导航
短波波段		10～100m	3～30MHz (高频 HF)	天波、地波;广播、通信
超短波波段		1～10m	30～300MHz (甚高频 VHF)	空间波、散射;通信、电视广播、调频广播、雷达
微波波段	分米波	10～100cm	300～3000MHz (特高频 UHF)	空间波、散射;通信、中继与卫星通信、电视广播、雷达
	厘米波	1～10cm	3～30GHz (超高频 SHF)	空间波;中继与卫星通信、雷达
	毫米波	1～10mm	30～300GHz (极高频 EHF)	空间波;微波通信、雷达

频率在 1.5MHz 以下的电磁波主要沿地表传播,称为地波,如图 1.2.3(a)所示。由于大地不是理想导体,当电磁波沿其传播时,有一部分能量被损耗,频率越高趋肤效应越严重,能量损耗也就越大,所以频率较高的电磁波不宜沿地表传播。

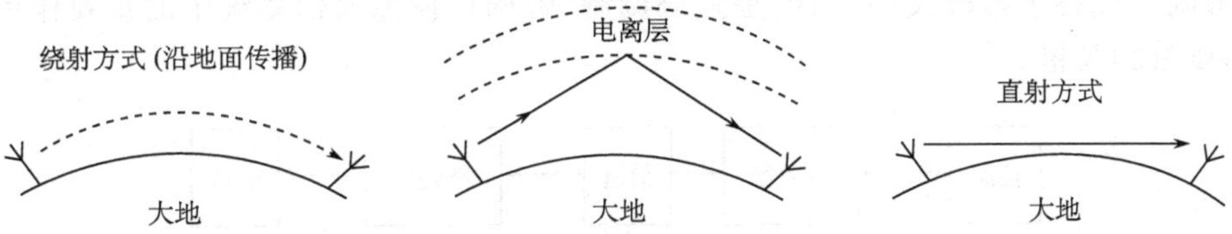

(a) 地波　(b) 天波　(c) 空间波

图 1.2.3 无线电波传播方式示意图

频率在 1.5～30MHz 的电磁波,由于频率较高,地面吸收较强,用地波传播时衰减很快。它主要靠大气层上部电离层的反射与折射传播,称为天波,如图 1.2.3(b)所示。电离层是由太阳和星际空间的辐射引起大气上层电离形成的。电磁波到达电离层后,一部分能量被吸收,一部分能量被反射与折射到地面,其中,频率较低的电磁波被反射到地面,频率较高的电磁波穿过电离层后不再反射到地面。因此频率更高的电磁波不宜采用天波方式传播。

频率在 30MHz 以上的电磁波,它会穿过电离层而不再返回地面,因此频率在 30MHz 以上的超短波通信系统只能选择直射传播方式,即空间波,如图 1.2.3(c)所示。地表的弯曲使空间波传播距离受限于视距范围,所以高架发射天线可以增大其传输距离。

综上所述,长波信号以地波绕射为主;中波和短波信号可以地波和天波两种方式传播,但是前者以地波传播为主,后者以天波(反射与折射)为主;超短波以上频段的信号大多以空间波传播,也可采用对流层散射的方式传播。

图 1.2.1 中的噪声源集中表示了信道以及分散在通信系统中其他各处的噪声和干扰。它们的存在,使接收端信号与发射端信号之间存在一定的误差。

4. 接收设备

接收设备的任务是选频、放大和解调(demodulation)。即将信道传送过来的已调信号进行处理，恢复出与发送端相一致的基带信号，这一过程称为解调，显然解调是调制的逆过程。信道的衰减特性，使传送到接收端的信号电平很微弱，需要放大后才能解调。同时接收设备还必须具有从众多信号中选择有用信号、抑制干扰信号的能力。

5. 输出变换器与信宿

输出变换器(如扬声器、显示器等)是将接收设备输出的基带信号变换成发送端所要传递的信息，如声音、图像、文字等。

信宿是信息传输的归宿，得到原来信源形式的信息。

1.2.2 模拟和数字通信系统

图 1.2.1 所示的方框图是对各种通信系统的简化和概括，它反映了通信系统的共性。如果按照信道上传输的信号是模拟信号还是数字信号，则通信系统又分为模拟通信系统和数字通信系统。本教材重点介绍模拟通信系统。

1. 模拟通信系统

图 1.2.4 是模拟通信系统的基本组成框图。与图 1.2.1 相比，这里用调制器代替了发送设备、用解调器代替了接收设备，目的是强调调制、解调在模拟通信系统中的重要作用，它们是保证通信质量的关键。

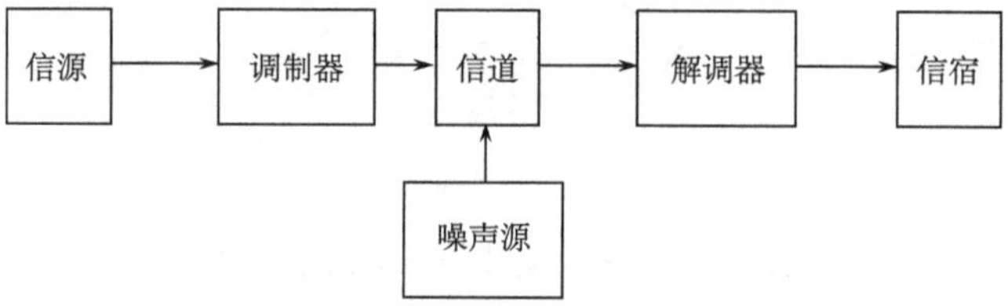

图 1.2.4 模拟通信系统的基本组成框图

2. 数字通信系统

对于数字通信系统，图 1.2.1 可以具体化为图 1.2.5。

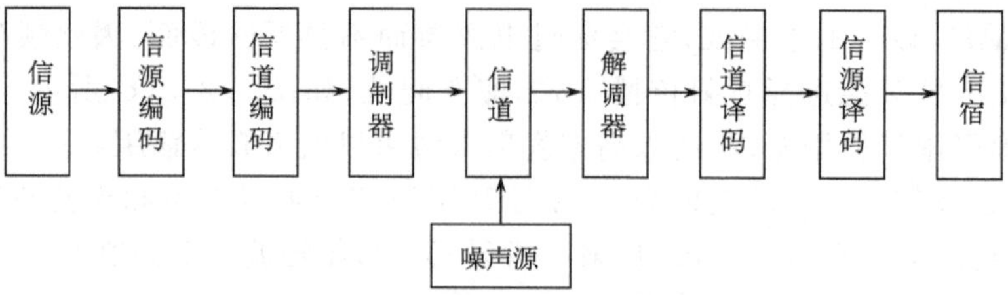

图 1.2.5 数字通信系统的组成框图

信源编码是为了提高信号传输的有效性而对信号所采取的处理。信源编码后的信号仍然是基带信号。为了确保信息传输的安全保密性，对编码后的信号可以进行加密处理。

信道编码是为了提高信号传输的可靠性而采取的一种差错控制编码。它是在信源编码后的信号中按照某种规则再附加上若干位码元，形成新的数字信号。一旦信号在传输中受到破坏，接收端就会按照一定的规则自动检查出错误或者自动纠正错误。

接收端的译码器是将接收的编码信号恢复成编码前的信号。

应当指出，实际的数字通信系统中不一定包含图 1.2.5 所示的各个环节，至于包含哪些环节，取决于系统的实际需要。此外，同步系统在数字通信中是不可缺少的，但是因为它的位置往往不是固定的，所以图 1.2.5 中没有画出。

1.3 发射机和接收机的组成

在实际的通信设备中，不同的发送设备或不同的接收设备组成框图都是大同小异的，其主要区别是调制和解调的方式不同。为了更好地理解发送和接收设备的组成原理，以单频普通调幅波为例，介绍无线广播调幅发射机和接收机的组成框图，以便初学者对本教材的主要内容有一个大致的了解。

1.3.1 无线广播调幅发射机的组成框图

由普通调幅波的波形图 1.2.2 可知，欲使发射机产生普通调幅波 u_{AM}，就必须预先产生低频调制信号 $u_{\Omega}(t)$ 和高频载波信号 $u_c(t)$，然后两信号在调制器中完成调制，形成普通调幅波；最后通过高频功率放大器将其发射出去。为此相应的组成框图如图 1.3.1 所示。

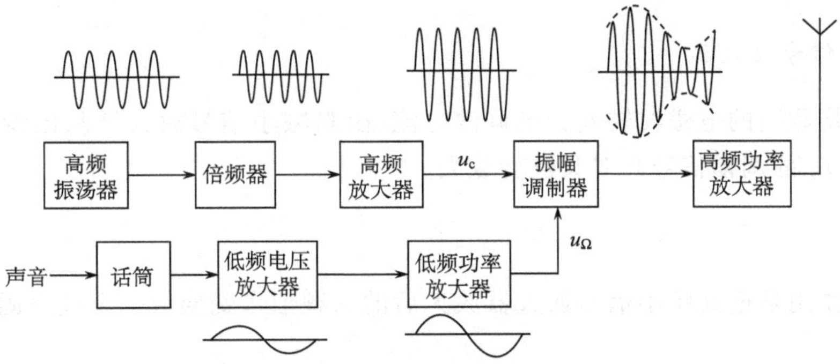

图 1.3.1 调幅广播发射机的组成框图

1. 低频调制信号的产生

声音经声电变换器（如话筒）转换成电信号，再经低频电压和功率放大器逐级放大后产生调制信号 $u_{\Omega}(t)$ 加至振幅调制器。

2. 高频载波信号的产生

高频振荡器又称为主振器，主要用于产生频率稳定的高频振荡信号。其频率一般远低于载波频率，目的是保证振荡器的频率稳定度。

倍频器的作用是把主振器输出的稳定频率提高到载波的频率 f_c 上。

高频放大器的作用是把具有载波频率的弱信号放大到符合载波所需要的幅度上，产生载波 $u_c(t)$。

在实际电路中，常在主振器和倍频器之间设置缓冲器，旨在减小后级对主振器的影响。

3. 调制与发射

调制的作用是把由声音信息变成的调制信号 $u_{\Omega}(t)$装载到载波 $u_c(t)$上。调制信号对高频载波进行调幅以后，经过高频功率放大器放大，利用尺寸较小的天线把信号辐射到空中。

1.3.2 无线广播调幅接收机的组成框图

无线电信号的接收过程正好与发射过程相反，图 1.3.2 是超外差接收机的组成框图。

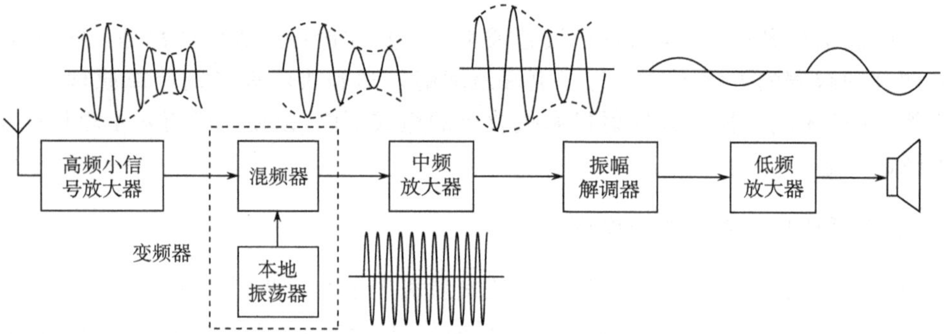

图 1.3.2 超外差接收机的组成框图

1. 高频小信号放大器

接收天线将收到的电磁波转变为已调波电流，由高频小信号放大器从已调波电流中选择出载波频率为 f_s 的调幅信号并对其进行放大。

2. 变频器

变频器的作用是把高频小信号放大器放大后的高频信号变换成一个频率固定不变的中频信号。

把已调信号的载波频率降低为中频频率的任务是由混频器来完成的。当一个载频为 f_s 的调幅波与本地振荡器产生的频率为 f_L 的正弦波同时加到混频器上，经过混频以后所得到的仍是一个调幅波，不过它的载波频率已经不是原来的载频 f_s，而是 f_L 与 f_s 之差，即 $f_I=f_L-f_s$。通常这个新的载波频率比原来的载频低，但比音频信号的频率高，习惯上把它称为中频，混频后产生的信号称为中频信号。

3. 中频放大器

通过中频放大器可将变频后的中频信号进行放大。由于变频后的中频频率是固定的，所以不论接收机由天线接收到的信号频率如何变化，中频放大器的谐振回路都不需要随时调整，它的选择性容易做好，这也是超外差接收机的优点。

4. 解调器与低频放大器

中频信号经过若干级中频放大器放大后，由解调器解调还原出音频信号，最后经低频电压和功率放大器放大后输出。

1.4 本课程的研究内容与特点

1. 本课程的研究内容

“高频电子线路”是“模拟电子技术基础”的后续课程，是电子信息类各专业的一门重要的技术基础课。本课程讨论的内容归为以下五类：

高频信号的选择——选频网络（第 2 章）。

高频信号的放大——高频小信号放大器（第 3 章）、高频功率放大器（第 4 章）。

高频信号的产生——高频振荡器或本地振荡器（第 5 章）。

高频信号的变换——倍频器（第 4 章）；调制器、混频器、解调器（第 6 章和第 7 章）。

高频信号的控制——自动增益控制电路、自动频率控制电路、锁相环路（第 8 章）。

2. 本课程的特点

从表 1.2.1 可看出，波段划分中有一个“高频”段，其频率范围为 3～30MHz，这只是“高频”的狭义解释。而广义的“高频”指的是射频（Radio Frequency，RF），其频率范围非常宽，就目前技术来讲，“高频”的上限频率可达微波波段（3～5GHz）。

在高频电子线路中，所有的功能电路都是由非线性器件组成的。严格地说，所有包含非线性器件的电子线路都是非线性电路，只是在不同的使用条件下，非线性器件所表现的非线性程度不同而已。为此，在分析实际电路时，应从实际工程观点出发选择合理近似的分析方法获得具有实用意义的结果。

在一个通信系统中，各种功能电路相互之间是有一定影响的，所以在分析单元电路的工作原理和性能时，不仅要考虑该电路本身，还要考虑其相邻电路对它的影响。即要带着系统的观点来看待其中每一个单元电路，这样才能掌握整个系统的工作原理和性能。通信系统是一个复杂的大系统，衡量系统的优劣有很多指标。就信号的传输来说，通信的有效性和可靠性是最重要的指标。模拟通信系统可用有效传输带宽和输出信噪比来衡量；数字通信系统可用传输速率和差错率（误码率）来衡量。

高频电子线路工作频率比较高，且电路复杂，在理论分析时往往是在忽略一些实际问题的情况下进行一定的归纳和抽象，有许多实际问题需要通过实践环节进行学习和加深理解；同时高频电子线路的调试技术要比低频电子线路复杂得多。可见，学习本课程必须高度重视实践环节，坚持理论联系实际。

本章小结

本章主要内容体系为：通信技术的发展简况→通信系统的组成→本课程的研究内容与特点。

（1）通信技术的发展，经历了古代的烽火台、近代的有线和无线通信、现代的 1G、2G、3G 和未来的 4G、5G 几个阶段，使通信突破了人与人之间进行通信的范畴，实现了人与机器、机器与机器之间的通信。

（2）以电信号（或光信号）传输信息的系统称为通信系统。它是由待发送的消息、输入变换器、发送设备、传输信道、接收设备、输出变换器等组成的。按照传输信道中所传输信号的类型，通信系统分为模拟通信系统和数字通信系统。利用自由空间等媒介传输信号的系统称为无线通信系统；利用电缆等媒介传输信号的系统称为有线通信系统。本教材重点介绍无线模拟通信系统。

电磁波传播方式主要有绕射(地波)、反射与折射(天波)、直射(空间波)、散射等。

(3) 为了高效率、远距离地传输信号，在通信系统中普遍采用调制技术。按照调制信号改变载波信号的要素不同，模拟通信系统中的调制分为调幅(AM)、调频(FM)和调相(PM)；数字通信系统中的调制分为幅度键控(ASK)、频移键控(FSK)和相移键控(PSK)等基本形式。

(4) 高频电子线路课程主要研究的对象有：高频小信号放大器，高频功率放大器，正弦波振荡器，振幅调制、解调与混频，角度调制与解调，自动控制电路等。

高频电子线路的最大特点就是工作频率高和电路的非线性。

自 测 题

一、填空题

1. 从广义上来讲，无论是用任何方法、通过任何媒介完成__________都称为通信。

2. 1864 年英国物理学家__________从理论上预见了电磁波的存在，1887 年德国物理学家__________以卓越的实验技巧证实了电磁波是客观存在的。此后，许多国家的科学家都在纷纷研究如何利用电磁波来实现信息的传输，其中以__________的贡献最大，使无线电通信进入了实用阶段。

3. 标志着电子技术发展史上的三大里程碑分别是__________、__________和__________。

4. 一个完整的通信系统由__________、__________和__________组成。

5. 发送设备的主要任务是__________，接收设备的主要任务是__________。

6. 调制是用低频信号控制高频载波的__________、__________或__________。

7. 比短波波长更短的无线电波称为__________，不能以__________和__________方式传播，只能以__________方式传播。

8. 短波的波长较短，地面绕射能力__________，且地面吸收损耗__________，不宜沿__________传播，短波能被电离层反射到远处，主要以__________方式传播。

9. 在无线广播调幅接收机中，天线收到的高频信号经__________、__________、__________、__________后送入低频放大器的输入端。

二、选择题

1. 1978 年，美国贝尔实验室研制成功的第一代模拟移动通信技术是__________。

A. CDMA　　B. TDMA　　C. FDMA　　D. GSM

2. 2000 年，国际电信联盟从 10 种第三代地面候选无线接口技术方案中最终确定了三个通信系统的接口技术标准，其中，以中国大唐电信集团为代表提出的__________。

A. CDMA　　B. WCDMA　　C. TD-SCDMA　　D. CDMA2000

3. 无线电波的速率为 c，波长为 λ，频率为 f，三者之间的正确关系是__________。

A. $c=f/\lambda$　　B. $\lambda=c/f$　　C. $\lambda=f/c$　　D. $f=c/\lambda$

4. 为了有效地发射电磁波，天线尺寸必须与辐射信号的__________。

A. 频率相比拟　　B. 振幅相比拟　　C. 相位相比拟　　D. 波长相比拟

5. 有线通信的传输信道是__________。

A. 电缆 B. 自由空间 C. 地球表面 D. 海水

6. 我国调幅中波广播接收机的中频频率是__________。

A. 400MHz B. 38MHz C. 10.7MHz D. 465kHz

7. 电视机中,图像信号采用__________方式,伴音信号采用__________方式。

A. 调幅 B. 调频 C. 调相 D. 幅度键控

8. 下列表述正确的是__________。

A. 低频信号可直接从天线上有效地辐射

B. 低频信号必须装载到高频信号上才能有效地辐射

C. 低频信号和高频信号都不能从天线上有效地辐射

D. 低频信号和高频信号都能从天线上有效地辐射

9. 下列表述正确的是__________。

A. 高频功率放大器只能位于接收系统中

B. 高频振荡器只能位于接收系统中

C. 调制器只能位于发送系统中

D. 解调器只能位于发送系统中

三、判断题

1. 赫兹于1895年首次在几百米的距离用电磁波实现通信并获得成功。( )

2. 第三代移动通信的核心技术是TDMA技术。( )

3. 发送设备的作用是对基带信号进行编码处理,使其变换成适合在信道上传输的信号。( )

4. 调制后的载波称为调制信号。( )

5. 频率低的电磁波适合于沿地表传播。( )

6. 调制的目的之一是实现信道多路复用。( )

7. 电视机中的图像和伴音信号一般采用同一种调制方式。( )

8. 超外差式接收机的优点是变频后的频率为一固定中频。( )

9. 发送设备和接收设备的末级一般都采用功率放大器。( )

习 题

1.1 何谓通信系统?通信系统由哪几部分组成?

1.2 无线电通信为什么要采用调制技术?常用的模拟调制方式有哪些?

1.3 已知频率为3kHz、1000kHz、100MHz的电磁波,试分别求出其波长并指出所在波段名称。

1.4 画出无线广播调幅发射机组成框图,并用波形说明其发射过程。

1.5 画出无线广播调幅接收机组成框图,并用波形说明其接收过程。

1.6 超外差式接收机中的混频器有什么作用?

第 2 章　高频电路基础

在无线通信系统中,无论发送设备还是接收设备,都需要从众多不同频率信号中选出所需信号(即有用信号),滤除不需要的频率分量,以提高系统的信号质量和抗干扰能力,这一任务是由选频网络来完成的。由于在高频电路中,除了小信号放大器,如振荡器、功率放大器、调制器、解调器、混频器都属于非线性电子线路,为了避免求解非线性方程的困难,常采用工程上适用的一些近似分析方法。

本章首先介绍选频网络,然后讨论非线性电路的分析方法。这些内容将为后续各章的分析奠定基础。

2.1　概　　述

由第 1 章可知,各种通信设备都是由一些处理高频信号的功能电路组成,这些电路虽然工作原理不同,各具特点,但其中一些电路具有一个共同之处,即电路的负载都是具有选频与阻抗变换功能的选频网络。在高频电路中,应用较多的有 LC 滤波器、石英晶体滤波器、陶瓷滤波器、声表面波滤波器等。人们也将谐振频率无须调整的石英晶体滤波器、陶瓷滤波器、声表面波滤波器称为固体滤波器。

在无线电技术中,经常遇到两个或多个不同频率信号同时作用于非线性器件上的情况,这时通过非线性器件的电流频谱中,除了含有每个信号的基波和谐波分量,还包含了各个信号之间的“差频”和“和频”,人们把这种现象形象地称为“频谱搬移”。这正是图 1.3.2 所示接收机中的变频原理和后面将要讨论的调制、解调原理所需要的。在频谱的搬移电路中,输出与输入信号的频率分量不尽相同,会产生新的频率分量,由于线性电路不能产生新的频率分量,所以频谱的搬移必须利用非线性电路来完成。在分析非线性器件对输入信号的响应时,不能采用线性电路中的叠加原理,必须求解电路状态的非线性代数方程、非线性微分方程等,而对非线性电路进行严格的数学分析是非常困难的。实际中除了借助计算机进行近似的数值计算外,在工程上往往根据实际情况对器件的数学模型和电路的工作条件进行合理近似,以便用简单的分析方法获得具有实用意义的结果。

2.2　选 频 网 络

信号在传输过程中都会不同程度地受到外界或电路内部噪声的干扰,为了选出所需的频率分量和滤除无用的频率分量,就必须依靠选频网络(又称为选频器或滤波器)。选频网络就好像一条走廊,只有特别选定的信号才能通过这条走廊进入放大器,使放大器不受或少受噪声的干扰。例如,超外差式接收机的中周就是 LC 选频回路。

2.2.1 单调谐回路

1. 单调谐回路的技术指标

实际的电信号大多是以某一频率为中心频率，且具有一定带宽的多频信号，所以衡量调谐回路（又称为谐振回路）的技术指标有谐振频率、通频带与选择性。对于单调谐回路，其幅频特性曲线如图 2.2.1 所示。图中 S 表示任意频率下电流、电压或放大倍数的幅值与谐振时的最大幅值之比。

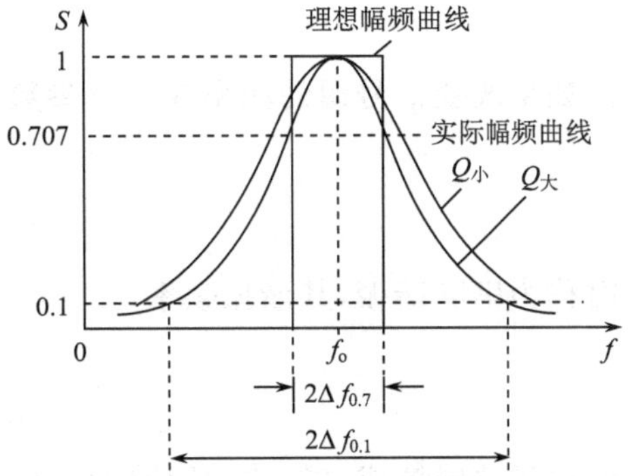

图 2.2.1　单调谐回路幅频特性曲线

1）谐振频率

若用 f_o 表示调谐回路的谐振频率，则从图 2.2.1中可以明显看出，幅频特性曲线在 f_o处幅度最大，偏离 f_o时幅度迅速衰减。如果使 f_o等于有用信号的中心频率，则能将有用的频带信号选择出来，而将各种偏离于有用信号频带以外的干扰给予有效地抑制。

谐振频率是设计放大电路时确定放大器件与选频器件频率参数的主要依据。

2）通频带

为了保证频带信号不失真地通过选频回路，要求其幅频特性应具有与信号带宽相适应的平坦宽度。通常把谐振回路振幅下降到最大幅值的 0.707 倍（或由最大值下降 3dB）时所对应的频率范围称为通频带，用 $2\Delta f_{0.7}$表示。它取决于谐振回路的形式及品质因数 Q 的大小。$2\Delta f_{0.7}$应大于有用信号的频带宽度。

3）选择性

选择性是指对通频带之外干扰信号的衰减能力。从图 2.2.1 可知，Q 值越大谐振曲线越尖锐，谐振回路选择信号的能力就越强；反之，选择性就越差，而通频带则较宽。显然通频带和选择性是相互矛盾的，只有选频器的幅频特性曲线呈矩形，才能使两者得到统一。

为了评价实际曲线的形状接近理想矩形的程度，引入“矩形系数”，定义为

$$K_{0.1}=\frac{2\Delta f_{0.1}}{2\Delta f_{0.7}}$$

显然矩形系数是综合说明通频带和选择性这两个指标的参数。矩形系数越接近于 1，实际曲线就越接近于矩形，滤除邻近波道干扰信号的能力越强。

2. 串联谐振回路

1）电路形式

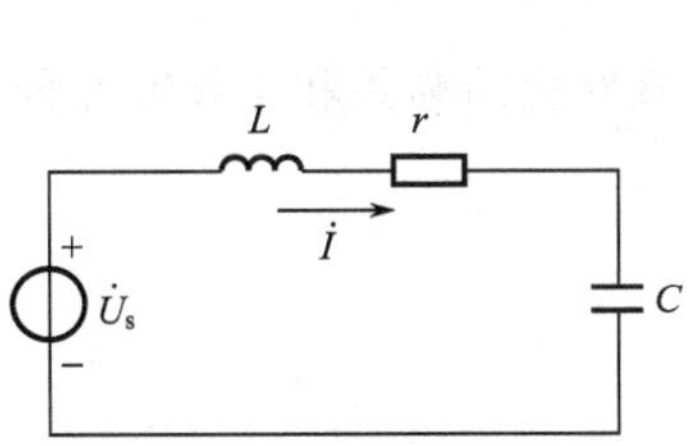

图 2.2.2　LC 串联谐振回路

由电感线圈和电容器组成的串联（series connection）谐振回路如图 2.2.2 所示。

在高频电路中，电感线圈的损耗是不能忽略的，因而在等效电路中应考虑到损耗电阻的影响，即一个实际的电感线圈可以用一个理想无损耗的电感 L 和一个损耗电阻 r 的串联来等效。对于电容器，由于在高频电路所讨论的频率范围内损耗很小，所以认为是理想元件 C。$\dot{U}_s$ 为理想电压源，并假

设$u_s(t)=U_{sm}\cos\omega t$。

2）谐振频率和品质因数

由图 2.2.2 可知

$$\dot{I}=\frac{\dot{U}_s}{Z}=\frac{\dot{U}_s}{r+\mathrm{j}\left(\omega L-\dfrac{1}{\omega C}\right)} \tag{2.2.1}$$

如果改变信号源的频率或元件参数 L、C，使 $\omega L-\dfrac{1}{\omega C}=0$，则回路电流最大，表示为

$$\dot{I}_o=\frac{\dot{U}_s}{r} \tag{2.2.2}$$

此时称为串联谐振，其谐振频率

$$\omega_o=\frac{1}{\sqrt{LC}} \text{ 或 } f_o=\frac{1}{2\pi\sqrt{LC}} \tag{2.2.3}$$

把谐振时的感抗或容抗称为回路的特性阻抗，用 ρ 表示，即

$$\rho=\omega_o L=\frac{1}{\omega_o C}=\sqrt{\frac{L}{C}} \tag{2.2.4}$$

通常把 ρ 与回路固有损耗 r 的比值定义为串联谐振回路的品质因数，用 Q_0 表示，即

$$Q_0=\frac{\rho}{r}=\frac{\omega_o L}{r}=\frac{1}{r\omega_o C}=\frac{1}{r}\sqrt{\frac{L}{C}} \tag{2.2.5}$$

式(2.2.5)表明串联谐振回路空载品质因数 Q_0 等于电感线圈在ω_o时反映本身损耗的品质因数。

3）选频特性及通频带

(1) 选频特性。上述任意频率下串联回路的电流 $\dot{I}$ 与谐振时回路电流 $\dot{I}_o$之比，即为串联谐振回路的频率特性，表示为

$$\begin{aligned}\dot{S}&=\frac{\dot{I}}{\dot{I}_o}=\frac{1}{1+\dfrac{\mathrm{j}(\omega L-1/\omega C)}{r}}\\&=\frac{1}{1+\mathrm{j}\left(\dfrac{\omega_o L}{r}\right)\left(\dfrac{\omega}{\omega_o}-\dfrac{\omega_o}{\omega}\right)}=\frac{1}{1+\mathrm{j}Q_0\left(\dfrac{\omega}{\omega_o}-\dfrac{\omega_o}{\omega}\right)}\end{aligned} \tag{2.2.6}$$

与其对应的幅频和相频特性分别为

$$S=\frac{1}{\sqrt{1+Q_0^2\left(\dfrac{\omega}{\omega_o}-\dfrac{\omega_o}{\omega}\right)^2}} \tag{2.2.7a}$$

$$\varphi=-\arctan Q_0\left(\frac{\omega}{\omega_o}-\frac{\omega_o}{\omega}\right) \tag{2.2.7b}$$

在实际应用中，如果信号源的频率 ω 与回路谐振频率 ω_o 有一定的偏离程度，可表示为 $\Delta\omega=\omega-\omega_o$，称为失谐。通常谐振回路主要研究谐振频率 ω_o 附近的频率特性，即 ω 与 ω_o 十分接近。故在谐振频率 ω_o 附近，有

$$Q_0\left(\frac{\omega}{\omega_0}-\frac{\omega_0}{\omega}\right)=Q_0\left(\frac{\omega^2-\omega_0^2}{\omega\omega_0}\right)=Q_0\left[\frac{(\omega+\omega_0)(\omega-\omega_0)}{\omega\omega_0}\right]$$

$$\approx Q_0\left(\frac{2\omega_0\Delta\omega}{\omega_0^2}\right)=Q_0\left(\frac{2\Delta\omega}{\omega_0}\right)=Q_0\left(\frac{2\Delta f}{f_0}\right)$$

令

$$\xi=Q_0\left(\frac{2\Delta f}{f_0}\right) \tag{2.2.8}$$

称为广义失谐。则式(2.2.7a)、式(2.2.7b)表示的幅频和相频特性又可写为

$$S=\frac{1}{\sqrt{1+\xi^2}} \tag{2.2.9a}$$

$$\varphi=-\arctan\xi \tag{2.2.9b}$$

对应的幅频和相频特性曲线如图 2.2.3 所示。

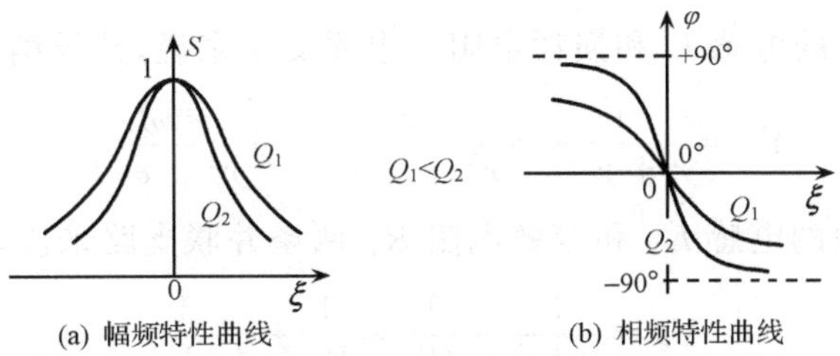

图 2.2.3　选频特性曲线

(2) 通频带。根据式(2.2.9a)，当 $S=\frac{1}{\sqrt{1+\xi^2}}=\frac{1}{\sqrt{2}}$ 时，$\xi=\pm1$(取正值)。则由式(2.2.8)有 $\xi=Q_0\left(\frac{2\Delta f}{f_0}\right)=1$，即

$$2\Delta f_{0.7}=\frac{f_0}{Q_0} \tag{2.2.10}$$

可见，串联谐振回路的通频带 $2\Delta f_{0.7}$ 取决于品质因数 Q_0，Q_0 越大，$2\Delta f_{0.7}$ 越小，调谐回路的选择性越好。若要保证较宽的 $2\Delta f_{0.7}$，则只能降低 Q_0，牺牲回路的选择性。如图 2.2.3(a) 所示。

(3) 矩形系数。若令 $S=\frac{1}{\sqrt{1+\xi^2}}=0.1$，则 $\xi\approx10$，由式(2.2.8)有 $\xi=Q_0\left(\frac{2\Delta f}{f_0}\right)=10$，可得 $2\Delta f_{0.1}=10\cdot\frac{f_0}{Q_0}$，故

$$K_{0.1}=\frac{2\Delta f_{0.1}}{2\Delta f_{0.7}}\approx10 \tag{2.2.11}$$

显然，该谐振回路的矩形系数很大，表明实际幅频曲线与理想幅频曲线(矩形)相差很远，即很难同时兼顾通频带和选择性两个性能指标。

3. 并联谐振回路

1）电路形式

由电感线圈和电容器组成的并联(parallel connection)谐振回路如图 2.2.4(a)所示。$\dot{I}_s$ 为理想电流源，并假设 $i_s(t)=I_{sm}\cos\omega t$。为了分析方便，将图 2.2.4(a)等效为图 2.2.4(b)。

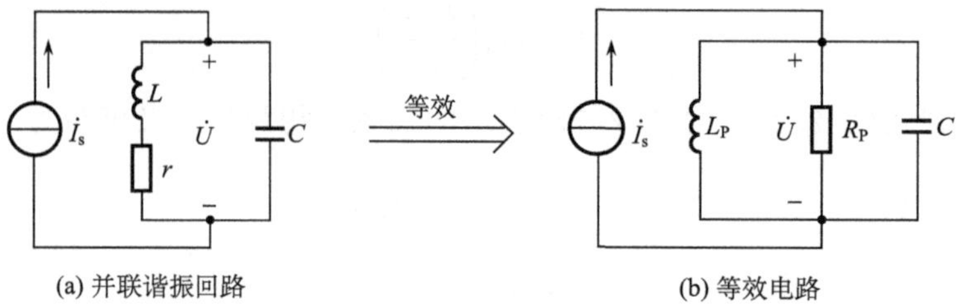

图 2.2.4　并联谐振回路及其等效电路

对于图 2.2.4(a)中的电感 L 和损耗电阻 r 串联支路来说，其导纳为

$$Y_S=\frac{1}{r+j\omega L}=\frac{r}{r^2+\omega^2L^2}-j\frac{\omega L}{r^2+\omega^2L^2}$$

对于图 2.2.4(b)中的电感 L_P 和等效电阻 R_P 两条并联支路来说，其导纳为

$$Y_P=\frac{1}{j\omega L_P}+\frac{1}{R_P}=\frac{1}{R_P}-j\frac{1}{\omega L_P}$$

由于图 2.2.4(a)和图 2.2.4(b)之间为等效电路，所以 Y_S、Y_P中的实部与实部相等，虚部与虚部相等，在 $\omega L\gg r$ 的条件下，得

$$R_P=\frac{r^2+\omega^2L^2}{r}=r\left(1+\frac{\omega^2L^2}{r^2}\right)=r(1+Q^2)\approx rQ^2 \tag{2.2.12a}$$

$$L_P=\frac{r^2+\omega^2L^2}{\omega^2L}=L\left(1+\frac{1}{Q^2}\right)\approx L \tag{2.2.12b}$$

可见，图 2.2.4(a)等效为图 2.2.4(b)的变换关系为

$$R_P\approx rQ^2 \tag{2.2.13a}$$

$$L_P\approx L \tag{2.2.13b}$$

2）谐振频率和品质因数

由图 2.2.4(b)可得回路阻抗为

$$Z=\frac{1}{Y}=\frac{1}{\frac{1}{R_P}+j\omega C+\frac{1}{j\omega L}}=\frac{R_P}{1+jR_P\left(\omega C-\frac{1}{\omega L}\right)} \tag{2.2.14}$$

由此可得并联回路端电压为

$$\dot{U}=\dot{I}_sZ=\frac{\dot{I}_sR_P}{1+jR_P\left(\omega C-\frac{1}{\omega L}\right)} \tag{2.2.15}$$

如果改变信号源的频率或元件参数 L、C，使 $\omega C-\frac{1}{\omega L}=0$，则并联回路端电压最大，表

示为

$$\dot{U}_o=\dot{I}_sR_P \tag{2.2.16}$$

此时称为并联谐振，谐振频率

$$\omega_o=\frac{1}{\sqrt{LC}} \text{ 或 } f_o=\frac{1}{2\pi\sqrt{LC}} \tag{2.2.17}$$

与串联谐振回路一样。对于并联谐振回路，同样可以定义其品质因数 $Q_0=\frac{\omega_o L}{r}$。由式(2.2.13a)又可以写为

$$Q_0=\frac{R_P}{\omega_o L}=R_P\omega_o C \tag{2.2.18}$$

3）选频特性和通频带

由上述任意频率下的并联回路端电压 $\dot{U}$ 和谐振时回路端电压 $\dot{U}_o$ 两式之比，即可得到并联谐振回路的频率特性为

$$\dot{S}=\frac{\dot{U}}{\dot{U}_o}=\frac{1}{1+jR_P\left(\omega C-\frac{1}{\omega L}\right)}=\frac{1}{1+j\left(\frac{R_P}{\omega_o L}\right)\left(\frac{\omega}{\omega_o}-\frac{\omega_o}{\omega}\right)}$$

$$=\frac{1}{1+jQ_0\left(\frac{\omega}{\omega_o}-\frac{\omega_o}{\omega}\right)}\approx\frac{1}{1+jQ_0\left(\frac{2\Delta\omega}{\omega_o}\right)}=\frac{1}{1+j\xi} \tag{2.2.19}$$

其对应的幅频和相频特性分别为

$$S=\frac{1}{\sqrt{1+\xi^2}} \tag{2.2.20a}$$

$$\varphi=-\arctan\xi \tag{2.2.20b}$$

显然，从形式上与串联谐振回路的式(2.2.9a)和式(2.2.9b)相同，可以得到与串联谐振回路相同的通频带和矩形系数，故不再重复讨论。

4）输入电流与回路电流之间的关系

由图 2.2.4(b)可知，谐振时回路两端的电压 $\dot{U}_o=\dot{I}_sR_P$，流过电容的电流 $\dot{I}_C=\omega_o C\dot{U}_o$，即

$$\dot{I}_C=Q_0\dot{I}_s \tag{2.2.21}$$

同理得

$$\dot{I}_L=Q_0\dot{I}_s \tag{2.2.22}$$

可见谐振时的回路电流为输入电流的 Q_0 倍。

4. 信号源及负载对并联谐振回路的影响

1）信号源和负载对并联谐振回路性能的影响

图 2.2.4 只介绍了并联谐振回路的空载情况，如果考虑信号源与负载对回路的影响(即有载情况)时，则其相应的电路如图 2.2.5(a)所示。谐振回路的总电阻 $R_\Sigma=R_s//R_P//R_L$。此时对应的品质因数称为有载品质因数，用 Q_L 表示(把不考虑 R_s、R_L 等影响的品质因数称为空载品质因数，用 Q_0 表示)。由式(2.2.18)可得 $Q_L=\frac{R_\Sigma}{\omega_o L}$。由于 $R_\Sigma<R_P$，所以 $Q_L<Q_0$，说

明 LC 并联回路两端并联电阻后，谐振回路的选择性变差，通频带变宽；同时谐振回路的总电容 $C_{\Sigma}=C_s+C+C_L>C$，将使有载时回路的谐振频率 $\dfrac{1}{2\pi\sqrt{LC_{\Sigma}}}$ 比空载时的谐振频率 $\dfrac{1}{2\pi\sqrt{LC}}$ 有所下降。说明考虑了信号源及负载以后，会对谐振回路产生一定的影响。

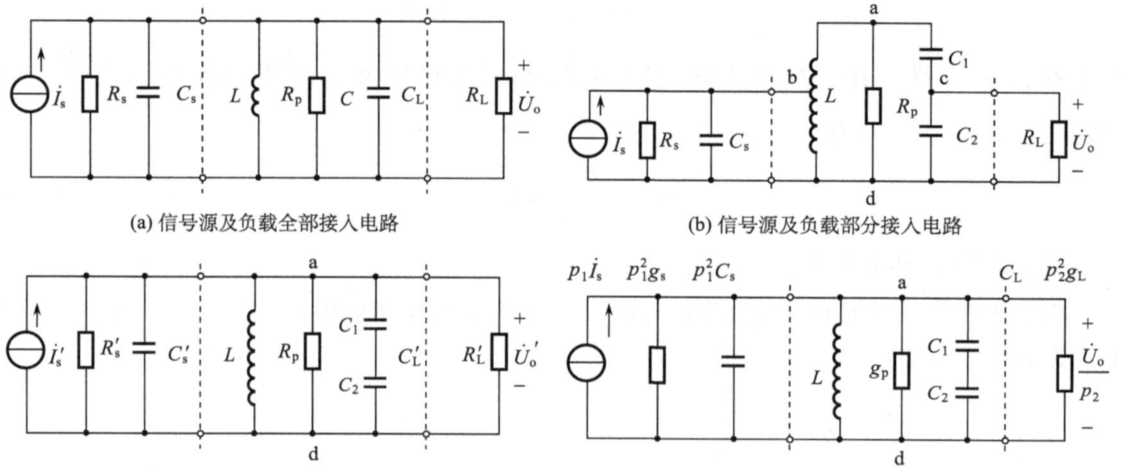

(a) 信号源及负载全部接入电路　(b) 信号源及负载部分接入电路

(c) 部分接入电路的等效电路　(d) 折合后的等效电路

图 2.2.5　信号源及负载对并联谐振回路的影响

2）减小信号源和负载对并联谐振回路影响的方法

（1）电路组成。如图 2.2.5(b)所示。由于该电路的输入、输出部分元器件分别采用变压器抽头耦合和双电容抽头接入电路，所以常形象地称为“部分接入法”。其中，$C=\dfrac{C_1C_2}{C_1+C_2}$。

（2）变换原理。为了与图 2.2.5(a)相比较，通常把图 2.2.5(b)中部分接入(b、d 和 c、d 端口)的元器件 $\dot{I}_s$、R_s、C_s 与 R_L 等效到并联回路(a、d 端口)两端，如图 2.2.5(c)所示。根据等效前后功率相等的基本原则，由图 2.2.5(b)和图 2.2.5(c)可得等效关系为

$$I_sU_{bd}=I_s'U_{ad},\frac{U_{bd}^2}{R_s}=\frac{U_{ad}^2}{R_s'},\frac{U_{cd}^2}{R_L}=\frac{U_{ad}^2}{R_L'},\text{即}$$

$$I_s'=\frac{U_{bd}}{U_{ad}}I_s,R_s'=\left(\frac{U_{ad}}{U_{bd}}\right)^2R_s,R_L'=\left(\frac{U_{ad}}{U_{cd}}\right)^2R_L$$

若引入接入系数 $p=\dfrac{\text{等效前的匝数(或容抗)}}{\text{等效后的匝数(或容抗)}}$，则有

$$p_1=\frac{U_{bd}}{U_{ad}}=\frac{N_{bd}}{N_{ad}} \tag{2.2.23}$$

$$p_2=\frac{U_{cd}}{U_{ad}}=\frac{C_1}{C_1+C_2} \tag{2.2.24}$$

可得

$$\begin{cases} I_s' = p_1 I_s \\ R_s' = \dfrac{R_s}{p_1^2} \\ R_L' = \dfrac{R_L}{p_2^2} \end{cases} \tag{2.2.25}$$

由此可以推广为

$$\begin{cases} C_s' = p_1^2 C_s \\ U_o' = \dfrac{U_o}{p_2} \end{cases} \tag{2.2.26}$$

可见，如果合理地调整接入系数 p_1 和 p_2 的大小，则将在一定程度上使图 2.2.5(c)中的 $R_\Sigma = R_s' // R_p // R_L' \approx R_p$，$C_\Sigma = C_s' + C \approx C$，可以近似认为有载时的品质因数 Q_L 和回路谐振频率 f_o 基本不受信号源和负载的影响。

若电阻 R 用电导 g 表示，则有 $g_s' = p_1^2 g_s$，$g_p = 1/R_p$，$g_L' = p_2^2 g_L$，图 2.2.5(c)可以等效为图 2.2.5(d)所示的电路形式，这种形式的电路方便于分析计算。

例 2.2.1　在图 2.2.6(a)所示电路中，已知 $f_o = 7.7\text{MHz}$，$L_{13} = 8.4\mu\text{H}$，$Q_0 = 100$，$N_{13} = 50$，$N_{12} = 10$，$N_{45} = 5$；信号源 $R_s = 10\text{k}\Omega$，$C_s = 15\text{pF}$，$I_s = 1\text{mA}$；负载 $R_L = 2.5\text{k}\Omega$，$C_L = 40\text{pF}$。试求：(1)有载品质因数 Q_L 和通频带 $2\Delta f_{0.7}$；(2)回路谐振时的 U_o 和 P_o；(3)回路电容 C。

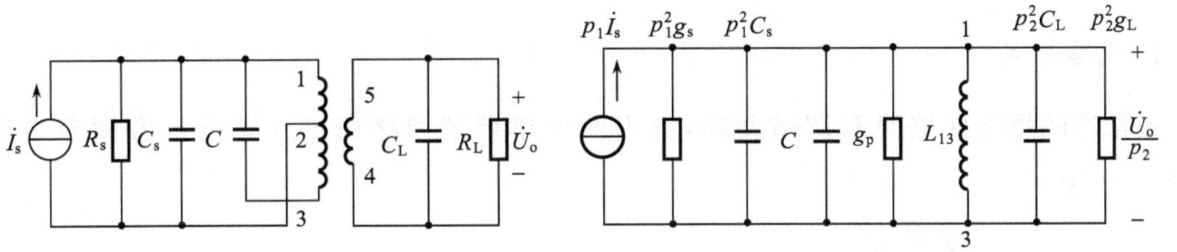

(a) 电路　　　　(b) 折合后的等效电路

图 2.2.6　例 2.2.1

解　将 I_s、R_s、C_s 和 R_L、C_L 折合到 1、3 两端，如图 2.2.6(b)所示，其中

$$p_1 = \frac{N_{12}}{N_{13}} = \frac{10}{50} = 0.2,\quad p_2 = \frac{N_{45}}{N_{13}} = \frac{5}{50} = 0.1,\quad g_s = \frac{1}{R_s} = \frac{1}{10 \times 10^3} = 0.1(\text{mS})$$

$$g_p = \frac{1}{R_p} = \frac{1}{Q_0 \omega_o L_{13}} = \frac{1}{100 \times 2\pi \times 7.7 \times 10^6 \times 8.4 \times 10^{-6}} \approx 0.025(\text{mS})$$

$$g_L = \frac{1}{R_L} = \frac{1}{2.5 \times 10^3} = 0.4(\text{mS})\text{；且}$$

$$g_\Sigma = p_1^2 g_s + g_p + p_2^2 g_L = 0.2^2 \times 0.1 + 0.025 + 0.1^2 \times 0.4 = 0.033(\text{mS})$$

$$C_\Sigma = p_1^2 C_s + C + p_2^2 C_L = 0.2^2 \times 15 + C + 0.1^2 \times 40 = (1 + C)(\text{pF})$$

(1) $$Q_L = \frac{1}{\omega_o L_{13} g_\Sigma} = \frac{1}{2\pi \times 7.7 \times 10^6 \times 8.4 \times 10^{-6} \times 0.033 \times 10^{-3}} \approx 74.6$$

$$2\Delta f_{0.7} = \frac{f_o}{Q_L} = \frac{7.7 \times 10^6}{74.6} \approx 0.1(\text{MHz})$$

(2) 由图 2.2.6(b)可知，当回路谐振呈纯阻性时，$\frac{U_o}{p_2}=\frac{p_1 I_s}{g_\Sigma}$，可得输出电压为

$$U_o=\frac{p_1 p_2 I_s}{g_\Sigma}=\frac{0.2\times 0.1\times 1\times 10^{-3}}{0.033\times 10^{-3}}\approx 0.61(\mathrm{V})$$

故输出功率为

$$P_o=\frac{U_o^2}{R_L}=\frac{0.61^2}{2.5\times 10^3}\approx 0.15(\mathrm{mW})$$

(3) 因回路总电容 $C_\Sigma=\frac{1}{(2\pi f_o)^2 L_{13}}=\frac{1}{(2\pi\times 7.7\times 10^6)^2\times 8.4\times 10^{-6}}\approx 50.91(\mathrm{pF})$，所以由 $C_\Sigma=1+C$ 可得

$$C=C_\Sigma-1=50.91-1=49.91(\mathrm{pF})$$

2.2.2 双调谐回路

前面讨论的单调谐回路具有选频和阻抗变换作用，其优点是结构简单，易于调整，为此在通信设备中有着广泛的应用。但是它的谐振曲线在通频带内不够平坦，带外衰减又缓慢，即选择性不理想(矩形系数远大于 1)，此外阻抗变换也不灵活。因此在实际电路中，为了进一步改善回路的选频特性和阻抗变换性能，广泛采用两个或两个以上的单谐振回路，通过不同的耦合方式组成选频网络。

1. 电路形式

最常用的耦合回路是双调谐回路，它由两个单调谐回路通过互感或电容耦合组成，如图 2.2.7所示。

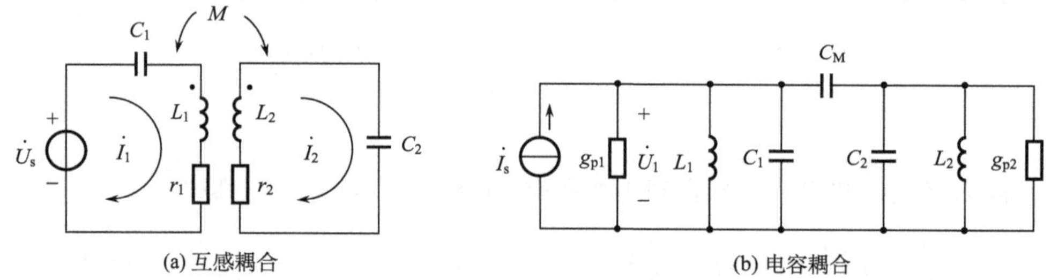

图 2.2.7 双调谐回路

图 2.2.7 中，接有信号源的回路称为初级回路，与负载相连接的回路称为次级回路。耦合回路的特性和功能与两个回路的耦合程度有密切关系，一般分为强、弱耦合和临界耦合。为了表述回路间的耦合程度，引入耦合系数的概念：对于互感耦合，$k=\frac{M}{\sqrt{L_1 L_2}}$；对于电容耦合，$k=\frac{C_M}{\sqrt{(C_1+C_M)(C_2+C_M)}}$。

2. 频率特性

无论互感耦合还是电容耦合回路，若双调谐回路的初、次级回路完全对称，则在谐振频率

附近，初次级回路幅频特性完全一致，可表示为（推导过程可参阅相关文献）

$$S=\frac{2\eta}{\sqrt{(1-\xi^2+\eta^2)^2+4\xi^2}}=\frac{2\eta}{\sqrt{(1+\eta^2)^2+2(1-\eta^2)\xi^2+\xi^4}} \tag{2.2.27}$$

式中，$\eta=kQ$ 称为耦合因数；$\xi=Q\left(\frac{\omega}{\omega_o}-\frac{\omega_o}{\omega}\right)=Q\left(\frac{2\Delta f}{f_o}\right)$称为广义失谐。根据式(2.2.27)可画出 η 为不同值时双调谐回路的幅频特性，如图 2.2.8 所示。下面分别讨论 η 等于 1、小于 1 和大于 1 时的三种情况。

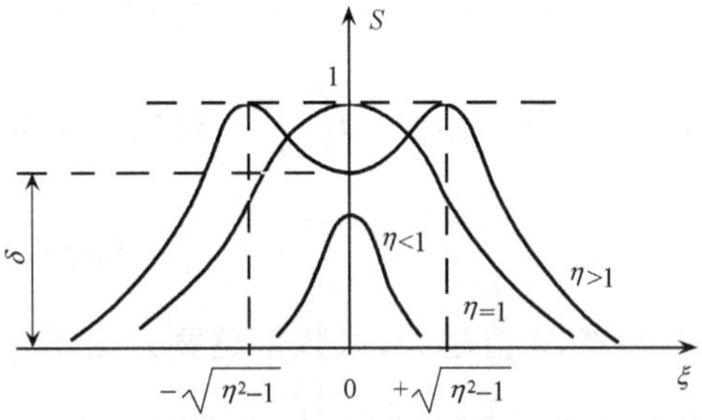

图 2.2.8　双谐振回路的谐振曲线

1) $\eta=1$ 为临界耦合

当 $\eta=1$ 时，由式(2.2.27)得 $S=\frac{2}{\sqrt{4+\xi^4}}$。

(1) 曲线形状。因 S 随 $|\xi|$ 的增大而减小，故曲线呈单峰；当 $\xi=0$，即信号源频率与初、次级回路的谐振频率相等时，S 为最大值 1。

(2) 通频带。令 $S=\frac{2}{\sqrt{4+\xi^4}}=\frac{1}{\sqrt{2}}$，得 $\xi=\sqrt{2}$，由 $\xi=Q\left(\frac{2\Delta f}{f_o}\right)=\sqrt{2}$ 得

$$2\Delta f_{0.7}=\sqrt{2}\cdot\frac{f_o}{Q} \tag{2.2.28}$$

可见，在相同 Q 值的情况下，双调谐回路的通频带是单调谐回路通频带的$\sqrt{2}$倍。

(3) 矩形系数。令 $S=\frac{2}{\sqrt{4+\xi^4}}=0.1$ 得 $\xi\approx4.46$，由 $\xi=Q\left(\frac{2\Delta f}{f_o}\right)=4.46$ 有 $2\Delta f_{0.1}=4.46\frac{f_o}{Q}$，则

$$K_{0.1}=\frac{2\Delta f_{0.1}}{2\Delta f_{0.7}}\approx3.15 \tag{2.2.29}$$

显然，双调谐回路比单调谐回路的矩形系数要小得多，即比单调谐回路的幅频特性曲线更接近于矩形。

2) $\eta<1$ 为弱耦合

(1) 曲线形状。由式(2.2.27)可知，S 随 $|\xi|$ 的增大而减小，说明曲线呈单峰。

(2) 特点。在 $\xi=0$ 时，$S=\frac{2\eta}{1+\eta^2}$为最大值，且 η 值越小，回路的 S 值越小；当 $\eta=0$ 时，S 为零。

3) $\eta>1$ 为强耦合

(1) 曲线形状。由式(2.2.27)可知，S 随 $|\xi|$ 的增大，先增大后减小，曲线呈双峰。

(2) 两峰点频带宽度 BW_{pp}。将式(2.2.27)对 ξ 求导，并令其导数为零，得 $\xi(1-\eta^2+\xi^2)=0$。进而找到极值点（即方程的根）：$\xi_0=0$（对应曲线的“谷点”）和 $\xi=\pm\sqrt{\eta^2-1}$（对应曲线 $S=1$ 的两个“峰点”）。再由 $\xi=Q\left(\frac{2\Delta f}{f_o}\right)$得

$$BW_{pp}=\sqrt{\eta^2-1}\,\frac{f_o}{Q} \tag{2.2.30}$$

可见 η 越大，两峰点距离越远，频带越宽。

(3) 通频带。若令 $S=\frac{1}{\sqrt{2}}$，由式(2.2.27)解得 $\xi=\sqrt{\eta^2\pm2\eta-1}$，舍去不合理值($\xi=\sqrt{\eta^2-2\eta-1}$)，由$\xi=Q\left(\frac{2\Delta f}{f_o}\right)$得通频带为

$$2\Delta f_{0.7}=\sqrt{\eta^2+2\eta-1}\,\frac{f_o}{Q} \tag{2.2.31}$$

显然，η 值越大，通频带越宽。由于 $\eta>1$ 时曲线出现中心凹陷，其凹陷值可由式(2.2.27)(当 $\xi=0$ 时)求得，用 δ 表示，即 $\delta=S=\frac{2\eta}{1+\eta^2}$。根据通频带的定义可知，当 $\delta=\frac{2\eta_{max}}{1+\eta_{max}^2}=\frac{1}{\sqrt{2}}$时通频带最宽，从而求得 $\eta_{max}\approx2.414$。再将其代入式(2.2.31)得通频带的最大值为

$$2\Delta f_{0.7}\approx3.1\frac{f_o}{Q} \tag{2.2.32}$$

可见，在相同 Q 值的情况下，双调谐回路通频带的最大值是单调谐回路通频带的 3.1 倍。

值得注意的是，上述分析都是在假定初、次级元件参数相同的情况下得到的结论，如果初、次级元件参数不同，则不仅分析烦琐，而且实际电路也不常见，所以在此不再讨论。

2.2.3 固体滤波器

常用的固体滤波器有石英晶体滤波器、陶瓷滤波器和声表面波滤波器。

1. 石英晶体滤波器

1) 石英晶体的压电效应

石英晶体是矿物质硅石的一种，其化学成分为二氧化硅，形状为结晶的六角锥体。它的基本特性是具有正、反压电效应。正压电效应就是当压力或拉力作用于晶体表面时，晶体将产生机械形变，使晶体两面产生正、负电荷，且电荷量的大小与外力的大小成正比，电荷的极性与外力的方向有关。反压电效应是指当晶体的两个电极加上电压时，晶体会产生形变。当外加交变电场的频率与晶片的固有频率相等时，振幅会骤然增大，产生共振，称为压电振荡，相应的频率称为谐振频率。

为了达到良好的效果，把晶体严格地按照一定方位切割成晶体薄片，并在晶片的两侧涂上银层，焊上引线，再用金属或玻璃外壳封装，这样就构成了石英晶体。其结构如图 2.2.9(a)所示，电路符号如图 2.2.9(b)所示。

2) 石英晶体的等效电路

完整的石英晶体等效电路如图 2.2.10(a)所示。其中 C_0 为石英晶体的静态电容及分布电容之和；L_1、C_1、r_1 等效石英晶体基频谐振特性；L_3、C_3、r_3 和 L_n、C_n、r_n 分别等效石英晶体三次泛音和 n 次泛音(n 为奇数)的谐振特性。可见，石英晶体不仅包含了基频串联谐振支路，还包括了其他奇次谐波的串联谐振支路，体现了石英晶体的多谐性。

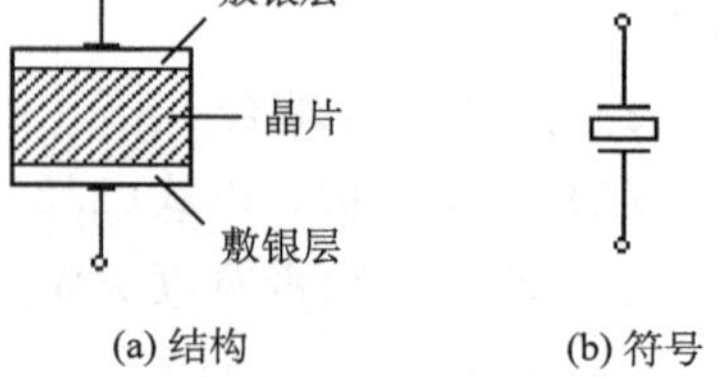

图 2.2.9 石英晶体结构及电路符号

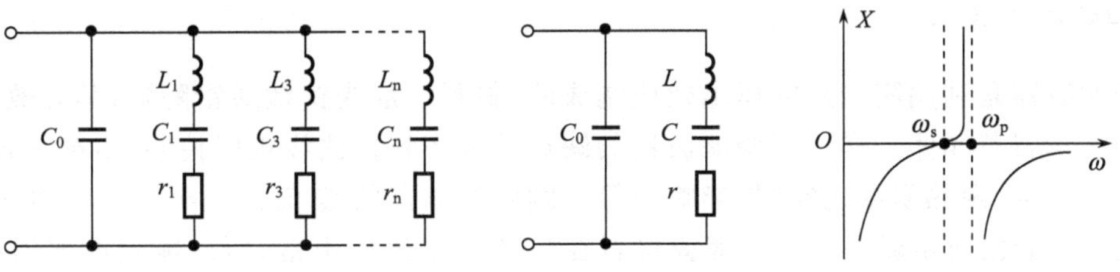

(a) 完整的等效电路　(b) 基频等效电路　(c) 基频晶体阻抗特性

图 2.2.10　石英晶体等效电路与基频晶体阻抗特性

若石英晶体作为基频晶体，则其等效电路可简化为图 2.2.10(b)的形式。图中为了便于书写，省略了串联元件的下角标“1”。C_0一般为几到几十皮法。当晶片产生振动时，机械振动的惯性等效为电感 L，其值为几毫亨到几十毫亨；晶片的弹性等效为电容 C，其值仅为 0.01～0.1pF，显然 $C \ll C_0$；晶片的摩擦损耗等效为电阻 r，其值约为 100Ω。由于等效电路中的 L 与 C 的比值很大，r 的值很小，由式(2.2.5)可知晶体的品质因数 Q 值很高，一般可达 $10^4 \sim 10^6$。

3) 基频晶体的阻抗特性

当忽略 r 时，图 2.2.10(b)所示电路的等效阻抗为

$$Z = \frac{(1/\mathrm{j}\omega C_0)(\mathrm{j}\omega L + 1/\mathrm{j}\omega C)}{1/\mathrm{j}\omega C_0 + \mathrm{j}\omega L + 1/\mathrm{j}\omega C} = -\mathrm{j}\frac{1}{\omega C_0} \cdot \frac{1 - 1/\omega^2 LC}{1 - 1/\omega^2 L[C_0 C/(C_0 + C)]}$$

令 $\omega_s = \frac{1}{\sqrt{LC}}$，$\omega_p = \frac{1}{\sqrt{L[C_0 C/(C_0 + C)]}}$，并将其代入上式得

$$Z = \mathrm{j}\left(-\frac{1}{\omega C_0} \cdot \frac{1 - \omega_s^2/\omega^2}{1 - \omega_p^2/\omega^2}\right) = \mathrm{j}X \tag{2.2.33}$$

根据式(2.2.33)可画出石英晶体的电抗频率响应曲线，如图 2.2.10(c)所示。

(1) 当 $\omega = \omega_s$时，L、C、r 支路产生串联谐振，$X = 0$，此时回路的串联谐振频率为

$$f_s = \frac{\omega_s}{2\pi} = \frac{1}{2\pi\sqrt{LC}} \tag{2.2.34}$$

(2) 当 $\omega = \omega_p$时，晶体产生并联谐振，$X \to \infty$。此时回路的并联谐振频率为

$$f_p = \frac{\omega_p}{2\pi} = \frac{1}{2\pi\sqrt{L[C_0 C/(C_0 + C)]}} = \frac{1}{2\pi\sqrt{LC}}\sqrt{1 + \frac{C}{C_0}} \tag{2.2.35}$$

(3) 当 $\omega < \omega_s$或 $\omega > \omega_p$时，$X < 0$。其物理意义是在该频率范围内晶体等效电路呈容性。

(4) 当 $\omega_s < \omega < \omega_p$时，$X > 0$。由于 $C \ll C_0$，ω_s与 ω_p非常接近，即在 $\omega_s \sim \omega_p$很窄的区域内，晶体等效为一个电感。

可见，当 $f_s < f < f_p$时，石英晶体呈电感性，曲线很陡，有利于稳定频率；在其余频率范围内石英晶体呈电容性，且电抗曲线变化缓慢，不利于稳频，因此石英晶体在振荡回路中可作为电感元件使用。此外，当 $f = f_s$时，石英晶体电抗近似为零，此时石英晶体可作为阻抗很小的纯电阻(近似为短路线)使用。

2. 陶瓷滤波器

陶瓷滤波器是利用陶瓷片的压电效应制成的,材料一般为锆钛酸铅陶瓷,其等效电路和电抗特性曲线与石英晶体一样。陶瓷滤波器的缺点是频率特性曲线难以控制、生产一致性差;优点是陶瓷易焙烧、耐热耐湿、受外界影响小等。陶瓷滤波器的 Q 值比石英晶体小得多(约为几百),却比 LC 谐振回路要高。由于陶瓷材料在自然界中比较丰富,所以陶瓷滤波器相对来说价格便宜,应用十分广泛,特别是在 AM/FM 接收机中的应用。

3. 声表面波滤波器

声表面波滤波器(SAWF)是一种利用晶体(如石英晶体或铌酸锂)的压电效应和表面波传播的物理特性制成的一种由电能转换为声波的换能器件。它具有体积小、重量轻、工作频率高(几兆至几吉赫兹)、相对带宽较宽、矩形系数接近于 1 的特点。由于采用了平面加工工艺,所以其制造简单、成本低、特性一致性好和设计灵活性高,利于批量生产。它在通信、电视、卫星和宇航领域等得到广泛应用。其主要缺点是插入损耗比较大。

1) 结构特点与电路符号

声表面波滤波器的结构及其符号如图 2.2.11 所示。

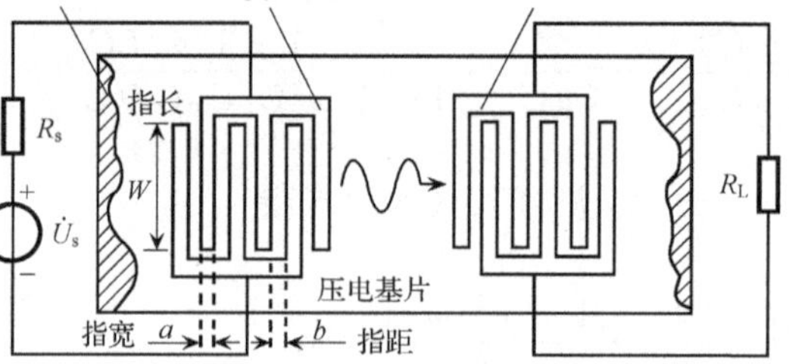

(a) 结构示意图

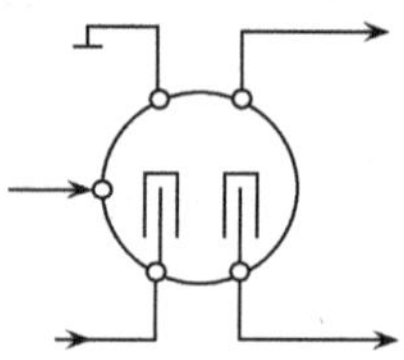
(b) 电路符号

图 2.2.11 声表面波滤波器的结构及其符号

在图 2.2.11(a)中,以具有压电效应材料为基片,在其表面上用光刻、腐蚀、蒸发等工艺制成两组对指状的金属膜电极对,其中与信号源连接的称为发送叉指换能器,与负载连接的称为接收叉指换能器。

2) 工作原理

当交流信号加至发送换能器两电极上时,叉指间的电位差产生相应的交变电场,由于压电效应,基片将发生周期性的形变(收缩或扩张),产生与输入信号同频率的声波,这种波是沿着晶体表面传播的,所以称为表面波。声表面波将沿着与电极轴垂直的方向左右传播,其中向左传播的声波被预先涂敷的吸声材料吸收;向右传播的声波到接收换能器,通过基片的压电效应,在换能器两端产生电信号,并传送给负载。

声表面波滤波器是利用在压电基片上的叉指换能器来产生、控制和检出声表面波以达到滤波目的的一种器件。当外来信号的频率等于换能器的固有频率 f_0时,各叉指所激发的表面波同相且振幅最大,可写成 $A_s=nA_0$,式中,A_0 是每节叉指所激发的声波强度的振幅;A_s是总的振幅。

3）选频特性

声表面波滤波器的频率特性取决于叉指换能器的几何形状和尺寸大小。换能器可以分为 n 节（$n+1$）个电极或 $N\left(N=\dfrac{n}{2}\right)$ 个周期段。分析指出，单个均匀叉指换能器的幅频特性满足 $\dfrac{\sin X}{X}$ 的函数形式，最大振幅为 $2NA_0$，其中 $X=\dfrac{N\pi\Delta f}{f_0}$，特性曲线如图 2.2.12(a)所示。在实际中，若按某一幅频特性来设计指长 W、指宽 a、指距 b 的分布，再考虑 n 个电极的影响，则可得到由"加权"换能器组成的不同选频特性的声表面波滤波器。图 2.2.12(b)示出了一个由声表面波滤波器构成的电视机图像中放的幅频曲线。

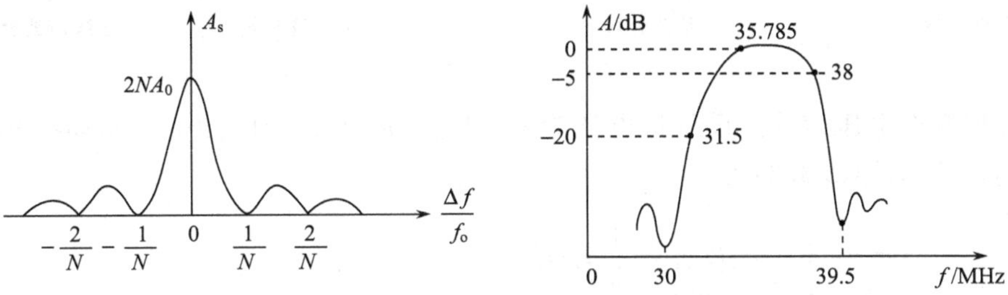

(a) 均匀对指形换能器的幅频特性　　　(b) 图像中放的声表面波滤波器幅频特性

图 2.2.12　声表面波滤波器幅频特性

实用的声表面波滤波器的矩形系数可小至 1.2（几乎接近矩形），相对带宽可达 50%，但有一定的插入损耗。

2.3　非线性电路分析基础

非线性器件是组成非线性电路的基本单元。严格地说，一切实际的器件都是非线性的，但是在一定的条件下，当器件的非线性对电路特性影响很小时，可将该器件近似地看成是线性器件。含有一个或多个非线性器件的电路称为非线性电路。

2.3.1　非线性电路的工程分析方法

用解析法分析非线性电路时，首先是寻求描述非线性器件特性的函数式。选择函数形式必须是既要尽量精确，又要尽量简单以便计算。对不同器件的特性，可用不同的函数描述，即使对同一器件，当其工作状态不同时，也可采用不同的函数去逼近。高频电路中常用的非线性电路的分析方法有幂级数分析法、折线近似分析法、线性时变电路分析法、开关函数分析法等。

1. 幂级数分析法

常用的非线性器件的伏安特性均可用幂级数表示。若设非线性器件的伏安特性用 $i=f(u)$ 来描述，且非线性器件的静态工作点电压为 U_Q，则其伏安特性可在 $u=U_Q$ 附近展开为幂级数：

$$i=f(u)=a_0+a_1(u-U_Q)+a_2(u-U_Q)^2+\cdots+a_n(u-U_Q)^n+\cdots \tag{2.3.1}$$

虽然用无穷多项幂级数可以精确表示非线性器件的实际特性，但给解析带来麻烦，且从工程角度要求也无此必要。为此在实际应用中，常取前几项幂级数来近似实际特性。在工程允许的范围内，为了简化计算，可尽量选取较少的项数来近似。为了说明非线性器件在频率变换方面的作用，在此取式(2.3.1)中的前4项为例加以分析，即

$$i=f(u)=a_0+a_1(u-U_Q)+a_2(u-U_Q)^2+a_3(u-U_Q)^3 \tag{2.3.2}$$

(1) 外加一个电压信号。设外加电压为 $u=U_Q+u_1=U_Q+U_{1m}\cos\omega_1 t$，代入式(2.3.2)得

$$\begin{aligned} i&=a_0+a_1U_{1m}\cos\omega_1 t+a_2U_{1m}^2\cos^2\omega_1 t+a_3U_{1m}^3\cos^3\omega_1 t \\ &=\underbrace{a_0+\frac{1}{2}a_2U_{1m}^2}_{\text{直流分量}}+\underbrace{\left(a_1U_{1m}+\frac{3}{4}a_3U_{1m}^3\right)\cos\omega_1 t}_{\text{基波分量}}+\underbrace{\frac{1}{2}a_2U_{1m}^2\cos 2\omega_1 t}_{\text{二次谐波分量}}+\underbrace{\frac{1}{4}a_3U_{1m}^3\cos 3\omega_1 t}_{\text{三次谐波分量}} \end{aligned} \tag{2.3.3}$$

(2) 外加两个电压信号。设外加电压为 $u=U_Q+u_1+u_2=U_Q+U_{1m}\cos\omega_1 t+U_{2m}\cos\omega_2 t$（且 $\omega_1\neq\omega_2$），代入式(2.3.2)得

$$\begin{aligned} i=&\underline{a_0+\frac{1}{2}a_2U_{1m}^2}+\frac{1}{2}a_2U_{2m}^2 \\ &+\left(\underline{a_1U_{1m}+\frac{3}{4}a_3U_{1m}^3}+\frac{3}{2}a_3U_{1m}U_{2m}^2\right)\underline{\cos\omega_1 t} \\ &+\left(a_1U_{2m}+\frac{3}{4}a_3U_{2m}^3+\frac{3}{2}a_3U_{1m}^2U_{2m}\right)\cos\omega_2 t \\ &+\underline{\frac{1}{2}a_2U_{1m}^2\cos 2\omega_1 t}+\frac{1}{2}a_2U_{2m}^2\cos 2\omega_2 t \\ &+a_2U_{1m}U_{2m}\cos(\omega_2+\omega_1)t+a_2U_{1m}U_{2m}\cos(\omega_2-\omega_1)t \\ &+\underline{\frac{1}{4}a_3U_{1m}^3\cos 3\omega_1 t}+\frac{1}{4}a_3U_{2m}^3\cos 3\omega_2 t \\ &+\frac{3}{4}a_3U_{1m}^2U_{2m}\cos(\omega_2+2\omega_1)t+\frac{3}{4}a_3U_{1m}^2U_{2m}\cos(\omega_2-2\omega_1)t \\ &+\frac{3}{4}a_3U_{1m}U_{2m}^2\cos(2\omega_2+\omega_1)t+\frac{3}{4}a_3U_{1m}U_{2m}^2\cos(2\omega_2-\omega_1)t \end{aligned} \tag{2.3.4}$$

由上述两种情况可看出，当只有电压 u_1 作用于非线性器件时，只能得到输入信号的基波分量和各次谐波分量，它不能完成频谱在频域上的任意搬移。当两个电压 u_1 和 u_2 同时作用于非线性器件时，它不仅含有式(2.3.3)中的各项（在式(2.3.4)中用下划线标出）和 $p\omega_2$ 分量，还含有 $p\omega_2\pm q\omega_1$ 的组合频率分量，其中包括我们感兴趣的 $\omega_2\pm\omega_1$ 这一组合频率分量（它是由非线性器件特性的平方项导致两个输入信号瞬时值相乘而产生的），它体现了两个不同频率的信号同时作用于非线性器件时才能完成频谱的任意搬移。由于在产生有用信号 $\omega_2\pm\omega_1$ 的同时，还产生了众多无用的频率分量，它有可能对有用信号分量造成干扰，所以如何减少甚至消除这些无用分量，净化输出信号的频谱，将是最关心的基本问题之一。解决的方法有三种：一是合理选用非线性器件及其工作状态，希望其非线性特性高于二次幂以上各项的系数为零，试图得到理想相乘效果；二是采用平衡电路，抵消一部分无用组合频率分量；三是适当改变

两个输入信号幅度，使非线性器件工作在不同状态。

需要指出的是，实际电路中非线性器件总是与选频网络配合使用的。其中，非线性器件主要用于频率变换，选频网络主要用于选频或者说滤波。为了完成某种功能，常用选频电路作为非线性器件的负载，以便从非线性器件的输出电流中选出所需的频率分量，同时滤除不需要的各种干扰频率成分。

2. 折线近似分析法

当输入信号足够大时，若用幂级数分析，则必须选取比较多的项，这将使分析计算变得很复杂，这时采用折线近似分析法比较方便。所谓折线近似分析法，是将电子器件的特性理想化，用一组直线段来代替实际特性曲线，这样就忽略了特性曲线弯曲部分的影响，简化了参数的计算，虽然计算精度较低，但仍可满足工程计算的需要。折线近似分析法在高频功率放大器和大信号检波器中得到应用。

晶体管静态特性曲线在折线法中主要有转移特性曲线与输出特性曲线，如图 2.3.1 所示，其中虚线表示实际的特性曲线。应该指出的是，折线化后的转移特性在晶体管导通范围内，u_{BE}和 i_C呈线性关系；对于大信号放大器，i_b、i_c相对输入信号均产生了失真，而 u_{be}为不失真的输入信号，故输出特性参数用 u_{BE}而不用 i_B。

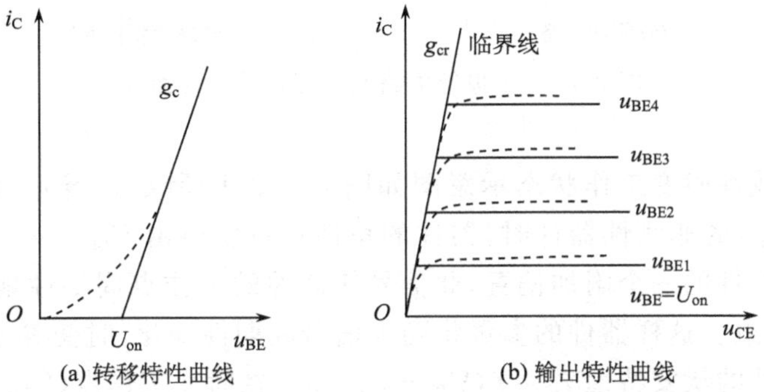

图 2.3.1　理想化的转移特性曲线和输出特性曲线

(1) 转移特性曲线。在放大区域内，由于 u_{CE}对 i_C的影响很小，所以转移特性曲线用一条曲线表示，折线化后可用交横轴于 U_{on}（导通电压）、斜率为 g_c的一条直线来表示。在放大区（$u_{BE}>U_{on}$）的表示式为

$$i_C=g_c(u_{BE}-U_{on}) \tag{2.3.5}$$

在截止区（$u_{BE}\leqslant U_{on}$）的表示式为

$$i_C=0 \tag{2.3.6}$$

(2) 输出特性曲线。在放大区忽略基调效应的情况下，可认为特性曲线是一组与横轴平行的水平线。把从放大区进入饱和区的临界点连起来的一条直线称为临界线，那么此临界线的方程将是一条斜率为 g_{cr}且过原点的直线，可写为

$$i_C=g_{cr}u_{CE} \tag{2.3.7}$$

关于折线分析法的具体应用，将在本教材第 4 章介绍。

3. 线性时变电路分析法

时变参量器件是指参量按照某一方式随时间线性变化的器件。例如，有大小及频率均不相同的两个信号同时作用于晶体管的基极，如图 2.3.2(a)所示。并假设 $u_1=U_{1m}\cos\omega_1 t$，$u_2=U_{2m}\cos\omega_2 t$，且 $U_{2m}\gg U_{1m}$。此时，由于大信号 u_2 的控制作用，晶体管的静态工作点随它发生变动，这就使晶体管的跨导也随之变化。对于小信号 u_1，可以把晶体管看成一个变跨导的线性器件，跨导的变化主要取决于大信号 u_2，基本上与小信号 u_1 无关。第 6 章混频电路中的晶体管就是这种时变参量器件。

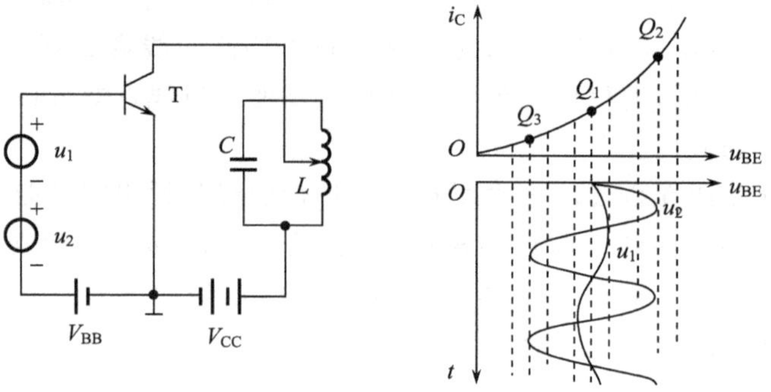

(a) 原理电路　　(b) 转移特性曲线

图 2.3.2　三极管电路及时变转移特性曲线

非线性器件的线性时变工作状态示意图如图 2.3.2(b)所示。当 u_1 和 u_2 同时作用于伏安特性为 $i_C=f(u_{BE})$ 的非线性器件时，器件的特性参量主要由 $V_{BB}+u_2$ 控制，即可把大信号近似看成是非线性器件的一个附加偏置，此信号使器件的工作点周期性地在伏安特性曲线上移动，称为时变工作点。这样器件的参量将随大信号周期性变化，时变参量的名称由此而来。

若将非线性器件的伏安特性 $i_C=f(V_{BB}+u_1+u_2)$ 在时变工作点 $(V_{BB}+u_2)$ 处展开为泰勒级数，则

$$i_C=f(V_{BB}+u_1+u_2)=f(V_{BB}+u_2)+f'(V_{BB}+u_2)u_1+\frac{1}{2}f''(V_{BB}+u_2)u_1^2+\cdots$$

如果 u_1 相对于 u_2 足够小，可以忽略二次方及其以上各项，则上式简化为

$$i_C\approx f(V_{BB}+u_2)+f'(V_{BB}+u_2)u_1 \tag{2.3.8}$$

式中，$f(V_{BB}+u_2)$ 是 $u_{BE}=V_{BB}+u_2$ 时的集电极电流，称为时变静态电流，用 $I_C(t)$ 表示；$f'(V_{BB}+u_2)$ 是 $u_{BE}=V_{BB}+u_2$ 时的跨导，称为时变跨导，用 $g(t)$ 表示。故式(2.3.8)可表示为

$$i_C\approx I_C(t)+g(t)u_1 \tag{2.3.9}$$

可见，i_C 与 u_1 之间呈线性关系，但系数 $g(t)$ 是时变的，故称为线性时变工作状态。由此原理构成的电路称为线性时变电路。

由于时变偏置电压 $V_{BB}+U_{2m}\cos\omega_2 t$ 为周期性函数，所以 $I_C(t)$ 和 $g(t)$ 也为周期性函数，可用傅里叶级数展开，得

$$I_C(t)=I_{C0}+I_{c1m}\cos\omega_2 t+I_{c2m}\cos 2\omega_2 t+\cdots$$

$$g(t)=g_0+g_1\cos\omega_2 t+g_2\cos 2\omega_2 t+\cdots$$

则式(2.3.9)变换为

$$\begin{aligned} i_C &\approx I_C(t) + (g_0 + g_1\cos\omega_2 t + g_2\cos 2\omega_2 t + \cdots)U_{1m}\cos\omega_1 t \\ &= I_{C0} + I_{c1m}\cos\omega_2 t + I_{c2m}\cos 2\omega_2 t + \cdots \\ &\quad + g_0 U_{1m}\cos\omega_1 t + \frac{1}{2}g_1 U_{1m}[\cos(\omega_2+\omega_1)t + \cos(\omega_2-\omega_1)t] \\ &\quad + \frac{1}{2}g_2 U_{1m}[\cos(2\omega_2+\omega_1)t + \cos(2\omega_2-\omega_1)t] + \cdots \end{aligned} \tag{2.3.10}$$

可见，输出电流中含有直流分量、频率为 ω_1、$n\omega_2$ 分量以及 $n\omega_2 \pm \omega_1$ 的组合频率分量，其中包括 $\omega_2 \pm \omega_1$ 分量。与幂级数分析法相比，消除了一些谐波及组合频率分量。由于线性时变电路是在一定的条件下由非线性电路演变而来的，与非线性电路相比，不仅大大减少了组合频率分量，而且无用频率分量与所需频率分量之间的频率间隔很大，很容易用滤波器将无用频率分量滤除，并取出所需频率 $\omega_2 \pm \omega_1$ 分量。因此，大多数频谱搬移电路都工作在线性时变工作状态，这样有利于系统性能指标的提高。

4. 开关函数分析法

开关工作状态是线性时变工作状态的一个特例。它与线性时变工作状态不同之处在于大信号使非线性器件工作在导通和截止的开关状态。例如，在图 2.3.3(a)电路中，假设 $u_1 = U_{1m}\cos\omega_1 t$ 是一个小信号、$u_2 = U_{2m}\cos\omega_2 t$ 是一个振幅足够大的信号，满足 $U_{2m} \gg U_{1m}$，此时二极管主要受大信号 u_2 的控制，工作在开关状态，其等效电路如图 2.3.3(b)所示。

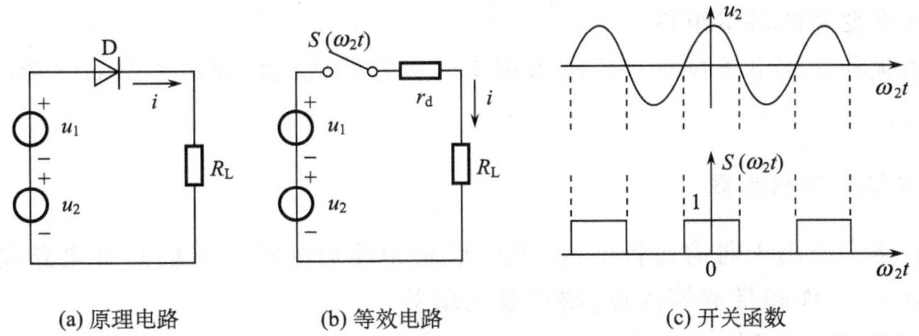

图 2.3.3　二极管电路及开关函数

可以看出，当 $u_2 \leqslant 0$ 时二极管截止，$u_2 > 0$ 时二极管导通，则流过负载 R_L 的电流可表示为

$$i = \begin{cases} 0 & (u_2 \leqslant 0) \\ \dfrac{1}{r_d + R_L}(u_1 + u_2) & (u_2 > 0) \end{cases} \tag{2.3.11}$$

式中，r_d 为二极管的导通电阻。如果定义一个开关函数 $S(\omega_2 t)$，且有

$$S(\omega_2 t) = \begin{cases} 0 & (u_2 \leqslant 0) \\ 1 & (u_2 > 0) \end{cases} \tag{2.3.12}$$

$S(\omega_2 t)$ 的波形如图 2.3.3(c)所示，它是一个幅度为 1，频率为 ω_2 的矩形脉冲。将其用傅里叶级数展开得

$$S(\omega_2 t)=\frac{1}{2}+\frac{2}{\pi}\cos\omega_2 t-\frac{2}{3\pi}\cos 3\omega_2 t+\frac{2}{5\pi}\cos 5\omega_2 t-\cdots \tag{2.3.13}$$

将式(2.3.12)、式(2.3.13)分别代入式(2.3.11)可得

$$\begin{aligned}
i&=\frac{1}{r_d+R_L}S(\omega_2 t)(u_1+u_2)=gS(\omega_2 t)(u_1+u_2)\\
&=g\left(\frac{1}{2}+\frac{2}{\pi}\cos\omega_2 t-\frac{2}{3\pi}\cos 3\omega_2 t+\cdots\right)(U_{1m}\cos\omega_1 t+U_{2m}\cos\omega_2 t)\\
&=\frac{g}{\pi}U_{2m}+\frac{g}{2}U_{1m}\cos\omega_1 t+\frac{g}{2}U_{2m}\cos\omega_2 t+\frac{g}{\pi}U_{1m}\cos(\omega_2\pm\omega_1)t+\frac{g}{\pi}U_{2m}\cos 2\omega_2 t\\
&\quad-\frac{g}{3\pi}U_{1m}\cos(3\omega_2\pm\omega_1)t-\frac{g}{3\pi}U_{2m}\cos 2\omega_2 t-\frac{g}{3\pi}U_{2m}\cos 4\omega_2 t+\cdots
\end{aligned} \tag{2.3.14}$$

式中，$g=\dfrac{1}{r_d+R_L}$为回路的电导。从流过负载的电流可看出，它含有直流分量、频率为 ω_1、$n\omega_2$ 分量以及$(2n+1)\omega_2\pm\omega_1$ 的组合频率分量，其中包含 $\omega_2\pm\omega_1$ 分量。与式(2.3.10)相比，式(2.3.14)中的无用组合频率分量进一步减少，这样不仅使所需的有用信号的能量相对集中，而且也为滤波创造了条件。

2.3.2　相乘器及频率变换作用

由上述分析可以看出，有用信号的“和频”和“差频”是由两个信号的乘积项获得。显然，相乘器是实现频率变换的基本组件。

在通信系统和高频电子技术中广泛采用由二极管构成的相乘器和由晶体管构成的双差分对模拟相乘器。

1. 二极管组成的相乘器

二极管电路广泛用于通信设备中，特别是平衡和环形电路。它们具有电路简单、噪声低、组合频率分量少、工作频带宽等优点；缺点是无增益。

1）二极管平衡相乘器

(1) 电路组成。原理电路如图 2.3.4(a)所示，它是由两个性能一致的二极管及中心抽头变压器 Tr_1、Tr_2 接成平衡电路，输出变压器 Tr_2 接带通滤波器，用以滤除无用的频率分量。为使分析方便，Tr_1 的初次级匝数比为 1∶2，Tr_2 的初次级匝数比为 2∶1。

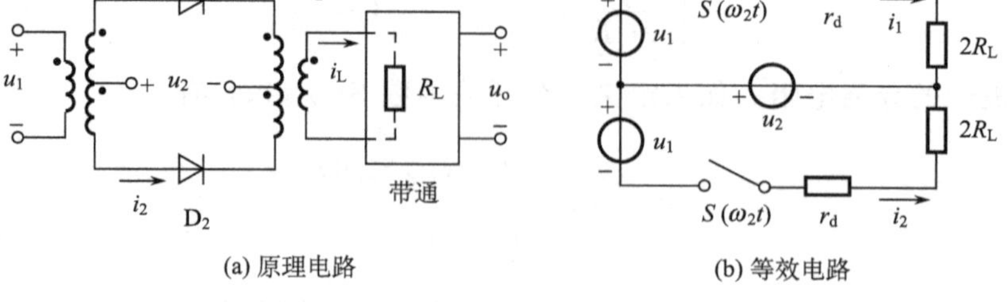

(a) 原理电路　　(b) 等效电路

图 2.3.4　二极管平衡相乘器及等效电路

设相乘器的两个输入信号为 $u_1=U_{1m}\cos\omega_1 t$，$u_2=U_{2m}\cos\omega_2 t$，其中 u_1 是一个小信号，u_2 是一个振幅足够大的信号，即 $U_{2m}\gg U_{1m}$。此时二极管的导通或截止将完全受电压 u_2 的控制，因此可近似认为二极管处于一种理想的开关状态，引入开关函数 $S(\omega_2 t)$表示二极管的工作状态。

(2) 工作原理。图 2.3.4(b)是图 2.3.4(a)的等效电路，其中 r_d是二极管的导通电阻。负载 R_L折合到 Tr_2 初级的等效电阻为 $4R_L$，对应到中心抽头的每一部分则为 $2R_L$。

在大信号 u_2 的作用下，D_1 和 D_2 处于开关状态，即当 u_2 为正半周时，D_1、D_2 同时导通，u_2 为负半周时，D_1、D_2 同时截止。根据 KVL 有

$$i_1=\frac{1}{r_d+2R_L}S(\omega_2 t)(u_2+u_1)=gS(\omega_2 t)(u_2+u_1) \tag{2.3.15}$$

$$i_2=\frac{1}{r_d+2R_L}S(\omega_2 t)(u_2-u_1)=gS(\omega_2 t)(u_2-u_1) \tag{2.3.16}$$

式中，假设 $g=\dfrac{1}{r_d+2R_L}$。根据变压器的同名端及假设的负载电流 i_L 的流向，则

$$\begin{aligned} i_L=i_1-i_2=2u_1 gS(\omega_2 t)&=2gU_{1m}\left(\frac{1}{2}+\frac{2}{\pi}\cos\omega_2 t-\frac{2}{3\pi}\cos3\omega_2 t+\cdots\right)\cos\omega_1 t\\ &=gU_{1m}\left[\cos\omega_1 t+\frac{2}{\pi}\cos(\omega_2\pm\omega_1)t-\frac{2}{3\pi}\cos(3\omega_2\pm\omega_1)t+\cdots\right] \end{aligned} \tag{2.3.17}$$

该信号经中心频率为 ω_2，带宽为 $2\omega_1$ 的带通滤波器滤波后，只有 $\omega_2\pm\omega_1$ 频率成分的电流流过负载 R_L。

2) 二极管环形(双平衡)相乘器

(1) 电路组成。原理电路如图 2.3.5(a)所示。它是在平衡电路的基础上增加了两个二极管，并使四个二极管组成环路。

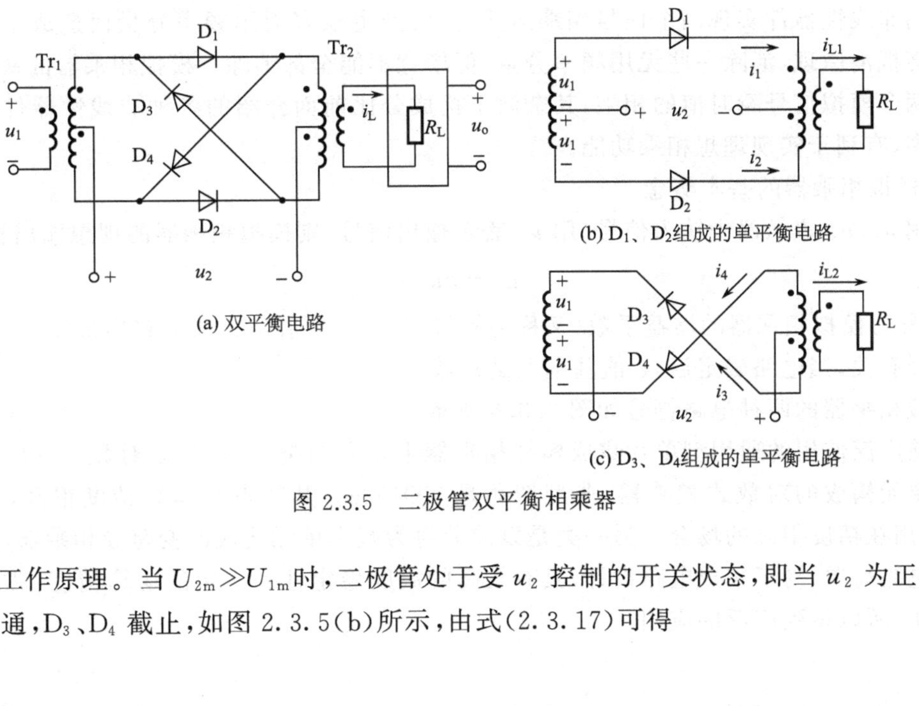

图 2.3.5　二极管双平衡相乘器

(2) 工作原理。当 $U_{2m}\gg U_{1m}$时，二极管处于受 u_2 控制的开关状态，即当 u_2 为正半周时，D_1、D_2 导通，D_3、D_4 截止，如图 2.3.5(b)所示，由式(2.3.17)可得

$$i_{L1}=i_1-i_2=2u_1gS(\omega_2 t) \tag{2.3.18}$$

当 u_2 为负半周时，D_1、D_2 截止，D_3、D_4 导通，如图 2.3.5(c)所示，此时

$$i_{L2}=i_3-i_4=-2u_1gS(\omega_2 t-\pi) \tag{2.3.19}$$

式中

$$S(\omega_2 t-\pi)=\frac{1}{2}-\frac{2}{\pi}\cos\omega_2 t+\frac{2}{3\pi}\cos 3\omega_2 t-\frac{2}{5\pi}\cos 5\omega_2 t+\cdots \tag{2.3.20}$$

故 Tr_2 输出的总电流为

$$i_L=i_{L1}+i_{L2}=2u_1g[S(\omega_2 t)-S(\omega_2 t-\pi)]=2u_1gS'(\omega_2 t) \tag{2.3.21}$$

式中，$S'(\omega_2 t)=S(\omega_2 t)-S(\omega_2 t-\pi)$为双向开关函数，且有

$$S'(\omega_2 t)=\begin{cases}1 & (u_2>0)\\ -1 & (u_2\leqslant 0)\end{cases}$$

将其用傅里叶级数展开得

$$S'(\omega_2 t)=\frac{4}{\pi}\cos\omega_2 t-\frac{4}{3\pi}\cos 3\omega_2 t+\frac{4}{5\pi}\cos 5\omega_2 t+\cdots \tag{2.3.22}$$

则

$$i_L=2gU_{1m}\left[\frac{2}{\pi}\cos(\omega_2\pm\omega_1)t-\frac{2}{3\pi}\cos(3\omega_2\pm\omega_1)t+\frac{2}{5\pi}\cos(5\omega_2\pm\omega_1)t+\cdots\right]$$

可见，与式(2.3.17)相比，输出电流的振幅加倍，且抵消了 $\cos\omega_1 t$ 分量。经输出滤波器滤波，可取出频率为 $\omega_2\pm\omega_1$ 的信号。

2. 三极管构成的双差分对模拟相乘器

利用非线性器件实现两个信号相乘运算时，可产生众多无用频率分量而造成干扰。尽管采用平衡抵消原理，消除一些无用频率分量，但毕竟不能全部消除。模拟相乘器的最大优点就是实现两个模拟信号瞬时值的相乘，其杂波干扰成分比前面介绍的各种非线性器件变换电路要小得多，有利于实现理想相乘功能。

1) 模拟相乘器的基本概念

若用 u_x、u_y 表示两个输入信号，用 u_o 表示输出信号，则模拟相乘器的理想输出特性为

$$u_o=ku_xu_y$$

式中，k 称为模拟相乘器的增益系数(又称为标尺因子)。k 值与集成电路内部结构、外围元件参数选择有关，当电路确定后，k 值基本上是常数。

模拟相乘器的两种电路符号如图 2.3.6 所示。

目前广泛使用的通用型单片集成模拟相乘器主要有两类，一类是以对数——反对数电路为基本单元构成的对数式相乘器，典型产品是 TD4026。其特点是运算精度很高，但价格昂贵，主要用在精度很高的场合。另一类是以差分对为基本单元构成的变跨导相乘器，这类相乘器因为电路简单、易于集成电路设计、具有较高的温度稳定性和一定的运算精度，芯片的运算速度较快，所以得到广泛的应用。

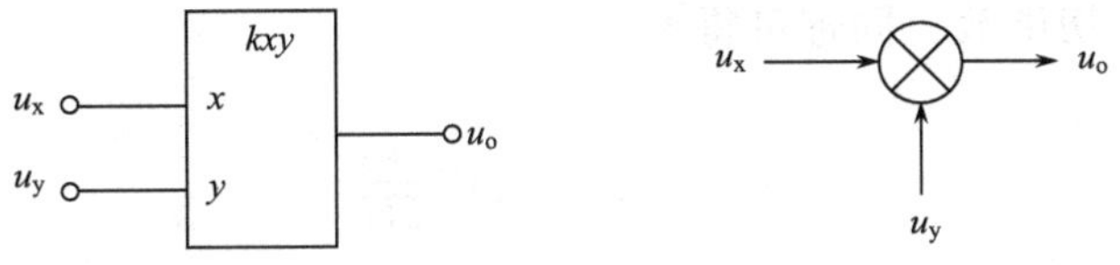

(a) 一般表示方法　　(b) 简易表示方法

图 2.3.6　模拟相乘器的两种电路符号

2）双差分对模拟相乘器的电路组成

差分对模拟相乘器又分为单差分对模拟相乘器和双差分对模拟相乘器。双差分对模拟相乘器原理电路如图 2.3.7 所示。它由三对差分对管组成，电流源 I_o提供差分对管 T_5、T_6 的偏置电流，同时 T_5 为差分对管 T_1、T_2 提供偏置电流，T_6 为差分对管 T_3、T_4 提供偏置电流。输入信号 u_x 交叉加到 T_1、T_2 和 T_3、T_4 两个差分对管的输入端，u_y 加到差分对管 T_5、T_6 的输入端。

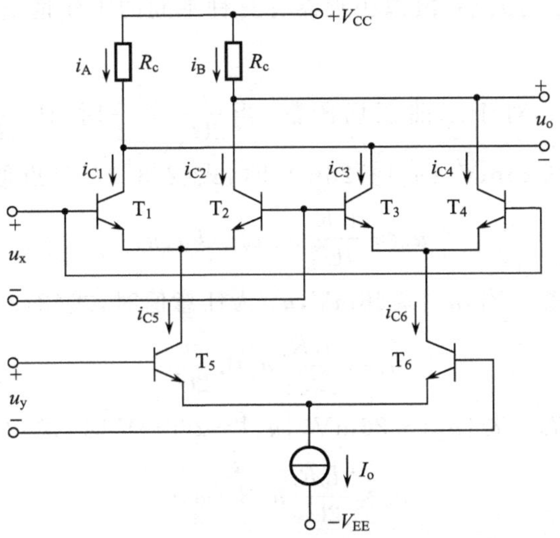

图 2.3.7　双差分对模拟相乘器原理电路

3）双差分对相乘器的工作原理

(1) 数学表达式。设 $T_1 \sim T_6$ 成对匹配，且 $\beta \gg 1$。对于 T_5、T_6 来说，$I_o = i_{C5} + i_{C6} = I_s e^{u_{BE5}/U_T} + I_s e^{u_{BE6}/U_T} = I_s e^{u_{BE6}/U_T}[1 + e^{(u_{BE5}-u_{BE6})/U_T}]$，因为 $u_{BE5} - u_{BE6} = u_y$，则有

$$i_{C6} = I_s e^{u_{BE6}/U_T} = \frac{I_o}{1 + e^{u_y/U_T}}$$

同理

$$i_{C5} = \frac{I_o}{1 + e^{-u_y/U_T}}$$

将上两式相减得

$$i_{C5} - i_{C6} = I_o\left(\frac{1}{1 + e^{-u_y/U_T}} - \frac{1}{1 + e^{u_y/U_T}}\right) = I_o \operatorname{th}\frac{u_y}{2U_T} \tag{2.3.23}$$

式中，$\text{th}\,\frac{u_y}{2U_T}$为双曲正切函数。同理可得

$$i_{C1}-i_{C2}=i_{C5}\,\text{th}\,\frac{u_x}{2U_T} \tag{2.3.24}$$

$$i_{C4}-i_{C3}=i_{C6}\,\text{th}\,\frac{u_x}{2U_T} \tag{2.3.25}$$

所以相乘器的输出差值电流为

$$i_A-i_B=(i_{C1}+i_{C3})-(i_{C2}+i_{C4})=(i_{C1}-i_{C2})-(i_{C4}-i_{C3})=(i_{C5}-i_{C6})\,\text{th}\,\frac{u_x}{2U_T} \tag{2.3.26}$$

进而可得输出电压 $u_o=(V_{CC}-i_BR_c)-(V_{CC}-i_AR_c)=(i_A-i_B)R_c$，即

$$u_o=I_oR_c\,\text{th}\,\frac{u_x}{2U_T}\,\text{th}\,\frac{u_y}{2U_T} \tag{2.3.27}$$

根据输入信号 u_x、u_y 的大小，模拟相乘器有三种不同的工作情况，其对应的输出电压也有三种。

① 小信号工作状态。对于双曲正切函数，当$\frac{u}{2U_T}<\frac{1}{2}$时，$\text{th}\,\frac{u}{2U_T}\approx\frac{u}{2U_T}$。由于室温下$U_T\approx26\text{mV}$，所以当$|u_x|\leqslant26\text{mV}$、$|u_y|\leqslant26\text{mV}$时，式(2.3.27)可近似写为

$$u_o\approx\frac{I_oR_c}{4U_T^2}u_xu_y=ku_xu_y \tag{2.3.28}$$

② 线性时变工作状态。当$|u_y|\leqslant26\text{mV}$，$u_x$ 为任意值时，式(2.3.27)可近似写为

$$u_o\approx\frac{I_oR_c}{2U_T}u_y\,\text{th}\,\frac{u_x}{2U_T} \tag{2.3.29}$$

③ 双向开关工作状态。若$|u_y|\leqslant26\text{mV}$，$|u_x|\geqslant260\text{mV}$时，式(2.3.27)可近似写为

$$u_o\approx\frac{I_oR_c}{2U_T}u_yS'(\omega_xt) \tag{2.3.30}$$

在实际使用时，工作在双向开关状态的模拟相乘器应用最广。

(2) 引入深度负反馈扩大 u_y 的线性范围。为提高输入信号 u_y 的动态范围，可在 T_5、T_6 发射极上接入负反馈电阻 R_y，如图 2.3.8(a)所示。

由图 2.3.8(a)可见，当 R_y 远大于 T_5、T_6 管发射结电阻时，有

$$i_{E5}\approx\frac{I_o}{2}+\frac{u_y}{R_y},\quad i_{E6}\approx\frac{I_o}{2}-\frac{u_y}{R_y} \tag{2.3.31}$$

因此差分对管 T_5、T_6 输出的差值电流 $i_{C5}-i_{C6}\approx i_{E5}-i_{E6}=\frac{2u_y}{R_y}$。将其代入式(2.3.26)得 $i_A-i_B=\frac{2u_y}{R_y}\text{th}\,\frac{u_x}{2U_T}$，于是由 $u_o=(i_A-i_B)R_c$ 得

$$u_o=\frac{2R_c}{R_y}u_y\,\text{th}\,\frac{u_x}{2U_T} \tag{2.3.32}$$

式(2.3.32)表明双差分对工作在线性时变状态。若$|u_x|\leqslant26\text{mV}$，则结论与式(2.3.28)类似；如果$|u_x|\geqslant260\text{mV}$，则结论与式(2.3.30)类似。

(3) 恒流源的电路形式。图 2.3.8(a)中的恒流源$\frac{I_o}{2}$在集成电路中常以多路输出恒流源的形式出现，如图 2.3.8(b)所示。图中的发射极电阻起抑制$\frac{I_o}{2}$漂移的作用，且$\frac{I_o}{2} \approx I_R = \frac{V_{EE} - U_{BE}}{R + R_e}$。

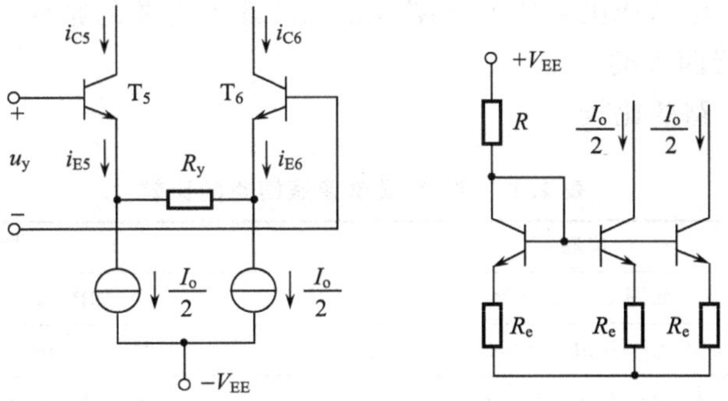

(a) 扩展u_y线性范围的电路　　(b) 多路恒流源电路

图 2.3.8　扩展 u_y 线性范围及多路恒流源电路

4) 集成模拟相乘器 MC1596

(1) MC1596 模拟相乘器的内部电路。单片集成模拟相乘器 MC1596(MC1496)的内部电路如图 2.3.9(a)所示，它是由前面介绍的图 2.3.7、图 2.3.8(a)和图 2.3.8(b)三部分组合而成。与之对应的同类产品有 XFC1596、FX1596、F1596 等。

图 2.3.9(a)中，$T_7 \sim T_9$ 构成恒流源电路，为 T_5、T_6 管提供 $I_o/2$ 的恒值电流。该电路只是扩大了 Y 通道输入电压的动态范围，而 X 通道输入电压的动态范围很小。

(2) MC1596 模拟相乘器外围电路。单片集成模拟相乘器 MC1596 的外围电路如图 2.3.9(b)所示。5 脚外接电阻 R_5 可用来调节 $I_o/2$ 的大小。

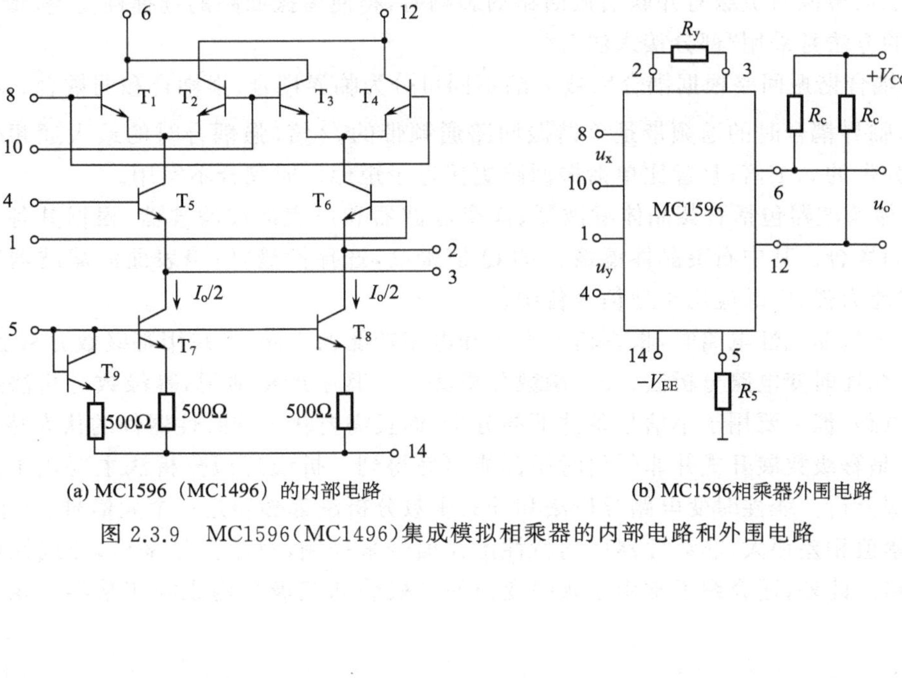

(a) MC1596 (MC1496) 的内部电路　　(b) MC1596相乘器外围电路

图 2.3.9　MC1596(MC1496)集成模拟相乘器的内部电路和外围电路

在实际应用中，为了弥补 MC1596 相乘器的不足，也常采用 BG314 模拟相乘器，它不仅扩大了 Y 通道输入电压的动态范围，也扩大了 X 通道输入电压的动态范围。

本章小结

本章主要内容体系为：选频网络→非线性电路分析基础。

(1) 选频网络的作用是选出需要的频率分量和滤除不需要的频率分量。选频网络可分为谐振回路和固体滤波器两大类。

① 串、并联谐振回路的比较。

表 2.1　串、并联单谐振回路的比较

		串联	并联
电路		如图 2.2.2 所示	如图 2.2.4 所示
阻抗		$Z=r+j(\omega L-1/\omega C)$	$Z=R_p/[1+jR_p(\omega C-1/\omega L)]$
空载 Q 值		$Q_0=\omega_o L/r=1/\omega_o Cr$	$Q_0=R_p/\omega_o L=\omega_o CR_p$
谐振频率		$\omega_o=1/\sqrt{LC}$ 或 $f_o=1/2\pi\sqrt{LC}$	
失谐系数		$\xi=Q(2\Delta f/f_o)$	
频率特性		$S=1/\sqrt{1+\xi^2}$，$\varphi=-\arctan\xi$	
通频带		$2\Delta f_{0.7}=f_o/Q$	
矩形系数		$K_{0.1}\approx 10$	
选频特性	$\omega<\omega_o$	呈容性($\omega L-1/\omega C<0$)	呈感性($\omega C-1/\omega L<0$)
	$\omega=\omega_o$	$Z=r$ 最小，最大电流 $\dot{I}_o=\dot{U}_s/r$	$Z=R_p$ 最大，最大电压 $\dot{U}_o=\dot{I}_s R_p$
	$\omega>\omega_o$	呈感性($\omega L-1/\omega C>0$)	呈容性($\omega C-1/\omega L>0$)

当考虑信号源与负载对并联谐振回路的影响时，将使谐振回路的选择性变差、谐振频率下降。解决的方法是采用“部分接入法”。

② 双耦合谐振回路根据耦合因数 η 的不同可分为临界耦合、强耦合和弱耦合。在相同 Q 值情况下，临界耦合时的通频带是单谐振回路通频带的 $\sqrt{2}$ 倍，强耦合时的最大通频带是单谐振回路通频带的 3.1 倍；且皆比单谐振回路更接近于矩形。弱耦合不实用。

③ 固体滤波器包括石英晶体滤波器、陶瓷滤波器和声表面波滤波器，根据其各自特点可应用到不同场合。其中石英晶体滤波器的 Q 值最高，选择性最好；声表面波滤波器工作频率高，抗辐射能力强，广泛应用于通信设备中。

(2)在分析非线性电路时，根据信号大小和电路功能的不同，可采用幂级数分析法、折线近似分析法、线性时变电路分析法、开关函数分析法等。其中严格地说，幂级数分析法适用于任何非线性电路，但主要用于小信号条件下的分析，而且需要获得非线性器件的伏安特性幂级数展开式，可是幂级数展开式并非任何时候都能容易得到。折线近似分析法主要用于大信号条件下的图解分析。线性时变电路分析法和开关函数分析法都必须是一个大信号、一个小信号，两信号的幅值相差很大，非线性器件的特性由大信号来控制，对小信号来讲，非线性电路近似为线性电路。此外，还介绍了常用于频率变换的二极管和三极管构成的相乘器。相乘器是实现频率变换的基本组件。

自 测 题

一、填空题

1. 选频器的性能可由__________曲线来描述，其性能好坏由__________和__________两个互相矛盾的指标来衡量。__________是综合说明这两个指标的参数，其值越__________越好。

2. LC 谐振回路的 Q 值下降，通频带__________，选择性__________。

3. LC 并联谐振回路在谐振时回路阻抗最__________且为__________性，失谐时阻抗变__________，当 $f<f_0$ 时回路呈__________，$f>f_0$ 时回路呈__________。

4. 电路中的 LC 并联谐振回路常采用抽头接入的目的是__________，若接入系数增大，则谐振回路的 Q 值__________，通频带__________。

5. 串联谐振回路适用于信号源内阻__________的情况，信号源内阻越大，回路品质因数越__________，选择性就越__________。

6. 并联谐振回路适用于信号源内阻__________的情况，谐振时回路两端电压__________。

7. 当双调谐回路处于临界状态时，其矩形系数比单调谐回路的__________，且为__________；在相同 Q 值情况下，其通频带是单调谐回路的__________倍。

8. 石英晶体工作在__________频率范围内，等效电路呈__________性，且有利于稳定频率。

9. 非线性电路常用的分析方法有__________、__________、__________和__________。

二、选择题

1. LC 串联回路谐振时阻抗最__________，且为纯电阻，失谐时阻抗变__________，当 $f<f_0$ 回路呈__________，当 $f>f_0$ 回路呈__________。

A. 容性　　B. 感性　　C. 大　　D. 小

2. LC 组成的并联谐振回路谐振时，阻抗为__________，谐振时电压为__________；电纳为__________，回路总导纳为__________。

A. 最大值　　B. 最小值　　C. 零　　D. 不能确定

3. 把谐振频率为 f_0 的 LC 并联谐振回路串联在电路中，它__________的信号通过。

A. 允许频率为 f_0　　B. 阻止频率为 f_0

C. 使频率低于 f_0　　D. 使频率高于 f_0

4. 在自测题 1 图所示电路中，ω_1 和 ω_2 分别为其串联谐振频率和并联谐振频率。它们之间的大小关系为__________。

A. ω_1 等于 ω_2　　B. ω_1 大于 ω_2

C. ω_1 小于 ω_2　　D. 无法判断

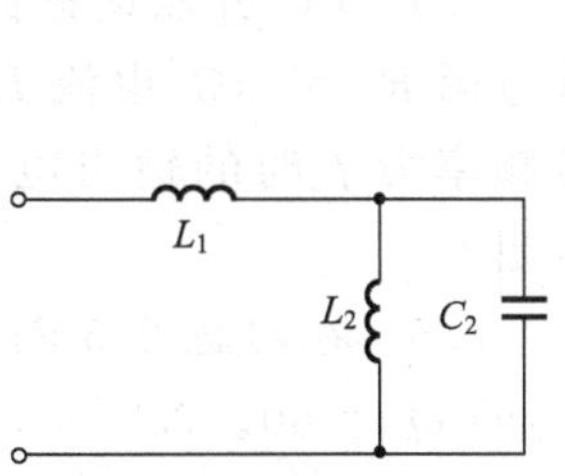

自测题 1 图

5. 强耦合时，耦合回路 η 越大，谐振曲线在谐振频率处的凹陷程度__________。

A. 越大　　B. 越小　　C. 不出现

6. 石英晶体振荡器，工作在__________时的等效阻抗最小。

A. 串联谐振频率 f_s　　B. 并联谐振频率 f_p

C. f_s与 f_p之间　　　　D. 工作频率

7. 在非线性电路中，当非线性器件受一个大信号控制时，非线性器件的特性主要为导通和截止，这时分析非线性电路采用的方法是__________。

A. 幂级数分析法　　　　B. 折线分析法

C. 开关函数分析法　　　　D. 线性时变电路分析法

8. 集成模拟相乘器的核心电路是__________。

A. 单调谐回路　B. 双调谐回路　C. 正弦波振荡器　D. 双差分对

9. 集成模拟相乘器是__________集成器件。

A. 非线性　B. 线性　C. 功率　D. 数字

三、判断题

1. 对于谐振回路，理想情况下的矩形系数应小于 1。(　　)

2. LC 串联谐振回路谐振时，谐振电流最大。失谐越严重，谐振电流越小。(　　)

3. 如某电台的广播频率为 99.3MHz，LC 回路只要让该频率的信号通过就可以接收到该电台。(　　)

4. 单调谐回路的矩形系数是一个定值，与回路的 Q 值和谐振频率无关。(　　)

5. 双调谐回路的耦合程度与 Q 值无关。(　　)

6. 陶瓷滤波器体积小，易制作，稳定性好，无须调谐。(　　)

7. 声表面波滤波器的最大缺点是需要调谐。(　　)

8. 相乘器是实现频率变换的基本组件。(　　)

9. 只要有信号作用于非线性器件就可以实现频谱搬移。(　　)

习　题

2.1　描述选频网络的性能指标有哪些？矩形系数是如何提出来的？

2.2　给定 LC 并联谐振回路 $f_o=5\text{MHz}$，$C=50\text{pF}$，通频带 $2\Delta f_{0.7}=150\text{kHz}$，试求电感 L、品质因数 Q_0 以及对信号源频率为 5.5MHz 时的失调系数。又若把 $2\Delta f_{0.7}$加宽到 300kHz，则应在 LC 回路两端并联一个多大的电阻？

2.3　试设计用于收音机中频放大器中的简单并联谐振回路。已知中频频率 $f_o=465\text{kHz}$，回路电容 $C=200\text{pF}$，要求 $2\Delta f_{0.7}=8\text{kHz}$。试计算回路电感 L 和有载 Q_L 值。若电感线圈的 $Q_0=100$，则回路应并联多大的电阻才能满足要求。

2.4　LC 并联谐振回路如习题 2.4 图所示。已知 $L=10\mu\text{H}$，$C=300\text{pF}$，均无损耗，负载电阻 $R_L=5\text{k}\Omega$，电流 $I_s=1\text{mA}$。试求：(1)回路谐振频率 f_o及通频带 $2\Delta f_{0.7}$；(2)当输入信号频率为 f_o时的输出电压；(3)若要使通频带扩大一倍，则 LC 回路两端应再并联多大的电阻？

2.5　在习题 2.5 图所示电路中，已知工作频率 $f_o=30\text{MHz}$，$R=10\text{k}\Omega$，$C=20\text{pF}$，线圈 L_{13}的 $Q_0=60$。$N_{12}=6$，$N_{23}=4$，$N_{45}=3$；信号源 $R_s=2.5\text{k}\Omega$，$C_s=9\text{pF}$；负载 $R_L=1\text{k}\Omega$，$C_L=12\text{pF}$。试求线圈电感 L_{13}和有载 Q_L。

2.6　在习题 2.6 图所示电路中，信号源 $R_s=2.5\text{k}\Omega$，负载 $R_L=100\text{k}\Omega$；回路 $C_1=140\text{pF}$，$C_2=1400\text{pF}$，线圈 $L=200\mu\text{H}$，$r_0=8\Omega$。试求谐振频率 f_o和通频带 $2\Delta f_{0.7}$。

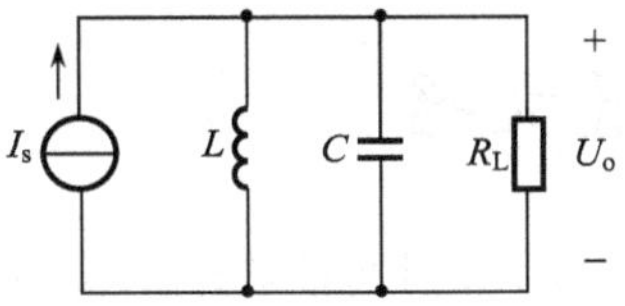

习题 2.4 图

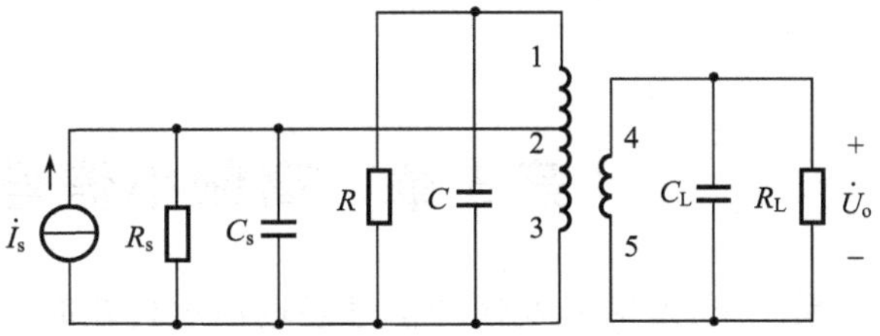

习题 2.5 图

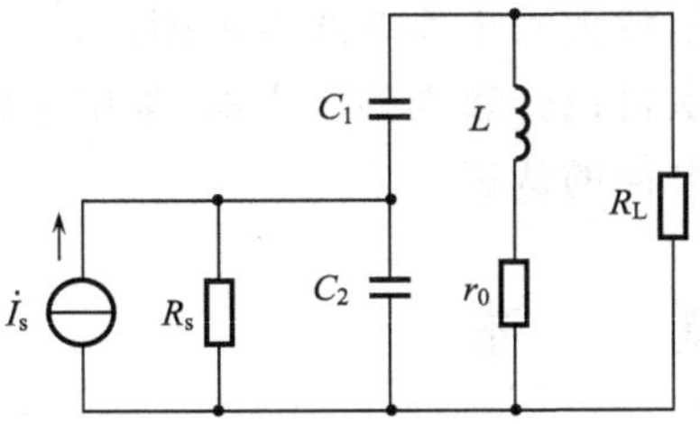

习题 2.6 图

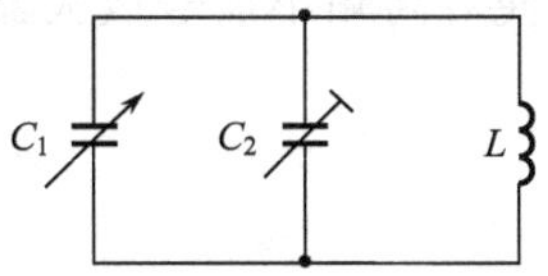

习题 2.7 图

2.7　在一波段内调谐的并联谐振回路如习题 2.7 图所示。可变电容 C_1 的变化范围是 15～375pF，要求调谐范围为 535～1605kHz，试计算电感量 L 和微调电容 C_2 的值。

2.8　在习题 2.8 图所示电路中，已知 $L=0.8\mu H$，$Q_0=100$，$C_1=C_2=20pF$，$C_i=5pF$，$R_i=10k\Omega$，$C_o=20pF$，$R_o=5k\Omega$。试计算回路谐振频率、谐振阻抗（不计 R_o 与 R_i 时）、有载 Q_L 值和通频带。

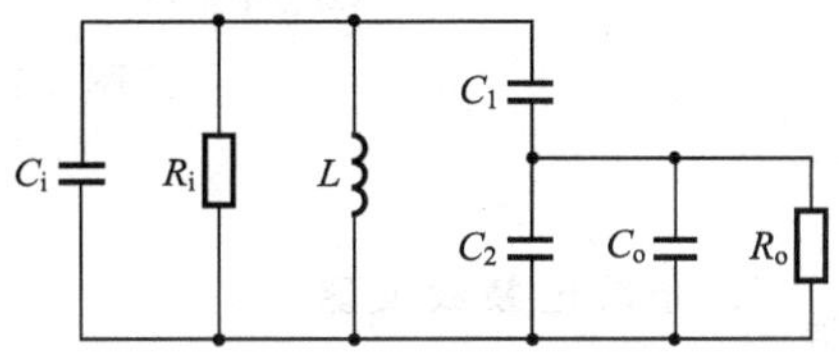

习题 2.8 图

2.9　为什么调制必须利用电子器件的非线性特性才能实现？它和放大在本质上有什么不同？

2.10　在习题 2.10 图所示电路中，二极管 D_1、D_2 特性相同，伏安特性均是从原点出发斜率为 g_d 的直线。已知 $u_1=U_{1m}\cos\omega_1 t$，$u_2=U_{2m}\cos\omega_2 t$，且 $U_{2m}\gg U_{1m}$，并使二极管工作在受 u_2 控制的开关状态。试分析其输出电流中的频谱成分，说明电路是否具有相乘功能（忽略负载对初级的影响）。

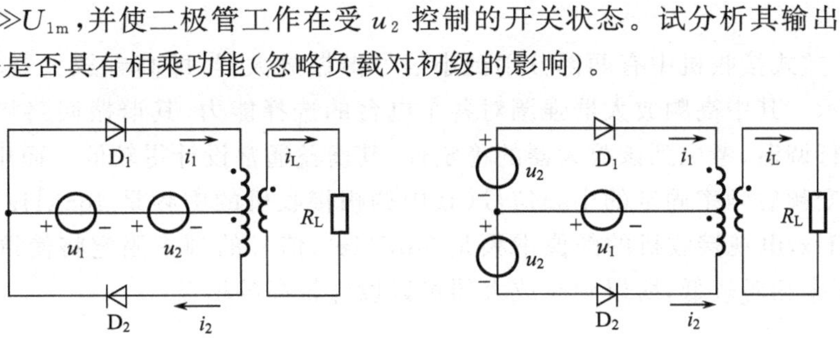

(a)　(b)

习题 2.10 图

第 3 章　高频小信号放大器

在通信系统中，发射机发送的信号经过信道传输时衰减很大，到达接收端的高频信号电平多在微伏数量级；并且在同一信道中可能同时存在许多偏离有用信号频率的各种干扰信号。这就需要一个既有足够的增益，又有选频作用的电路担当此任，它就是本章所要讨论的高频小信号放大器。“小信号”是指输入信号幅值较低，放大器工作在线性范围内。

本章从高频小信号放大器的分类出发，依次讨论分散选频放大器、集中选频放大器和放大器中的噪声，以便对高频小信号放大器有一个全面的认识。

3.1　概　述

高频小信号放大器的基本类型是选频放大器，顾名思义，它是由放大器与选频器两部分组成的。从选频方式上来分，有分散选频和集中选频两大类，其组成框图如图 3.1.1 所示。

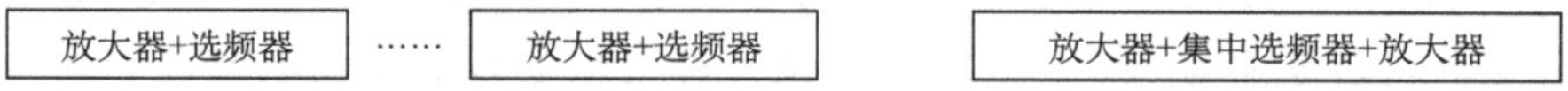

(a) 分散选频方式　　(b) 集中选频方式

图 3.1.1　高频小信号放大器的组成

1. 分散选频放大器

分散选频放大器的每一级放大器都接入调谐负载(选频网络)，所以又称为谐振放大器，如图 3.1.1(a)所示。根据选频网络的不同，分散选频放大器又分为单调谐和双调谐回路谐振放大器。其特点是：①逐级选频；②可工作在谐振频率可调或频率较高的场合；③多为分立元件电路。

例如，超外差式接收机中有两部分用到小信号谐振放大器，即高频放大器和中频放大器，如图 1.3.2 所示。其中高频放大器强调对各个电台的选择能力，其谐振回路将随外来信号频率的不同而进行调谐，考虑到该放大器的稳定性，其增益通常设计得较低。而中频放大器的输入信号为经过变频后频率固定的中频信号(其中调幅接收机的中频是 465kHz，调频接收机的中频是 10.7MHz，电视接收机的图像中频是 38MHz)，信号的频率固定将使调谐回路参数不变；同时因其频率相对较低，所以中频放大器可以设计较高的增益。

2. 集中选频放大器

集中选频放大器是以集中选频代替了逐级选频，使其在很多方面优于分散选频放大器，如图 3.1.1(b)所示。它将放大与选频两种功能分开处理，放大作用由多级非谐振宽带放大器承担；集中选频器采用矩形系数较好的滤波器，常用的有石英晶体滤波器、陶瓷滤波器和声表面波滤波器等。

3. 高频小信号放大器的性能指标

衡量放大电路的技术指标有中心频率、通频带、选择性、增益、噪声系数与稳定性。其中前三者主要由选频器决定,后三者主要由放大器决定。

3.2　分散选频放大器

分散选频放大器由选频器与放大器两部分组成,其中选频器多采用第 2 章介绍过的 LC 谐振回路。对于放大器而言,首先考虑的是放大倍数,由于是对有用信号的放大,所以可重点分析谐振增益;其次是稳定性和噪声系数问题。这三方面的技术指标将是下面讨论的核心内容。

3.2.1　晶体管高频 Y 参数等效模型

欲对信号进行放大,电路中必须有放大管(如晶体管),而由晶体管组成的非线性电路会给分析计算带来困难。其实,对于高频小信号而言,建立工作点附近局部线性的晶体管等效模型是最有效的方法。由于高频时放大管的电抗效应不容忽视,而且放大器一般都通过选频器(常以 LC 并联谐振回路)与负载相接,显然对于放大管而言,采用导纳 Y 参数会给电路计算带来方便。

1. 晶体管高频 Y 参数方程组

晶体管无论共发射极、共集电极还是共基极,都可视为二端口网络。对于图 3.2.1(a)所示的共射接法的晶体管,若取电压 u_{BE}、u_{CE} 为自变量,电流 i_B、i_C 为因变量,则电流与电压的关系可表示为 $i_B=f_1(u_{BE},u_{CE})$,$i_C=f_2(u_{BE},u_{CE})$。为取得静态工作点 Q 附近各增量间的关系,求函数在 Q 点的全微分,有

$$di_B=\left.\frac{\partial i_B}{\partial u_{BE}}\right|_{U_{CEQ}}\cdot du_{BE}+\left.\frac{\partial i_B}{\partial u_{CE}}\right|_{U_{BEQ}}\cdot du_{CE}$$

$$di_C=\left.\frac{\partial i_C}{\partial u_{BE}}\right|_{U_{CEQ}}\cdot du_{BE}+\left.\frac{\partial i_C}{\partial u_{CE}}\right|_{U_{BEQ}}\cdot du_{CE}$$

对于正弦小信号,无限小的信号增量可用正弦量有效值的相量来表示,并引入 Y 参数,则可写出晶体管 Y 参数方程组为

$$\dot{I}_b=Y_{ie}\dot{U}_{be}+Y_{re}\dot{U}_{ce}\tag{3.2.1a}$$

$$\dot{I}_c=Y_{fe}\dot{U}_{be}+Y_{oe}\dot{U}_{ce}\tag{3.2.1b}$$

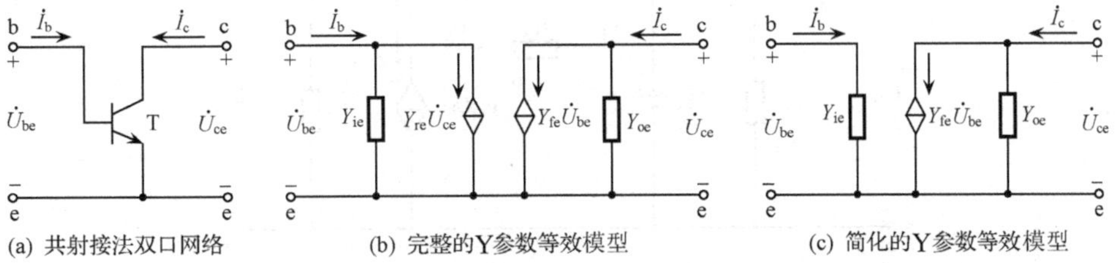

(a) 共射接法双口网络　(b) 完整的Y参数等效模型　(c) 简化的Y参数等效模型

图 3.2.1　共射接法双口网络及其 Y 参数等效模型

令 $\dot{U}_{ce}=0$，即令输出端交流短路，由式(3.2.1)可得

$$Y_{ie}=\left.\frac{\dot{I}_b}{\dot{U}_{be}}\right|_{\dot{U}_{ce}=0},Y_{fe}=\left.\frac{\dot{I}_c}{\dot{U}_{be}}\right|_{\dot{U}_{ce}=0}$$

Y_{ie}、Y_{fe}分别为晶体管输出端交流短路时的输入导纳和正向传输导纳。

令 $\dot{U}_{be}=0$，即令输入端交流短路，由式(3.2.1)可得

$$Y_{re}=\left.\frac{\dot{I}_b}{\dot{U}_{ce}}\right|_{\dot{U}_{be}=0},Y_{oe}=\left.\frac{\dot{I}_c}{\dot{U}_{ce}}\right|_{\dot{U}_{be}=0}$$

Y_{re}、Y_{oe}分别为晶体管输入端交流短路时的反向传输导纳和输出导纳。

可见，四个 Y 参数都是在输入端或输出端交流短路时确定的导纳，故又称 Y 参数为短路导纳参数。

2. 晶体管 Y 参数等效模型

由式(3.2.1)的 Y 参数方程组可画出其完整的 Y 参数等效模型图 3.2.1(b)。图中的受控电流源 $Y_{re}\dot{U}_{ce}$表示输出电压对输入电流的反向控制作用，它体现了晶体管的内部反馈，Y_{re}的存在会造成放大器工作性能的不稳定；受控电流源 $Y_{fe}\dot{U}_{be}$表示输入电压对输出电流的正向控制作用，Y_{fe}越大，则晶体管的放大能力越强。当忽略晶体管反向传输导纳 Y_{re}的作用时，将得到单向简化的 Y 参数等效模型图 3.2.1(c)。这种忽略可以在实际中加以实现，因此该简化电路具有实际意义。

Y 参数等效模型的优点是电路形式简单，但它只适合分析窄带电路。

3. 晶体管 Y 参数的测量与换算

1) 晶体管 Y 参数的测量

晶体管 Y 参数可以通过实验测量得到，即在输出端交流短路的情况下，在输入端加测试信号，可以测出 Y_{ie}和 Y_{fe}；在输入端交流短路的情况下，在输出端加测试信号，可以测出 Y_{re}和 Y_{oe}。

2) 晶体管 Y 参数的换算

晶体管混合 π 型等效模型如图 3.2.2 所示(该模型在《模拟电子技术基础》中已介绍)。考虑到晶体管集电结的反偏电阻 $r_{b'c}$很大，且 $r_{b'c}\gg 1/(\omega C_{b'c})$，再根据 Y 参数的定义可得到 Y 参数与混合 π 参数间的关系(推导过程可参见相关文献)为

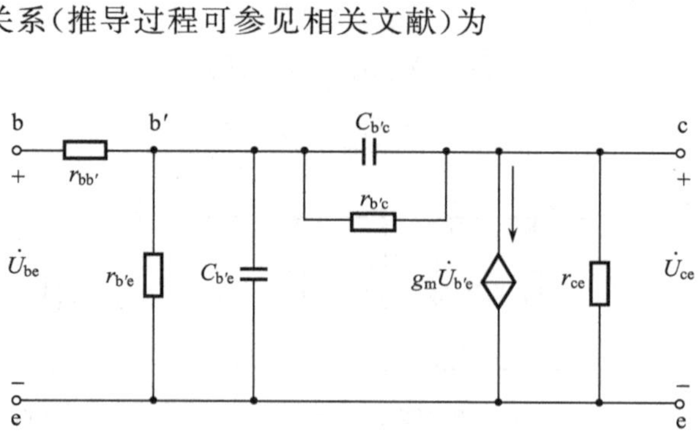

图 3.2.2　晶体管混合 π 型等效模型

$$Y_{ie} \approx \frac{g_{b'e} + j\omega C_{b'e}}{1 + r_{bb'}(g_{b'e} + j\omega C_{b'e})} = g_{ie} + j\omega C_{ie} \tag{3.2.2a}$$

$$Y_{re} \approx \frac{-j\omega C_{b'c}}{1 + r_{bb'}(g_{b'e} + j\omega C_{b'e})} = |Y_{re}| e^{j\varphi_{re}} \tag{3.2.2b}$$

$$Y_{fe} \approx \frac{g_m}{1 + r_{bb'}(g_{b'e} + j\omega C_{b'e})} = |Y_{fe}| e^{j\varphi_{fe}} \tag{3.2.2c}$$

$$Y_{oe} \approx g_{ce} + j\omega C_{b'c} + \frac{j\omega C_{b'c} r_{bb'} g_m}{1 + r_{bb'}(g_{b'e} + j\omega C_{b'e})} = g_{oe} + j\omega C_{oe} \tag{3.2.2d}$$

式中，g_{ie}、C_{ie}分别称为晶体管的输入电导和输入电容，g_{oe}、C_{oe}分别称为晶体管的输出电导和输出电容；$|Y_{re}|$、$|Y_{fe}|$以及 φ_{re}、φ_{fe}分别表示 Y_{re}、Y_{fe}的模和相角。由上述分析可见，Y 参数是频率的函数。但在窄带小信号选频放大器中，可以近似认为在所讨论的频率范围内 Y 参数为常数。

为了突出主要矛盾，便于理解，这里假设 $r_{bb'}=0$，使两参数间的关系大大简化。简化的参数可分别表述为

$$g_{ie} \approx g_{b'e}, \qquad C_{ie} \approx C_{b'e} \tag{3.2.3a}$$

$$|Y_{re}| \approx \omega C_{b'c}, \varphi_{re} \approx -90° \tag{3.2.3b}$$

$$|Y_{fe}| \approx g_m, \quad \varphi_{fe} \approx 0° \tag{3.2.3c}$$

$$g_{oe} \approx g_{ce}, \qquad C_{oe} \approx C_{b'c} \tag{3.2.3d}$$

3.2.2　单调谐回路谐振放大器

1. 单调谐回路谐振放大器的工作原理

1）电路形式

电路形式为："单管放大器（甲类工作状态）+单调谐回路选频器"，如图 3.2.3(a)所示。图中 R_{b1}、R_{b2}、R_e 构成工作点稳定直流偏置电路；C_b、C_e 分别为基极、发射极旁路电容，其作用是尽可能地减小加在发射结上的高频输入信号的损耗；电感线圈与电容 C 构成并联谐振回路作为集电极负载，且 $f_o=f_{外}$。T 与谐振回路之间采用"部分接入"方式，以减小晶体管的输出导纳对谐振回路的影响；放大器与负载之间采用变压器耦合，可以减小负载导纳对谐振回路的影响。

2）静态分析

(1) 画出直流通路。根据电路中所有电容均视为开路和电感线圈可近似看成短路的原则，可画出如图 3.2.3(b)所示的直流通路。

(2) 静态工作点的估算。

$$U_B \approx \frac{R_{b2}}{R_{b1}+R_{b2}} V_{CC}, I_E = \frac{U_B - U_{BE}}{R_e}, U_{CE} = V_{CC} - I_E R_e$$

掌握静态分析是十分重要的。因为在实际电路中出现高频放大器的故障，有相当一部分并不是交流通路的问题，而是直流通路不正常。换句话说，故障现象虽表现为对高频信号放大不正常，但故障却是直流通路。所以在用万用表测量电压之前，先要利用上述公式估算出各点应有的正常电压值，才能判断出测量的正误。

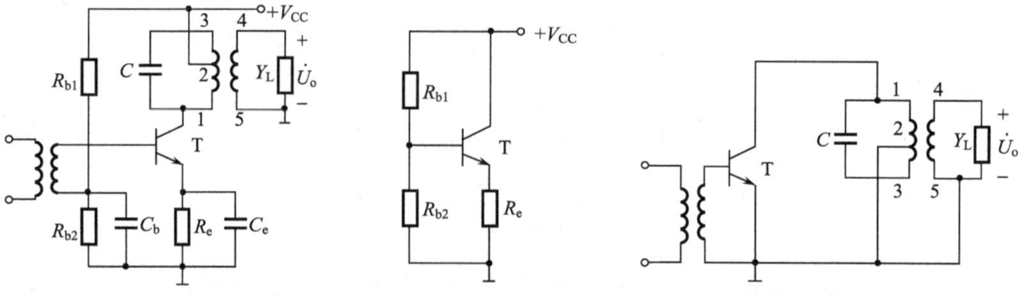

(a) 电路组成　　(b) 直流通路　　(c) 交流通路

图 3.2.3　共射单调谐回路谐振放大器

3）动态分析

（1）画出交流通路。根据电路中旁路电容近似看成短路和理想直流电源 V_{CC} 视为交流短路的原则，可画出如图 3.2.3(c)所示的交流通路。

（2）高频信号被放大、选频的基本过程。高频信号电压$\xrightarrow{\text{互感耦合}}$基极电压$\xrightarrow{\text{发射结电压 } u_{be}}$基极电流 i_b $\xrightarrow{\text{晶体管放大}}$集电极电流 i_c $\xrightarrow{\text{谐振回路选频}}$回路谐振电压$\xrightarrow{\text{互感耦合}}$在负载上产生较大的高频信号电压或功率。

2. 单调谐回路谐振放大器的单向化等效电路

当忽略晶体管参数 Y_{re} 时，可用简化 Y 参数等效模型图 3.2.1(c)代替图 3.2.3(c)交流通路中的晶体管，可得到如图 3.2.4(a)所示的等效电路。在图 3.2.4(a)中，晶体管及负载与谐振回路之间属于部分接入。为了讨论方便，把图 3.2.4(a)中的电流源 $Y_{fe}\dot{U}_i$ 及输出导纳 Y_{oe} $(=g_{oe}+j\omega C_{oe})$、负载导纳 $Y_L(=g_L+j\omega C_L)$ 分别折合到并联谐振回路 1、3 两端。晶体管的接入系数 $p_1=N_{12}/N_{13}$，负载（或下一级放大器的输入导纳 Y_{ie2}）的接入系数 $p_2=N_{45}/N_{13}$。由此可画出折合后的等效电路如图 3.2.4(b)所示，图中 g_p 表示空载时并联谐振回路的损耗电导。若进一步合并同类元件，则可得最终简化的等效电路如图 3.2.4(c)所示。图中

$$g_\Sigma = p_1^2 g_{oe} + g_p + p_2^2 g_L \tag{3.2.4a}$$

$$C_\Sigma = p_1^2 C_{oe} + C + p_2^2 C_L \tag{3.2.4b}$$

显然，单级单调谐回路谐振放大器的 Y 参数等效电路的最简形式是一个典型的单调谐回路，说明谐振放大器对信号的放大作用依赖于晶体管的放大特性；而其频率特性则主要取决于作为晶体管负载的并联谐振回路。

3. 单调谐回路谐振放大器的主要性能指标

1）谐振频率、谐振电阻和品质因数

由图 3.2.4(c)可知，放大器的谐振频率、谐振电阻、品质因数分别为

$$f_o = \frac{1}{2\pi\sqrt{LC_\Sigma}} \tag{3.2.5a}$$

$$R_\Sigma = \frac{1}{g_\Sigma} \tag{3.2.5b}$$

$$Q_L = \frac{1}{\omega_o L g_\Sigma} = \frac{\omega_o C_\Sigma}{g_\Sigma} \tag{3.2.5c}$$

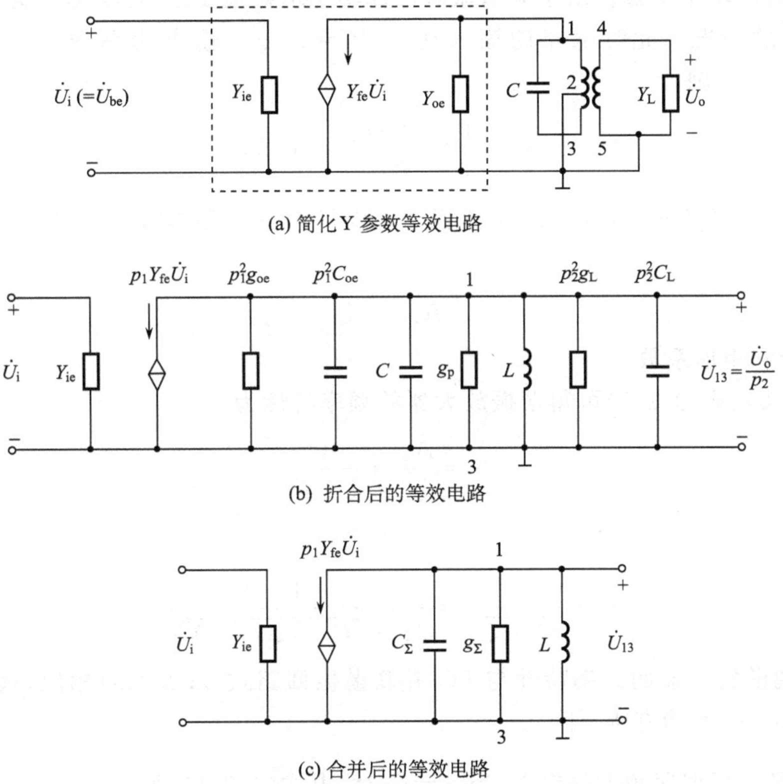

图 3.2.4　单调谐回路选频放大器的单向化等效电路

2）增益

（1）电压增益。因为 $\dot{U}_o=p_2\dot{U}_{13}=p_2\dfrac{-p_1Y_{fe}\dot{U}_i}{g_\Sigma+j\omega C_\Sigma+1/j\omega L}$，所以

$$\dot{A}_u=\frac{\dot{U}_o}{\dot{U}_i}=-\frac{p_1p_2Y_{fe}}{g_\Sigma\left[1+j\dfrac{1}{g_\Sigma}\left(\omega C_\Sigma-\dfrac{1}{\omega L}\right)\right]}=-\frac{p_1p_2Y_{fe}}{g_\Sigma\left[1+j\dfrac{\omega_oC_\Sigma}{g_\Sigma}\left(\dfrac{\omega}{\omega_o}-\dfrac{\omega_o}{\omega}\right)\right]}$$

$$=-\frac{p_1p_2Y_{fe}}{g_\Sigma[1+jQ_L(2\Delta f/f_o)]}=-\frac{p_1p_2Y_{fe}}{g_\Sigma(1+j\xi)}$$

即

$$\dot{A}_u=-\frac{p_1p_2Y_{fe}}{g_\Sigma(1+j\xi)} \tag{3.2.6}$$

可见，谐振放大器的电压增益是工作频率的函数。当频率偏离 f_o时，放大器的电压增益将下降。谐振时，$\xi=0$，则谐振电压增益为

$$\dot{A}_{uo}=-\frac{p_1p_2Y_{fe}}{g_\Sigma}=-\frac{p_1p_2Y_{fe}}{p_1^2g_{oe}+g_p+p_2^2g_L} \tag{3.2.7}$$

因为 Y_{fe} 是复数，本身有一个相角 φ_{fe}，故谐振时 $\dot{U}_o$ 与 $\dot{U}_i$ 的相位差不是 180°，而是 $180°+\varphi_{fe}$。只有当频率较低时，$\varphi_{fe}=0$，$\dot{U}_o$ 与 $\dot{U}_i$ 的相位差才是 180°。

(2) 谐振时的功率增益。由于非谐振时计算功率增益很复杂，且实际意义不大，所以在此仅讨论谐振时的情况。此时电路的输入功率 $P_i = U_i^2 g_{ie}$，输出功率 $P_o = U_{13}^2 p_2^2 g_L = (U_o/p_2)^2 p_2^2 g_L = U_o^2 g_L$。则

$$A_{po} = \frac{P_o}{P_i} = \frac{U_o^2 g_L}{U_i^2 g_{ie}} = A_{uo}^2 \frac{g_L}{g_{ie}} \tag{3.2.8}$$

对于多级放大器来说，如果本级晶体管输入电导与下级晶体管输入电导相等时，即 $g_{ie} = g_L$，则有

$$A_{po} = A_{uo}^2 \tag{3.2.9}$$

3) 通频带和矩形系数

由式(3.2.6)、式(3.2.7)可得谐振放大器的频率特性为

$$\dot{S} = \frac{\dot{A}_u}{\dot{A}_{uo}} = \frac{1}{1 + j\xi} \tag{3.2.10}$$

其模为

$$S = \frac{1}{\sqrt{1+\xi^2}} = \frac{1}{\sqrt{1 + [Q_L(2\Delta f / f_o)]^2}} \tag{3.2.11}$$

可见，单调谐放大器的频率特性与 LC 并联谐振回路式(2.2.20a)相似，只不过某些参数不同而已(如 Q_L 和 f_o 均有所下降)。

(1) 通频带。根据通频带的定义，当 $S = \frac{1}{\sqrt{2}}$ 时，由式(3.2.11)得

$$2\Delta f_{0.7} = \frac{f_o}{Q_L} \tag{3.2.12}$$

(2) 矩形系数。令 $S = 0.1$，由式(3.2.11)得 $2\Delta f_{0.1} \approx 10\frac{f_o}{Q_L}$，故矩形系数为

$$K_{0.1} = \frac{2\Delta f_{0.1}}{2\Delta f_{0.7}} \approx 10 \tag{3.2.13}$$

4) 增益带宽积

因为 $Q_L = \frac{\omega_o C_\Sigma}{g_\Sigma} = \frac{2\pi f_o C_\Sigma}{g_\Sigma}$，即 $2\Delta f_{0.7} = \frac{f_o}{Q_L} = \frac{g_\Sigma}{2\pi C_\Sigma}$，所以

$$A_{uo} \cdot 2\Delta f_{0.7} = \frac{p_1 p_2 |Y_{fe}|}{g_\Sigma} \cdot \frac{g_\Sigma}{2\pi C_\Sigma} = \frac{p_1 p_2 |Y_{fe}|}{2\pi C_\Sigma} \tag{3.2.14}$$

可见，放大器的 Y_{fe}、C_Σ、p_1 和 p_2 确定后，增益与带宽的乘积是一个常数。表明放大器的增益和带宽是一对矛盾，即要增大放大器的增益，必然要减小放大器的通频带。

例 3.2.1 在图 3.2.5(a)所示的高频小信号放大器中，已知工作频率 $f_o = 30\text{MHz}$，$L_{13} = 1\mu\text{H}$，$Q_0 = 80$，$N_{13} = 20$，$N_{23} = 5$，$N_{45} = 4$，回路并联电阻 $R = 4.3\text{k}\Omega$，$R_L = 620\Omega$。晶体管 T 的 Y 参数为 $Y_{ie} = (1.6 + j4.0)\text{mS}$，$Y_{re} = 0$，$Y_{fe} = (36.4 - j42.4)\text{mS}$，$Y_{oe} = (0.072 + j0.6)\text{mS}$。(1)画出高频等效电路；(2)计算回路电容 C；(3)计算 A_{uo}、$2\Delta f_{0.7}$；(4)若断开 R，则 A_{uo}、$2\Delta f_{0.7}$ 将变为多少？图中 C_b、C_e 均为交流旁路电容。

解 (1) 当晶体管 $Y_{re} = 0$ 时，其高频 Y 参数等效电路如图 3.2.5(b)所示。

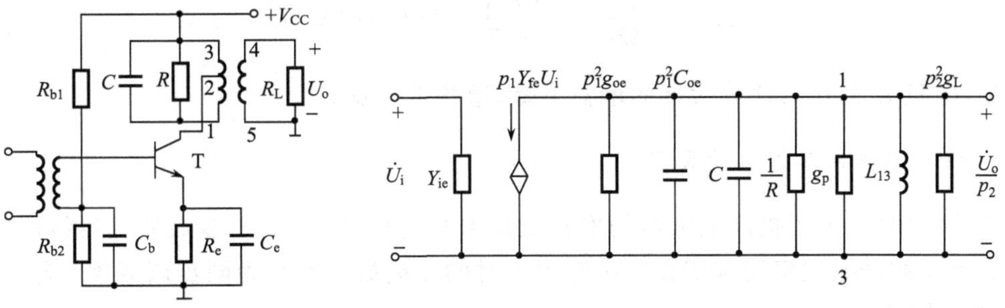

(a) 电路　　(b) 简化Y参数等效电路

图 3.2.5　例 3.2.1

图中 $p_1=\dfrac{N_{23}}{N_{13}}=\dfrac{5}{20}=0.25$，$p_2=\dfrac{N_{45}}{N_{13}}=\dfrac{4}{20}=0.2$

回路空载谐振电导 $g_p=\dfrac{1}{Q_0\omega_o L_{13}}=\dfrac{1}{80\times 2\pi\times 30\times 10^6\times 1\times 10^{-6}}\approx 66.35(\mu S)$

由 Y 参数的表达式得

$$g_{oe}=0.072\text{mS},C_{oe}=\frac{0.6\times 10^{-3}}{2\pi\times 30\times 10^6}\approx 3.18(\text{pF}),|Y_{fe}|=\sqrt{36.4^2+42.4^2}\approx 55.88(\text{mS})$$

(2) 由 $f_o=\dfrac{1}{2\pi\sqrt{L_{13}C_\Sigma}}$得 $C_\Sigma=\dfrac{1}{(2\pi f_o)^2L_{13}}=\dfrac{1}{(2\pi\times 30\times 10^6)^2\times 1\times 10^{-6}}\approx 28.17(\text{pF})$

又根据图 3.2.5(b)可知 $C_\Sigma=p_1^2C_{oe}+C$，所以

$$C=C_\Sigma-p_1^2C_{oe}=28.17-0.25^2\times 3.18=27.97(\text{pF})$$

(3) $g_\Sigma=p_1^2g_{oe}+\dfrac{1}{R}+g_p+p_2^2g_L$

$$=0.25^2\times 72\times 10^{-6}+\frac{1}{4.3\times 10^3}+66.35\times 10^{-6}+\frac{0.2^2}{620}\approx 367.93(\mu S)$$

$$A_{uo}=\frac{p_1p_2|Y_{fe}|}{g_\Sigma}=\frac{0.25\times 0.2\times 55.88}{367.93\times 10^{-3}}\approx 7.59$$

$$Q_L=\frac{1}{\omega_o L_{13}g_\Sigma}=\frac{1}{2\pi\times 30\times 10^6\times 1\times 10^{-6}\times 367.93\times 10^{-6}}\approx 14.43$$

$$2\Delta f_{0.7}=\frac{f_o}{Q_L}=\frac{30\times 10^6}{14.43}\approx 2.08(\text{MHz})$$

(4) 因为 $g'_\Sigma=g_\Sigma-\dfrac{1}{R}=367.93-\dfrac{1}{4.3\times 10^3}\approx 0.135(\text{mS})$，所以

$$A'_{uo}=\frac{p_1p_2|Y_{fe}|}{g'_\Sigma}=\frac{0.25\times 0.2\times 55.88}{0.135}\approx 20.7$$

$$Q'_L=\frac{1}{\omega_o L_{13}g'_\Sigma}=\frac{1}{2\pi\times 30\times 10^6\times 1\times 10^{-6}\times 0.135\times 10^{-3}}\approx 39.32$$

$$2\Delta f'_{0.7}=\frac{f_o}{Q'_L}=\frac{30\times10^6}{39.32}\approx0.76(\text{MHz})$$

可见,电阻 R 的接入使放大器的增益下降,通频带变宽。

4. 多级单调谐回路谐振放大器

在实际应用中,为了提高放大器的增益或改善其选择性,常采用多级放大器级联的方式。当各级放大器的谐振频率均调谐在同一频率上时的多级放大器称为同步调谐放大器。

1) 电压增益

假设有 n 级谐振放大器级联,总电压增益 $\dot{A}_{u\Sigma}=\dot{A}_{u1}\cdot\dot{A}_{12}\cdot\cdots\cdot\dot{A}_{un}$。当各级放大器完全相同时,$\dot{A}_{u\Sigma}=\dot{A}_{u1}^n$。谐振时

$$\dot{A}_{uo\Sigma}=(\dot{A}_{uo1})^n \tag{3.2.15}$$

2) 通频带

由式(3.2.11)可得 n 级总的幅频特性为

$$S=\left|\frac{\dot{A}_{u\Sigma}}{\dot{A}_{uo\Sigma}}\right|=\frac{1}{\left[1+(Q_L2\Delta f/f_o)^2\right]^{n/2}}$$

根据通频带的定义,当 $S=\frac{1}{\sqrt{2}}$ 时得

$$(2\Delta f_{0.7})_n=\sqrt{2^{1/n}-1}\,\frac{f_o}{Q_L}=\sqrt{2^{1/n}-1}\,(2\Delta f_{0.7})_1 \tag{3.2.16}$$

因为 n 是大于 1 的正整数,所以 $\sqrt{2^{1/n}-1}\leqslant1$,称为带宽缩减因子,即 $(2\Delta f_{0.7})_n<(2\Delta f_{0.7})_1$,表明多级放大器的通频带比单级放大器的通频带要窄。

3) 矩形系数

令 $S=0.1$,得 $(2\Delta f_{0.1})_n=\sqrt{100^{1/n}-1}\,\frac{f_o}{Q_L}$,则

$$(K_{0.1})_n=\frac{(2\Delta f_{0.1})_n}{(2\Delta f_{0.7})_n}=\frac{\sqrt{100^{1/n}-1}}{\sqrt{2^{1/n}-1}} \tag{3.2.17}$$

$(K_{0.1})_n$ 与级数的关系列于表 3.2.1 中。从表中不难看出 n 增加时 $(K_{0.1})_n$ 减小,但三级或三级以上时减小不显著。

表 3.2.1 矩形系数与级数 n 的关系

n	1	2	3	4	5	6	7	8	∞
$(K_{0.1})_n$	9.95	4.80	3.75	3.40	3.20	3.10	3.00	2.94	2.56

一般的电信号都是具有一定的频带宽度。对放大器通频带的要求往往是指总的通频带,因此在设计每一级放大器时,通频带必须放宽,否则就不能保证放大器通频带的要求。例如,某电视接收机图像中放为三级,总的通频带为 6MHz,则每一级通频带应该是 $(2\Delta f_{0.7})_1=$

$$\frac{(2\Delta f_{0.7})_3}{\sqrt{2^{1/3}-1}}=\frac{6\times10^6}{0.51}\approx11.76(\text{MHz})。$$

例 3.2.2　设有一单级单调谐回路谐振放大器，其谐振电压增益 $A_{uo}=10$，通频带 $2\Delta f_{0.7}=4\text{MHz}$。如果再用一级相同的放大器与之级联，试问：(1)这时两级放大器总的增益 $(A_{uo})_2$ 和总的通频带 $(2\Delta f_{0.7})_2$ 各为多少？(2)若要使级联后总的通频带仍为 4MHz，问每级放大器应如何改动，改动后总的增益为多少？

解　(1) $(A_{uo})_2=A_{uo1}^2=10^2=100$

$$(2\Delta f_{0.7})_2=\sqrt{2^{1/2}-1}\,(2\Delta f_{0.7})_1\approx0.64\times4\times10^6=2.56(\text{MHz})$$

(2) 欲使级联后总的通频带仍为 4MHz，则每级通频带应加宽，可在谐振回路两端并接电阻。

改动后有 $4\times10^6=\sqrt{2^{1/2}-1}(2\Delta f_{0.7})'_1$，故每级通频带 $(2\Delta f_{0.7})'_1=\dfrac{4\times10^6}{\sqrt{2^{1/2}-1}}\approx6.25(\text{MHz})$。

因改动前后放大器的"增益带宽之积相等"，即 $A_{uo1}\cdot(2\Delta f_{0.7})_1=A'_{uo1}\cdot(2\Delta f_{0.7})'_1$，故

$$A'_{uo1}=\frac{A_{uo1}\cdot(2\Delta f_{0.7})_1}{(2\Delta f_{0.7})'_1}=\frac{10\times4}{6.25}=6.4$$

此时总增益 $(A_{uo})'_2=6.4^2=40.96$

3.2.3　双调谐回路谐振放大器

单调谐回路谐振放大器具有电路简单、调谐方便等优点，但是不能很好地解决选择性和通频带之间的矛盾。而双调谐回路谐振放大器是解决上述矛盾的有效方法之一。

双调谐回路谐振放大器是指每一级放大器都包含两个互相耦合的单调谐回路，其耦合方式既可以采用互感耦合，也可以采用电容耦合。图 3.2.6(a)为互感耦合双调谐回路谐振放大器。

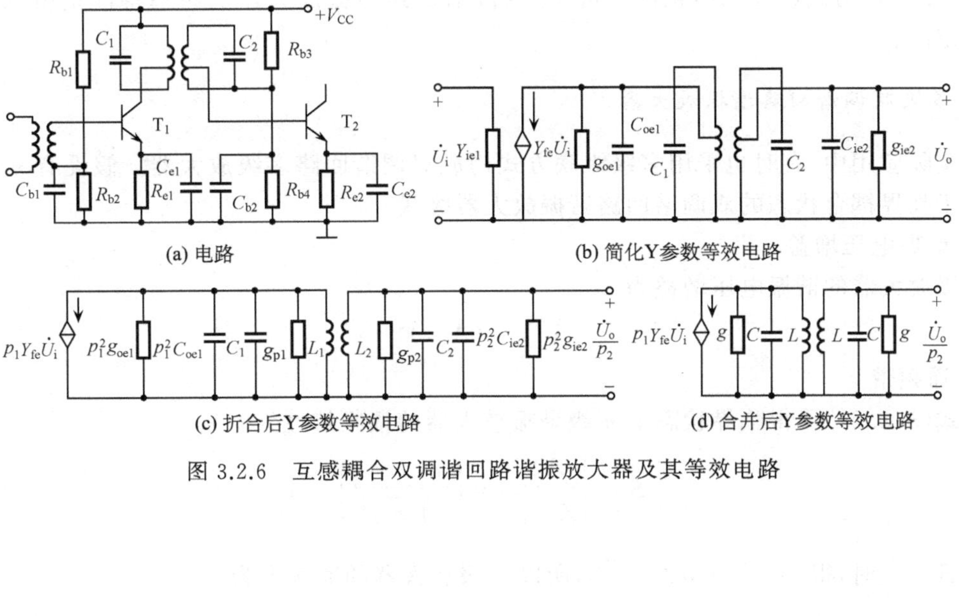

图 3.2.6　互感耦合双调谐回路谐振放大器及其等效电路

1. 双调谐回路谐振放大器的 Y 参数等效电路

图 3.2.6(b)为图 3.2.6(a)单向化的 Y 参数等效电路，图 3.2.6(c)为图 3.2.6(b)折合到谐振回路两端的 Y 参数等效电路。在实际应用中，初、次级回路总是调谐在同一中心频率 f_o 上，并假设初次级回路元件参数对应相等，于是得到初、次级回路合并同类元件后的等效电路图 3.2.6(d)。图中 $g=p_1^2 g_{oe1}+g_{p1}=p_2^2 g_{ie2}+g_{p2}$($g_{p1}$、$g_{p2}$ 为回路空载损耗电导)，$C=p_1^2 C_{oe1}+C_1=p_2^2 C_{ie2}+C_2$。

2. 双调谐回路谐振放大器的主要性能指标

1) 电压增益

无论互感耦合还是电容耦合的双调谐放大器，其通用电压增益的模为

$$|\dot{A}_u|=\left|\frac{\dot{U}_o}{\dot{U}_i}\right|=\frac{p_1 p_2 |Y_{fe}|}{g}\frac{\eta}{\sqrt{(1-\xi^2+\eta^2)^2+4\xi^2}} \tag{3.2.18}$$

谐振时电压增益为

$$|\dot{A}_{uo}|=\frac{p_1 p_2 |Y_{fe}|}{g}\frac{\eta}{1+\eta^2} \tag{3.2.19}$$

显然，双调谐回路谐振放大器的电压增益与耦合因数 η 有关，若调节初、次级回路间的耦合系数，使放大器处于临界耦合状态，即 $\eta=1$，则谐振电压增益达到最大，表示为

$$|\dot{A}_{uom}|=\frac{p_1 p_2 |Y_{fe}|}{2g} \tag{3.2.20}$$

2) 通频带和矩形系数

根据式(3.2.18)、式(3.2.20)可得双调谐回路谐振放大器的幅频特性为

$$S=\left|\frac{\dot{A}_u}{\dot{A}_{uom}}\right|=\frac{2\eta}{\sqrt{(1-\xi^2+\eta^2)^2+4\xi^2}} \tag{3.2.21}$$

式(3.2.21)与式(2.2.27)相同。可见，双调谐回路谐振放大器的频率特性是由双调谐回路来决定的。

3. 多级双调谐回路谐振放大器

在实际应用中，有时也采用多级级联方式构成双调谐回路多级放大器。假设有 n 级相同的且处于临界耦合状态的双调谐回路谐振放大器级联。

1) 谐振电压增益

多级放大器的谐振电压增益为

$$\dot{A}_{uo\Sigma}=(\dot{A}_{uo1})^n \tag{3.2.22}$$

2) 通频带

由式(3.2.21)可得临界状态下 n 级谐振放大器的幅频特性为

$$S=\left|\frac{\dot{A}_{u\Sigma}^n}{\dot{A}_{uom\Sigma}^n}\right|=\left(\frac{2}{\sqrt{4+\xi^4}}\right)^n \tag{3.2.23}$$

当 $S=\frac{1}{\sqrt{2}}$ 时，得 $\xi=\sqrt{2}\cdot\sqrt[4]{2^{1/n}-1}$，所以 n 级放大器的通频带为

$$(2\Delta f_{0.7})_n=\frac{f_o}{Q_L}\cdot\xi=\sqrt{2}\,\frac{f_o}{Q_L}\cdot\sqrt[4]{2^{1/n}-1}=\sqrt[4]{2^{1/n}-1}\,(2\Delta f_{0.7})_1 \tag{3.2.24}$$

式中，$\sqrt[4]{2^{1/n}-1}\leqslant 1$，称为带宽缩减因子。可见多级放大器的通频带小于单级放大器的通频带。

3）矩形系数

若令 $S=0.1$，则可求得$(2\Delta f_{0.1})_n=\sqrt[4]{100^{1/n}-1}\,(2\Delta f_{0.7})_1$，所以多级双调谐回路放大器的矩形系数为

$$(K_{0.1})_n=\frac{(2\Delta f_{0.1})_n}{(2\Delta f_{0.7})_n}=\sqrt[4]{\frac{100^{1/n}-1}{2^{1/n}-1}} \tag{3.2.25}$$

$(K_{0.1})_n$ 与级数的关系列于表 3.2.2 中。

表 3.2.2　矩形系数与级数 n 的关系

n	1	2	3	4	5	6	7	8	∞
$(K_{0.1})_n$	3.20	2.20	1.95	1.85	1.78	1.76	1.72	1.71	1.6

显见，双调谐回路谐振放大器的矩形系数随 n 的增加而缓慢减小，但与级数相同的单调谐回路放大器相比减小要明显些，表明其选择性要比同级数的单调谐回路放大器好。

例 3.2.3　若有三级临界耦合双调谐回路谐振放大器，其中心频率 $f_o=465\text{kHz}$。试问：(1)若要求总的通频带为 8kHz，则此时单级放大器的通频带应为多大？(2)当偏离中心频率 10kHz 时，电压放大倍数与中心频率时的电压放大倍数相比，下降了多少分贝？

解　(1) 因为$(2\Delta f_{0.7})_3=\sqrt[4]{2^{1/3}-1}\,(2\Delta f_{0.7})_1$，所以

$$(2\Delta f_{0.7})_1=\frac{(2\Delta f_{0.7})_3}{\sqrt[4]{2^{1/3}-1}}\approx\frac{8\times 10^3}{0.71}\approx 11.27(\text{kHz})$$

(2) 因为$(2\Delta f_{0.7})_1=\sqrt{2}\dfrac{f_o}{Q_L}$，所以

$$Q_L=\frac{\sqrt{2}f_o}{(2\Delta f_{0.7})_1}=\frac{\sqrt{2}\times 465}{11.27}\approx 58.35,\ \xi=Q_L\frac{2\Delta f}{f_o}=58.35\times\frac{2\times 10}{465}\approx 2.51$$

临界耦合时 $\eta=1$，由式(3.2.23)可得

$$\left(\frac{A_u}{A_{uom}}\right)^3=\left(\frac{2}{\sqrt{4+\xi^4}}\right)^3=\left(\frac{2}{\sqrt{4+2.51^4}}\right)^3\approx 0.028\approx -31.15(\text{dB})$$

3.2.4　高频小信号谐振放大器的稳定性

前面讨论高频小信号谐振放大器时，为了使问题简化，曾假设 $Y_{re}=0$。但是在实际应用中，$Y_{re}\neq 0$，它的存在对放大器的稳定性将产生不利的影响。下面从放大器的输入、输出导纳出发，简述 Y_{re} 对放大器的影响以及减小 Y_{re} 的措施。

1. 放大器的输入导纳和输出导纳

当 $Y_{re}\neq 0$，即考虑晶体管内部存在的反馈时，等效电路如图 3.2.7(a)所示。

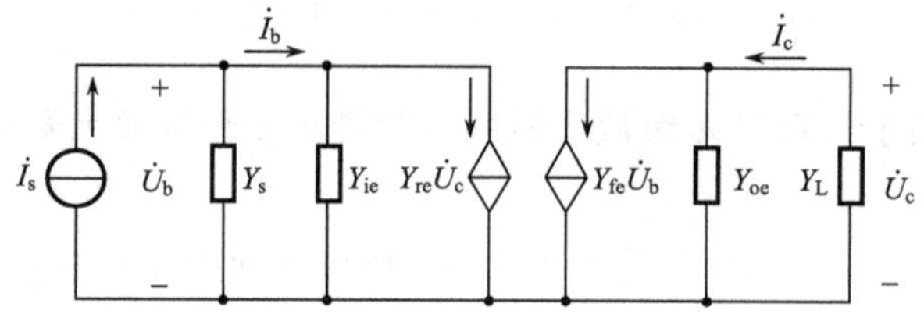

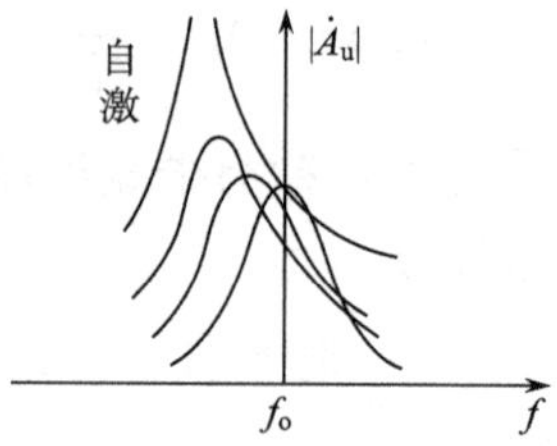

图 3.2.7　考虑 Y_{re}时的放大器 Y 参数等效电路及谐振曲线

由图 3.2.7(a)和式(3.2.1)可得

$$\dot{I}_b = Y_{ie}\dot{U}_b + Y_{re}\dot{U}_c \tag{3.2.26a}$$

$$\dot{I}_c = Y_{fe}\dot{U}_b + Y_{oe}\dot{U}_c \tag{3.2.26b}$$

(1) 放大器的输入导纳。将 $\dot{I}_c = -Y_L\dot{U}_c$ 代入式(3.2.26b)得 $\dot{U}_c = -\frac{Y_{fe}\dot{U}_b}{Y_L + Y_{oe}}$，再代入式(3.2.26a)，则有

$$Y_i = \frac{\dot{I}_b}{\dot{U}_b} = Y_{ie} - \frac{Y_{fe}Y_{re}}{Y_{oe} + Y_L} \tag{3.2.27}$$

(2) 放大器的输出导纳。若令 $\dot{I}_s = 0$，此时 $\dot{I}_b = -Y_s\dot{U}_b$，将其代入式(3.2.26a)，得 $\dot{U}_b = -\frac{Y_{re}\dot{U}_c}{Y_s + Y_{ie}}$，再代入式(3.2.26b)得

$$Y_o = \frac{\dot{I}_c}{\dot{U}_c} = Y_{oe} - \frac{Y_{fe}Y_{re}}{Y_{ie} + Y_s} \tag{3.2.28}$$

2. 晶体管内部反馈对放大器的影响

通过式(3.2.27)、式(3.2.28)可以看出以下两点。

(1) Y_{re}的存在，使得 Y_i、Y_o 分别与 Y_L、Y_s 有关，给调试及测量带来不便。

(2) Y_{re}的存在，使得放大器工作性能不稳定。因为 Y_{re}将输出电压 $\dot{U}_c$ 的一部分反馈至输入端，轻则改变选频特性，严重时可能导致自激。如图 3.2.7(b)所示。

3. 减小晶体管内部反馈的方法

1) 减小反馈电流源 $I_f = Y_{re}U_c$ 中的 U_c

若减小放大器的输出电压，则可以通过减小放大器的电压增益来实现。由式(3.2.7)可知，可采取以下两种方法。

(1) 适当减小接入系数。

(2) LC 回路中并入阻尼电阻(以增大 g_Σ)。

2) 减小反馈电流源 $I_f = Y_{re}U_c$ 中的 Y_{re}

(1) 从晶体管本身想办法，使 Y_{re}减小。

因为 $Y_{re} \approx -j\omega C_{b'c}$，所以在设计电路时使 $C_{b'c}$尽量小。由于制造工艺的进步，这一问题已较好地解决。

(2) 从电路结构想办法，设法减小晶体管内部的反向作用，使其单向化。

① 中和法。在图 3.2.8(a)中，设 $Y_n(j\omega)$ 为外接中和元件。此时晶体管的输入电流为

$$\dot{I}_i=\dot{I}_n+\dot{I}_b=(\dot{U}_b-\dot{U}_n)Y_n+(Y_{ie}\dot{U}_b+Y_{re}\dot{U}_c)=(Y_{ie}+Y_n)\dot{U}_b+Y_{re}\dot{U}_c-Y_n\dot{U}_n$$

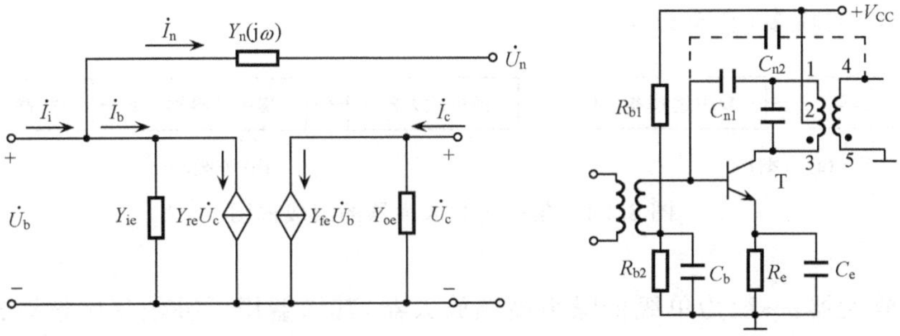

(a) 中和法的原理电路　　(b) 实用电路

图 3.2.8　中和法的原理电路及其实用电路

若满足条件 $Y_{re}\dot{U}_c-Y_n\dot{U}_n=0$，则由上式得到的输入导纳 $Y_i=\dfrac{\dot{I}_i}{\dot{U}_b}=Y_{ie}+Y_n$，与 $\dot{U}_c$ 无关，即不再存在 $\dot{U}_c$ 对输入端的反馈作用。

因为 $Y_{re}\approx -j\omega C_{b'c}$，所以相应的中和元件 $Y_n(j\omega)=j\omega C_n$，即采用电容 C_n。由 $Y_{re}\dot{U}_c-Y_n\dot{U}_n=0$可得中和条件为

$$\frac{C_{b'c}}{C_n}=\frac{-\dot{U}_n}{\dot{U}_c} \tag{3.2.29}$$

式(3.2.29)表明，为抵消 Y_{re} 的影响，中和电容 C_n 应接至晶体管的基极和 $\dot{U}_n$ 端之间，且要求 $\dot{U}_n$ 与 $\dot{U}_c$ 反相。图 3.2.8(b)给出了 C_n 的两种接法：对于 C_{n1} 而言，中和条件为 $C_{n1}U_{12}=C_{b'c}U_{32}$；对于 C_{n2} 而言，中和条件为 $C_{n2}U_{45}=C_{b'c}U_{32}$。

② 失配法。失配法的典型电路是采用共射-共基级联放大电路，其原理电路如图 3.2.9 所示。当 T_1、T_2 连接时，T_2 的输入导纳是 T_1 的负载，由于 T_2(共基)的输入导纳很大，由式(3.2.27)可知，T_1 输入导纳 Y_i 中的 Y_L 很大，此时 $Y_i\approx Y_{ie}$。显然这种方法是晶体管之间的严重失配使得放大器的性能稳定，故称为失配法。

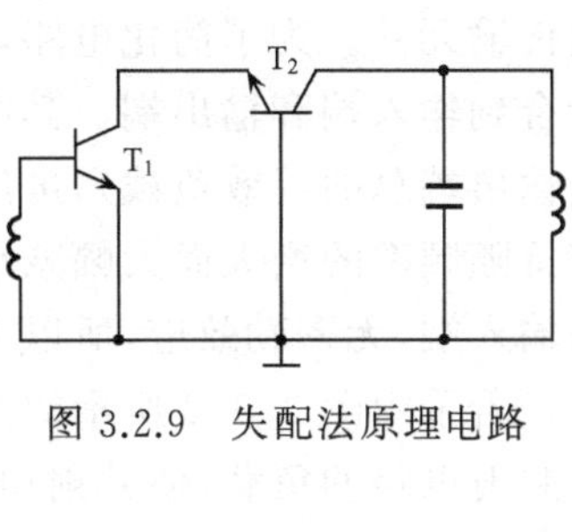

图 3.2.9　失配法原理电路

3.3　集中选频放大器

随着电子技术的发展，在小信号选频放大器中，越来越多地采用集成宽带放大器和集中选频器组成的集中选频放大器，它只适用于固定频率的选频放大器。原来分布于各级谐振放大器中的选频网络集中在一起，给滤波器的设计、制造和调试带来许多方便。

3.3.1　集中选频放大器的组成框图

由于集成电路基片制作电感和大电容比较困难，所以集成的谐振放大器通常把放大和选频分开，即由宽带集成放大器和外接集中选频器（即固体滤波器）构成。根据集中选频器位于放大器的前后位置的不同，可有图 3.3.1 示出的两种集中选频放大器的组成方案框图。目前采用图 3.3.1(b)的较多，它有以下特点。

(a) 方案1　　　　(b) 方案2

图 3.3.1　集中选频放大器的组成框图

(1) 前置放大器：一般为单级低噪声高频放大器，其增益用于补偿集中选频器的损耗。

(2) 集中选频器：因为输入级的噪声影响最大，插在中间的选频器可对其进行比较有效的抑制，益于提高输出信噪比。集中选频器大多采用声表面波滤波器、石英晶体滤波器和陶瓷滤波器。

(3) 宽带放大器：多由集成高频放大器构成，用于实现主放大以满足增益的要求。

3.3.2　集成宽带放大器

在集成电路中，要展宽放大器的频带，也就是要提高上限截止频率，除了在制造工艺上采取措施以获得高 f_T 晶体管，在电路结构上也应采取措施来展宽通频带，主要有组合电路法、负反馈法和电感串并联补偿法等，本节仅介绍前两种方法。

1. 组合电路法展宽频带

在集成宽带放大器的设计中，广泛采用共射-共基组合电路，以解决频带和增益的矛盾。

共射电路的电流和电压增益都较大，是放大器中最常用的一种电路。但它的上限截止频率较低，使得带宽受到限制，这主要是密勒效应的缘故。由模拟电子技术基础课程可知，在晶体管高频共射混合 π 形等效电路中，由于集电结电容 $C_{b'c}$ 跨接在输入端和输出端之间，构成双向传输元件。为了简化电路，常采用密勒定理将跨接在输入端和输出端之间的电容 $C_{b'c}$ 分别折合到输入端和输出端。其中，$C_{b'c}$ 等效到输入端以后，电容值增为 $(1+g_mR'_L)C_{b'c}$（式中，R'_L 为输出端总的等效负载），虽然 $C_{b'c}$ 很小，但 $g_mR'_L$ 较大，即密勒效应使共射电路输入电容增大，容抗随频率的增大而大幅减小，导致高频性能降低。而在共基和共集电路中，$C_{b'c}$ 处于输出端或输入端，无密勒效应，所以上限截止频率远高于共射电路。

若采用图 3.3.2 所示的共射-共基组合电路，利用共基电路输入阻抗小的特点，可将它作为共射电路的负载，使共射电路输出总电阻 R'_L 大大减小，进而使 $(1+g_mR'_L)C_{b'c}$ 减小，这样将有效地扩展共射电路，即整个组合电路的上限截止频率。同时，采用共射-共基组合电路后，虽然 T_1 的小负载使其电压增益下降，但可以从电压增益较大的共基电路得到补偿。由于共射电路的电流增益不会减小，所以整个组合电路的电流、电压增益仍然很大。例如，国产宽带集成电路 ER4803 的内部电路、射频/中频专用 MC1590 的内部电路等

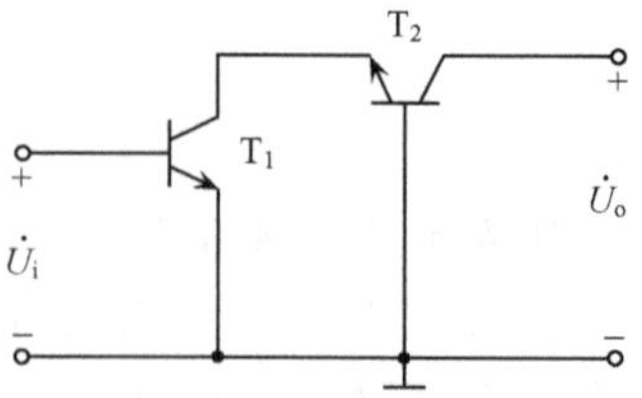

图 3.3.2　共射-共基组合电路

都采用了共射-共基组合电路，有兴趣的读者可参见相关内容。

2. 负反馈法展宽频带

因为负反馈可以展宽频带，所以通过调节负反馈电路中的某些元件参数，来改变反馈深度，从而调节负反馈放大器的增益和频带宽度。如果以牺牲增益为代价，则可以展宽放大器的频带。

图 3.3.3 为国产 F733 宽带集成放大器内部电路，它是参照美国仙童公司生产的 μA-73 而制成的。

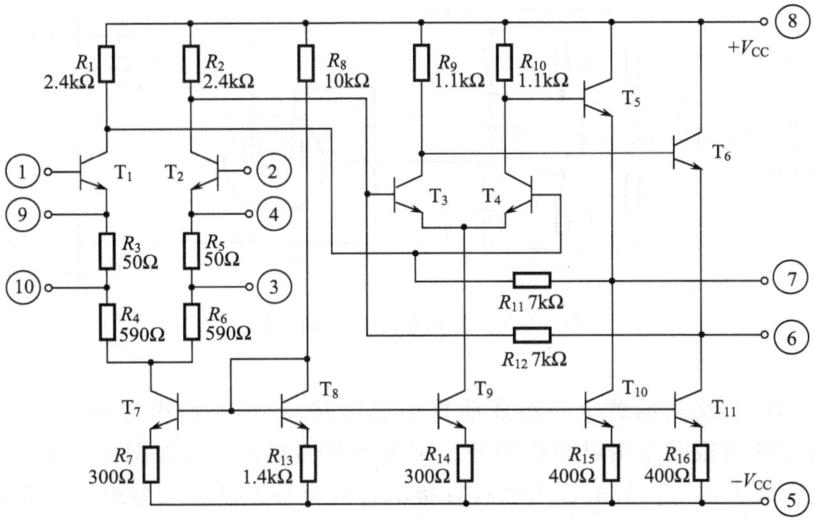

图 3.3.3　F733 宽带集成放大器内部电路

输入级：由 T_1 和 T_2 组成差放电路。R_3～R_6 为发射极电阻，起电流串联负反馈作用，通过外接引脚 9、4，10、3 的不同连接，可调节输入级的电压增益。可调范围有三个选择：4-9 短接，无负反馈电阻，增益最高，带宽最窄；3-10 短接，负反馈电阻为 50Ω，增益和带宽中等；各脚悬空，均不短接，负反馈电阻为 640Ω，增益最小，带宽最大；若在 4-9 或 3-10 之间外接可变电阻，可使增益连续可调。

中间级：由 T_3 和 T_4 组成差放电路。负反馈电阻 R_{11}、R_{12} 分别接在中间级的输入端和输出级的输出端之间，构成电压并联负反馈，可增加带宽、降低增益，提高稳定性。

输出级：T_5 和 T_6 为双端输出的两个射随器。T_{10}、T_{11} 作为射随器的有源负载。

偏置电路：由 T_7～T_{11} 组成多路电流源电路。其中 R_8 和 T_8 组成主偏置电路，决定了差放输入级、差放中间级和射极输出器的静态工作点。

图 3.3.4 为 F733 的外接电路。图中，在 4 脚和 9 脚间接入了一个可调电阻，使放大器的

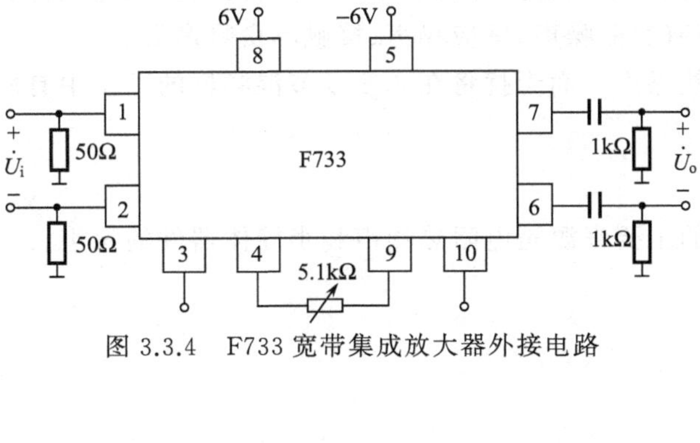

图 3.3.4　F733 宽带集成放大器外接电路

增益连续可调。输出端可外接集中滤波器，从而构成集中选频放大器。

3.3.3 集中选频放大器实例简介

图3.3.5是环宇35H-5型黑白电视接收机图像中放实际电路，其主要任务是把高频调谐器送来的频带较宽的中频信号(38MHz图像信号和31.5MHz伴音信号)进行放大。

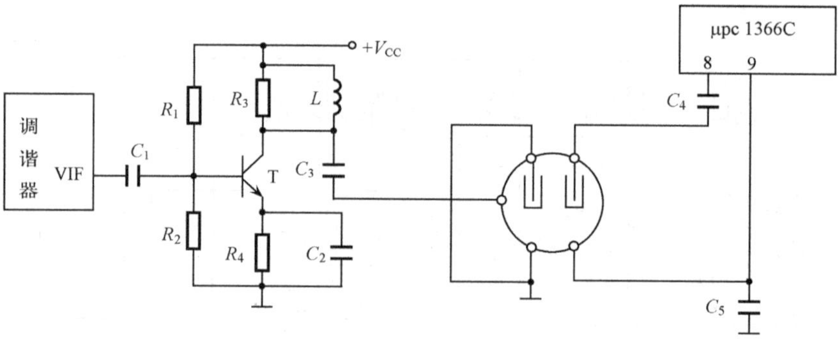

图3.3.5 集中选频放大器的应用

图3.3.5中由T及其偏置电路组成前置中放电路，用于补偿声表面波－20dB的插入损耗，L与C_3组成的谐振回路用以高频提升。声表面波的幅频曲线如图2.2.12(b)所示。中频放大器采用宽带放大器(μpc1366C由四级直接耦合的宽带差动放大器组成)，而且中放频响曲线无须调整。

3.4 放大器中的噪声

高频电子线路处理的信号，多数是微弱的小信号，因此很容易受到外界和内部一些不需要的电压、电流及电磁骚动的影响，这些影响称为干扰(或噪声)。当干扰(或噪声)的大小可以与有用信号相比拟时，有用信号将被它们所“淹没”。因此，研究各种干扰和噪声的特征，以及降低干扰和噪声的方法是十分必要的。

干扰和噪声的分类如下：

干扰一般指外部干扰，可分为自然干扰和人为干扰。自然干扰有天电干扰、宇宙干扰和大地干扰等；人为干扰主要有工业干扰和无线电台的干扰。抑制外部干扰的措施主要是消除干扰源、切断干扰传播途径和躲避干扰。

噪声一般指电路内部噪声，也分为自然和人为两种。自然噪声有热噪声、散弹(粒)噪声和闪烁噪声等；人为噪声有交流噪声、感应噪声、接触不良噪声等。

本节主要介绍自然噪声。而干扰将在6.5.5节混频器的干扰中有所涉及。

3.4.1 噪声的来源

放大器内部噪声的主要来源是电阻热噪声和半导体器件的噪声。

1. 电阻的热噪声

电阻内部存在着大量进行随机运动的自由电子，自由电子运动方向是随机的，温度越高，运动越剧烈。大量的自由电子随机运动的结果，会在电阻两端产生随机的起伏电压。就一段时间看，出现正、负电压的概率相同，平均电压值为零；但就某一瞬时来看，电阻两端电压的大小和方向是随机变化的。这种因热而产生的起伏电压称为电阻的热噪声。

电阻热噪声频谱虽然很宽，但只有在放大器通频带内的噪声信号才能通过放大器放大，成为无用的干扰信号，且放大器频带越宽，噪声也就越大。根据概率统计理论，起伏电压的强度可以用其均方值表示，即

$$\bar{U}_n^2 = 4kTR \cdot BW \tag{3.4.1}$$

式中，k 为玻耳兹曼常数，$k=1.38\times10^{-23}$ J/K；T 为电阻的热力学温度值(K)；BW 为测试频带宽度。

2. 晶体管的噪声

放大器中晶体管噪声比电阻热噪声大得多。晶体管的噪声主要有以下几种。

(1) 热噪声。与电阻的热噪声一样，是由晶体管内部载流子不规则热运动产生的。主要是基区体电阻产生的热噪声。

(2) 散弹噪声。散弹噪声是晶体管的主要噪声源。当晶体管处于放大状态，发射结正偏时通过较大的电流而产生的散弹噪声大；集电结反偏所产生的散弹噪声较小，可以忽略。

(3) 分配噪声。由集电极电流和基极电流分配比例起伏引起的噪声。

(4) 闪烁噪声。闪烁噪声一般是晶体管清洁处理不好或有缺陷造成的。这种噪声在低频(1kHz 以下)时起作用，高频时的影响较小，可以不考虑。因此闪烁噪声又称为低频噪声或 $1/f$ 噪声。

3. 场效应管的噪声

结型场效应管噪声来源主要是沟道中载流子的不规则热运动而产生类似电阻的热噪声，称为沟道电阻热噪声。绝缘栅型场效应管是表面场效应器件，它的 $1/f$ 噪声比较严重，因而低频时绝缘栅型场效应管比结型场效应管的噪声大。场效应管其他的噪声还有栅极漏电流产生的散弹噪声等。一般来说，场效应管噪声比晶体管噪声小。

3.4.2 信噪比和噪声系数

噪声的存在限制了放大电路允许输入的最小信号。倘若放大器输出端信号被噪声淹没，一般就很难将有用信号提取出来，尤其是小信号放大器。

1. 信噪比

噪声对系统和设备的影响是相对于有用信号而言的，某个端口噪声的影响不能简单地用噪声功率的绝对大小作为衡量的标准。如果该端口信号与噪声相比较，信号不占绝对优势，则噪声的影响就严重；反之，噪声的影响就轻微。为此，引入一个定量描述端口噪声影响程度的参数——信噪比(Signal Noise Ratio，SNR)，SNR 定义为信号功率 P_s 与噪声功率 P_n 之比，即

$$\mathrm{SNR}=\frac{P_s}{P_n} \tag{3.4.2}$$

可见，信噪比越大越好。以收音机和电视机为例，信噪比越大，声音就越清楚，图像就越清晰。

2. 噪声系数

信噪比不能反映系统内部产生噪声的大小，一个系统输出端的信噪比不仅与外部的噪声功率(即从信号源来的噪声)有关，还与系统内部的噪声功率有关。如果系统不引入附加噪声，意味着此系统输入与输出具有相同的信噪比。实际上系统内部总是存在着附加噪声，致使系统输入与输出端的信噪比不可能相同。为此，还要引入一个用来描述系统内部噪声对信号影响程度的参数——噪声系数(F_n)。F_n定义为系统输入信噪比$(\mathrm{SNR})_i$与输出信噪比$(\mathrm{SNR})_o$之比，表示为

$$F_n=\frac{(\mathrm{SNR})_i}{(\mathrm{SNR})_o}=\frac{P_{si}/P_{ni}}{P_{so}/P_{no}} \tag{3.4.3}$$

式中，P_{si}、P_{so}分别为系统输入端和输出端的信号功率；P_{ni}为加到系统输入端的噪声功率(它被看成是由信号源内阻R_s的热噪声提供的)；P_{no}为系统输出端总的噪声功率(包括信号源内阻提供的热噪声功率和系统内部产生的噪声功率)。

对于无噪声的理想放大器，输入、输出信噪比相等，其噪声系数$F_n=1$；而对于有噪声的放大器(实际总是存在附加噪声)，其噪声系数$F_n>1$。理论证明，在多级放大器中，F_n的大小取决于第一级放大器。

式(3.4.3)仅适用于线性电路，因为非线性电路会产生信号与噪声之间的频率变换。因此噪声系数不能反映系统的附加噪声性能。

减小放大器噪声系数的措施有选用低噪声的元器件，正确选择放大器的直流工作点，选择合适的工作带宽，选用合适的放大器，降低放大器的工作温度，减小接收天线的馈线损耗。

本 章 小 结

本章主要内容体系为：分散选频放大器→集中选频放大器→放大器中的噪声。

(1) 分散选频放大器由放大器与选频器两部分组成，用于接收机的高放级和中放级。衡量选频放大电路的技术指标有中心频率、通频带与选择性；增益、噪声系数与稳定性。其中前三者主要由选频器决定，后三者主要由放大器决定。在分析高频小信号选频放大器时，Y参数等效电路是描述晶体管工作状态的重要模型，使用时必须注意Y参数不仅与静态工作点有关，而且是工作频率的函数。晶体管Y参数等效电路中存在Y_{re}，将使由其组成的放大器的稳定性变差，甚至自激，所以通常采用中和法或失配法最大限度地抑制Y_{re}的反馈作用，保证放大器的稳定性。

采用多级单调谐回路选频放大器，可以提高放大器的增益并改善矩形系数，但通频带将随级数增加而降低。采用双调谐回路选频放大器，可以增加带宽并改善矩形系数，但调整麻烦。

(2) 集成宽带放大器再加上集中选频器(即固体滤波器)是目前小信号放大器的发展方向。其中集成宽带放大器有通用和专用两种，也存在工作性能稳定的问题。集中选频器具有接近于理想矩形的幅频特性、性能稳定可靠。因此目前在通信系统的接收设备中已逐步由集

中选频放大器取代分散选频放大器。

在分析小信号宽频带放大器时，混合 π 形等效电路是描述晶体管工作状态的重要模型，混合 π 形参数同样与静态工作点有关。在电路结构上组合法和反馈法是展宽放大器通频带的有效方法。

(3) 在电子线路中，电子噪声的来源主要有电阻的热噪声和有源器件的内部噪声。其中，电阻的热噪声是由电阻内部自由电子热运动所产生的。晶体管的噪声有热噪声、散弹噪声、分配噪声和闪烁噪声；沟道电阻产生的热噪声是场效应管的主要噪声。

对于一个系统，信号抗噪声的能力通常用噪声系数来评价，噪声系数越小越好。

自　测　题

一、填空题

1. 小信号调谐放大器工作在__________状态，由放大器决定的技术指标有__________、__________和__________。

2. 小信号调谐放大器应用于超外差接收机的__________部分和__________部分，它们的负载形式分别为__________调谐回路和__________调谐回路。

3. 在较宽的频率范围内，晶体管混合 π 参数与工作频率__________，它比较适合于分析__________；Y 参数与工作频率__________，它比较适合于分析__________。

4. 对于小信号调谐放大器，当 LC 调谐回路的电容增大时，谐振频率__________，回路的品质因数__________；当 LC 调谐回路的电感增大时，谐振频率__________，回路的品质因数__________。

5. 单调谐小信号调谐放大器多级级联后，电压增益变__________，计算方法是__________；级联后的通频带变__________，如果各级带宽相同，则通频带计算方法是__________。

6. 有一单调谐小信号放大器电压增益为 15dB，通频带为 5MHz，两级级联后，电压增益为__________，通频带为__________。三级级联后，电压增益为__________，通频带为__________。

7. 为了使晶体管实现单向化传输，提高电路的稳定性，常用的稳定措施有__________和__________。

8. 集中选频放大器由__________和__________组成，其主要优点是__________。

9. 放大器的噪声系数 F_n 是指____________________，理想的噪声系数 F_n__________，一般情况下 F_n__________。

二、选择题

1. 对于小信号调谐放大器，当回路谐振时，输入与输出电压的相位差__________。

A. 等于 180°　　B. 不等于 180°　　C. 超前　　D. 滞后

2. 在电路参数相同的条件下，双调谐回路小信号放大器的性能比单调谐回路小信号放大器优越，主要是在于__________。

A. 前者的电压增益高　　B. 前者的选择性好

C. 前者的电路稳定性好　　D. 前者具有较宽的通频带，且选择性好

3. 小信号调谐放大器的矩形系数__________，理想时__________。

A. 大于 1　　B. 小于 1　　C. 等于 1　　D. 等于零

4. 在电路参数和级数相同的条件下，多级双调谐回路放大器的矩形系数与多级单调谐回路放大器的矩形系数相比较__________。

A. 双调谐放大器的矩形系数减小的较快　B. 双调谐放大器的矩形系数减小的较慢

C. 减小速度相同　D. 无法比较

5. 对于高频小信号放大器，常采用__________进行分析。

A. 幂级数分析法　B. 开关函数分析法

C. 线性时变电路分析法　D. 等效电路法

6. 采用逐点法对小信号放大器进行调谐时，应__________。

A. 从前向后，逐级调谐，反复调谐　B. 从后向前，逐级调谐，不需反复

C. 从后向前，逐级调谐，反复调谐　D. 从前向后，逐级调谐，不需反复

7. 小信号调谐放大器不稳定的根本原因是__________。

A. 增益太大　B. 通频带太窄

C. 晶体管 $C_{b'c}$ 的反馈作用　D. 谐振曲线太尖锐

8. 宽频带放大器的通频带约等于__________。

A. f_β　B. f_H　C. f_T

9. 噪声系数 F_n 通常只适用于__________。

A. 线性放大器　B. 非线性放大器　C. 线性和非线性放大器

三、判断题

1. 单调谐小信号放大器的选择性差，体现在谐振曲线与矩形相差较远。（　　）

2. 相同级数的单调谐回路放大器和双调谐回路放大器相比，矩形系数 $(K_{0.1})_{单}$ 大于 $(K_{0.1})_{双}$，通频带 $(2\Delta f_{0.7})_{单}$ 小于 $(2\Delta f_{0.7})_{双}$。（　　）

3. 双调谐回路放大器在弱耦合状态下，其谐振特性曲线会出现双峰。（　　）

4. 双调谐回路放大器有两个单调谐回路，它们各自调谐在不同的频率上。（　　）

5. 放大器的增益与通频带存在矛盾，增益越高，通频带越窄。（　　）

6. 调谐放大器的通频带只与回路的有载品质因数有关。（　　）

7. 分析宽带放大器时，采用 Y 参数等效电路，它与工作频率无关。（　　）

8. 信噪比是放大系统中的一个重要物理量，信噪比越大越好。（　　）

9. 对于接收机系统的噪声系数，取决中放电路的前一、二级放大器。（　　）

习　题

3.1　晶体管高频小信号选频放大器为什么一般都采用共发射极电路？

3.2　晶体管低频放大器与高频小信号选频放大器的分析方法有何不同？

3.3　已知某高频管在 $I_{CQ}=2\text{mA}$，$f_o=30\text{MHz}$ 时的 Y 参数为 $Y_{ie}=(2.8+\text{j}3.5)\text{mS}$，$Y_{oe}=(0.2+\text{j}2)\text{mS}$，$Y_{fe}=(36-\text{j}27)\text{mS}$，$Y_{re}=(-0.08-\text{j}0.3)\text{mS}$。试求高频管的 g_{ie}、C_{ie}、g_{oe}、C_{oe}，$|Y_{fe}|$ 及 $|Y_{re}|$。

3.4　为什么晶体管在高频工作时要考虑单向化问题，而在低频工作时可以不考虑？

3.5　放大电路如图 3.2.3(a) 所示，已知工作频率 $f_o=30\text{MHz}$，回路电感 $L_{13}=1.4\mu\text{H}$，空载品质因数 $Q_0=100$，匝数比分别为 $N_{13}/N_{12}=2$，$N_{13}/N_{45}=3.5$；晶体管工作点电流 $I_{EQ}=2\text{mA}$，$g_{oe}=0.4\text{mS}$，$r_{bb'}=0$；负载 $Y_L=1.2\text{mS}$ 且为纯电阻性。试求放大器的谐振电压增益和通频带。

3.6　单调谐放大器如习题 3.6 图所示，已知 $f_o=10.7\text{MHz}$，$L_{13}=4\mu\text{H}$，$Q_0=100$，$N_{13}=20$，$N_{12}=5$，$N_{45}=6$。晶体管在直流工作点的参数为：$g_{oe}=200\mu\text{S}$，$C_{oe}=7\text{pF}$，$g_{ie}=2860\mu\text{S}$，$C_{ie}=18\text{pF}$，$|Y_{fe}|=45\text{mS}$，$\varphi_{fe}=-54°$，$Y_{re}=0$。(1)画出高频等效电路；(2)求回路电容 C；(3)求A_{uo}、$2\Delta f_{0.7}$，$K_{0.1}$。图中 C_b、C_e 均为交流旁路电容。

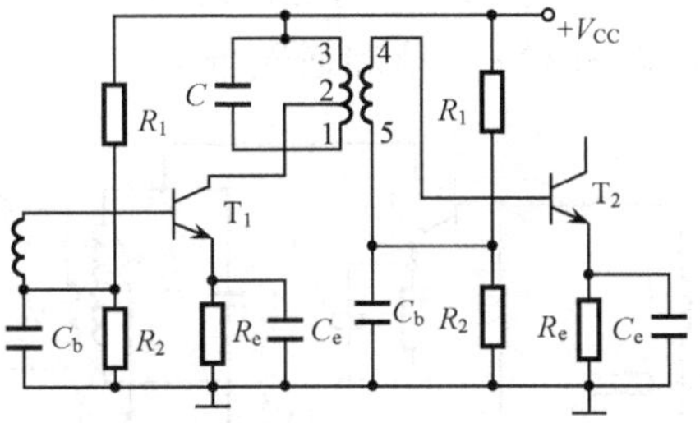

习题 3.6 图

3.7　单调谐放大器如习题 3.7 图所示，已知 $L_{14}=1\mu\text{H}$，$Q_0=100$，$N_{12}=4$，$N_{23}=3$，$N_{34}=3$，工作频率 $f_o=30\text{MHz}$，晶体管在直流工作点的参数为：$g_{ie}=3.2\text{mS}$，$C_{ie}=10\text{pF}$，$g_{oe}=0.55\text{mS}$，$C_{oe}=5.8\text{pF}$，$|Y_{fe}|=53\text{mS}$，$\varphi_{fe}=-47°$，$Y_{re}=0$。(1)画出高频等效电路；(2)求回路电容 C；(3)求 $\dot{A}_{uo}$、$2\Delta f_{0.7}$和 $K_{0.1}$。

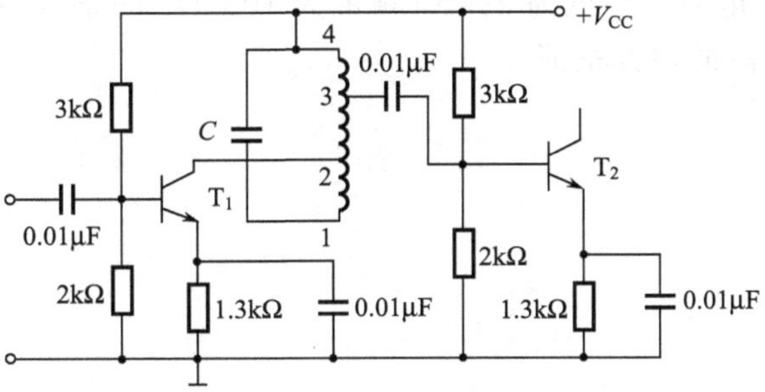

习题 3.7 图

3.8　放大器如习题 3.8 图所示。已知工作频率 $f_o=10.7\text{MHz}$，回路电感 $L=4\mu\text{H}$，$Q_0=100$，$N_{13}=20$，$N_{23}=6$，$N_{45}=5$。晶体管在直流工作点的参数为 $Y_{ie}=(2.86+\text{j}3.4)\text{mS}$，忽略 Y_{re}，$Y_{fe}=(26.4-\text{j}36.4)\text{mS}$，$Y_{oe}=(0.2+\text{j}1.3)\text{mS}$。(1)画出高频等效电路，并标出相应参数；(2)求回路电容 C；(3)求放大器的 A_{uo}、$2\Delta f_{0.7}$和 $K_{0.1}$；(4)若有四级相同的放大器级联，则计算总的电压增益、通频带和矩形系数。

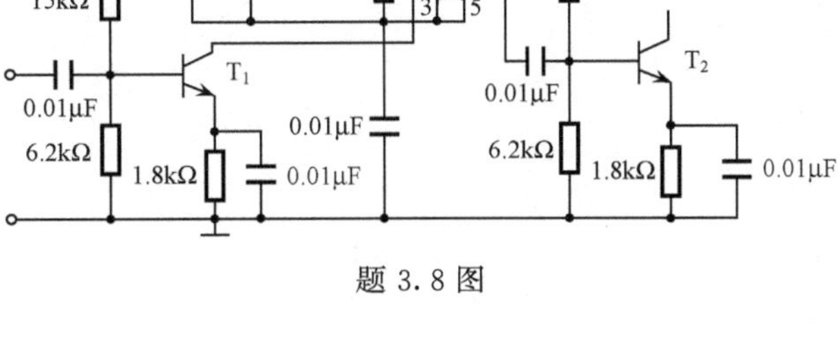

题 3.8 图

3.9　三级相同的单调谐中频放大器级联，工作频率 $f_o=450\text{kHz}$，总电压增益为 60dB，总的通频带为 8kHz。试求每一级的电压增益、通频带和有载 Q_L 值。

3.10　在习题 3.10 图所示电路中，已知工作频率 $f_o=10.7\text{MHz}$，回路电容 $C=50\text{pF}$，空载品质因数 $Q_0=100$，接入系数 $p_1=0.35$，$p_2=0.03$。在工作点和工作频率上的 Y 参数为：$g_{ie}=1\text{mS}$，$C_{ie}=41\text{pF}$，$g_{oe}=45\mu\text{S}$，$C_{oe}=4.3\text{pF}$，$Y_{fe}=40\text{mS}$，$Y_{re}=-\text{j}180\mu\text{S}$，$C_{b'c}=2.68\text{pF}$，且下一级输入电导也为 g_{ie}。试求：(1)回路有载 Q_L 值和通频带 $2\Delta f_{0.7}$；(2)中和电容 C_n 的值。

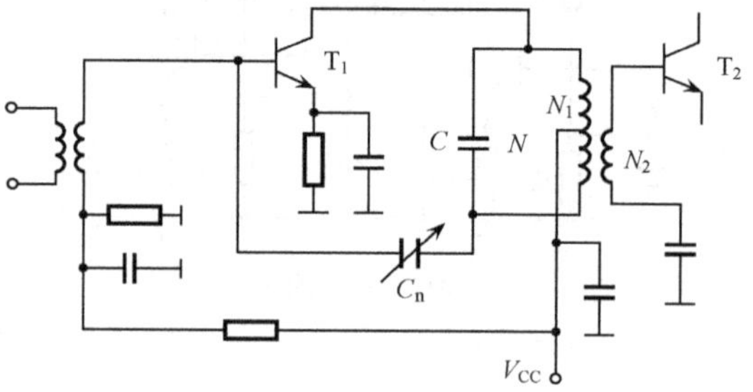

习题 3.10 图

3.11　高频小信号选频放大器的主要技术指标有哪些？设计时遇到的主要问题是什么？如何解决？

3.12　一个 1kΩ 的电阻在温度为 290K、频带为 10MHz 的条件下工作，试计算它两端产生的噪声电压和噪声电流的均方根值。

第 4 章 高频功率放大器

高频功率放大器是各种无线电发送设备的重要组成部分，为了弥补信号在传输过程中的衰落，在发送端必须输出足够大的高频功率。高频功率放大器的任务就是放大高频信号，使之达到足够的功率馈送给发射天线。此外，高频加热装置和微波功率源等许多电子设备也离不开高频功率放大器。

本章首先利用第 2 章介绍的折线分析法分析丙类谐振功率放大器的基本原理及其特性；然后讨论丙类谐振功率放大器的实际电路；最后介绍倍频器及宽带高频功率放大器。

4.1 概 述

高频功率放大器的输出功率范围，可以小到便携式发射机的毫瓦级，大到无线电广播电台的几十千瓦甚至兆瓦级。目前，功率大小为几百瓦以上的高频功率放大器大多采用电子管，几百瓦以下的高频功率放大器则主要采用晶体管和大功率场效应管。

与低频功率放大器一样，衡量高频功率放大器的主要技术指标也是输出功率和效率。由于电源提供的功率等于输出功率与损耗功率之和，所以在电源提供的功率不变的情况下，若能够尽可能地减小损耗功率，则自然就提高了输出功率和效率。由于损耗功率包括静态损耗和动态损耗，显然低频功率放大器所选择的乙类工作状态就是使静态损耗为零的情况；为了进一步提高输出功率和效率，除了使静态损耗为零，还要尽可能地减小动态损耗，即进一步减小放大管集电极电流的导通时间。如果在一个周期内晶体管始终导通，则称为甲类功放；只有半个周期导通，称为乙类功放；若导通时间小于半个周期，则称为丙类功放。为了进一步提高功放的效率，近年来又出现了开关型（丁类、戊类等）高频功放。本章重点介绍丙类功放。

由于丙类高频功率放大器工作在大信号非线性状态，所以晶体管的小信号等效电路的分析方法不再适用。虽然采用折线近似法分析会存在一定的误差，但是它对高频功率放大器进行定性分析是一种较为简便的方法。

根据被放大信号相对频带的宽窄，高频功率放大器可分为负载为谐振回路的窄带高频功放（又称为谐振功率放大器）和负载为“传输线变压器”的宽带高频功放（也称为非谐振功率放大器）。

4.2 丙类谐振功率放大器的工作原理

4.2.1 丙类谐振功率放大器的基本原理

1. 原理电路

共射组态谐振功率放大器的原理电路如图 4.2.1 所示。它由晶体管 T、LC 并联谐振回路和直流供电电源（常称为馈电）三部分组成。电路具有如下特点。

1）基极偏置电压 V_{BB} 小于导通电压 U_{on}

为了提高效率，在静态损耗为零的条件下还需要尽可能地减小晶体管的动态损耗。解决的办法是：基极偏压 V_{BB} 应小于晶体管的导通电压 U_{on}，也就是说 V_{BB} 可以选择较小的正偏压、零偏压或负偏压，此时电路工作在丙类状态。其目的是在一个周期内使晶体管的导通时间小于半个周期，且偏压越小，动态损耗越小，效率也就越高。此时流过晶体管的电流为脉冲波形，如图 4.2.2 所示。

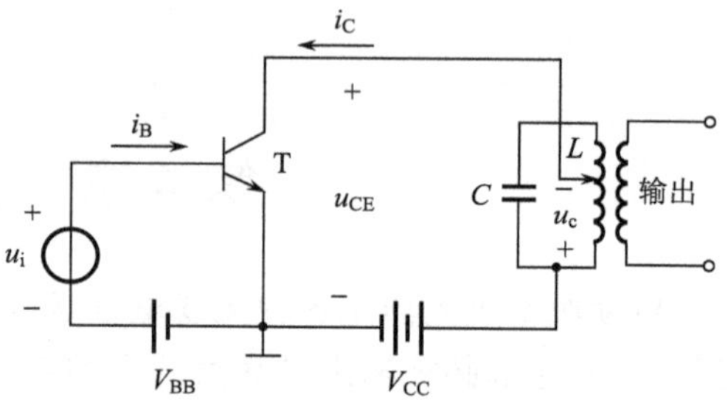

图 4.2.1　高频功率放大器的原理电路

2）负载为并联谐振回路

由于工作在丙类状态的晶体管集电极电流是图 4.2.2 所示的周期性余弦脉冲序列，当选用 LC 谐振回路作为负载，且其谐振频率等于输入信号的频率时，在 LC 回路两端可以得到与输入信号同频率的输出电压。此外，还能实现放大器的阻抗匹配，同时 LC 谐振回路采用的部分接入方式可以减小晶体管的输出阻抗和后级负载对谐振回路本身的影响。

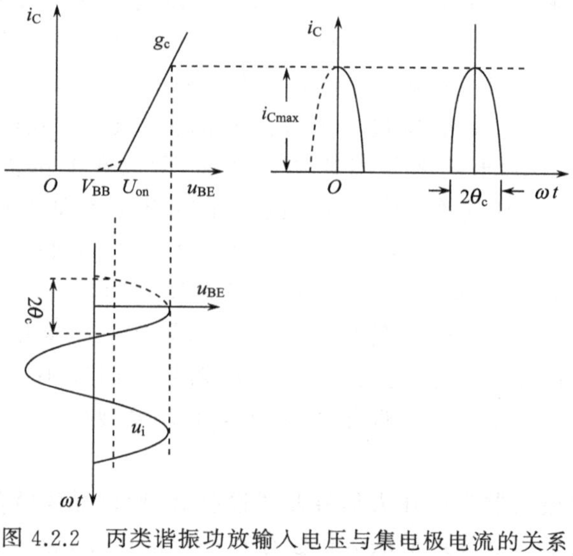

图 4.2.2　丙类谐振功放输入电压与集电极电流的关系

2. 工作原理

为保证放大管工作于丙类状态，应满足 $V_{BB}<U_{on}$。当输入信号 $u_i(t)=U_{im}\cos\omega t$ 时，晶体管基极与发射极之间的瞬时电压为

$$u_{BE}=V_{BB}+u_i(t)=V_{BB}+U_{im}\cos\omega t \tag{4.2.1}$$

可见，只有当 $V_{BB}+U_{im}\cos\omega t>U_{on}$ 时晶体管才导通，如图 4.2.2 所示。集电极电流流通的角度是 $2\theta_c$，通常把 θ_c 称为通角。即晶体管导通的角度是 $-\theta_c\sim\theta_c$，其余时间晶体管处于截止状态。这样对于一个周期性的输入信号而言，将产生如图 4.2.2 所示的集电极尖顶余弦脉冲电流 i_C。

当 $u_{BE}>U_{on}$ 时，折线化后的转移特性可用式(2.3.5)表示，将式(4.2.1)代入式(2.3.5)则有

$$i_C = g_c(V_{BB} + U_{im}\cos\omega t - U_{on}) \tag{4.2.2}$$

由图 4.2.2 可看出，当 $\omega t = \theta_c$ 时，$i_C = 0$，由式(4.2.2)有

$$\cos\theta_c = \frac{U_{on} - V_{BB}}{U_{im}} \tag{4.2.3}$$

将式(4.2.3)代入式(4.2.2)得

$$i_C = g_c U_{im}(\cos\omega t - \cos\theta_c) \tag{4.2.4}$$

当 $\omega t = 0$ 时，i_C 达到最大，用 i_{Cmax}表示，由式(4.2.4)得

$$i_{Cmax} = g_c U_{im}(1 - \cos\theta_c) \tag{4.2.5}$$

将式(4.2.4)除以式(4.2.5)，得$\dfrac{i_C}{i_{Cmax}} = \dfrac{\cos\omega t - \cos\theta_c}{1 - \cos\theta_c}$，即

$$i_C = i_{Cmax}\left(\frac{\cos\omega t - \cos\theta_c}{1 - \cos\theta_c}\right) \tag{4.2.6}$$

式(4.2.6)为集电极尖顶余弦脉冲电流的解析式。

由于丙类谐振功放产生了一系列尖顶余弦脉冲电流 i_C，若利用傅里叶级数可展开为

$$\begin{aligned} i_C &= I_{C0} + i_{c1} + i_{c2} + \cdots + i_{cn} \\ &= I_{C0} + I_{c1m}\cos\omega t + I_{c2m}\cos 2\omega t + \cdots + I_{cnm}\cos n\omega t \end{aligned} \tag{4.2.7}$$

式中，I_{C0}，I_{c1m}，I_{c2m}，…，I_{cnm} 分别为 i_C 的直流、基波、二次谐波以及高次谐波分量的振幅，分解后的波形如图 4.2.3 所示。为了清楚起见，图中仅画出 I_{C0}、i_{c1} 和 i_{c2} 的波形。

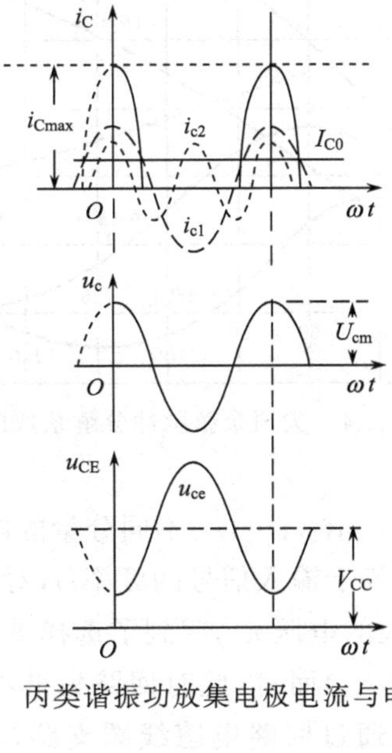

图 4.2.3　丙类谐振功放集电极电流与电压波形

利用傅里叶级数求系数法，不难求出各个分量的振幅分别为

$$I_{C0} = \frac{1}{2\pi}\int_{-\pi}^{\pi} i_C \,\mathrm{d}(\omega t) = \frac{1}{2\pi}\int_{-\theta_c}^{\theta_c} i_C \,\mathrm{d}(\omega t) = i_{Cmax}\frac{\sin\theta_c - \theta_c\cos\theta_c}{\pi(1 - \cos\theta_c)} = i_{Cmax}\alpha_0(\theta_c)$$

$$I_{c1m} = \frac{1}{\pi}\int_{-\pi}^{\pi} i_C\cos\omega t \,\mathrm{d}(\omega t) = \frac{1}{\pi}\int_{-\theta_c}^{\theta_c} i_C\cos\omega t \,\mathrm{d}(\omega t) = i_{Cmax}\frac{\theta_c - \sin\theta_c\cos\theta_c}{\pi(1 - \cos\theta_c)} = i_{Cmax}\alpha_1(\theta_c)$$

…

$$I_{cnm}=\frac{1}{\pi}\int_{-\pi}^{\pi}i_{C}\cos n\omega t\,\mathrm{d}(\omega t)=\frac{1}{\pi}\int_{-\theta_c}^{\theta_c}i_{C}\cos n\omega t\,\mathrm{d}(\omega t)$$

$$=i_{C\max}\frac{2(\sin n\theta_c\cos\theta_c-n\cos n\theta_c\sin\theta_c)}{\pi n(n^2-1)(1-\cos\theta_c)}=i_{C\max}\alpha_n(\theta_c)$$

式中，$\alpha_0(\theta_c)$，$\alpha_1(\theta_c)$，…，$\alpha_n(\theta_c)$是 θ_c 的函数，称为集电极尖顶余弦脉冲电流的分解系数。分别为

$$\begin{cases}\alpha_0(\theta_c)=\dfrac{\sin\theta_c-\theta_c\cos\theta_c}{\pi(1-\cos\theta_c)}\\ \alpha_1(\theta_c)=\dfrac{\theta_c-\sin\theta_c\cos\theta_c}{\pi(1-\cos\theta_c)}\\ \alpha_n(\theta_c)=\dfrac{2}{\pi}\cdot\dfrac{\sin n\theta_c\cos\theta_c-n\cos n\theta_c\sin\theta_c}{n(n^2-1)(1-\cos\theta_c)}\end{cases}\tag{4.2.8}$$

由图 4.2.4 给出的 θ_c 在 0°～180°范围内的电流分解系数曲线可以得到电流分解系数，也可以查表 4.2.1 余弦脉冲分解系数表得到。

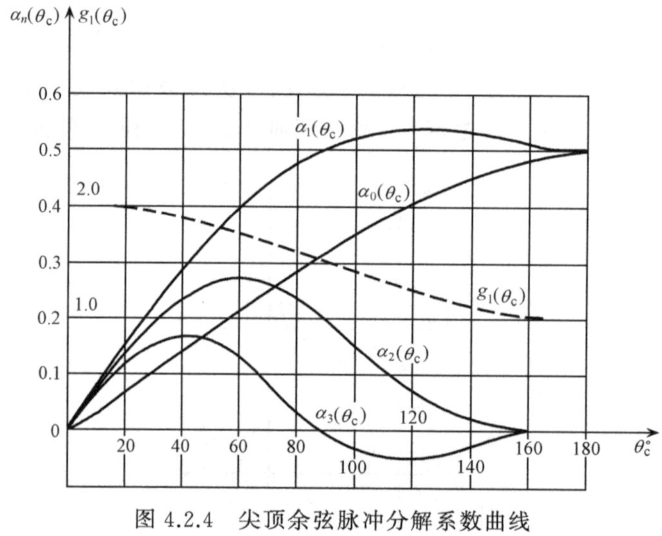

图 4.2.4　尖顶余弦脉冲分解系数曲线

由图 4.2.1 可以看出，当 I_{C0}，i_{c1}，i_{c2}，…，i_{cn}不同分量的电流通过集电极 LC 并联谐振回路时，如果 LC 并联回路的谐振频率等于输入信号的频率 ω，对于基波分量 i_{c1}，LC 回路相当于一个电阻 R_p，且在回路两端产生最大的电压 u_c，起到了选择基波信号的作用，波形如图 4.2.3所示。对于各次谐波分量(如 i_{c2}，…，i_{cn})而言，此时回路失谐将呈现很小的阻抗，回路两端视为短路；对于直流分量(I_{C0})，它只能通过回路电感线圈支路，其直流电阻很小，也可视为短路。为此，在集电极脉冲电流的各种成分中，只有基波分量在回路两端产生压降，它可表示为

$$u_c(t)=i_{c1}R_P=I_{c1m}R_P\cos\omega t=U_{cm}\cos\omega t\tag{4.2.9}$$

式中，$U_{cm}=I_{c1m}R_P$，如图 4.2.3 所示。由图 4.2.1 可知晶体管瞬时管压降为

$$u_{CE}=V_{CC}-u_c=V_{CC}-U_{cm}\cos\omega t=V_{CC}+u_{ce}\tag{4.2.10}$$

式中，$u_{ce}=-U_{cm}\cos\omega t$，它与 $u_i=U_{im}\cos\omega t$ 反相，如图 4.2.3 所示，这与纯电阻作集电极负载

的小信号放大器是一致的。

实用的高频信号通常是“窄带信号”。所谓窄带信号是指带宽远小于其中心频率。例如，带宽为 6MHz 的电视信号调制到 450MHz 的频率上，显然，它的带宽(6MHz)远小于其中心频率(450MHz)。由于窄带信号具有类似于单一频率正弦波的特性，尽管丙类功放的集电极电流为脉冲电流，但仍可用调谐在输入信号频率的输出谐振回路选择脉冲信号中的基波信号。

如果将谐振回路调谐在输入信号的 n 次谐波上，即 $\omega_o = n\omega$，则在回路两端将得到频率是 $n\omega$ 的输出电压，由于它的频率是输入信号频率的 n 倍，所以丙类高频功放具有倍频功能。

4.2.2　丙类谐振功率放大器的功率和效率

由于输出回路调谐在基波频率上，输出电路中的高次谐波处于失谐状态，相应的输出电压很小，所以只需讨论直流及基波功率。

1. 直流电源供给功率

集电极直流电源供给功率 P_{VCC} 等于 V_{CC} 与集电极电流直流分量 I_{C0} 的乘积，即

$$P_{VCC} = V_{CC} I_{C0} = V_{CC} i_{Cmax} \alpha_0(\theta_c) \tag{4.2.11}$$

2. 输出功率

输出功率 P_o 等于集电极电流基波分量作用在负载 R_p 上产生的平均功率，或者说是基波电流 i_{c1} 流经负载回路产生的功率(基波功率)。可表示为

$$P_o = \frac{U_{cm} I_{c1m}}{2} = \frac{U_{cm}^2}{2R_p} = \frac{I_{c1m}^2 R_p}{2} = \frac{U_{cm} i_{Cmax} \alpha_1(\theta_c)}{2} \tag{4.2.12}$$

3. 损耗功率

集电极损耗功率 P_c 等于电源供给功率 P_{VCC} 与输出功率 P_o 之差，即

$$P_c = P_{VCC} - P_o \tag{4.2.13}$$

4. 效率

集电极效率 η_c 等于输出功率 P_o 与直流电源供给功率 P_{VCC} 之比，表示为

$$\eta_c = \frac{P_o}{P_{VCC}} = \frac{\alpha_1(\theta_c) U_{cm}}{2\alpha_0(\theta_c) V_{CC}} = \frac{g_1(\theta_c)\xi}{2} \tag{4.2.14}$$

式中，$g_1(\theta_c) = \dfrac{\alpha_1(\theta_c)}{\alpha_0(\theta_c)} = \dfrac{I_{c1m}}{I_{C0}}$ 称为波形系数，是 θ_c 的函数，由图 4.2.4 或表 4.2.1 可以查得；$\xi = \dfrac{U_{cm}}{V_{CC}}$ 称为集电极电压利用系数，一般情况下，$0.9 < \xi < 1$。

从式(4.2.14)可见，欲提高效率有两种方式：一是提高电压利用系数 ξ，即提高 U_{cm}，它可以通过提高回路谐振电阻 R_p 来实现，那么如何选择 R_p 是下面所要讨论的一个重要问题。二是提高波形系数 $g_1(\theta_c)$，而 $g_1(\theta_c)$ 与 θ_c 有关。从图 4.2.4 可直观看到，θ_c 越小，$g_1(\theta_c)$ 越大，效率 η_c 也就越高，但 θ_c 过小时将使 $\alpha_1(\theta_c)$ 急剧减小，致使输出功率随之下降。为了兼顾 η_c 和 P_o，通常取 $\theta_c = 60° \sim 80°$，此时谐振功率放大器工作在丙类状态，η_c 和 P_o 都比较高。

在 $\xi=1$ 的理想条件下，由式(4.2.14)可得出不同工作状态下的效率。

甲类工作状态：$\theta_c=180°$、$g_1(\theta_c)=1$、$\eta_c=50\%$。

乙类工作状态：$\theta_c=90°$、$g_1(\theta_c)=1.57$、$\eta_c=78.5\%$。

丙类工作状态：$\theta_c=60°$、$g_1(\theta_c)=1.8$、$\eta_c=90\%$。

4.3　丙类谐振功率放大器的特性分析

4.3.1　丙类谐振功率放大器的动态特性曲线

1. 实际的动态特性曲线

图 2.3.1(b)给出的是晶体管静态特性曲线，也就是在晶体管集电极回路中没有接负载的条件下测得的，它是晶体管本身所固有的。对于谐振功率放大器，LC 回路的谐振电阻 R_p 相当于集电极回路的负载。当改变电压 u_{BE} 使 i_C 发生变化时，由于负载电阻 R_p 上有电压，必然会引起 u_{CE} 的变化。这样，在考虑了负载的反作用后所获得的 u_{CE}、u_{BE} 与 i_C 的关系曲线称为动态特性曲线。它实际上相当于低频放大器中的交流负载线，即动态工作点移动的轨迹。

根据 $u_{BE}=V_{BB}+U_{im}\cos\omega t$，$u_{CE}=V_{CC}-U_{cm}\cos\omega t$，可在图 4.3.1 输出特性曲线上找到 ωt 为不同值时所对应的 i_C 点，将这些点连成的线 $\widehat{AB}-BC$（其中 $\widehat{AB}$ 曲线段在图中用虚线表示）便是高频功放实际的动态特性曲线。

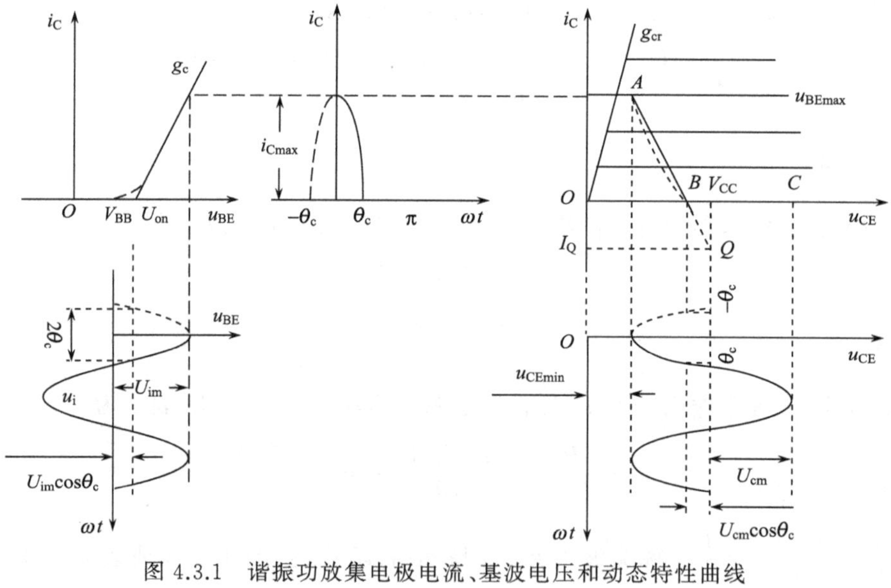

图 4.3.1　谐振功放集电极电流、基波电压和动态特性曲线

2. 折线化的动态特性曲线

在折线化的条件下，由式 $u_{BE}=V_{BB}+U_{im}\cos\omega t$ 和 $u_{CE}=V_{CC}-U_{cm}\cos\omega t$ 分别确定 A、B 和 C 三点。

当 $\omega t=0$ 时，则 $u_{BE}=u_{BEmax}=V_{BB}+U_{im}$；$u_{CE}=u_{CEmin}=V_{CC}-U_{cm}$，从而确定出 A 点。

当 $\omega t=\theta_c$，$i_C=0$ 时，则 $u_{CE}=V_{CC}-U_{cm}\cos\theta_c$，确定出 B 点。

当 $\omega t=\pi$，$i_C=0$ 时，则 $u_{CE}=V_{CC}+U_{cm}$，确定出 C 点。

连接 A、B、C 三点，即图 4.3.1 中实线表示的直线段 AB 和与横轴重合的直线段 BC 两条折线称为折线化的动态特性曲线。显见，丙类谐振功放的动态特性曲线为折线 $AB-BC$。

3. 动态线方程及其画法

由 $u_{BE}=V_{BB}+U_{im}\cos\omega t$ 和 $u_{CE}=V_{CC}-U_{cm}\cos\omega t$ 两式消去 $\cos\omega t$ 得

$$u_{BE}=V_{BB}+\frac{U_{im}}{U_{cm}}(V_{CC}-u_{CE})$$

当 $u_{BE}>U_{on}$ 时，将上式代入式(2.3.5)得

$$i_C=g_c\left[V_{BB}+\frac{U_{im}}{U_{cm}}(V_{CC}-u_{CE})-U_{on}\right]=-g_c\frac{U_{im}}{U_{cm}}\left(u_{CE}-V_{CC}+U_{cm}\frac{U_{on}-V_{BB}}{U_{im}}\right)$$

若将式(4.2.3)代入，则得动态线方程

$$i_C=-g_c\frac{U_{im}}{U_{cm}}(u_{CE}-V_{CC}+U_{cm}\cos\theta_c) \tag{4.3.1}$$

该方程表示的是一条直线，其斜率为

$$g_d=-g_c\frac{U_{im}}{U_{cm}}=-g_c\frac{U_{im}}{I_{c1m}R_p}=-\frac{g_cU_{im}}{i_{Cmax}\alpha_1(\theta_c)R_p}=-\frac{g_cU_{im}}{g_cU_{im}(1-\cos\theta_c)\alpha_1(\theta_c)R_p}$$

即

$$g_d=-\frac{1}{(1-\cos\theta_c)\alpha_1(\theta_c)R_p} \tag{4.3.2}$$

由动态线方程可以确定静态工作点的位置。因为在直流状态下，谐振回路处于短路，$u_{CE}=V_{CC}$，由式(4.3.1)可得 $i_C=I_Q=-g_c(U_{on}-V_{BB})<0$，表明此时的集电极电流 i_C 倒流，这在实际中是不可能的。可见，I_Q 只是用来确定 Q 点位置的虚拟电流。

显然，连接 A、Q 两点，与横轴的交点即为 B 点，则直线段 AB 便是式(4.3.1)所表示的动态线。由于 BQ 段表示的是电流截止期内的动态线，所以用虚线表示，如图 4.3.1 所示。

4. 动态负载电阻

动态线斜率的倒数称为丙类谐振功放的动态电阻，用 R_d 表示。由式(4.3.2)可得

$$R_d=\frac{1}{|g_d|}=(1-\cos\theta_c)\alpha_1(\theta_c)R_p \tag{4.3.3}$$

注意 R_d 与 R_p 的区别，前者是谐振功放在导通($\omega t=-\theta_c\sim\theta_c$)时工作点移动的轨迹——动态线斜率值的倒数；后者是基波电压 U_{cm} 和基波电流振幅 I_{c1m} 之比。只有当 $\theta_c=180°$ 时，放大器工作在甲类，由式(4.3.3)可得 $R_d=R_p$。

4.3.2　丙类谐振功率放大器的工作状态

当晶体管确定后，谐振功率放大器的工作状态可以根据在输入信号的一个周期内，动态工作点是否进入晶体管特性曲线的饱和区来划分。

当 V_{CC}、V_{BB}、U_{im} 一定时，$I_Q=-g_c(U_{on}-V_{BB})$ 不变，$Q(V_{CC}、I_Q)$ 点固定不变；$\cos\theta_c=(U_{on}-V_{BB})/U_{im}$ 不变，所以通角 θ_c 不变；由动态线斜率表达式(4.3.2)可知，随着 R_p 的增大，动态

线斜率随之减小，此时动态线将以 Q 点为中心逆时针旋转；由于 $u_{BEmax}=V_{BB}+U_{im}$ 不变，则动态工作点 A 在 u_{BEmax} 对应的输出特性曲线上随着 R_p 的增大而变化，如图 4.3.2 所示。为了便于分析，可分别用 A_1Q、A_2Q、A_3Q 所对应的①、②、③三条动态线表示，显然从输出波形幅度 U_{cm} 的大小可以直观地断定三条动态线分别对应放大器的三种工作状态。下面分别对三种工作状态的特点加以说明。

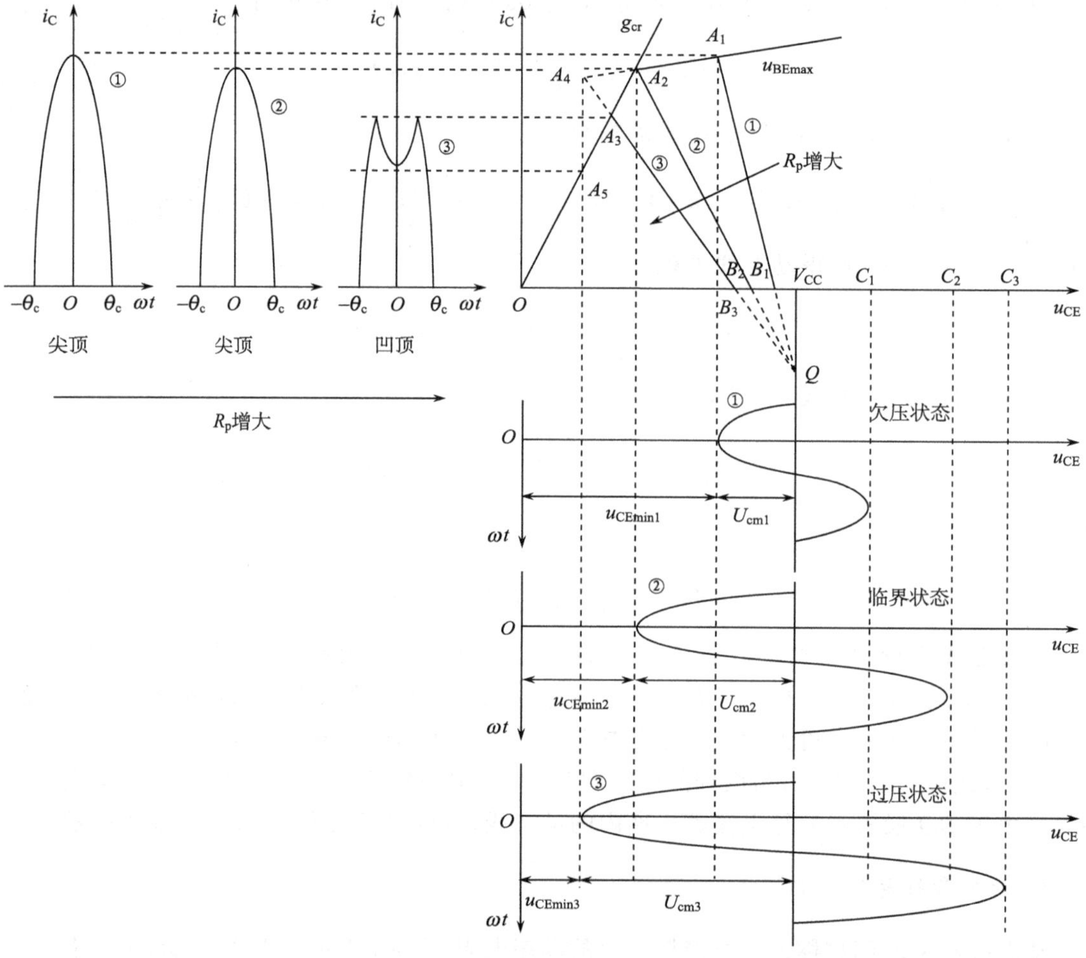

图 4.3.2　三种工作状态下的动特性及集电极电流波形

1. 欠压状态

由 R_p 较小时的动态线①可以看出，如果动态线与 u_{BEmax} 对应的输出特性曲线的交点 A_1 点位于临界线的右侧，u_{CE} 波形①中的 U_{cm1} 较小，这种工作状态称为欠压状态。此时的集电极电流 i_C 波形为尖顶余弦脉冲，A_1 点决定了脉冲电流的高度。

欠压状态下的动态特性曲线为折线 A_1B_1-B_1C_1。

2. 临界状态

随着 R_p 的逐渐增大，动态线斜率逐渐减小，动态线逆时针旋转。当动态线②与 u_{BEmax} 对应的输出特性曲线的交点正好落在临界线 A_2 点上，这种工作状态称为临界状态。此时的集电极电流 i_C 波形仍为尖顶余弦脉冲，只是比欠压状态时的脉冲幅度略小，u_{CE} 波形②中的输出电压 U_{cm2} 较大。

临界状态下的动态特性曲线为折线 A_2B_2-B_2C_2。

由图 4.3.2 可见，在临界状态时，集电极电流波形②的高度可由式(2.3.7)得 $i_C = g_{cr}u_{CEmin2} = g_{cr}(V_{CC} - U_{cm2})$。注意此式只适用于临界状态。用通式可表示为

$$i_{Cmax} = g_{cr}(V_{CC} - U_{cm}) \tag{4.3.4}$$

3. 过压状态

随着 R_p 的继续增大，动态线③与 u_{BEmax} 对应的输出特性曲线的交点 A_4 进入饱和区，此时对应的 u_{CE} 波形③中的 U_{cm3} 超过了临界状态时的 U_{cm2}，这种工作状态称为过压状态。当动态工作点沿着动态线③移动到动态线与临界线的交点 A_3 时，动态工作点将沿着临界线向下移动，集电极电流 i_C 的波形出现凹陷。A_3 决定了脉冲电流的高度；从 A_4 点作垂线，交临界线于 A_5 点，A_5 点确定谷点，即脉冲电流下凹的高度。

过压状态下的动态特性曲线为折线 A_5A_3-A_3B_3-B_3C_3。

4.3.3　丙类谐振功率放大器的外部特性

高频功放的外部特性是指当晶体管确定后，谐振功放的性能随外部参数变化的规律。对于谐振功率放大器的三种工作状态是由 R_p、V_{CC}、V_{BB}、U_{im} 四个参数决定，其中任何一个参数的变化都会引起工作状态发生变化。下面分别从这四个参量出发，定性分析谐振功放的外部特性。

1. 谐振功放的负载特性

谐振功放的负载特性是指 V_{CC}、V_{BB}、U_{im} 一定时，谐振功放的性能随 R_p 变化的特性。

1) R_p 对工作状态的影响

当 V_{CC}、V_{BB} 和 U_{im} 一定时，由图 4.3.2 可知，随着 R_p 的增大，动态线以 Q 点为中心逆时针旋转，此时工作状态的变化趋势为：欠压→临界→过压。图 4.3.3 中的横坐标表示了这一变化过程。

2) 电流 I_{C0}、I_{c1m} 及电压 U_{cm} 随 R_p 变化的曲线

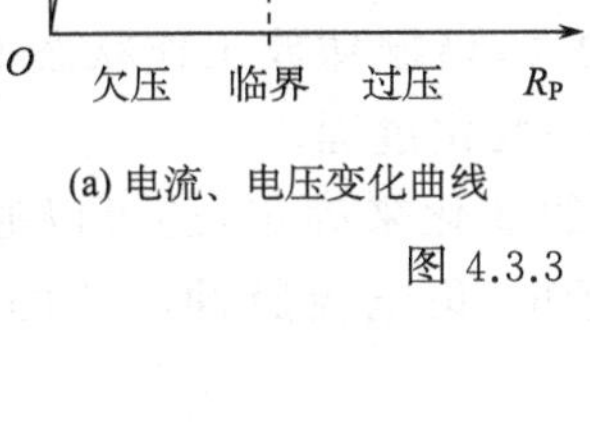

(a) 电流、电压变化曲线

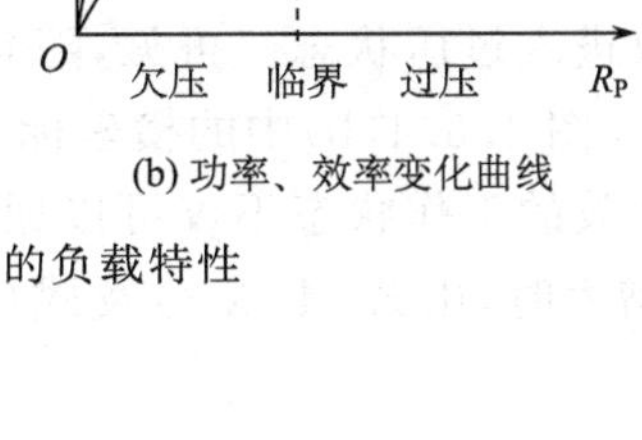

(b) 功率、效率变化曲线

图 4.3.3　谐振功放的负载特性

从图 4.3.2 中可以看出，随着 R_p 的增大，集电极电流 i_C 的波形是由欠压状态的尖顶脉冲减小到临界状态的尖顶脉冲，而后变成过压状态的凹顶脉冲。减小的程度是：在欠压状态，I_{C0} 和 I_{c1m} 随着 R_p 的增大略有下降；进入过压状态后，I_{C0} 和 I_{c1m} 将急剧下降。如图 4.3.3(a)所示。

因为 $U_{cm}=I_{c1m}R_p$，所以在欠压状态，由于 I_{c1m} 变化不大，U_{cm} 仅随 R_p 的增大而上升；进入过压状态后，虽然 I_{c1m} 显著下降，但是 R_p 的继续增大将最终导致 U_{cm} 缓慢上升。如图 4.3.3(a)所示。

鉴于欠压状态时 I_{c1m} 几乎不变，过压状态时 U_{cm} 基本不变，因此可以把欠压状态时的谐振功放看成一个恒流源，而把过压状态时的谐振功放看成一个恒压源。

3）功率和效率随 R_p 变化的曲线

(1) 由 $P_{VCC}=V_{CC}I_{C0}$ 可知，当 V_{CC} 不变时，P_{VCC} 随 R_p 的变化趋势与 $I_{C0}\sim R_p$ 曲线相近，如图 4.3.3(b)所示。

(2) 由 $P_o=U_{cm}I_{c1m}/2$ 可知，由于欠压状态的 I_{c1m} 变化不大，此时 P_o 随 R_p 变化曲线与 $U_{cm}\sim R_p$ 曲线相近；进入过压状态后，由于 U_{cm} 变化不大，此时 P_o 随 R_P 变化曲线与 $I_{c1m}\sim R_p$ 曲线相近，如图 4.3.3(b)所示。特点是在临界状态 P_o 达到最大值。

(3) 由 $P_c=P_{VCC}-P_o$ 可知，它可由 $P_{VCC}\sim R_p$ 和 $P_o\sim R_p$ 曲线相减画出，如图 4.3.3(b)所示。注意：当 $R_p=0$ 时，P_c 达到最大值。

(4) 由 $\eta_c=\dfrac{1}{2}g_1(\theta_c)\dfrac{U_{cm}}{V_{CC}}$ 可知，θ_c 不变，则 $g_1(\theta_c)$ 不变，所以 η_c 随 R_P 变化的趋势与 $U_{cm}\sim R_p$ 曲线相近。如图 4.3.3(b)所示。

4）三种工作状态的特点综述

在欠压状态，由于集电极损耗大、输出电压不稳定，输出功率和效率均较低，所以一般很少采用。若谐振回路出现失谐，则阻抗 R_p 减小将使放大器工作在欠压状态，严重失谐时，可能会使损耗功率 P_c 过大而烧坏功率管。所以调谐时务必注意，不要使回路严重失谐，最好在过压状态下进行调谐。

在临界状态，输出功率最大，且效率也足够高，因此是谐振功放的最佳工作状态。这种状态主要用于发射机末级。

在过压状态，输出电压比较平稳，且弱过压时效率最高。它常用于需要维持输出电压平稳的场合，如作为发射机的中间放大器。

2. 谐振功放的放大特性

谐振功放的放大(也称为振幅)特性是指 V_{CC}、V_{BB}、R_p 一定时，谐振功放的性能随 U_{im} 变化的特性。讨论放大特性是为了正确地选择谐振功放的工作状态，使之减小放大失真。

1) U_{im} 变化时对工作状态的影响

当 V_{CC}、V_{BB} 和 R_p 一定时，Q 点固定不变，随着 U_{im} 的增大，u_{BEmax} ($=V_{BB}+U_{im}$) 也随之增大，u_{BEmax} 对应的输出特性曲线将向上平移，如果原来工作于临界状态，那么随着输出特性曲线的上移，谐振功放进入过压状态。可见，随着 U_{im} 的增大，谐振功放工作状态的变化趋势为：欠压→临界→过压。图 4.3.4(b)中的横坐标表示了这一变化过程。

其实，谐振功放的工作状态不仅可以通过 u_{BEmax} 的变化来确定，还可以通过 u_{CEmin} 的变化来判断。当 U_{im} 增大时，由式(4.2.3)及式(4.2.5)可知，集电极脉冲电流的宽度 $2\theta_c$ 和高度

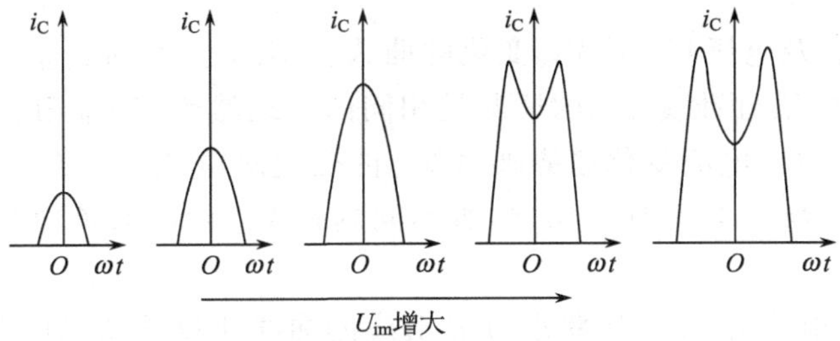

(a) 脉冲电流高度和宽度的变化

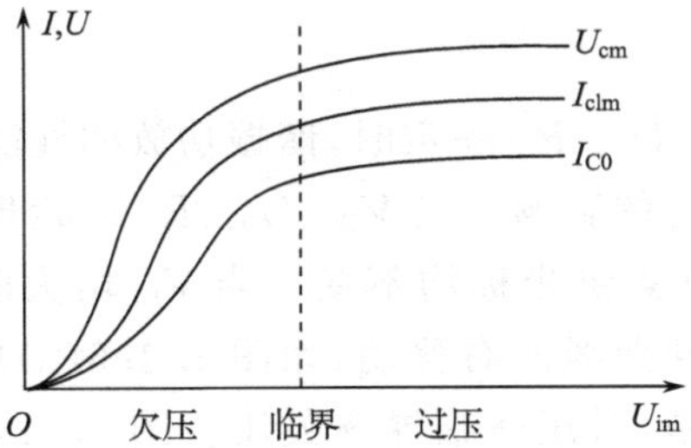

(b) 电流、电压变化曲线

图 4.3.4　谐振功放的放大特性

i_{Cmax}均增大，从而引起I_{C0}、I_{c1m}和U_{cm}增大。由于V_{CC}不变，$u_{CEmin}=V_{CC}-U_{cm}$将减小，谐振功放的工作状态变化趋势为：欠压→临界→过压。

2）电流I_{C0}、I_{c1m}及电压U_{cm}随U_{im}变化的曲线

随着U_{im}的增大，$2\theta_c$和i_{Cmax}也随之增大，集电极脉冲电流i_C的波形由欠压状态的尖顶脉冲变化到过压状态的凹顶脉冲，如图 4.3.4(a)所示。由于i_C面积的增大，由其分解出来的I_{C0}、I_{c1m}也将随着U_{im}的增大而增大。增大的趋势是：在欠压状态，I_{C0}、I_{c1m}和相应的U_{cm}随着U_{im}的增大而迅速增大；在过压状态，U_{im}的增大使i_C的脉冲高度和宽度虽有增大，但凹陷也随之加深，致使I_{C0}、I_{c1m}和U_{cm}增大缓慢。如图 4.3.4(b)所示。

3. 谐振功放的调制特性

研究基极电源V_{BB}和集电极电源V_{CC}对高频功放工作状态的影响，是为了明确利用谐振功放实现调幅应满足的条件。

1）基极调制特性

基极调制特性是指当V_{CC}、U_{im}、R_p一定时，谐振功放的性能随V_{BB}变化的特性。

(1) V_{BB}变化时对工作状态的影响。由式(4.2.3)及式(4.2.5)可知，当V_{BB}由负值逐渐增加到正值(即从负电压向小于U_{on}的正电压变化)时，θ_c、i_{Cmax}随之增大，从而引起I_{C0}、I_{c1m}、U_{cm}的增大，由于V_{CC}不变，$u_{CEmin}=V_{CC}-U_{cm}$将减小。显然，随着V_{BB}的增大，谐振功放工作状态的变化趋势是：欠压→临界→过压。图 4.3.5 中的横坐标表示了这

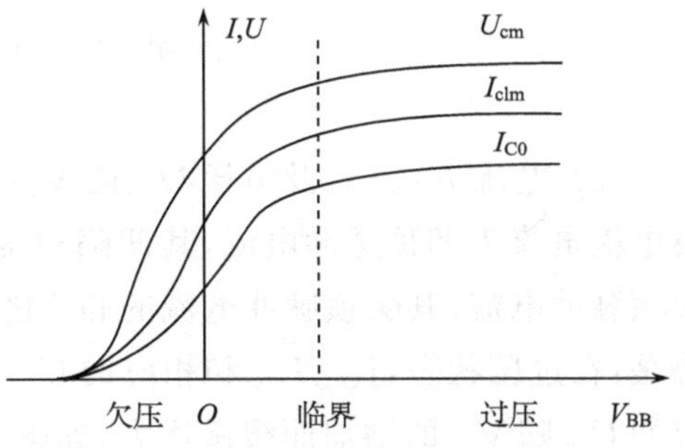

图 4.3.5　谐振功放的基极调制特性

一变化过程。

(2) 电流 I_{C0}、I_{c1m}及电压 U_{cm}随 V_{BB}变化的曲线。实际上，由 $u_{BEmax}=V_{BB}+U_{im}$可知，固定 U_{im}而改变 V_{BB}和固定 V_{BB}而改变 U_{im}的情况是相同的。既然改变 V_{BB}和改变 U_{im}是等效的，那么就可以借助图 4.3.4(a)电流变化趋势画出 V_{BB}的变化对电流 I_{C0}、I_{c1m}和电压 U_{cm}影响的曲线，如图 4.3.5 所示。与图 4.3.4(b)相比，所不同的是 V_{BB}可以取负值也可以取正值，而 U_{im}只能由零开始变化。

从图 4.3.5 中不难看出，在欠压状态，I_{c1m}对应的曲线比过压状态的曲线陡得多。因此只有在欠压状态，改变 V_{BB}才能更有效地控制 I_{c1m}进而控制 U_{cm}，可实现基极调幅。有关基极调幅的内容将在第 6 章介绍。

2) 集电极调制特性

集电极调制特性是指 V_{BB}、U_{im}、R_p 一定时，谐振功放的性能随 V_{CC}变化的特性。

(1) V_{CC}变化时对工作状态的影响。当 V_{BB}、U_{im}、R_p 一定时，晶体管的通角 θ_c、发射结电压 u_{BEmax}、动态线斜率 g_d 和 Q 点纵坐标均不变。当 V_{CC}增大时，动态线向右平移，A 点随着动态线的平移将沿着输出特性曲线向右移动，如图 4.3.6(a)所示。可见随着 V_{CC}的增大，谐振功放工作状态的变化趋势是：过压→临界→欠压。图 4.3.6(b)中的横坐标表示了这一变化过程。

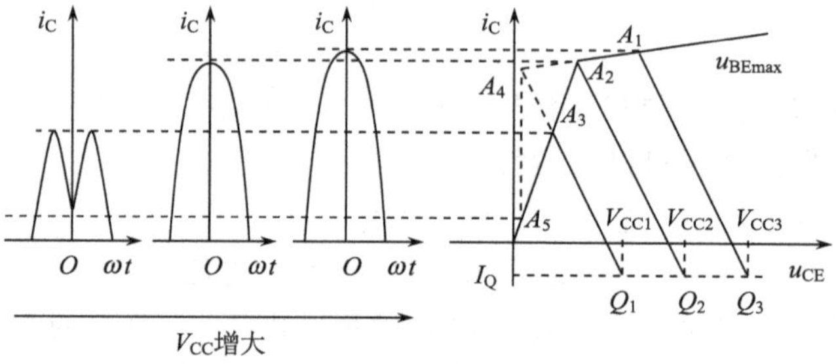

(a) 脉冲电流高度和动态线的变化

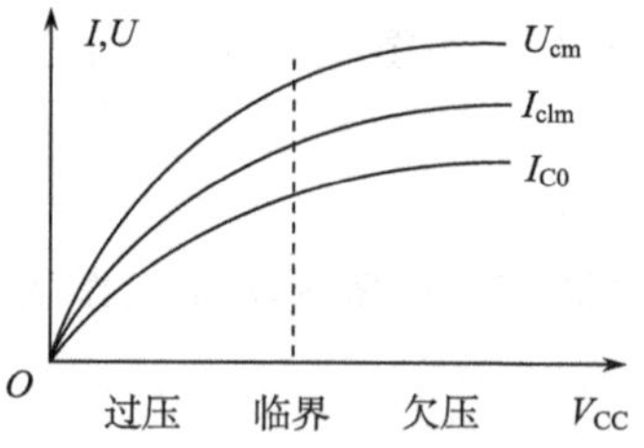

(b) 电流、电压变化曲线

图 4.3.6　谐振功放的集电极调制特性

(2) 电流 I_{C0}、I_{c1m}及电压 U_{cm}随 V_{CC}变化的曲线。由图 4.3.6(a)不难看出，在过压状态，集电极电流为凹顶脉冲电流，其凹陷程度随着 V_{CC}的增加而减小；在欠压状态，集电极电流为尖顶脉冲电流，其尖顶脉冲电流的高度随着 V_{CC}的增加而略有增高。因此电流、电压的变化趋势是：在过压状态，I_{C0}、I_{c1m}和相应的 U_{cm}随 V_{CC}的增加而迅速增大；在欠压状态，I_{C0}、I_{c1m}和相应的 U_{cm}随 V_{CC}的增加而缓慢增大，如图 4.3.6(b)所示。

可见，只有在过压状态时改变 V_{CC}才能更有效地控制 I_{c1m}进而控制 U_{cm}，可实现集电极调幅。有关集电极调幅的内容将在第 6 章介绍。

例 4.3.1　某谐振功放中晶体管临界线的斜率 $g_{cr}=0.5\text{S}$，导通电压 $U_{on}=0.6\text{V}$。电源电压 $V_{CC}=24\text{V}$，$V_{BB}=-0.2\text{V}$。输入信号振幅 $U_{im}=2\text{V}$，输出回路谐振电阻 $R_p=50\Omega$，输出功率 $P_o=2\text{W}$。(1)求集电极电流最大值、输出电压振幅、集电极效率；(2)判断放大器工作于什么状态。

解　(1) 本题虽给出 g_{cr}，但未指明是临界状态，故不能使用 $i_{Cmax}=g_{cr}(V_{CC}-U_{cm})$ 来计算 i_{Cmax} 和 U_{cm}。

由 $\cos\theta_c=\dfrac{U_{on}-V_{BB}}{U_{im}}=\dfrac{0.6+0.2}{2}=0.4$，得 $\theta_c\approx66°$，查表 4.2.1 可知 $\alpha_0(66°)=0.239$，$\alpha_1(66°)=0.419$。

由 $P_o=\dfrac{I_{c1m}^2R_P}{2}$ 得 $I_{c1m}=\sqrt{\dfrac{2P_o}{R_p}}=\sqrt{\dfrac{2\times2}{50}}\approx0.28(\text{A})$，故

$$i_{Cmax}=\frac{I_{c1m}}{\alpha_1(66°)}=\frac{0.28}{0.419}\approx0.67(\text{A})$$

$$U_{cm}=I_{c1m}R_p=0.28\times50=14(\text{V})$$

$$P_{VCC}=V_{CC}i_{Cmax}\alpha_0(66°)=24\times0.67\times0.239\approx3.84(\text{W})$$

$$\eta_c=\frac{P_o}{P_{VCC}}\times100\%=\frac{2}{3.84}\times100\%\approx52.08\%$$

(2) 说明放大器的工作状态，可以 $U_{cm}=14\text{V}$，$i_{Cmax}=0.67\text{A}$ 为前提，利用临界状态时的 $i_{Cmax}=g_{cr}(V_{CC}-U_{cm})$ 来判断。即假设 $i_{Cmax}=0.67(\text{A})$ 时对应于临界状态，那么此时 $U'_{cm}=V_{CC}-\dfrac{i_{Cmax}}{g_{cr}}=24-\dfrac{0.67}{0.5}=22.66(\text{V})$。因为 $U_{cm}<U'_{cm}$，所以可以判断出该谐振功放工作在欠压状态。

例 4.3.2　某谐振功放工作于临界状态，$\theta_c=75°$，$P_o=30\text{W}$，$V_{CC}=24\text{V}$，晶体管临界线的斜率 $g_{cr}=1.67\text{S}$。查表得 $\alpha_0(75°)=0.269$，$\alpha_1(75°)=0.455$，$\alpha_2(75°)=0.258$。(1)求集电极效率和临界负载电阻；(2)当输入信号的频率减小一倍，而保持其他条件不变时，其输出功率和集电极效率各为多少？

解　(1) 将临界状态时的 $i_{Cmax}=g_{cr}(V_{CC}-U_{cm})$ 代入 $P_o=\dfrac{U_{cm}i_{Cmax}\alpha_1(\theta_c)}{2}$ 得 $U_{cm}^2-V_{CC}U_{cm}+2P_o/g_{cr}\alpha_1(\theta_c)=0$，代入数据求得 $U_{cm1}\approx20.06\text{V}$ 和 $U_{cm2}\approx3.94\text{V}$(舍去)。

将 $U_{cm1}=20.06\text{V}$ 代入 $i_{Cmax}=g_{cr}(V_{CC}-U_{cm})$ 得 $i_{Cmax}=1.67\times(24-20.06)\approx6.58(\text{A})$，则 $I_{C0}=i_{Cmax}\alpha_0(75°)=6.58\times0.269\approx1.77(\text{A})$，$I_{c1m}=i_{Cmax}\alpha_1(75°)=6.58\times0.455\approx2.99(\text{A})$

$$P_{VCC}=V_{CC}I_{C0}=24\times1.77=42.48(\text{W})$$

$$\eta_c=\frac{P_o}{P_{VCC}}\times100\%=\frac{30}{42.48}\times100\%\approx70.62\%$$

$$R_p=\frac{U_{cm1}}{I_{c1m}}=\frac{20.06}{2.99}\approx6.71(\Omega)$$

(2) 若输入信号的频率减小一倍，此时输出回路的谐振频率为输入信号频率的二倍，即电路变为二倍频器，集电极电流 i_C 的二次谐波 I_{c2m} 最大。因为其他条件不变，所以

$$U_{c2m}=I_{c2m}R_p=i_{Cmax}\alpha_2(75°)R_p=6.58\times0.258\times6.71\approx11.39(\text{A})$$

$$P_{o2}=\frac{U_{c2m}^2}{2R_p}=\frac{11.39^2}{2\times 6.71}\approx 9.67(\mathrm{W})$$

$$\eta_{c2}=\frac{P_{o2}}{P_{VCC}}\times 100\%=\frac{9.67}{42.48}\times 100\%\approx 22.76\%$$

4.4　丙类谐振功率放大器的实际电路

在前几节中，为了直观起见，采用图 4.2.1 所示的原理电路进行讨论。其实，实际电路要比原理电路复杂得多。任何一个完整的谐振功放都是由功放管、直流馈电电路和滤波匹配网络组成的。

4.4.1　直流馈电电路

为了使谐振功率放大器能工作在所设计的状态(如丙类状态)，晶体管各电极必须有相应的直流电源，把直流电源馈送到各极的电路称为馈电电路。直流馈电电路包括集电极馈电电路和基极馈电电路，馈电电路的形式有串联馈电和并联馈电。对直流馈电电路的要求是交流电流有交流通路，直流电流有直流通路，并且交流电流不通过直流电源(避免电源两端的电压波动)，为此必须借助一些馈电元件来实现，如高频扼流圈、旁路电容或隔直电容等。

1. 集电极馈电电路

集电极馈电电路如图 4.4.1 所示。在图 4.4.1(a)中，功放管、直流电源和负载回路三部分串联而成，把这种连接形式称为串联馈电电路，简称串馈；而图 4.4.1(b)的连接方式是功放管、直流电源和负载回路三者并联连接，所以这种连接形式称为并联馈电电路，简称并馈。

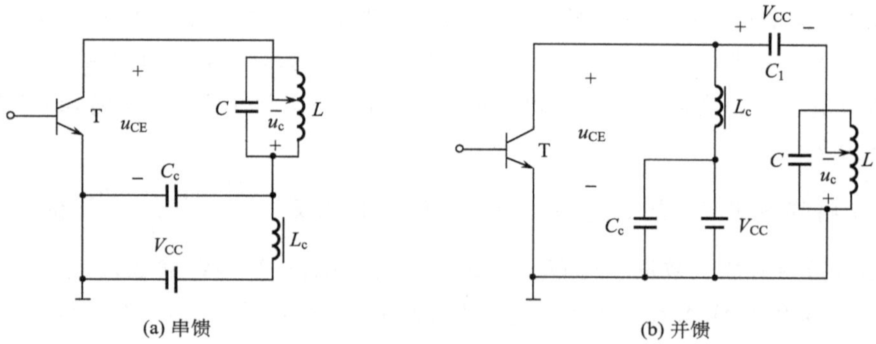

图 4.4.1　集电极馈电电路

在图 4.4.1 中，L_c 为高频扼流圈，它与高频旁路电容 C_c 共同构成直流电源滤波电路，要求在信号频率上 L_c 的感抗很大近似开路，C_c 容抗很小近似短路，其作用是防止交流成分进入直流电源，在电源内阻上形成交流电压而引起电源两端电压的波动。C_1 为耦合电容，防止直流电源被回路电感短路。对于电压来说，无论串馈还是并馈，u_c 与 V_{CC} 总是串联的，因此基本关系式 $u_{CE}=V_{CC}-U_{cm}\cos\omega t$ 对两种电路都适用。

由于直流电源与“地”之间有一定的杂散电容，且容量比较大。为了防止这些杂散电容成为回路电容的一部分，引起电路不稳定和限制最高工作频率，直流电源的一端必须接地，这可以说是电子线路中馈电的一条基本原则。

图 4.4.1(a)所示串馈电路的优点是馈电元件 L_c、C_c 处于高频地电位，分布参数不会影响负载回路的谐振频率；缺点是谐振回路处于直流高电位，使得对回路进行调谐时感应大，不安全以及安装、调试不方便，所以这种电路适合于频率较高的场合。图 4.4.2(b)所示并馈电路的优点是谐振回路处于直流地电位，LC 回路元件直接接地，安装、调试方便；缺点是馈电元件 L_c、C_c 与谐振回路并联，它们的分布参数将直接影响谐振回路的稳定性，限制了放大器的高端频率，故它一般适用于频率较低的场合。

2. 基极馈电电路

基极馈电电路也有串馈和并馈两种形式，并且提供偏压的方法有以下两种。

1) 外加直流电源的基极馈电电路

如图 4.4.2 所示。图中 V_{BB} 为基极偏置电压源，C_b 为高频旁路电容，C_{b1} 为耦合电容，L_b 为高频扼流圈。在实际电路中，工作频率较低或工作频带较宽的功率放大器一般采用互感耦合，即采用图 4.4.2(a)和图 4.4.2(b)所示的馈电形式；对于甚高频段的功率放大器，采用电容耦合比较方便，故常采用图 4.4.2(c)所示的馈电形式。

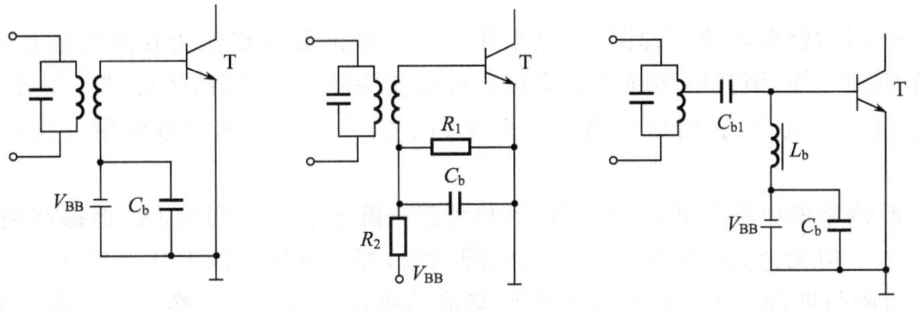

(a) 串馈　　(b) 分压式串馈　　(c) 并馈

图 4.4.2　外加直流电源的基极馈电电路

基极偏置电压源 V_{BB} 可以单独由稳压电源供给，也可以由集电极电源 V_{CC} 分压供给。

2) 自偏压式基极馈电电路

在实际应用中，有时采用单独直流电源提供 V_{BB} 并不方便，在输出功率大于 1W 的功率级，常采用以下的方法来产生 V_{BB}。

(1) 利用基极脉冲电流中的直流分量 I_{B0} 在基极电阻 R_b 上产生的压降形成自给负偏压 V_{BB}，如图 4.4.3(a)所示。C_b 为高频旁路电容，对基波和各次谐波电流具有短路作用，使 R_b 上产生稳定的直流压降。改变 R_b 的大小，可以调节反偏电压的大小。

(2) 利用基极脉冲电流的直流分量 I_{B0} 在高频扼流圈固有的直流电阻上产生很小的电压，形成自给负偏压 V_{BB}，如图 4.4.3(b)所示。高频扼流圈的直流电阻很小，使发射结仅有很小的直流负偏压，故将此电路近似称为零偏压基极馈电电路。一般只在需要很小的负偏压时，才采用这种形式。

(3) 利用发射极脉冲电流的直流分量 I_{E0} 在发射极偏置电阻 R_e 上产生的压降形成自给负偏压 V_{BB}，如图 4.4.3(c)所示。这种方式的优点是可以自动维持放大器的工作状态，当信号增大时 I_{E0} 增大，使负偏压增大，因而使 I_{E0} 的相对增加量减小；当信号减小时 I_{E0} 减小，使负偏压

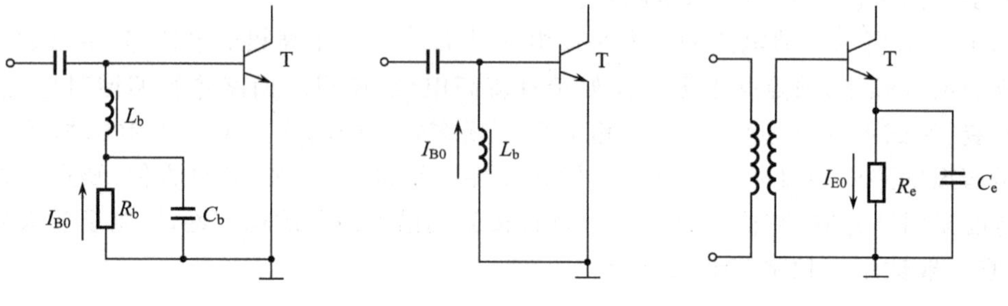

图 4.4.3　自偏压式基极馈电电路

减小，因而使 I_{E0} 的相对减小量也减小。实质上起到了直流负反馈的作用。C_e 的作用与图 4.4.3(a)中的 C_b 相同。

4.4.2　滤波匹配网络

1. 对滤波匹配网络的要求

在前面介绍的谐振功放原理图中，是采用 LC 并联谐振回路作为功放管的负载。由谐振功放的工作原理可知，谐振回路除了滤除集电极电流中的谐波成分，还应满足功放管所需要的最佳负载电阻。也就是说，谐振回路实际上起到了滤波和匹配的双重作用，故称为滤波匹配网络。

滤波匹配网络的电路形式虽然很多，但归结起来除了前面用到的 LC 谐振回路，还常用较为复杂的网络。但无论是哪种形式的滤波匹配网络，都应该满足以下几点要求。

(1) 具有阻抗匹配功能。即滤波匹配网络能够将实际的负载变换成放大器所要求的最佳负载。

(2) 具有滤波功能。即滤波匹配网络应对工作频率之外的分量具有良好的抑制能力。

(3) 固有损耗尽可能小。即滤波匹配网络能够高效率地将功率传送给负载。

2. 滤波匹配网络的性能分析

滤波匹配网络的分析，是以串、并联阻抗变换为基础。利用阻抗电路的串、并联之间的等效变换和 LC 回路的选频特性，可以求得滤波匹配网络在所要求频率处实现的阻抗变换。

1) 串、并联阻抗之间的等效变换关系

由式(2.2.12a)可写出图 4.4.4 中 R_s 与 R_p 之间的变换关系为

$$R_p = (1 + Q^2) R_s \tag{4.4.1}$$

式中，Q 为两个电路的品质因数，根据 Q 的定义可写为

$$Q = \frac{|X_s|}{R_s} \tag{4.4.2a}$$

或

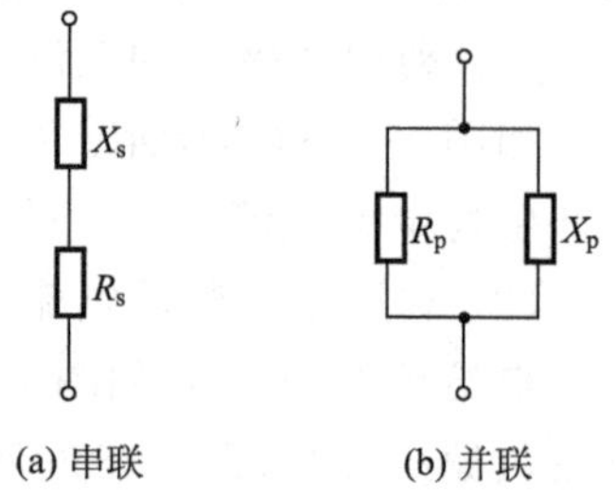

图 4.4.4　串并联阻抗转换

$$Q=\frac{R_p}{|X_p|} \tag{4.4.2b}$$

式(4.4.1)、(4.4.2)是分析以下几种滤波匹配网络的阻抗变换特性的依据。

2) 滤波匹配网络的分析

常用的滤波匹配网络有 L 形、T 形和 π 形。其中,L 形是最基本、最简单的滤波匹配网络,T 形和 π 形可以视为由 L 形滤波匹配网络演变而来的。因此,弄清楚 L 形滤波匹配网络的匹配条件至关重要。

(1) L 形滤波匹配网络。L 形滤波匹配网络由两个异性电抗元件 X_1、X_2 组成,常用的有图 4.4.5(a)和图 4.4.6(a)所示的两种。图中,R_L 是外接负载电阻,R_i 是双端口网络在工作频率处的最佳输入电阻(或看成谐振功放所要求的最佳负载电阻)。

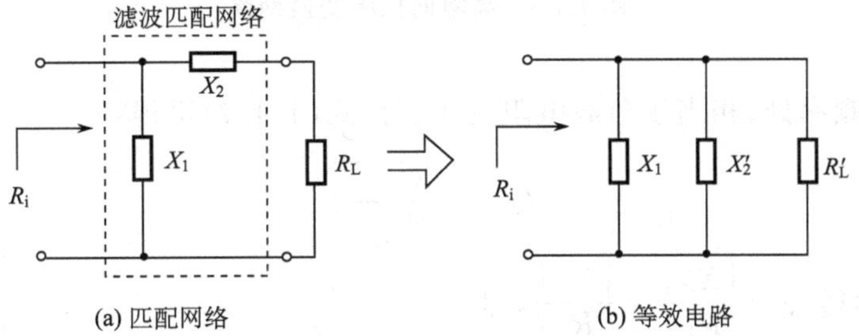

图 4.4.5　低阻向高阻变换网络

① 低阻→高阻变换网络。如图 4.4.5 所示。为了便于分析,将图 4.4.5(a)中的 X_2、R_L 串联形式等效为图 4.4.5(b)的并联形式。若等效后的并联回路谐振,则有 $X_1+X_2'=0$,$R_i=R_L'$。由式(4.4.1)可知

$$R_L'=(1+Q^2)R_L=R_i \tag{4.4.3}$$

可见在谐振频率处,相当于负载电阻增大了。并由式(4.4.3)得

$$Q=\sqrt{\frac{R_i}{R_L}-1} \tag{4.4.4}$$

由式(4.4.2a)可写出 $Q=\frac{|X_2|}{R_L}$,进而得

$$|X_2|=QR_L=\sqrt{R_L(R_i-R_L)} \tag{4.4.5}$$

同理,由式(4.4.2b)有 $Q=\frac{R_L'}{|X_2'|}=\frac{R_i}{|X_1|}$,由此可得

$$|X_1|=\frac{R_i}{Q}=R_i\sqrt{\frac{R_L}{R_i-R_L}} \tag{4.4.6}$$

显然,式(4.4.5)、式(4.4.6)成立必须满足 $R_i>R_L$ 的条件,表明在谐振频率处的滤波匹配网络,可将原来的低阻 R_L 变换成高阻 R_i。故图 4.4.5(a)称为低阻→高阻变换网络。

② 高阻→低阻变换网络。如果外接负载电阻 R_L 比较大,而放大器要求的负载电阻 R_i 较小时,则可采用图 4.4.6(a)所示的电路形式。仿照上述推导过程,将图 4.4.6(a)中的 X_1、R_L 并联形式等效为图 4.4.6(b)的串联形式,并在回路谐振时,有 $X_2+X_1'=0$,$R_i=R_L'$。由式

(4.4.1)可知

$$R'_L = \frac{R_L}{1+Q^2} = R_i \qquad (4.4.7)$$

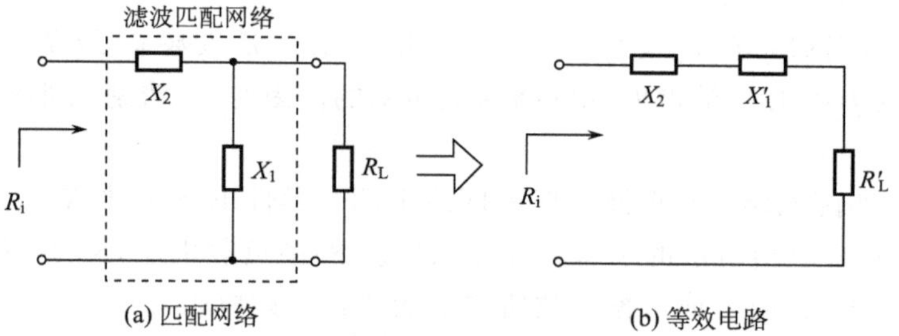

图 4.4.6　高阻向低阻变换网络

可见,在谐振频率处,相当于负载电阻变小。由式(4.4.7)可得

$$Q = \sqrt{\frac{R_L}{R_i} - 1} \qquad (4.4.8)$$

由式(4.4.2a)得 $Q = \frac{|X'_1|}{R'_L} = \frac{|X_2|}{R_i}$,即

$$|X_2| = QR_i = \sqrt{R_i(R_L - R_i)} \qquad (4.4.9)$$

由式(4.4.2b)可得 $Q = \frac{R_L}{|X_1|}$,即

$$|X_1| = \frac{R_L}{Q} = R_L\sqrt{\frac{R_i}{R_L - R_i}} \qquad (4.4.10)$$

为使式(4.4.9)、式(4.4.10)成立,必须满足 $R_i < R_L$ 的条件,显然图 4.4.6(a)可在谐振频率处将大电阻 R_L 等效变换成小电阻 R_i,故该电路称为高阻→低阻变换网络。

例 4.4.1　已知某电阻性负载为 10Ω,请设计并画出一个匹配网络,使该负载在 20MHz 时转换为 50Ω。

解　由题意可知欲使负载增大,应采用从低阻向高阻变换的网络。如果 X_1 表示容抗,X_2 表示感抗,则所设计的电路如图 4.4.7所示。由式(4.4.5)得

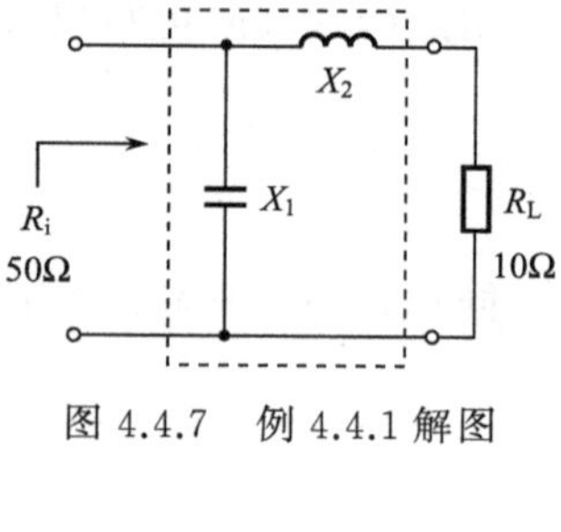

图 4.4.7　例 4.4.1 解图

$|X_2| = \sqrt{10\times(50-10)} = 20(\Omega)$,则有

$$L = \frac{|X_2|}{\omega} = \frac{20}{2\pi\times 20\times 10^6} \approx 0.16(\mu H)$$

由式(4.4.6)得 $|X_1| = 50\sqrt{\frac{10}{50-10}} = 25(\Omega)$,则有

$$C = \frac{1}{\omega|X_1|} = \frac{1}{2\pi\times 20\times 10^6\times 25} \approx 318.47(pF)$$

故所设计出来的 L 形滤波匹配网络的电感和电容值分别为 0.16μH 和 318.47pF。

(2) π 形和 T 形匹配网络。由于 L 形滤波匹配网络阻抗变换前后的电阻相差$(1+Q^2)$倍,若在实际中要求的变换倍数并不高,这将势必造成回路 Q 值过小,使滤波性能变差。为了

克服上述矛盾，可采用 π 形或 T 形滤波匹配网络，它们分别由三个电抗元件(其中两个同性、一个异性)组成，如图 4.4.8 所示，且可以看成是两个 L 形滤波匹配网络串接组成的。

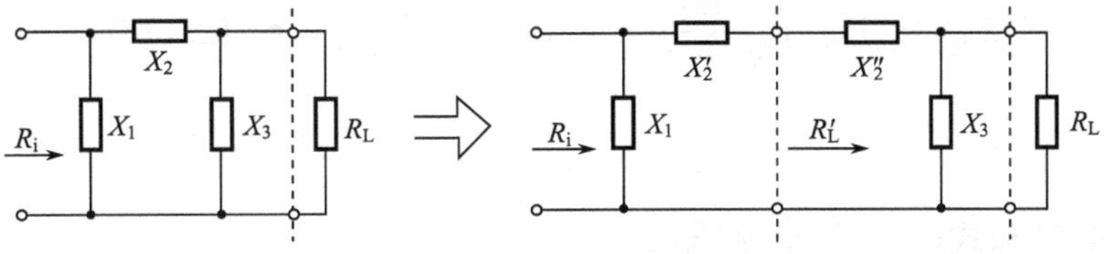

(a) π形滤波匹配网络及其分解

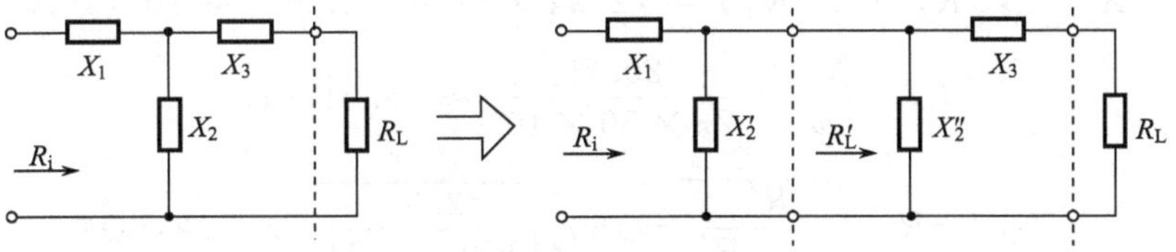

(b) T形滤波匹配网络及其分解

图 4.4.8　π、T 形匹配网络及其分解

图 4.4.8(a)所示的 π 形滤波匹配网络，可以分解为由 X_2''、X_3 组成的高阻→低阻变换网络，以及 X_1、X_2'组成的低阻→高阻变换网络两部分，图中 R_L'为中间变换电阻。

图 4.4.8(b)所示的 T 形滤波匹配网络，可以分解为由 X_2''、X_3 组成的低阻→高阻变换网络，以及 X_1、X_2'组成的高阻→低阻变换网络两部分，而且 R_L'也是中间变换电阻。

综上可见，若恰当选择两个 L 形滤波匹配网络的 Q 值，就可以兼顾到滤波和阻抗匹配的要求。由于 T 形滤波匹配网络的输入端有近似于串联谐振电路的特性，一般不用做功放的输出匹配网络，常用于高频功放的级间耦合。

例 4.4.2　π 形滤波匹配网络如图 4.4.9(a)所示。已知 $R_L=50\Omega$，$R_i=150\Omega$，工作频率 $f=50\text{MHz}$。试确定 π 形网络元件的参数。

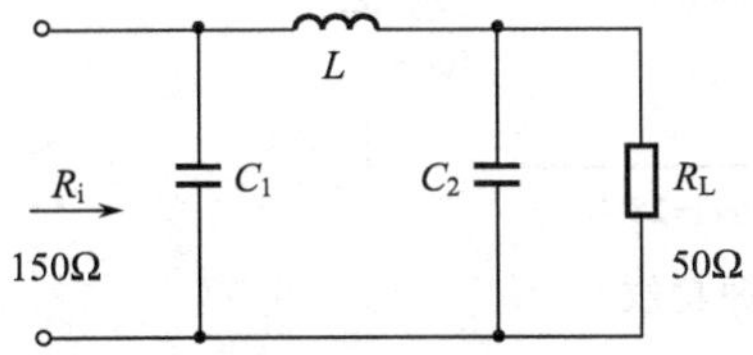

(a) π形滤波匹配网络

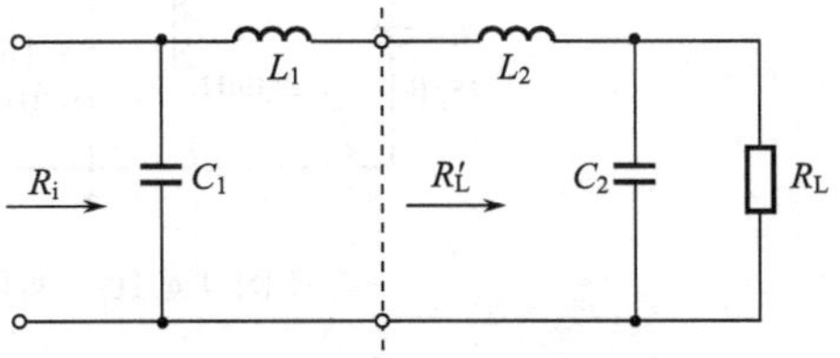

(b) π形滤波匹配网络的等效电路

图 4.4.9　例 4.4.2 及其变换图

解　首先将图 4.4.9(a)中的 π 形滤波匹配网络分解成图 4.4.9(b)所示的两个 L 形网络。其中，L_2、C_2 构成高阻变低阻的 L 形网络，其品质因数为 Q_2；C_1、L_1 构成低阻变高阻的 L 形网络，其品质因数为 Q_1。R_L'为中间变换电阻。

现设 $Q_2=4$，则由式(4.4.7)可得中间变换阻抗 $R_L'=\dfrac{R_L}{1+Q_2^2}=\dfrac{50}{1+4^2}\approx 2.94(\Omega)$

由式(4.4.9)和式(4.4.10)可分别求出

$$|X_{L2}|=\sqrt{R'_L(R_L-R'_L)}=\sqrt{2.94\times(50-2.94)}\approx 11.76(\Omega)$$

$$L_2=\frac{X_{L2}}{\omega}=\frac{11.76}{2\pi\times 50\times 10^6}\approx 37.45(\text{nH})$$

$$|X_{C2}|=R_L\sqrt{\frac{R'_L}{R_L-R'_L}}=50\sqrt{\frac{2.94}{50-2.94}}\approx 12.5(\Omega)$$

$$C_2=\frac{1}{\omega X_{C2}}=\frac{1}{2\pi\times 50\times 10^6\times 12.5}\approx 254.78(\text{pF})$$

再由式(4.4.5)和式(4.4.6)分别求出

$$|X_{L1}|=\sqrt{R'_L(R_i-R'_L)}=\sqrt{2.94\times(150-2.94)}\approx 20.79(\Omega)$$

$$L_1=\frac{X_{L1}}{\omega}=\frac{20.79}{2\pi\times 50\times 10^6}\approx 66.21(\text{nH})$$

$$|X_{C1}|=R_i\sqrt{\frac{R'_L}{R_i-R'_L}}=150\sqrt{\frac{2.94}{150-2.94}}\approx 21.21(\Omega)$$

$$C_1=\frac{1}{\omega X_{C1}}=\frac{1}{2\pi\times 50\times 10^6\times 21.21}\approx 150.15(\text{pF})$$

将 L_1 和 L_2 合并为 L，则 $L=L_1+L_2=66.21+37.45=103.66(\text{nH})$

因此，在选取 $Q_2=4$ 的条件下，确定了图 4.4.9(a)中的元件参数。

4.4.3　实用电路

图 4.4.10 是一工作频率为 160MHz 的谐振功放，向 50Ω 的外接负载提供 13W 的功率，功率增益为 9dB。该电路由功放管、馈电电路和匹配网络等组成。

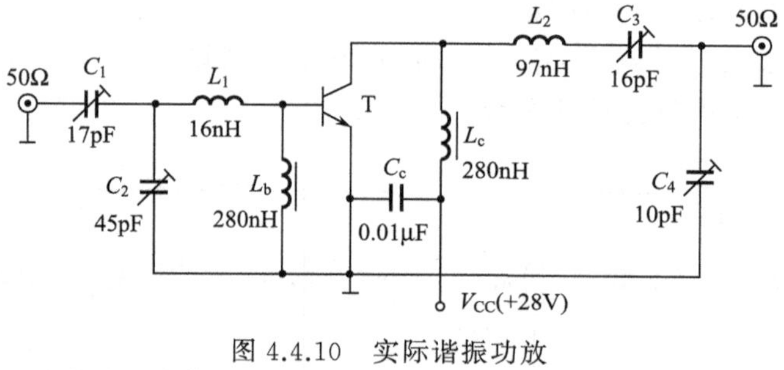

图 4.4.10　实际谐振功放

馈电电路：基极采用自给偏置，由高频扼流圈 L_b 中的直流电阻产生很小的负偏压 V_{BB}；集电极采用并馈，L_c 为高频扼流圈，C_c 为旁路电容。

匹配网络：放大器输入端采用 C_1、C_2、L_1 构成的 T 形输入滤波匹配网络，调节 C_1、C_2，可使功放管的输入阻抗在工作频率上变换为前级电路所要求的 50Ω 匹配电阻；功放输出端采用 L_2、C_3、C_4 构成的 L 形滤波匹配网络，调节 C_3、C_4 使得 50Ω 外接负载电阻在工作频率上变换为放大器所要求的匹配电阻。显然，在输入端调节 C_1、C_2 和输出端调节 C_3、C_4 的目的是实现调谐和调匹配，体现了滤波和匹配的双重作用。

例 4.4.3　试画出两级谐振功放的实际电路，要求如下。

(1) 两级均采用 NPN 型晶体管，发射极直接接地。

(2) 第一级基极采用分压式外加直流电源的馈电电路，与前级之间采用互感耦合，第二级基极采用零偏馈电电路。

(3) 第一级和第二级集电极馈电电路分别采用并馈和串馈形式。

(4) 两级间的耦合采用T形滤波匹配网络，输出回路采用π形滤波匹配网络，负载为天线。

解　此题是对直流馈电电路和滤波匹配网络相关知识的梳理和综合运用。在构成一个实际电路时应满足：交流电流要有交流通路，直流电流要有直流通路，而且交流电流不能流过直流电源；另外还应考虑分布参数对电路的影响，否则电路将有可能不能正常工作。依据组成电路的这一原则，可画出符合题意各项要求的电路，如图4.4.11所示。

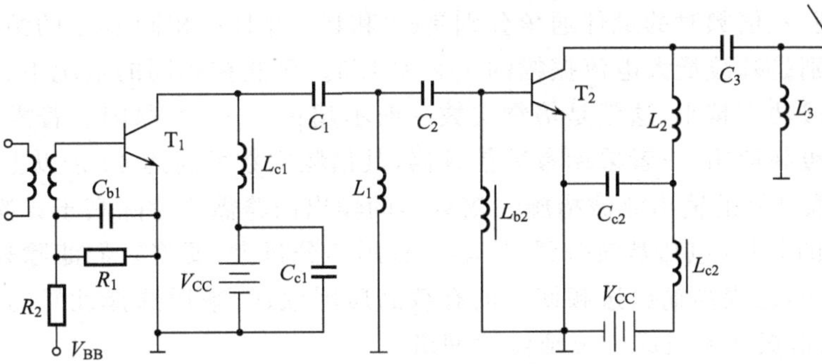

图4.4.11　例4.4.3图解

4.5　倍　频　器

顾名思义，倍频器就是使输出信号频率等于输入信号频率整数倍的电路，即倍频电路可以成倍数地把信号频谱搬移到更高的频段。所以倍频器也是一种线性频谱搬移电路。它经常用在发射机或其他电子设备的中间级。

1. 实现倍频的方法

倍频器按工作原理可分为以下几种。

(1) 利用丙类谐振放大器脉冲电流中的谐波经选频回路获得倍频，称为丙类倍频器。

(2) 利用模拟相乘器实现倍频。

(3) 利用PN结电容的非线性变化，得到输入信号频率的谐波，经选频回路获得倍频，称为参数倍频器。

(4) 利用锁相环路实现倍频，参见8.4.2节相关内容。

当工作频率为几十兆赫兹时，主要采用丙类倍频器；当工作频率高于100MHz时，主要采用参数倍频器；相乘器构成的倍频器主要受相乘器的上限工作频率的限制。本节仅介绍前两种倍频器的实现方法。

2. 倍频器的工作原理

1) 丙类倍频器

晶体管倍频器的电路结构与晶体管丙类谐振功率放大器基本相同，其区别在于选频回路的谐振频率不同,前者的谐振频率为输入信号频率的 n 倍(n 为正整数),而后者的谐振频率与输入信号频率相等。

晶体管倍频器由于下述两个因素,它的倍频次数不能太高,一般用于二倍频或三倍频器。

(1) 应根据倍频次数选择最佳的通角。由丙类谐振功放的工作原理可知,集电极电流中第 n 次谐波分量 I_{cnm} 与尖顶余弦脉冲的分解系数 $\alpha_n(\theta_c)$ 成正比,即 $I_{cnm}=i_{Cmax}\alpha_n(\theta_c)$。再由尖顶余弦脉冲分解系数曲线图 4.2.4 可以看出,一、二、三次谐波分解系数的最大值依次减小,经计算可得最大值及对应的通角为

$$\alpha_1(120°)=0.536, \alpha_2(60°)=0.276, \alpha_3(40°)=0.185$$

可见,二倍频、三倍频时的最佳通角分别是60°和40°,并且在相同 i_{Cmax} 的情况下,所获得的最大电流振幅分别是基波最大电流振幅的 1/2 和 1/3。显然在相同的情况下,倍频次数越高,获得的输出电压或功率越小,这就是倍频次数一般不超过 3~4 的原因。若需要更高次倍频,则可以将倍频器级联使用,或者采用参数倍频器,其倍频次数可高达 40 倍以上。

(2) 必须采取良好的输出滤波措施。倍频器的输出回路需要滤除高于 n 次和低于 n 次的分量。低于 n 次的分量(包括基波分量)振幅比有用的分量大,要将它们滤除较为困难。所以可以采用以下方法:①提高输出选频回路的有载品质因数;②采用选择性好的带通滤波器,如多个 LC 串、并联谐振回路组成的 π 形滤波网络。

2) 模拟相乘器倍频器

用模拟相乘器实现倍频的原理是将输入信号同时输入到模拟相乘器的两个输入端进行自身线性相乘,则相乘器输出交流分量就是输入的二倍频信号。若输入单频信号 $u_s(t)=U_{sm}\cos\omega_s t$,则输出信号为

$$u_o(t)=ku_s^2(t)=k\,(U_{sm}\cos\omega_s t)^2=\frac{k}{2}U_{sm}^2(1+\cos 2\omega_s t)$$

可见,输出电压中包含直流分量和二倍频分量,通过隔直电容滤除直流分量,可在负载上得到二倍频电压。

3. 倍频器的应用

倍频器在通信系统及其他电子系统中均有广泛的应用,下面仅举几例。

(1) 对振荡器输出信号进行倍频,得到更高的所需振荡频率。例如,调幅广播发射机的组成框图 1.3.1 中,采用了倍频器,可使主振器的频率降低,这对稳频是有利的。一般主振器频率不宜超过 5MHz,当发射机频率高于 5MHz 时,通常采用倍频器。

(2) 在第 5 章的石英晶体振荡器中,将会知道振荡频率越高,石英晶体越薄,越易振碎,最薄的石英晶体的固有频率限制在 20MHz 以下,超过这一频率就宜在石英晶体振荡器后面采用倍频器。

(3) 在第 7 章的直接和间接调频电路中,采用倍频器可扩展频偏或相移。

(4) 在第 8 章的频率合成器中,倍频器是不可缺少的组成部分。

4.6 宽带高频功率放大器

虽然丙类谐振功放的效率高,但它只适用于窄带(或单一)工作频率,当需要改变工作频率

时,必须改变电路中匹配网络的谐振频率,这在实际应用中是很烦琐的。对于要求工作于多个频道,快速换频的发射机,或是多频道频率合成器构成的发射机等都要求采用快速调谐跟踪的放大器,显见谐振高频功放是不能满足要求的,这时必须采用无须调节工作频率的宽带高频功率放大器。由于无选频滤波性能,为了减小非线性失真,宽带功率放大器只能工作在甲类状态,所以也称为非谐振线性放大器,显见它是以牺牲效率来换取工作频带加宽的。为了解决宽带功率放大器效率低,输出功率小的问题,在实际中常采用功率合成技术来实现多个功率放大器的联合工作,以获得大功率的输出。

本节主要介绍具有宽频带特性的传输线变压器和由它构成的功率合成器。

4.6.1　高频功率合成器概述

1. 方框图

由于目前的单个高频晶体管的输出功率一般只限于几十瓦至几百瓦,当要求更高的输出功率时,除了采用电子管,一个可行的方法就是采用功率合成器。

所谓功率合成器,就是使多个晶体管产生的高频功率在同一个负载上相叠加。图 4.6.1 是一种常用的功率合成器的组成框图。图中除了信号源和负载,还有两个基本器件:一个是用三角形表示的晶体管功率放大器(有源器件),另一个是用菱形表示的耦合网络(无源器件)。根据同样的组合方法,可以得到输出更大功率的功率合成器。

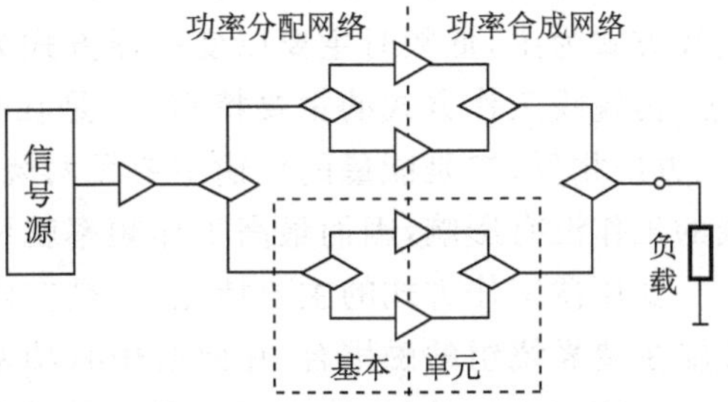

图 4.6.1　功率合成器的组成框图

2. 功率合成器中耦合网络应满足的条件

由图 4.6.1 可知,功率合成器由功率放大器、功率分配网络和功率合成网络组成。功率分配网络和功率合成网络作为功率合成器中的耦合网络,应满足以下条件。

(1) 功率相加条件。如果每个放大器的输出功率相等,供给匹配负载的额定功率均为P_1,那么 N 个同类型放大器作用在负载上的总功率应为NP_1。

(2) 相互无关条件。合成器中的各放大单元电路应彼此相互隔离,其中任何一个放大单元电路损坏或出现故障时,不影响其他放大单元电路的工作状态。当一个或多个放大单元电路损坏时,要求负载上的功率下降尽可能小。

欲实现上述条件,关键在于选择合适的耦合网络——传输线变压器,它是组成耦合网络的核心。

4.6.2　传输线变压器

1. 工作原理

1) 结构

将两根等长的导线(可以是漆包线、同轴线等)绕在高磁导率的铁心磁环上就构成了传输线变压器,如图 4.6.2(a)所示,图 4.6.2(b)和图 4.6.2(c)分别是传输线方式和变压器方式的工作原理图。

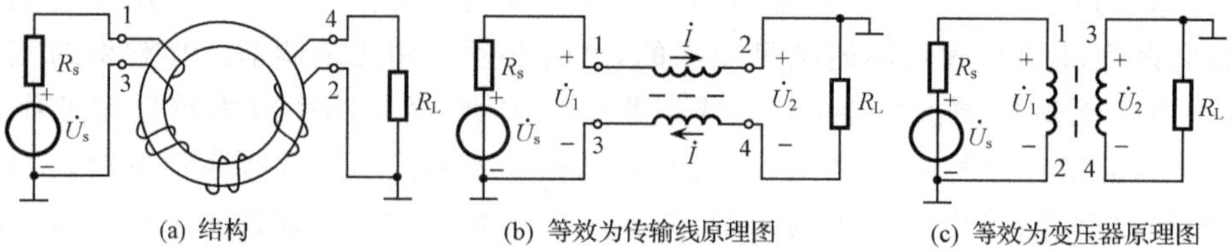

图 4.6.2　1∶1 传输线变压器结构示意图及其等效电路

2）特点

由图 4.6.2(b)不难看出，由于 2、3 端同时接地，这样信号电压 $\dot{U}_1$ 加至传输线始端（即同名端）1、3 时，同时也加至绕组 1、2 两端，负载 R_L 也就接到了绕组 3、4 两端，如图 4.6.2(c)所示，传输线变压器同时按变压器方式工作。因此传输线变压器的工作原理将是传输线原理与变压器原理的结合。是工作在传输线方式还是变压器方式，将取决于信号源：高频时主要以传输线方式为主，低频时主要以变压器方式为主。

传输线工作方式的主要特点：一是在传输线的任一点上，两根导线上流过的电流大小相等、方向相反；二是能量的传输主要靠两绕组之间分布电容的耦合，磁心没有功率损耗，对传输线的工作没有影响，因而最高工作频率就可以有很大的提高。

变压器工作方式的主要特点：一是在两绕组端（1、2 和 3、4 端）有同相的电压；二是能量的传输主要靠绕组的磁耦合，在磁心中有功率损耗。

应该指出的是，传输线变压器与普通变压器传递能量的方式是不同的。对于普通变压器来说，信号电压加到原绕组的 1、2 端，使原绕组有电流流过，然后通过磁通在副绕组 3、4 两端感应出交变的电压，将能量由原绕组传递到副绕组的负载上。而传输线变压器的信号是加在 1、3 输入端，能量由输入端通过导线间的介质传输到 2、4 输出端的负载上。

2. 应用

1)极性变换

传输线变压器用于极性变换电路，就是 1∶1 倒相传输线变压器。如图 4.6.2(b)和图 4.6.2(c)所示。对于图 4.6.2(c)，在信号源的作用下，原绕组 1、2 两端的电压 $\dot{U}_1$，极性为 1 端正、2 端负；在 $\dot{U}_1$ 的作用下，通过电磁感应，在变压器副绕组 3、4 两端产生等值的电压 $\dot{U}_2$，极性为 3 端正、4 端负。由于 3 端接地，所以负载电阻上的电压与 3、4 端的电压 $\dot{U}_2$ 极性相反，从而实现了倒相作用。

2）平衡与不平衡的相互变换

图 4.6.3 是传输线变压器平衡与不平衡的相互变换电路。其中图 4.6.3(a)是将平衡输入变换为不平衡输出的电路，输入端两个信号源的电压和内阻均相等，分别接在地的两旁，这种接法称为平衡接法；输出负载只有单端接地，称为不平衡接法。图 4.6.3(b)是将不平衡输入变换为平衡输出的电路。

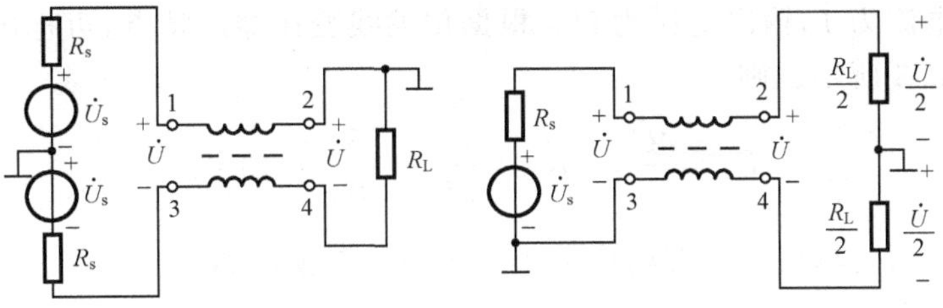

图 4.6.3　传输线变压器平衡与不平衡的相互转换

3）阻抗变换

(1) 4∶1 阻抗变换器。在图 4.6.4(a)所示的电路中，设输入电流为 $\dot I$，R_L 的端电压为 $\dot U$。由传输线变压器的特点可以标出电路中各处的电流及电压。

因为 $R_L=\dfrac{\dot U}{2\dot I}$，$R_i=\dfrac{\dot U_{14}}{\dot I}=\dfrac{2\dot U}{\dot I}=4\cdot\dfrac{\dot U}{2\dot I}=4R_L$，所以 $\dfrac{R_i}{R_L}=4∶1$。

为了实现阻抗匹配，要求传输线的特性阻抗为

$Z_C=\dfrac{\dot U}{\dot I}=2\cdot\dfrac{\dot U}{2\dot I}=2R_L=\dfrac{1}{2}R_i$，进而可得到特性阻抗的通式 $Z_C=\sqrt{R_iR_L}$。

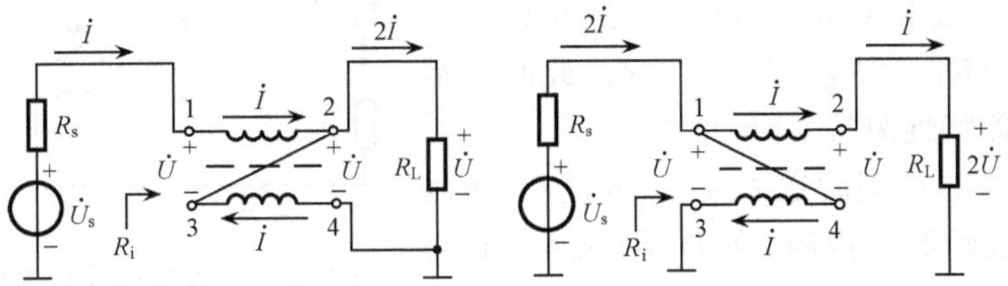

图 4.6.4　传输线变压器的两种基本阻抗变换电路

(2) 1∶4 阻抗变换器。在图 4.6.4(b)所示的电路中，设输出电流为 $\dot I$，输入端电压为 $\dot U$。由传输线变压器的特点可以标出电路中各处的电流及电压。

因为 $R_L=\dfrac{2\dot U}{\dot I}$，$R_i=\dfrac{\dot U_{13}}{2\dot I}=\dfrac{\dot U}{2\dot I}=\dfrac{1}{4}\cdot\dfrac{2\dot U}{\dot I}=\dfrac{1}{4}R_L$，所以 $\dfrac{R_i}{R_L}=1∶4$。

特性阻抗 $Z_C=\dfrac{\dot U}{\dot I}=\dfrac{1}{2}\cdot\dfrac{2\dot U}{\dot I}=\dfrac{1}{2}R_L=2R_i=\sqrt{R_iR_L}$。

例 4.6.1　试分析图 4.6.5 所示电路的输入输出阻抗比，并求各传输线变压器的特性阻抗。

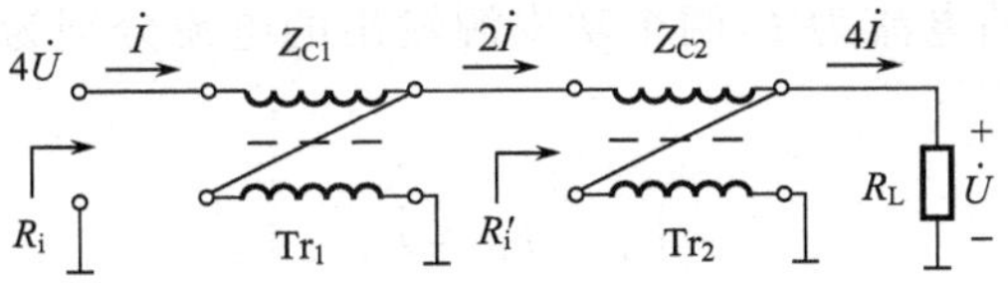

图 4.6.5　例 4.6.1

解　设输入电流为 $\dot{I}$，输出电压为 $\dot{U}$。根据传输线变压器的特点，可标出电路中各处的电流、电压，如图 4.6.5 所示。则

$$R_i=\frac{4\dot{U}}{\dot{I}},\quad R_L=\frac{\dot{U}}{4\dot{I}},\quad \frac{R_i}{R_L}=16:1$$

显然该电路是由传输线变压器构成的 16 : 1 阻抗变换电路。

又因为 $R_i'=\frac{2\dot{U}}{2\dot{I}}=4\frac{\dot{U}}{4\dot{I}}=4R_L$，根据特性阻抗的通式 $Z_C=\sqrt{R_iR_L}$，有

$$Z_{C1}=\sqrt{R_iR_i'}=\sqrt{16R_L\cdot 4R_L}=8R_L$$

$$Z_{C2}=\sqrt{R_i'R_L}=\sqrt{4R_L\cdot R_L}=2R_L$$

4.6.3　耦合网络及其应用实例

1. 耦合网络

利用传输线变压器可以组成功率合成或功率分配两种基本耦合网络，如图 4.6.6 所示。根据耦合网络功能的不同，其中的电阻 R_A、R_B、R_C 及 R_D 可能是激励源的内阻，也可能是得到功率的负载电阻或平衡电阻。该网络具有以下特点（以下结论的证明可参见相关文献）。

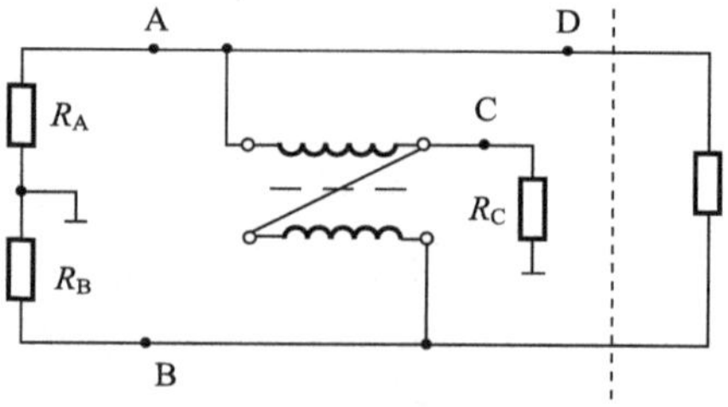

图 4.6.6　传输线变压器组成的耦合网络

(1) A 端与 B 端和 C 端与 D 端都是互相隔离的，其条件是 $R_A=R_B=2R_C=R_D/2=R$。此时所需要的传输线变压器特性阻抗 $Z_C=R$。

(2) 从 A 端与 B 端同时送入反相(或同相)激励功率，R_A、R_B 是激励源的内阻，在 D 端(或 C 端)得到合成功率，C 端(或 D 端)无输出，R_D(或 R_C)是负载电阻，R_C(或 R_D)是平衡电阻。该网络起到了功率合成的作用。在以上两种情况下，若只有 A(或 B)端有激励，则功率均分到 C 端与 D 端，对 B(或 A)端无影响。

(3) 若从 C 端(或 D 端)送入激励功率，R_C(或 R_D)是激励源内阻，A、B 两端得到等量的同相(或反相)功率输出，R_A、R_B 是负载电阻，D 端(或 C 端)无输出，R_D(或 R_C)是平衡电阻。该网络起到了功率分配的作用。

2. 功率合成器

图 4.6.7 所示的是典型的反相功率合成器。图中 Tr 为功率合成网络，两功率源分别由 A、B 端反相输入，故该合成器称为反相功率合成器(若两个功率源由 A、B 端同相输入，则称为同相功率合成器)；C 端为平衡端，R_C 为平衡电阻；D 端为合成端，R_D 为功率合成器的负载电阻。通常情况下满足 $R_A=R_B=2R_C=R_D/2=R$。

设传输线变压器 Tr 的电流为 $\dot{I}$，两个功率源输出的电流分别为 $\dot{I}_A$ 和 $\dot{I}_B$，流过 R_D 的电流为 $\dot{I}_D$。由图 4.6.7 可得

$$\dot{I}=\dot{I}_A-\dot{I}_D=\dot{I}_D-\dot{I}_B$$

则

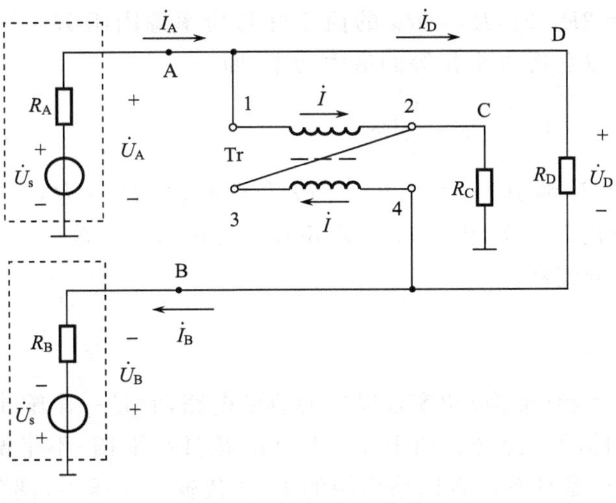

图 4.6.7　反相功率合成器

$$\dot{I}_D=\frac{1}{2}(\dot{I}_A+\dot{I}_B)$$

$$\dot{I}=\frac{1}{2}(\dot{I}_A-\dot{I}_B)$$

由于电路的对称性，所以 $\dot{I}_A=\dot{I}_B$，$\dot{U}_A=\dot{U}_B$，$\dot{I}=0$，$\dot{U}_D=\dot{U}_A+\dot{U}_B=2\dot{U}_A$，则两个功率源输出的功率为

$$P_A=P_B=I_AU_A=I_BU_B$$

负载电阻 R_D 获得的功率为

$$P_D=I_DU_D=I_AU_A+I_BU_B=P_A+P_B$$

因为 $\dot{I}=0$，所以 R_C 上的功率 $P_C=0$。

可见，当耦合网络工作在平衡状态时，平衡电阻 R_C 将不消耗功率，R_D 上得到的是两功率源输出功率的合成。

3. 功率分配器

图 4.6.8 为最基本的功率二分配网络。功率源由 C 端输入，D 端为平衡端。两个负载电阻 R_A、R_B 分别接于 A 端和 B 端。通常情况下满足 $R_A=R_B=2R_C=R_D/2=R$。

由于电路的对称性，$\dot{U}_A=\dot{U}_B$，则 $\dot{U}_D=\dot{U}_A-\dot{U}_B=0$。电阻 R_D 上没有功率。

因为 $\dot{U}_A=\dot{U}_B$，所以 Tr 的输入、输出电压均为零。故图 4.6.8 可以等效为图 4.6.9。

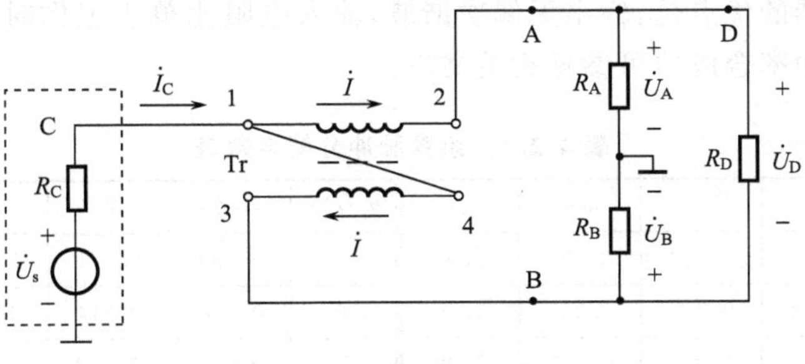

图 4.6.8　同相功率分配器

在满足 $R_A=R_B=2R_C$ 时，$R_A//R_B$ 的值正好与功率源内阻 R_C 相等。所以 R_A、R_B 可以获得大小相等的最大功率，即

$$P_A=P_B=\frac{1}{2}P_C$$

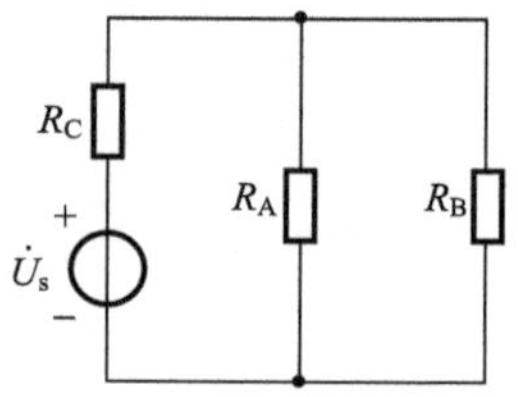

图 4.6.9　等效电路

如果将信号功率由 D 端引入，A 和 B 端仍为负载端，当 $R_A=R_B$ 时，A 端和 B 端也等分输入功率，但此时 A 端和 B 端的输出电压是反相的，则称为反相功率分配器。

4. 应用实例

图 4.6.10 是一个反相(推挽)功率合成器的典型电路，它是一个输出功率为 75W、带宽为 30～75MHz 的放大电路的一部分。图中 Tr_1 与 Tr_6 是具有平衡-不平衡转换作用的 1∶1 传输线变压器；Tr_2 与 Tr_5 是具有耦合网络作用的 1∶4 传输线变压器，耦合网络各端仍用 A、B、C、D 来标明；Tr_3 与 Tr_4 为 4∶1 阻抗变换器，它的作用是完成阻抗匹配。

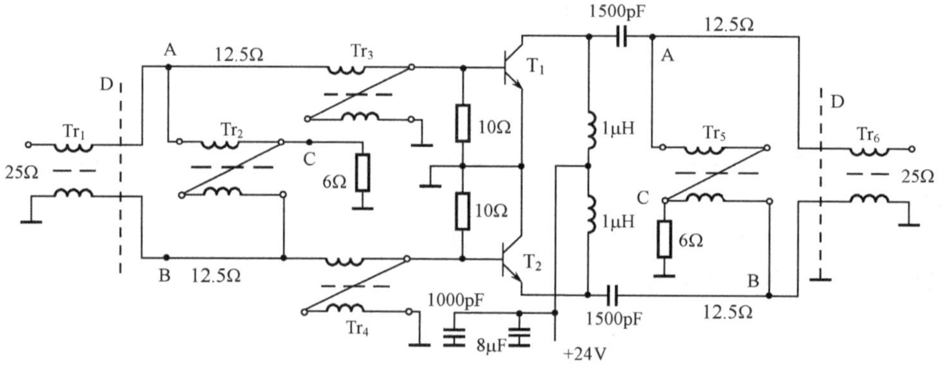

图 4.6.10　反相功率合成器典型电路举例

由图 4.6.10 可知，Tr_2 是功率分配网络，在输入端由 D 端激励，A、B 两端得到反相激励功率，再经 4∶1 阻抗变换器与晶体管的输入阻抗(约 3Ω)进行匹配。两个晶体管的输出功率是反相的，对于合成网络 Tr_5 来说，A、B 端获得反相功率，在 D 端即获得合成功率输出。在完全匹配时，输入和输出混合网络的 C 端不会有功率损耗。但在匹配不完善和不十分对称的情况下，C 端还是有功率损耗的。C 端连接的电阻(6Ω)即为吸收这不平衡功率之用，称为假负载电阻。

每个晶体管基极到地的 10Ω 电阻是用来稳定放大器，防止寄生振荡，并在晶体管截止期间作为耦合网络的负载。

反相功率合成器的优点是：输出无偶次谐波，输入电阻比单边工作时高，因而引线电感的影响小。至于同相功率合成器可参见相关文献。

表 4.2.1　余弦脉冲分解系数表

$\theta_c/(°)$	$\cos\theta_c$	α_0	α_1	α_2	g_1	$\theta_c/(°)$	$\cos\theta_c$	α_0	α_1	α_2	g_1
0	1.000	0.000	0.000	0.000	2.00	3	0.999	0.011	0.022	0.022	2.00
1	1.000	0.004	0.007	0.007	2.00	4	0.998	0.014	0.030	0.030	2.00
2	0.999	0.007	0.015	0.015	2.00	5	0.996	0.018	0.037	0.037	2.00

续表

$\theta_c/(°)$	$\cos\theta_c$	α_0	α_1	α_2	g_1	$\theta_c/(°)$	$\cos\theta_c$	α_0	α_1	α_2	g_1
6	0.994	0.022	0.044	0.044	2.00	43	0.731	0.158	0.298	0.251	1.89
7	0.993	0.025	0.052	0.052	2.00	44	0.719	0.162	0.304	0.253	1.88
8	0.990	0.029	0.059	0.059	2.00	45	0.707	0.165	0.311	0.256	1.88
9	0.988	0.032	0.066	0.066	2.00	46	0.695	0.169	0.316	0.259	1.87
10	0.985	0.036	0.073	0.073	2.00	47	0.682	0.172	0.322	0.261	1.87
11	0.982	0.040	0.080	0.080	2.00	48	0.669	0.176	0.327	0.263	1.86
12	0.978	0.044	0.088	0.087	2.00	49	0.656	0.179	0.333	0.265	1.85
13	0.974	0.047	0.095	0.094	2.00	50	0.643	0.183	0.339	0.267	1.85
14	0.970	0.051	0.102	0.101	2.00	51	0.629	0.187	0.344	0.269	1.84
15	0.966	0.055	0.110	0.108	2.00	52	0.616	0.190	0.350	0.270	1.84
16	0.961	0.059	0.117	0.115	1.98	53	0.602	0.194	0.355	0.271	1.83
17	0.956	0.063	0.124	0.121	1.98	54	0.588	0.197	0.360	0.272	1.82
18	0.951	0.066	0.131	0.128	1.98	55	0.574	0.201	0.366	0.273	1.82
19	0.945	0.070	0.138	0.134	1.97	56	0.559	0.204	0.371	0.274	1.81
20	0.940	0.074	0.146	0.141	1.97	57	0.545	0.208	0.376	0.275	1.81
21	0.934	0.078	0.153	0.147	1.97	58	0.530	0.211	0.381	0.275	1.80
22	0.927	0.082	0.160	0.153	1.97	59	0.515	0.215	0.386	0.275	1.80
23	0.920	0.085	0.167	0.159	1.97	60	0.500	0.218	0.391	0.276	1.80
24	0.914	0.089	0.174	0.165	1.96	61	0.485	0.222	0.396	0.276	1.78
25	0.906	0.093	0.181	0.171	1.95	62	0.469	0.225	0.400	0.275	1.78
26	0.899	0.097	0.188	0.177	1.95	63	0.454	0.229	0.405	0.275	1.77
27	0.891	0.100	0.195	0.182	1.95	64	0.438	0.232	0.410	0.274	1.77
28	0.883	0.104	0.202	0.188	1.94	65	0.423	0.236	0.414	0.274	1.76
29	0.875	0.107	0.209	0.193	1.94	66	0.407	0.239	0.419	0.273	1.75
30	0.866	0.111	0.215	0.198	1.94	67	0.391	0.243	0.423	0.272	1.74
31	0.857	0.115	0.222	0.203	1.93	68	0.375	0.246	0.427	0.270	1.74
32	0.848	0.118	0.229	0.208	1.93	69	0.358	0.249	0.432	0.269	1.74
33	0.839	0.122	0.235	0.213	1.93	70	0.342	0.253	0.436	0.267	1.73
34	0.829	0.125	0.241	0.217	1.93	71	0.326	0.256	0.440	0.266	1.72
35	0.819	0.129	0.248	0.221	1.92	72	0.309	0.259	0.444	0.264	1.71
36	0.809	0.133	0.255	0.226	1.92	73	0.292	0.263	0.448	0.262	1.70
37	0.799	0.136	0.261	0.230	1.92	74	0.276	0.266	0.452	0.260	1.70
38	0.788	0.140	0.268	0.234	1.91	75	0.259	0.269	0.455	0.258	1.69
39	0.777	0.143	0.274	0.237	1.91	76	0.242	0.273	0.459	0.256	1.68
40	0.766	0.147	0.280	0.241	1.90	77	0.225	0.276	0.463	0.253	1.68
41	0.755	0.151	0.286	0.244	1.90	78	0.208	0.279	0.466	0.251	1.67
42	0.743	0.154	0.292	0.248	1.90	79	0.191	0.283	0.469	0.248	1.66

续表

$\theta_c/(°)$	$\cos\theta_c$	α_0	α_1	α_2	g_1	$\theta_c/(°)$	$\cos\theta_c$	α_0	α_1	α_2	g_1
80	0.174	0.286	0.472	0.245	1.65	117	−0.454	0.398	0.535	0.103	1.34
81	0.156	0.289	0.475	0.242	1.64	118	−0.469	0.401	0.535	0.099	1.33
82	0.139	0.293	0.478	0.239	1.63	119	−0.485	0.404	0.536	0.096	1.33
83	0.122	0.296	0.481	0.236	1.62	120	−0.500	0.406	0.536	0.092	1.32
84	0.105	0.299	0.484	0.233	1.61	121	−0.515	0.408	0.536	0.088	1.31
85	0.087	0.302	0.487	0.230	1.61	122	−0.530	0.411	0.536	0.084	1.30
86	0.070	0.305	0.490	0.226	1.61	123	−0.545	0.413	0.536	0.081	1.30
87	0.052	0.308	0.493	0.223	1.60	124	−0.559	0.416	0.536	0.078	1.29
88	0.035	0.312	0.496	0.219	1.59	125	−0.574	0.419	0.536	0.074	1.28
89	0.017	0.315	0.498	0.216	1.58	126	−0.588	0.422	0.536	0.071	1.27
90	0.000	0.319	0.500	0.212	1.57	127	−0.602	0.424	0.535	0.068	1.26
91	−0.017	0.322	0.502	0.208	1.56	128	−0.616	0.426	0.535	0.064	1.25
92	−0.035	0.325	0.504	0.205	1.55	129	−0.629	0.428	0.535	0.061	1.25
93	−0.052	0.328	0.506	0.201	1.54	130	−0.643	0.431	0.534	0.058	1.24
94	−0.070	0.331	0.508	0.197	1.53	131	−0.656	0.433	0.534	0.055	1.23
95	−0.087	0.334	0.510	0.193	1.53	132	−0.669	0.436	0.533	0.052	1.22
96	−0.105	0.337	0.512	0.189	1.52	133	−0.682	0.438	0.533	0.049	1.22
97	−0.122	0.340	0.514	0.185	1.51	134	−0.695	0.440	0.532	0.047	1.21
98	−0.139	0.343	0.516	0.181	1.50	135	−0.707	0.443	0.532	0.044	1.20
99	−0.156	0.347	0.518	0.177	1.49	136	−0.719	0.445	0.531	0.041	1.19
100	−0.174	0.350	0.520	0.172	1.49	137	−0.731	0.447	0.530	0.039	1.19
101	−0.191	0.353	0.521	0.168	1.48	138	−0.743	0.449	0.530	0.037	1.18
102	−0.208	0.355	0.522	0.164	1.47	139	−0.755	0.451	0.529	0.034	1.17
103	−0.225	0.358	0.524	0.160	1.46	140	−0.766	0.453	0.528	0.032	1.17
104	−0.242	0.361	0.525	0.156	1.45	141	−0.777	0.455	0.527	0.030	1.16
105	−0.259	0.364	0.526	0.152	1.45	142	−0.788	0.457	0.527	0.028	1.15
106	−0.276	0.366	0.527	0.147	1.44	143	−0.799	0.459	0.526	0.026	1.15
107	−0.292	0.369	0.528	0.143	1.43	144	−0.809	0.461	0.526	0.024	1.14
108	−0.309	0.373	0.529	0.139	1.42	145	−0.819	0.463	0.525	0.022	1.13
109	−0.326	0.376	0.53	0.135	1.41	146	−0.829	0.465	0.524	0.020	1.13
110	−0.342	0.379	0.531	0.131	1.40	147	−0.839	0.467	0.523	0.019	1.12
111	−0.358	0.382	0.53	0.127	1.39	148	−0.848	0.468	0.522	0.017	1.12
112	−0.375	0.384	0.532	0.123	1.38	149	−0.857	0.470	0.521	0.015	1.11
113	−0.391	0.387	0.533	0.119	1.38	150	−0.866	0.472	0.520	0.014	1.10
114	−0.407	0.390	0.534	0.115	1.37	151	−0.875	0.474	0.519	0.013	1.09
115	−0.423	0.392	0.534	0.111	1.36	152	−0.883	0.475	0.517	0.012	1.09
116	−0.438	0.395	0.535	0.107	1.35	153	−0.891	0.477	0.517	0.010	1.08

续表

$\theta_c/(°)$	$\cos\theta_c$	α_0	α_1	α_2	g_1	$\theta_c/(°)$	$\cos\theta_c$	α_0	α_1	α_2	g_1
154	−0.899	0.479	0.516	0.009	1.08	168	−0.978	0.495	0.504	0.001	1.02
155	−0.906	0.480	0.515	0.008	1.07	169	−0.982	0.496	0.503	0.001	1.01
156	−0.914	0.481	0.514	0.007	1.07	170	−0.985	0.496	0.502	0.001	1.01
157	−0.920	0.483	0.513	0.007	1.07	171	−0.988	0.497	0.502	0.000	1.01
158	−0.927	0.485	0.512	0.006	1.06	172	−0.990	0.498	0.501	0.000	1.01
159	−0.934	0.486	0.511	0.005	1.05	173	−0.993	0.498	0.501	0.000	1.01
160	−0.940	0.487	0.510	0.004	1.05	174	−0.994	0.499	0.501	0.000	1.00
161	−0.946	0.488	0.509	0.004	1.04	175	−0.996	0.499	0.500	0.000	1.00
162	−0.951	0.489	0.509	0.003	1.04	176	−0.998	0.499	0.500	0.000	1.00
163	−0.956	0.490	0.508	0.003	1.04	177	−0.999	0.500	0.500	0.000	1.00
164	−0.961	0.491	0.507	0.002	1.03	178	−0.999	0.500	0.500	0.000	1.00
165	−0.966	0.492	0.506	0.002	1.03	179	−1.000	0.500	0.500	0.000	1.00
166	−0.970	0.493	0.506	0.002	1.03	180	−1.000	0.500	0.500	0.000	1.00
167	−0.974	0.494	0.505	0.001	1.02						

本章小结

本章主要内容体系为：谐振功放的工作原理→谐振功放的动态分析→谐振功放的实际电路→倍频器→宽带高频功率放大器。

(1) 高频功率放大器的任务是为负载提供足够大的信号功率，主要用于发射机中。根据放大器负载的不同可分为谐振功率放大器和非谐振功率放大器。

(2) 为了提高效率，谐振功放一般工作在丙类（在兼顾效率和输出功率下，综合考虑 $\theta_c=60°\sim80°$为最佳通角）状态，虽然集电极电流 i_C 是严重失真的余弦脉冲电流，但由于采用了 LC 谐振回路作为放大器的负载，并谐振在信号频率上，这样便得到了不失真的信号电压输出。

丙类谐振功放工作在大信号非线性状态，采用折线近似分析法可以对丙类谐振功放进行性能分析，得出它的负载特性、放大特性和调制特性。折线化的动态线在性能分析中起到了非常重要的作用。

根据动态工作点是否进入饱和区而分为欠压、临界和过压三种状态。其中，临界状态时输出功率最大，效率也较高；欠压和过压状态主要用于调幅电路；过压状态也用于中间级放大。

一个完整的谐振功放由功放管、直流馈电电路和滤波匹配网络组成，其中滤波匹配网络是保证功放管集电极调谐、负载阻抗和输入阻抗符合要求的电路。在给定功放管后，放大器的设计主要是馈电电路和滤波匹配网络。

(3) 在分析计算谐振功放各项指标时，需要一定的思路和方法。通过归纳总结发现，应在理解谐振功放工作状态图 4.3.2 的基础上，以 $I_{C0}=i_{Cmax}\alpha_0(\theta_c)$和 $I_{c1m}=i_{Cmax}\alpha_1(\theta_c)$为桥梁，进而找出已知量和未知量之间的关系。为了使读者更快地掌握分析和计算的方法，在此给出各指标之间的量化关系：

$$P_{VCC}=V_{CC}I_{C0}$$
$$P_o=\frac{I_{c1m}U_{cm}}{2}=\frac{I_{c1m}^2R_p}{2}$$
$$P_c=P_{VCC}-P_o$$
$$\eta_c=\frac{P_o}{P_{VCC}}=\frac{g_1(\theta_c)\xi}{2}$$

计算

$$I_{C0}=i_{Cmax}\alpha_0(\theta_c)$$
$$I_{c1m}=i_{Cmax}\alpha_1(\theta_c)$$

计算

θ_c：

$$\cos\theta_c=\frac{U_{on}-V_{BB}}{U_{im}}$$
$$i_{Cmax}=g_cU_{im}(1-\cos\theta_c)$$
$$\eta_c=\frac{g_1(\theta_c)\xi}{2}$$

i_{Cmax}：

$i_{Cmax}=g_cU_{im}(1-\cos\theta_c)$

临界状态有$i_{Cmax}=g_{cr}(V_{CC}-U_{cm})$

已知I_{C0}或I_{c1m}求i_{Cmax}

值得注意的是，由于过压状态的集电极电流为凹顶脉冲，不能用尖顶余弦脉冲分解系数进行计算，所以对过压状态的谐振功放只能进行定性分析。

(4) 倍频器有丙类倍频器、模拟相乘器倍频器、参数倍频器和锁相环路倍频器等几种类型，广泛应用于发射机或其他电子设备的中间级。

(5) 在宽带高频功率放大器中，级间用传输线变压器作为匹配网络，同时采用功率合成技术实现多个功率放大器的联合工作，从而得到大功率输出。

自 测 题

一、填空题

1. 在谐振功率放大器中谐振回路的作用是__________、__________、__________。

2. 谐振功率放大器集电极电流为__________波形，经负载回路选频后输出的是__________波形。

3. 随着动态线斜率的增大，谐振功率放大器工作状态变化的规律是从__________到__________再到__________。在这三种工作状态中，__________是发射机末级的最佳工作状态。

4. 谐振功率放大器原来工作于临界状态，当谐振电阻增大时，将工作于__________状态，此时I_{C0}、I_{c1m}__________，i_C波形出现__________，P_o__________，P_c__________，η_c__________。

5. 在谐振功率放大器三种工作状态中，__________状态时输出功率最大、效率也较高，__________状态主要用于调幅电路，__________状态用于中间级放大。

6. 谐振功率放大器集电极馈电电路有__________和__________两种形式。

7. 宽带高频功率放大器，负载采用__________调谐形式，常用__________，其作用是____________________。

8. 功率合成器中的耦合网络应满足__________和__________的条件。

9. 传输线变压器工作原理是__________和__________的结合。

二、选择题

1. 谐振功率放大器输出功率是指__________。

A. 信号总功率　　　　B. 直流信号输出功率

C. 二次谐波输出功率　　D. 基波输出功率

2. 在丙类功率放大器中，集电极电流i_C为余弦脉冲电流，而i_{c1}为__________。

A. 余弦脉冲电流　　　　B. 连续余弦波形电流

C. 周期性矩形波电流

3. 输入单频信号时，丙类谐振功率放大器原工作于临界状态，当电源电压 V_{CC} 增大时，工作于________状态，I_{C0}、I_{c1m}________，i_C 为________电流。

A. 欠压　B. 过压　C. 临界　D. 略有增大

E. 略有减小　F. 凹陷　G. 余弦脉冲

4. 丙类高频功率放大器，要实现集电极调幅放大器应工作于________状态，要实现基极调幅放大器应工作于________状态。

A. 欠压　B. 过压　C. 临界

5. 丙类高频功率放大器，若要求效率高，则应工作在________状态。

A. 欠压　B. 过压　C. 临界　D. 弱过压

6. 丙类高频功率放大器的最佳工作状态是________。

A. 临界状态，此时功率最大，效率最高

B. 临界状态，此时功率较大，效率最高

C. 临界状态，此时功率最大，效率较高

D. 临界状态，此时功率较大，效率较高

7. 对谐振功率放大器进行调谐时，应在________工作状态下进行，以保护功放管。

A. 欠压　B. 过压　C. 临界

8. 丙类谐振功率放大器的输出功率为 6W，当集电极效率为 60%时，晶体管集电极损耗为________。

A. 2W　B. 4W　C. 6W　D. 10W

9. 理想的功率合成器，当其中某一个功率放大器损坏时，功率合成器输出的总功率________。

A. 不变　B. 增大　C. 减小　D. 等于零

三、判断题

1. 丙类谐振功放中调谐回路的作用是提高效率。(　　)

2. 谐振功放工作于丙类状态是为了提高效率。(　　)

3. 丙类高频功率放大器的输出功率为 $P_o = I_{c1m}^2 R_p / 2$，当 V_{CC}、V_{BB}、U_{im} 一定时，R_p 越大，则 P_o 也越大。(　)

4. 某丙类谐振功率放大器原工作于过压状态，现希望它工作于临界状态，则可以通过提高输入信号的幅度来实现。(　)

5. 某丙类谐振功率放大器原工作于欠压状态，现希望它工作于临界状态，则可减小电源电压 V_{CC}。(　　)

6. 在谐振功率放大器的输出回路中，匹配网络的阻抗变换作用是将负载转换为放大器所要求的最佳负载电阻。(　　)

7. 对于丙类高频功率放大器，若要求其输出电压平稳，则放大器应选择临界工作状态。(　　)

8. 原工作于临界状态的丙类高频功放，当其负载断开，I_{C0}、I_{c1m} 和 P_o 都减小。(　　)

9. 传输线变压器应用于宽带放大器，它可实现电压合成。(　　)

习　题

4.1　试说明谐振高频功率放大器与低频功率放大器的异同点。

4.2　什么称为高频功率放大器？对它有哪些主要要求？为什么高频功放一般工作在乙类或丙类状态？为什么通常采用谐振回路作负载？如果回路失谐，则会产生什么结果？

4.3　试说明丙类高频功率放大器与小信号谐振放大器有哪些主要区别。

4.4　已知某谐振功率放大器的 $V_{CC}=24V$，$I_{C0}=250mA$，$P_o=5W$，电压利用系数 $\xi=0.95$。试求 P_{VCC}、η_c、R_p、I_{c1m} 和 θ_c。

4.5　试说明高频功放三种工作状态分别适合于哪种应用电路。当 V_{CC}、V_{BB}、U_{im}、R_p 四个外部参量只变化其中的一个时，高频功放的工作状态如何变化？

4.6　根据负载特性曲线，估算处于临界状态的谐振功效，当集电极负载电阻 R_p 变化时，P_o 将如何变化：(1) R_p 增加一倍；(2) R_p 减小一半。

4.7　某谐振功率放大器工作于临界状态，已知晶体管的临界线斜率 $g_{cr}=0.8S$，最小管压降 $u_{CEmin}=2V$，输出电压幅度 $U_{cm}=22V$，通角 $\theta_c=70°$。试求 P_o、P_{VCC}、P_c 和 η_c。查表得 $\alpha_0(70°)=0.253$，$\alpha_1(70°)=0.436$。

4.8　某高频功放晶体管的临界线斜率 $g_{cr}=0.9S$，$U_{on}=0.6V$，电源电压 $V_{CC}=18V$，$V_{BB}=-0.5V$，输入电压振幅 $U_{im}=2.5V$，集电极脉冲电流幅值 $i_{Cmax}=1.8A$，且放大器工作于临界状态。试计算 P_{VCC}、P_o、P_c、η_c 和 R_p。

4.9　已知某高频功放晶体管的临界线斜率 $g_{cr}=0.6S$，若高频功放工作于临界状态，则输出功率 $P_o=1.8W$，$\theta_c=80°$，$V_{CC}=18V$。试计算集电极脉冲电流幅值 i_{Cmax}、P_{VCC}、P_c、η_c 和 R_p。查表得 $\alpha_0(80°)=0.286$，$\alpha_1(80°)=0.472$。

4.10　已知谐振功放晶体管临界线的斜率 $g_{cr}=0.33S$，转移特性的斜率 $g_c=0.24S$，$U_{on}=0.65V$，$V_{CC}=24V$。若高频功放工作于临界状态，输出功率 $P_o=3W$，$\theta_c=70°$。试计算 i_{Cmax}、P_{VCC}、η_c、U_{im} 和 V_{BB}。查表得 $\alpha_0(70°)=0.253$，$\alpha_1(70°)=0.436$。

4.11　谐振功率放大器工作在临界状态，晶体管的 $g_c=10mS$，$U_{on}=0.5V$，$g_{cr}=6.94mS$，电源电压 $V_{CC}=24V$，$V_{BB}=-0.5V$，输入电压振幅 $U_{im}=2V$，试计算通角 θ_c、输出电压振幅 U_{cm}、直流电源 V_{CC} 输入的功率 P_{VCC}、高频输出功率 P_o、集电极效率 η_c 和输出回路谐振电阻 R_p。

4.12　试画出一高频功率放大器的实际线路，要求：(1)采用 NPN 型晶体管，发射极直接接地；(2)集电极馈电电路采用并联形式，与谐振回路抽头连接；(3)基极采用串联馈电，自偏压，与前级互感耦合。

4.13　试画出一高频功率放大器的实际线路，要求：(1)集电极采用并馈，基极采用自偏压电路，采用 NPN 型晶体管，发射极直接接地；(2)输出端采用 π 形滤波匹配网络，输入端采用 T 形滤波匹配网络，且输入端和输出端分别外接 50Ω 的阻抗。

4.14　改正习题 4.14 图中的错误，不得改变馈电形式，重新画出正确的线路。

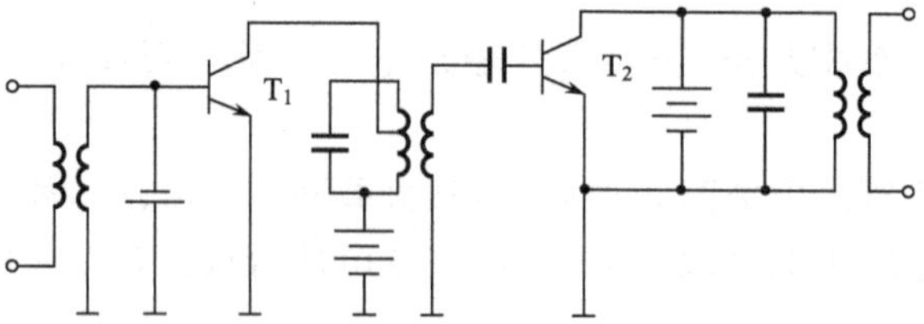

习题 4.14 图

4.15　已知实际负载 $R_L=50\Omega$，谐振功率放大器要求的最佳负载电阻 $R_i=121\Omega$，工作频率 $f=30\text{MHz}$。试计算习题 4.15 图所示 π 形输出滤波匹配网络的元件值，取中间变换阻抗 $R_L'=2\Omega$。

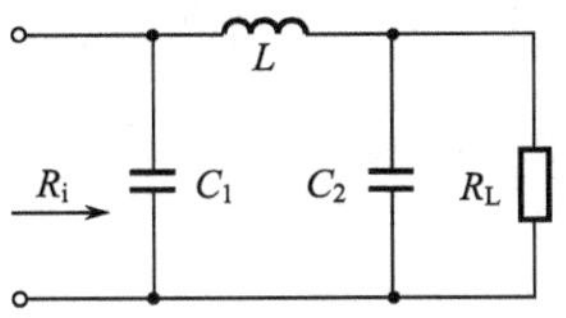

习题 4.15 图

4.16　试分析习题 4.16 图所示的传输线变压器的阻抗比。

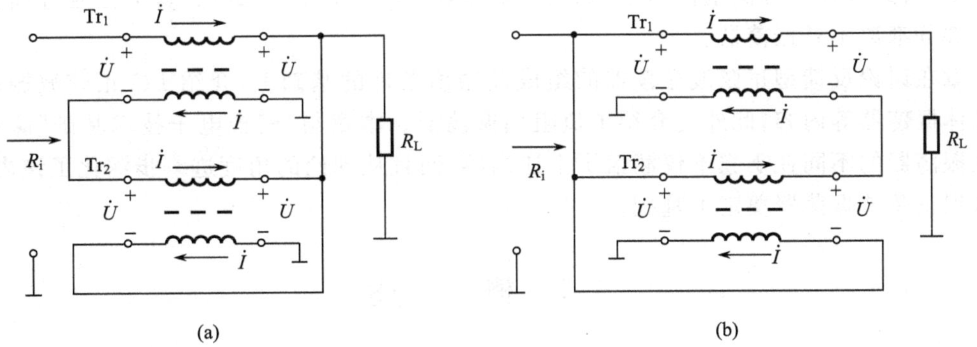

习题 4.16 图

第 5 章　正弦波振荡器

振荡器在各种电子设备中有着广泛的应用。例如，图 1.3.1、图 1.3.2 中的高频振荡器和本地振荡器；此外在各种测量仪器中，如信号发生器、频率计、f_T测试仪、自动控制等诸多仪器的核心部分都离不开振荡器。

本章在讨论反馈型正弦波振荡器的组成及振荡条件的基础上，介绍 LC 正弦波振荡器和石英晶体振荡器等内容；此外还介绍了负阻型振荡器。本章与“模拟电子技术基础”课程中的正弦波振荡器的不同在于它不仅涵盖了上述内容，而且从理论的角度进一步深化了该内容，为全面认识正弦波振荡器奠定了基础。

5.1　概　　述

前几章介绍的各种电路都有一个共同的特点，即给电路一定的激励，然后才会有响应，或者说有输入信号才有输出信号。而振荡器则是不需要外加激励信号而自动产生振荡信号的装置。

振荡器的种类很多。如果按其产生的波形分类，则可以分为正弦波振荡器和非正弦波振荡器。如果按照振荡器的振荡原理分类，则可分为反馈型振荡器和负阻型振荡器。在反馈型振荡器中，按采用的选频网络的形式，可分为 RC 正弦波振荡器（可参见“模拟电子技术基础”课程的相关内容）、LC 正弦波振荡器、晶体振荡器等。根据振荡产生信号频率范围的不同，构成振荡回路的元件形式也不同，可分为集中参数振荡器（是本教材研究的对象）和分布参数振荡器。随着集成技术的发展，相继又出现了集成振荡器。

对振荡器的要求主要有以下几个方面：振荡频率、频率稳定度、输出波形的幅度和波形失真情况、输出功率和效率等。在通信电路中，更强调如何提高其频率稳定度。

5.2　反馈型振荡器的工作原理

5.2.1　反馈型振荡器的基本组成

若将一个单调谐共射谐振放大器通过一个反馈网络演变为图 5.2.1(a)的形式，即放大器的输出端通过反馈网络馈至输入端，使 $\dot{U}_i$ 与 $\dot{U}_f$ 等幅同相，便形成了反馈型 LC 振荡器。

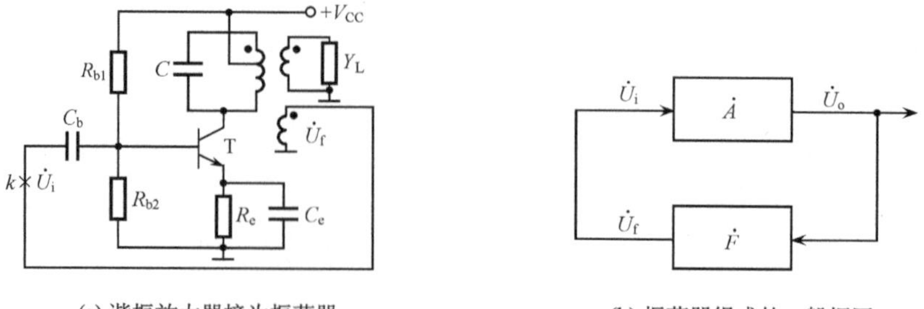

(a) 谐振放大器接为振荡器　　(b) 振荡器组成的一般框图

图 5.2.1　变压器反馈式 LC 振荡器的基本组成

人们不禁要问，没有外部输入，最初的输入信号从哪里来呢？实际的振荡过程是这样的：当电路接通电源时，会激起频谱很宽且很微弱的扰动信号。该信号经放大器和 LC 选频器后，只有被选频器选中的单一频率的信号才能顺利通过反馈网络馈至输入端，并作为选频后的输入信号而继续放大、选频、反馈，使回送到输入端的信号幅度进一步增大。由于晶体管特性的非线性，振幅会自动稳定到一定的幅度而不会无限增大，此时电路进入平衡状态，如图 5.2.2 所示。

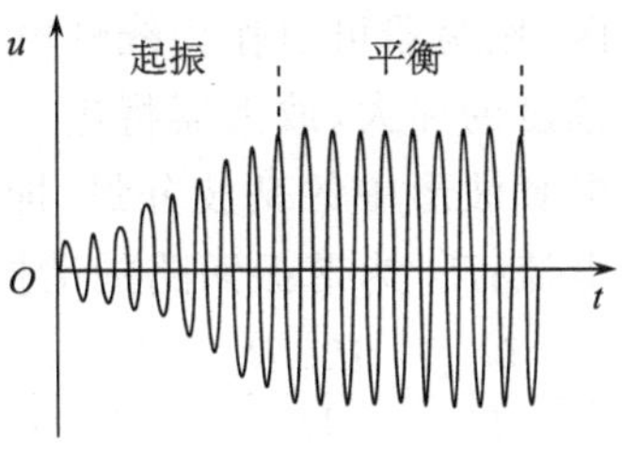

图 5.2.2　振荡的建立过程

从上述振荡过程中不难看出，要构成反馈型振荡器，电路中应当含有以下环节。

(1) 放大电路：保证很小的扰动信号逐渐放大和维持振荡。

(2) 反馈网络：实现正反馈，以保证 $\dot{U}_f=\dot{U}_i$。

(3) 选频网络：用于确定振荡频率并起到滤波作用。

(4) 稳幅环节：使输出幅值稳定且波形较好。

在很多实际电路中，常将选频网络和反馈网络合二为一；而且对于分立电路而言，也不再另加稳幅环节，而是依靠晶体管特性的非线性来进行稳幅。

5.2.2　振荡器的三个振荡条件

1. 振荡器的平衡条件

为了具有一般性，不妨根据原理电路图 5.2.1(a)的组成特点给出振荡器的组成框图 5.2.1(b)，图中 $\dot{A}$ 表示放大器，$\dot{F}$ 表示反馈网络。

因为 $\dot{A}=\dfrac{\dot{U}_o}{\dot{U}_i}=|\dot{A}|e^{j\varphi_A}$，$\dot{F}=\dfrac{\dot{U}_f}{\dot{U}_o}=|\dot{F}|e^{j\varphi_F}$，则环路增益为 $\dot{A}\dot{F}=|\dot{A}\dot{F}|e^{j(\varphi_A+\varphi_F)}$。式中，$|\dot{A}|$、$\varphi_A$ 为放大器增益的模和相角；$|\dot{F}|$、φ_F 为反馈系数的模和相角。当 $f=f_o$，且 $\dot{U}_f=\dot{U}_i$ 时，则有

$$\dot{A}\dot{F}=1 \tag{5.2.1}$$

其振幅和相位平衡条件分别为

振幅平衡条件：$AF=1$　　(5.2.2a)

相位平衡条件：$\varphi_{AF}=\varphi_A+\varphi_F=2n\pi$　（n 为整数）　　(5.2.2b)

式(5.2.2a)的物理意义是振荡为等幅振荡；式(5.2.2b)的物理意义是振荡器闭环相位差为零，即为正反馈。

2. 振荡器的起振条件

若振荡器仅满足 $AF=1$ 的条件，则是无法使振荡信号从无到有地建立起来。为此必须存在一个起振条件，即

振幅起振条件：$A_0F>1$　　(5.2.3a)

相位起振条件：$\varphi_{AF}=\varphi_A+\varphi_F=2n\pi$　（n 为整数）　　(5.2.3b)

式(5.2.3a)中的 A_0 为振荡器起振时放大器工作于甲类状态的电压增益，它与式(5.2.2a)中的 A（进入非线性区）不同。原因是在起振的初始阶段，振荡的幅度很小，电路尚未进入非线

性区，振荡器可以作为线性电路来处理，即可用小信号等效电路来计算环路增益 A_0；而随着信号幅度的加大，放大器将进入非线性状态，信号的波形出现失真，放大器可以通过谐振回路取出失真波形中的基波分量，即放大器的输出电压为基波电压，且 $U_{cm}=I_{c1m}R_P$（式中，I_{c1m} 为基波电流；R_P 为谐振回路的谐振电阻），此时振荡器进入平衡状态，放大器的电压增益为

$$A=\frac{U_{cm}}{U_i}=\frac{I_{c1m}R_p}{U_{im}}=\frac{i_{Cmax}\alpha_1(\theta_c)R_p}{U_{im}}=\frac{g_cU_{im}(1-\cos\theta_c)\alpha_1(\theta_c)R_p}{U_{im}}=g_c(1-\cos\theta_c)\alpha_1(\theta_c)R_p$$

由于振荡器起振时放大器处于甲类放大状态，$\theta_c=180°$，此时 $\alpha_1(\theta_c)=0.5$。将它们代入上式可得起振时的电压增益 $A_0=g_cR_p$。则振荡器平衡和起振状态时的电压增益之间的关系为

$$A=A_0(1-\cos\theta_c)\alpha_1(\theta_c) \tag{5.2.4}$$

振荡器振幅的平衡条件又可以写为

$$AF=A_0F(1-\cos\theta_c)\alpha_1(\theta_c)=1 \tag{5.2.5}$$

显然，在起振阶段，放大器工作在甲类状态，电压增益 A_0 较大；当振幅增大使放大器进入非线性区时，$\theta_c<180°$，放大器工作在甲乙类、乙类或丙类状态，将引起电压增益 A 下降，直到 $AF=1$ 达到平衡状态。也就是说，振荡器起振后由甲类逐渐向甲乙类、乙类或丙类状态过渡，最后工作于什么状态完全由 A_0F 值来决定。例如，当 $A_0F=2$ 时，$(1-\cos\theta_c)\alpha_1(\theta_c)=0.5$，解得 $\theta_c=90°$，振荡器工作在乙类状态；当 $A_0F>2$ 时，$(1-\cos\theta_c)\alpha_1(\theta_c)<0.5$，解得 $\theta_c<90°$，振荡器工作在丙类状态；当 $1<A_0F<2$ 时，$1>(1-\cos\theta_c)\alpha_1(\theta_c)>0.5$，解得 $180°>\theta_c>90°$，振荡器工作在甲乙类状态。

3. 振荡器的稳定条件

对于一个振荡器，仅满足起振条件和平衡条件还不够，因为振荡器的工作环境是在变化的。当外界条件发生变化时，振荡器是否还能够输出特定频率和幅度的信号就成为振荡器能否使用的重要条件。换句话说，当振荡器受到外界因素的扰动破坏了原平衡状态，振荡器能够自动恢复到原平衡状态应该满足的条件，就是振荡器的稳定条件。下面分别从振幅稳定条件和相位稳定条件进行讨论。

1）振幅稳定条件

振幅稳定条件是指当外界因素造成振荡幅度变化后，振荡器能够自动恢复到原来振荡幅度所需要满足的条件。

由式(5.2.2a)可知，振荡器平衡状态是否稳定，应取决于电压增益 A 和反馈系数 F。因为反馈网络一般由线性元件组成，反馈系数 F 为常数，所以振荡幅度是否稳定主要取决于电压增益 A。振荡器的振荡特性如图 5.2.3 所示。

如果起振时电压增益 A_0 较大，反馈系数 F 也较大，则自激振荡特性如图 5.2.3(a)所示。若在 Q 点处满足

$$\left.\frac{\partial A}{\partial U_{cm}}\right|_{U_{cm}=U_{cmQ}}<0 \tag{5.2.6}$$

且 $AF=1$，则 Q 点是振幅稳定的平衡点，反之就不是振幅稳定的平衡点。式(5.2.6)说明，在振幅平衡点上，由于某种原因，振荡幅度 U_{cm} 由 U_{cmQ} 增大到 U_{cmQ_1}，此时 $A<1/F$，即$AF<1$，振荡减弱，电压增益 A 减小，从而迫使幅度 U_{cm} 减小回到平衡点电压 U_{cmQ}；反之，当幅度 U_{cm} 由 U_{cmQ} 减小到 U_{cmQ_2}，此时 $A>1/F$，即 $AF>1$，振荡加强，电压增益 A 增大，迫使幅度 U_{cm} 增大到平衡点电压 U_{cmQ}，所以可维持振荡幅度的稳定。由以上分析可见，通过电路本身的自动调节

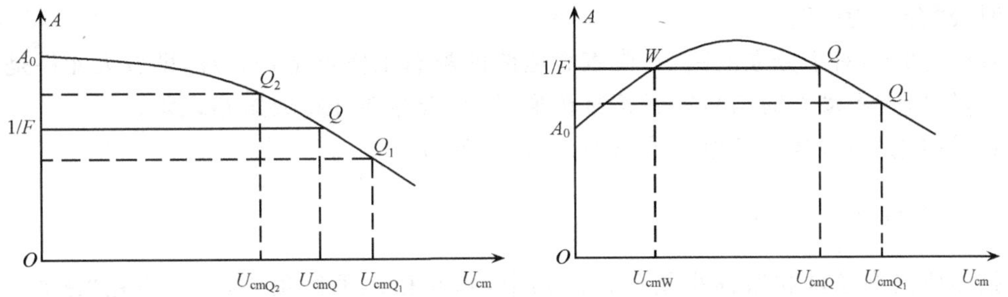

(a) 软自激振荡特性　　　　(b) 硬自激振荡特性

图 5.2.3　自激振荡的振荡特性

可以保证振荡器的振幅稳定，又把这种振荡特性称为软自激振荡特性。在平衡点上，电压增益振荡特性负斜率越大，则振荡幅度就越稳定。振幅稳定条件一般由放大管的非线性放大作用和自给偏压效应来保证。

如果起振时电压增益 A_0 较小，反馈系数 F 也较小，自激振荡特性如图 5.2.3(b)所示。此时电压增益 A 随输出电压 U_{cm} 的增大不是单调下降，而是先上升后下降。特性曲线与 $1/F$ 线有 W、Q 两个交点。下面具体分析哪个点是平衡点。

假设 W 点是平衡点，若输出电压由 U_{cmW} 减小，则 $A<1/F$，即 $AF<1$，振荡减弱，电压增益 A 减小，使得输出电压进一步减小，直到停止振荡。可见，这种振荡器不能自行起振；若输出电压由 U_{cmW} 增大，则 $A>1/F$，即 $AF>1$，振荡加强，电压增益 A 增大，使得输出电压进一步增大，不能自行回到平衡位置 W 点。显然，W 点不是平衡点，Q 点是平衡点(可自行分析)。而 Q 点对应的输出电压比较大，因此在振荡器起振时需要外加一个具有一定幅度的激励信号，使振荡器在起振时越过 W 点，自动稳定在 Q 点上，这种起振称为硬起振。一般情况下使振荡器工作在软自激状态，尽量避免硬自激。

2) 相位稳定条件

相位稳定条件是指相位平衡被破坏时，电路能够重新建立相位平衡的条件。LC 回路的相频特性如图 5.2.4 所示。若在 Q 点处有

$$\left.\frac{\partial\varphi}{\partial\omega}\right|_{\omega=\omega_Q}<0 \tag{5.2.7}$$

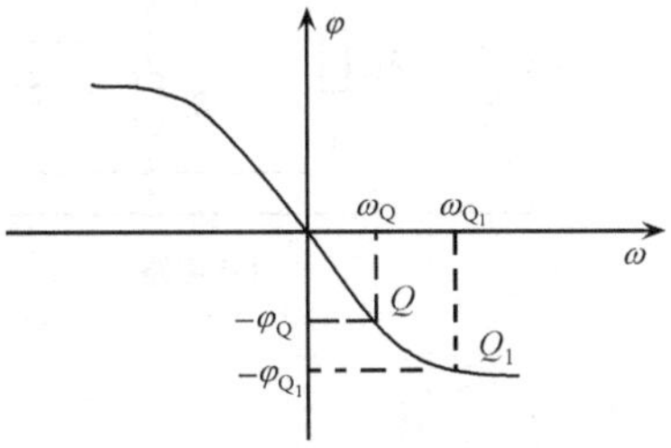

图 5.2.4　LC 回路的相频特性

则 Q 点为相位稳定的平衡点。式(5.2.7)说明，在相位平衡点上，当振荡频率 ω 升高，例如，由 ω_Q 升高到 ω_{Q_1}，则 φ 由 $-\varphi_Q$ 减小到 $-\varphi_{Q_1}$。因为 $\omega=\mathrm{d}\varphi/\mathrm{d}t$，从而阻止振荡频率的升高；反之亦然，这样便可维持振荡频率的稳定。在平衡点上，环路相位特性负斜率越大，则频率稳定度越高。相位稳定条件一般由振荡电路中选频网络的负斜率相频特性予以保证。

应当指出的是，要使振荡器能够输出稳定的信号(即稳定工作)，必须同时满足起振条件、平衡条件和稳定条件。

5.2.3　振荡器的分析方法

1. 分析电路组成

一看组成：观察电路是否包含振荡器的基本组成部分。值得注意的是，选频网络与正反馈

网络有时会“合二为一”。

二查静、动态：对于分立电路，首先查看电路的静态工作点是否合理，即放大元件是否处于放大状态；然后查看动态时信号能否正常传递，即是否存在开路或短路现象。

三找反馈电压：寻找反馈电压取自何处，加在何方。

2. 判断振荡条件

包括相位平衡条件和振幅平衡条件。其中，判断相位平衡条件，一般采用“断回路、引输入、看相位”的“三步曲法”，方法是“瞬时极性法”。至于振幅平衡条件的判断，往往需要通过电路参数求解 $\dot{A}$ 和 $\dot{F}$，然后判断 $|\dot{A}\dot{F}|$ 是否大于 1。

3. 估算振荡频率

振荡频率由相位平衡条件决定，它取决于选频网络的参数。

例 5.2.1　互感耦合式 LC 振荡器如图 5.2.5(a)所示。已知 $V_{CC}=12V$，$L=280\mu H$，$C=360pF$，$R_{b1}=33k\Omega$，$R_{b2}=10k\Omega$，$R_e=3.3k\Omega$，$Q=50$，$M=20\mu H$；晶体管的 $\varphi_{fe}=0$，$g_{oe}=2\times10^{-5}S$，略去晶体管极间电容的影响。(1)分析该电路的组成；(2)判断是否满足相位平衡条件；(3)画出振荡器起振时的开环小信号等效电路，估算振荡频率，并分析振荡器是否满足振幅起振条件。

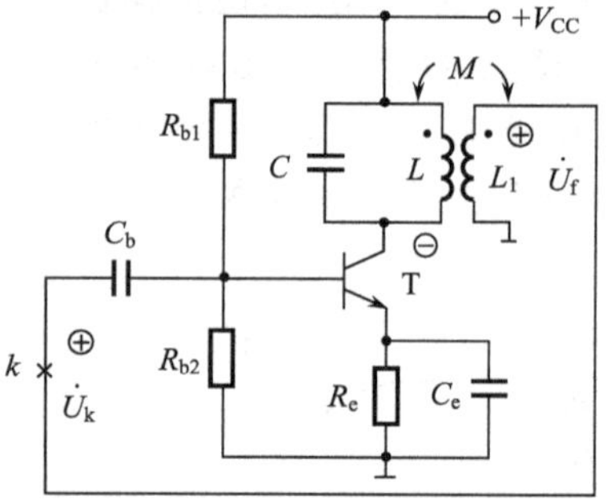

(a) 电路

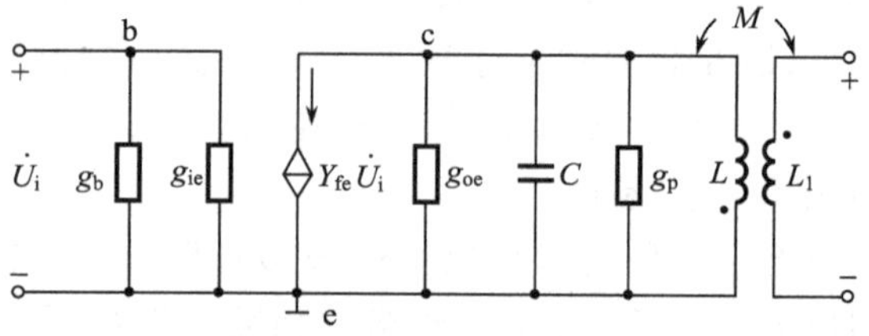

(b) Y参数等效电路

图 5.2.5　例 5.2.1

解　(1) 分析振荡器的组成可以从“一看、二查、三找”出发。该电路包括放大器(R_{b1}、R_{b2} 和 R_e 保证电路起振时工作在甲类共射放大状态)、反馈网络(L_1)、选频网络(LC 并联回路)和稳幅环节(由晶体管的非线性来实现)。反馈电压取自 L_1，加在 T 的基极。

(2) 判断相位平衡条件一般采用“断回路、引输入、看相位”的“三步曲法”。其具体方法是：首先假想在反馈线 k 点(往往是放大器的输入端)处断开；其次是在断开处加频率为 f_o(振荡频率)的输入电压 $\dot{U}_k$，并设 $\dot{U}_k$ 为⊕；然后用“瞬时极性法”判断反馈电压 $\dot{U}_f$ 与 $\dot{U}_k$ 两者的瞬时极性。图 5.2.5(a)中的放大电路为共射组态，各点的瞬时极性可表示为

$\dot{U}_k$ ⊕→ $\dot{U}_c$ ⊖→ 由同名端可知 L_1 上端为 ⊕→ 反馈电压 $\dot{U}_f$ ⊕

可见，$\dot{U}_f$ 与 $\dot{U}_k$ 同相位，引入了正反馈，满足相位平衡条件。

(3) 振荡器起振时的开环小信号等效电路如图5.2.5(b)所示，图中令$Y_{re}=0$。

由振荡频率计算公式得 $f_o=\dfrac{1}{2\pi\sqrt{LC}}=\dfrac{1}{2\pi\sqrt{280\times10^{-6}\times360\times10^{-12}}}\approx0.5(\mathrm{MHz})$

谐振回路等效电导 $g_\Sigma=g_{oe}+g_p=g_{oe}+\dfrac{1}{Q\omega_oL}$

$$=2\times10^{-5}+\frac{1}{50\times2\pi\times0.5\times10^6\times280\times10^{-6}}\approx42.75(\mu\mathrm{S})$$

静态基极电位 $U_B=\dfrac{R_{b2}}{R_{b1}+R_{b2}}V_{CC}=\dfrac{10}{33+10}\times12\approx2.79(\mathrm{V})$

由静态电流 $I_{EQ}=\dfrac{U_B-U_{BE}}{R_e}=\dfrac{2.79-0.7}{3.3\times10^3}\approx0.63(\mathrm{mA})$可得

$$|Y_{fe}|=g_m=\frac{I_{EQ}}{26\mathrm{mV}}=\frac{0.63\mathrm{mA}}{26\mathrm{mV}}\approx0.024(\mathrm{S})$$

放大器的谐振电压增益 $\dot{A}_0=\dfrac{\dot{U}_o}{\dot{U}_i}=-\dfrac{g_m}{g_\Sigma}$，反馈系数 $\dot{F}=\dfrac{\dot{U}_f}{\dot{U}_o}=\dfrac{\mathrm{j}\omega M\dot{I}}{-(r+\mathrm{j}\omega L)\dot{I}}\approx-\dfrac{M}{L}$，进而可求出振荡器的环路增益 $|\dot{A}_0\dot{F}|=\dfrac{g_m}{g_\Sigma}\cdot\dfrac{M}{L}=\dfrac{0.024}{42.75\times10^{-6}}\times\dfrac{20}{280}\approx40.1>1$

振荡器满足振幅起振条件。

5.3　LC 正弦波振荡器

LC 正弦波振荡器采用LC 并联谐振回路作为选频网络，常用的有互感耦合式和三点式两种电路形式。

5.3.1　互感耦合式振荡器

根据LC 回路的端点接到晶体管电极的不同形式，互感耦合式LC 振荡器又分为集电极调谐、发射极调谐和基极调谐三种，而集电极调谐又分为共射和共基两种类型，并都得到广泛应用。图5.2.5(a)属于集电极调谐共射振荡器，其余三种形式的互感耦合式振荡器如

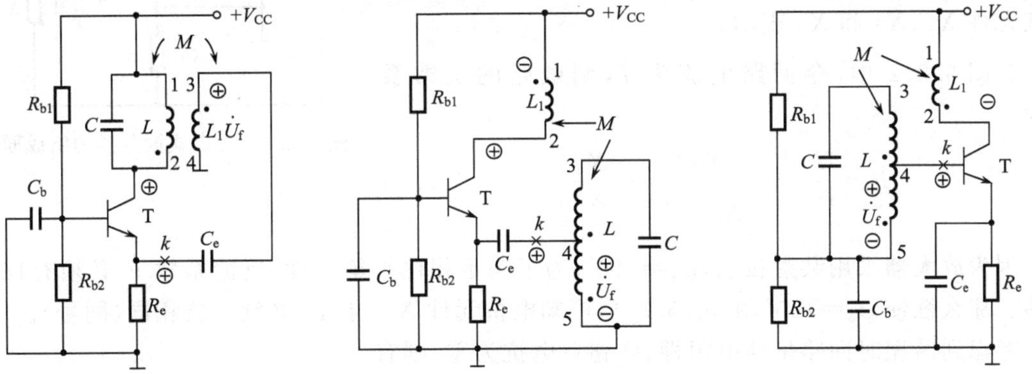

(a) 集电极调谐　(b) 发射极调谐　(c) 基极调谐

图5.3.1　互感耦合 LC 振荡器

图 5.3.1所示。由于这些电路的正反馈信号是通过电感 L 和 L_1 之间的互感 M 来耦合，所以通常称为互感耦合振荡器。

在图 5.3.1 所示的三种电路中，变压器的同名端必须满足振荡的相位平衡条件。在此基础上适当调节互感 M 以满足振荡的振幅条件。判断互感耦合振荡器是否可以振荡，通常是以能否满足相位平衡条件，即是否形成正反馈为判断准则的。判断相位平衡条件仍然采用“三步曲法”。下面分别对图 5.3.1 三个电路进行相位平衡条件的分析。

(1) 由图 5.3.1(a)可知，反馈电压取自 L_1，加在 T 的发射极，放大电路为共基组态。假想断开 k 点，并引入 $\dot{U}_k$ 为⊕的信号，则

$\dot{U}_k$⊕→$\dot{U}_c$⊕→由同名端可知 L_1 上端为⊕→$\dot{U}_f$⊕

可见，经过一个反馈环路后，$\dot{U}_f$ 与 $\dot{U}_k$ 同相位，引入了正反馈，满足相位平衡条件。

(2) 由图 5.3.1(b)可知，反馈电压取自 L_{45}，加在 T 的发射极，放大电路为共基组态。假想断开 k 点，并引入 $\dot{U}_k$ 为⊕的信号，则

$\dot{U}_k$⊕→$\dot{U}_c$⊕→由同名端可知 L_{45}上端为⊕→$\dot{U}_f$⊕

可见，经过一个反馈环路后，引入了正反馈，满足相位平衡条件。

(3) 由图 5.3.1(c)可知，反馈电压取自 L_{45}，加在 T 的基极，放大电路为共射组态。假想断开 k 点，并引入 $\dot{U}_k$ 为⊕的信号，则

$\dot{U}_k$⊕→$\dot{U}_c$⊖→由同名端可知 L_{45}上端为⊕→$\dot{U}_f$⊕

可见，经过一个反馈环路后，引入了正反馈，满足相位平衡条件。

互感耦合振荡器在调整反馈(改变 M)时基本不影响振荡频率，但是由于互感耦合元件分布电容的存在，限制了振荡频率的提高，为此一般工作在中、短波波段。

5.3.2 LC 三点式振荡器

1. LC 三点式振荡器的组成原则

所谓三点式振荡器，就是晶体管的三个极分别与振荡回路的三个端点相接的振荡器，如图 5.3.2 所示。当回路元件的电阻很小可以忽略不计时，Z_1、Z_2 和 Z_3 可以用纯电抗元件 X_1、X_2 和 X_3 表示。

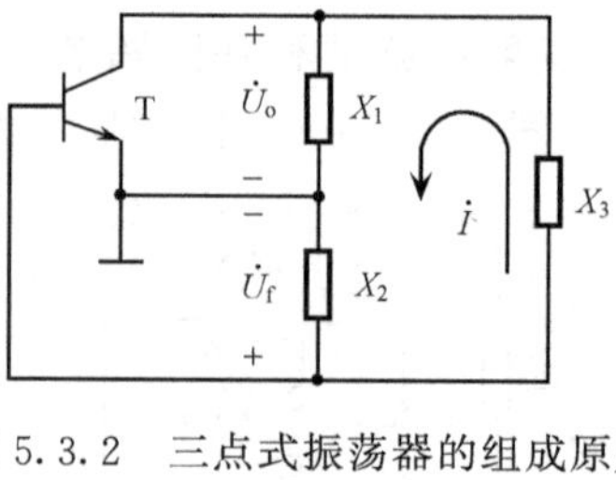

图 5.3.2　三点式振荡器的组成原则

在图 5.3.2 中，令回路电流为 $\dot{I}$，则电路的反馈系数为

$$\dot{F}=\frac{\dot{U}_f}{\dot{U}_o}=\frac{-\mathrm{j}X_2\dot{I}}{\mathrm{j}X_1\dot{I}}=-\frac{X_2}{X_1} \qquad (5.3.1)$$

因为放大器采用共射接法，$\varphi_A=180°$；为了满足相位平衡条件，反馈系数 $\dot{F}$ 必须有180°的相移。那么欲使 $\varphi_F=180°$，由式(5.3.1)可知电抗元件 X_1 与 X_2 必须性质相同(同号)。

考虑到谐振时回路呈纯电阻性，回路总电抗为零，则有

$X_1+X_2+X_3=0$，即 $X_3=-(X_1+X_2)$ 。

此式表明 X_3 必须是与 X_1、X_2 性质相反的电抗元件。

综上可知，与发射极相连的两电抗元件性质相同，与基极相连的电抗元件性质相反，简称"射同基反"，这就是三点式振荡器组成的基本原则。

2. 电感反馈三点式振荡器(哈特莱振荡器)

1) 电路组成

电路如图 5.3.3 所示。图中 R_{b1}、R_{b2} 和 R_e 为分压式偏置电阻；C_b、C_c 为耦合电容；R_L 为输出负载电阻；L_1、L_2 和电容 C 组成并联谐振回路作为选频网络，且 L_2 将输出回路一部分电压作为反馈电压 $\dot{U}_f$ 加到放大器的输入端上。图 5.3.3(a)中的 C_e 为旁路电容；图 5.3.3(b)中的 C_e 起隔直(防止 R_e 被 L_2 短路)和耦合作用，L_c 为高频扼流圈。由于晶体管三个电极交流连接于回路电感的三个端，称为电感三点式振荡器。

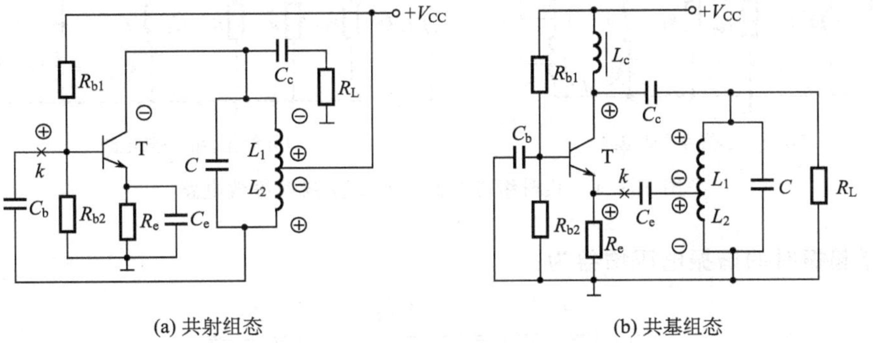

图 5.3.3　电感三点式振荡器

可见，图 5.3.3 所示的振荡器是由放大器(共射和共基组态)、反馈和选频网络(LC 并联回路)、稳幅环节(由晶体管的非线性来实现)四部分组成的。

2) 相位平衡条件

相位条件的判断一般有两种方法。

【方法一】 根据"射同基反"的基本组成原则来判断。

就图 5.3.3(a)来说，交流信号由晶体管发射极通过旁路电容 C_e 到地，又经电源至线圈的中心抽头，显然抽头两侧皆为电感，即所谓"射同"；对于晶体管基极，交流信号经电容 C_b 至 LC 回路的下端，再由此向上看，左边为振荡电容，右边为振荡线圈，是两种不同性质的电抗元件，即所谓"基反"。满足相位平衡条件。

对于图 5.3.3(b)而言，晶体管发射极通过 C_e 直接接线圈的中心抽头。由于发射极上、下两侧皆为电感，即"射同"；基极通过 C_b、地端接至 L_2 和 C，即"基反"。满足相位平衡条件。

【方法二】 根据"瞬时极性法"来判断。

一般采用"断回路、引输入、看相位"的"三步曲法"。假想从反馈线的 k 点断开，并加入瞬时极性为⊕的 $\dot{U}_k$，则电路中各点瞬时极性变化如下。

对于图 5.3.3(a)，$\dot{U}_k$⊕→$\dot{U}_c$⊖→L_2 下端为⊕→L_2 两端的反馈电压 $\dot{U}_f$⊕。

对于图 5.3.3(b)，$\dot{U}_k$⊕→$\dot{U}_c$⊕→L_2 上端为⊕→L_2 两端的反馈电压 $\dot{U}_f$⊕。

即 $\dot{U}_f$ 与 $\dot{U}_k$ 同相位，满足相位平衡条件。

3) 起振条件

求起振条件的方法是，先分别求出起振时小信号放大器的电压增益 A_0 和反馈系数 F，然后根据振幅起振条件 $A_0F>1$ 求出相关参数。下面以图 5.3.3(a)为例加以说明。

为了便于分析，画出图 5.3.3(a)所示电路的交流小信号等效电路，如图 5.3.4(a)所示。因为外部的反馈作用远大于晶体管的内部反馈，所以可忽略晶体管的内部反馈，即 $Y_{re}\approx 0$。图 5.3.4(b)为简化后的等效电路。图中忽略了 C_{ie}、C_{oe}对电路的影响，$g_L=1/R_L$，g_p'是电感线圈的内电导折合到 ce 两端的总电导值，且$g_p'=g_{p1}+p^2g_{p2}$，其中，$p=(L_2+M)/(L_1+M)$。由图 5.3.4(b)可知 $g_\Sigma=g_{oe}+g_L+g_p'+p^2g_{ie}$。

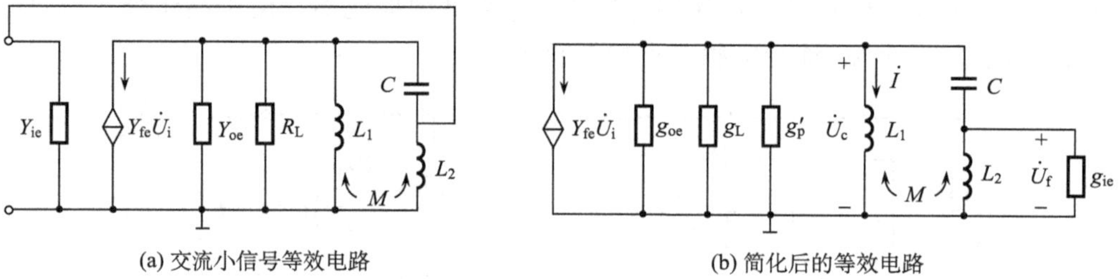

图 5.3.4 共射组态电感三点式振荡器等效电路

振荡器起振时的谐振电压增益为

$$|\dot{A}_0|=\left|\frac{\dot{U}_c}{\dot{U}_i}\right|=\left|\frac{-Y_{fe}\dot{U}_i/g_\Sigma}{\dot{U}_i}\right|=\frac{|Y_{fe}|}{g_\Sigma} \tag{5.3.2}$$

设 $\dot{I}$ 为振荡回路的电流，则电路的反馈系数为

$$|\dot{F}|=\left|\frac{\dot{U}_f}{\dot{U}_{L1}}\right|=\left|\frac{-\dot{I}\cdot j\omega(L_2+M)}{\dot{I}\cdot j\omega(L_1+M)}\right|=\frac{L_2+M}{L_1+M} \tag{5.3.3}$$

式中，M 为 L_1 和 L_2 之间的互感，有时可忽略 M。

则由起振条件 $A_0F>1$ 可得 $A_0F=\dfrac{|Y_{fe}|}{g_\Sigma}\cdot\dfrac{L_2+M}{L_1+M}>1$，即

$$|Y_{fe}|>g_\Sigma\cdot\frac{L_1+M}{L_2+M}=\frac{g_{oe}+g_L+g_p'+p^2g_{ie}}{F}=\frac{g_{oe}+g_L+g_p'}{F}+Fg_{ie} \tag{5.3.4}$$

式中，第一项表示晶体管的输出电导和负载电导对振荡器的影响，F 越大越容易起振；第二项表示输入电导对振荡器的影响，F 和 g_{ie}越大越不容易起荡。可见，考虑到晶体管输入电导对回路的加载作用时，反馈系数 F 并不是越大越容易起振。

4) 振荡频率

对于工程计算来说，振荡频率可近似表示为

$$f_o\approx\frac{1}{2\pi\sqrt{(L_1+L_2+2M)C}} \tag{5.3.5}$$

当忽略互感 M 时，则有

$$f_o\approx\frac{1}{2\pi\sqrt{LC}} \tag{5.3.6}$$

式中，$L=L_1+L_2$。

5）电路特点

(1) 由于 L_1 和 L_2 之间有互感存在，所以易起振，且输出电压幅度大。

(2) 当调节电容 C 时反馈系数不变，因此调频方便。例如，在信号发生器中，常用此电路作为频率可调的振荡器。

(3) 因为反馈电压取自 L_2 两端，而电感对高次谐波呈高阻，故不能抑制高次谐波，致使振荡波形谐波分量较大，输出波形较差。

3. 电容反馈三点式振荡器(考毕兹振荡器)

1）电路组成

电路如图 5.3.5 所示。读者可以仿照图 5.3.3 电路中各元件的作用来进行分析。由于晶体管三个电极交流连接于回路电容的三端，所以称为电容三点式振荡器。

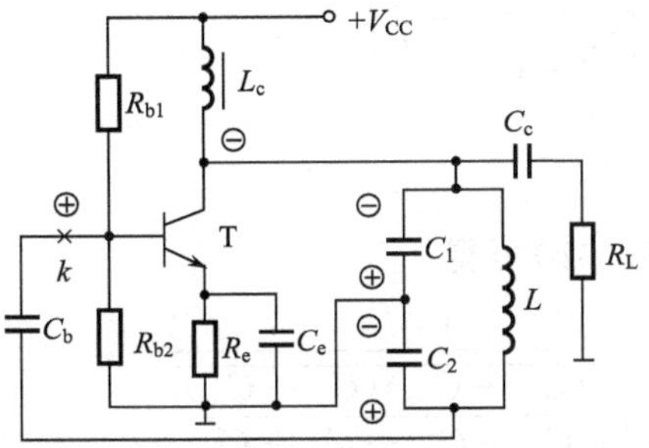

(a) 共射组态

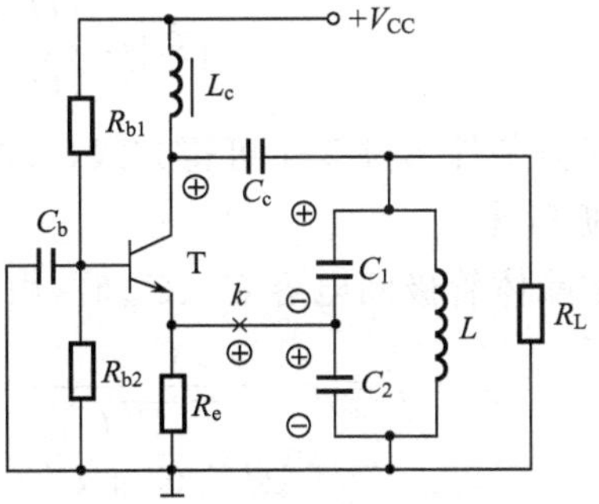

(b) 共基组态

图 5.3.5　电容三点式振荡器

为了分析方便，下面以图 5.3.5(a)为例进行分析。

2）相位平衡条件

相位平衡条件的判断一般有两种方法。

【方法一】 根据“射同基反”的基本组成原则来判断。

先从晶体管发射极看，交流信号从发射极通过旁路电容 C_e 到地，再沿地到 C_1、C_2 的连接线，由此向上看为振荡电容 C_1，向下看为振荡电容 C_2，即所谓“射同”。从晶体管基极看，交流信号由基极沿导线经电容 C_b 至并联谐振回路的下端，再由此向上看，左边为振荡电容 C_2，右边为振荡线圈 L，即所谓“基反”，符合相位平衡条件。

【方法二】 根据“瞬时极性法”来判断。

采用“断回路、引输入、看相位”的“三步曲法”判断。假想从反馈线的 k 点断开，并加入瞬时极性为⊕的 $\dot{U}_k$，则电路中各点瞬时极性变化如下。

$\dot{U}_k$⊕→$\dot{U}_c$⊖→C_2 上端为⊖，下端为⊕→C_2 两端的反馈电压 $\dot{U}_f$ 为⊕。

即 $\dot{U}_f$ 与 $\dot{U}_k$ 同相位，满足相位平衡条件。

3）起振条件

为了便于分析，画出图 5.3.6(a)所示的交流小信号等效电路。因为外部的反馈作用远大于晶体管的内部反馈，所以可忽略晶体管的内部反馈，即 $Y_{re}\approx 0$。图 5.3.6(b)为简化后的等效电路。图中 $g_L=1/R_L$；$C_1'=C_1+C_{oe}$，$C_2'=C_2+C_{ie}$，式中，C_{oe}、C_{ie} 为晶体管的极间电容；g_p'

是电感线圈的内电导 g_p 折合到 ce 两端的电导值，$g'_p = p_1^2 g_p$，且 $p_1 = (C'_1 + C'_2)/C'_2$。由图 5.3.6(b)可知 $g_\Sigma = g_{oe} + g_L + g'_p + p_2^2 g_{ie}$，式中，$p_2 = C'_1/C'_2$。

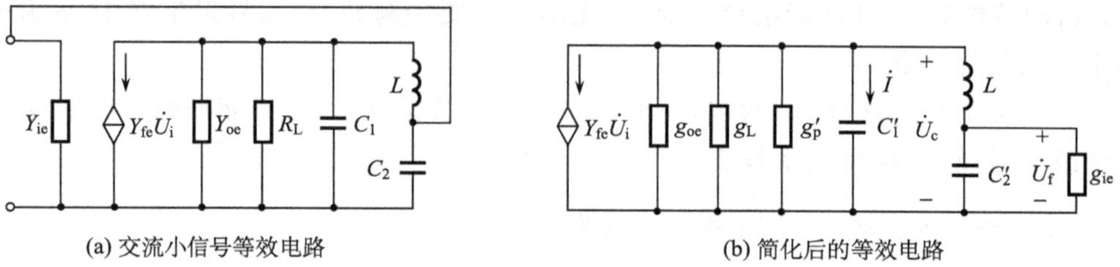

图 5.3.6 共射组态电容反馈三点式振荡器等效电路

设 $\dot{I}$ 为振荡回路的回路电流，则电路的反馈系数为

$$|\dot{F}| = \left|\frac{\dot{U}_f}{\dot{U}_c}\right| = \left|\frac{-\dot{I}/j\omega C'_2}{\dot{I}/j\omega C'_1}\right| = \frac{C'_1}{C'_2} \tag{5.3.7}$$

同理再由起振条件 $A_0 F > 1$ 可得到式(5.3.4)。

4）谐振频率

当考虑晶体管极间电容 C_{ie}、C_{oe} 时，由图 5.3.6(b)可得

$$f_o = \frac{1}{2\pi\sqrt{L\dfrac{C'_1C'_2}{C'_1+C'_2}}} = \frac{1}{2\pi\sqrt{L\dfrac{(C_1+C_{oe})(C_2+C_{ie})}{C_1+C_{oe}+C_2+C_{ie}}}} \tag{5.3.8}$$

若适当提高 C_1、C_2 的值，则晶体管极间电容 C_{ie}、C_{oe} 的影响会大为减小。此时将有

$$f_o \approx \frac{1}{2\pi\sqrt{L\dfrac{C_1C_2}{C_1+C_2}}} \tag{5.3.9}$$

5）电路特点

(1) 因振荡频率受到晶体管电容 C_{ie}、C_{oe} 的影响，且 C_1、C_2 的取值过大将使振荡频率降低，故频率稳定性较差。

(2) 若用可变电容器来改变振荡频率，则会影响反馈系数的变化，严重时会影响输出电压的稳定和起振条件。因此这种振荡器常用于频率固定的场合。

(3) 因电容对高次谐波呈现低阻，使取自电容的反馈电压中的高次谐波分量少，振荡波形较好。

例 5.3.1 图 5.3.7 示出了三点式 LC 振荡器。试判断两图能否振荡？若不能，则应如何修改？

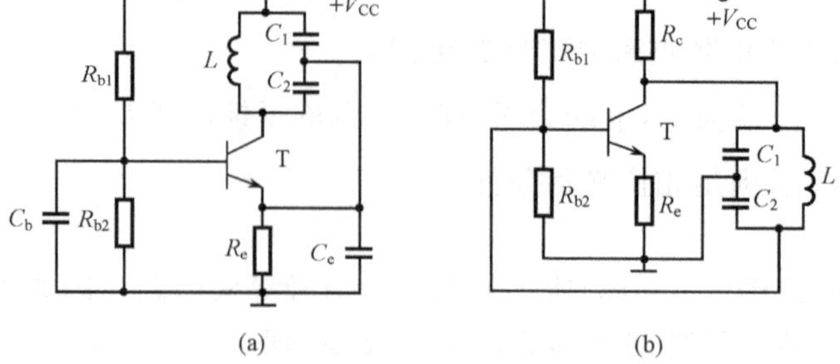

图 5.3.7 例 5.3.1

解　分析要点是先检查相位条件是否满足，再检查电路的交、直流通路是否合理。

由两图可以看出皆满足“射同基反”的相位条件。因此下一步的关键是检查电路的交、直流通路是否合理。图 5.3.7(a) 不能振荡。因为 C_e 起旁路作用，使反馈信号不能加到发射极上，即 $F=0$，不满足振幅条件。解决的方法是去掉 C_e。图 5.3.7(b) 不能振荡。因为 L 对直流短路，使晶体管 $U_b=U_c$ 而失去放大作用，即 $A=0$，不满足振幅条件。解决的方法是在集电极和 LC 回路之间接入隔直电容。

例 5.3.2　图 5.3.8 为三谐振回路振荡器的交流通路，若回路参数之间有 $L_1C_1>L_2C_2>L_3C_3$ 的关系。试分析能否振荡，振荡频率与各回路的固有频率有何关系。

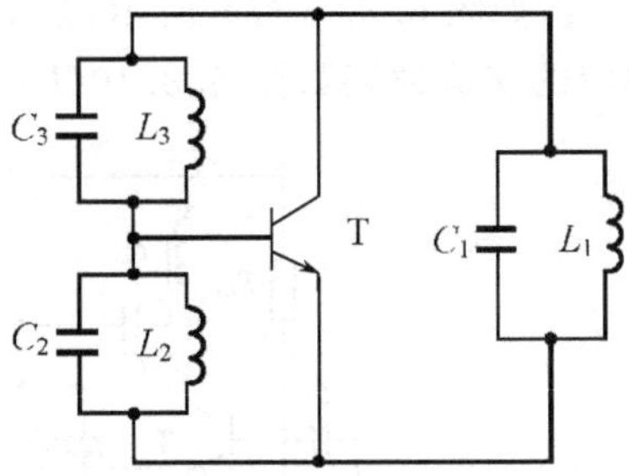

图 5.3.8　例 5.3.2

解　由 $L_1C_1>L_2C_2>L_3C_3$ 的关系可知 $\omega_{o1}<\omega_{o2}<\omega_{o3}$。因为三个谐振回路皆为并联回路，它们呈感性还是容性可通过比较 ωC 和 $1/\omega L$ 的大小来判断，即 $\omega>\omega_o$ 时回路呈容性；$\omega<\omega_o$ 时回路呈感性。再由图 5.3.8 的交流通路可知，欲使电路振荡，需满足“射同基反”的组成原则，即必须使 L_1C_1 和 L_2C_2 组成的并联谐振回路呈容性，L_3C_3 组成的回路呈感性。为此可得在 $\omega_{o2}<\omega_o<\omega_{o3}$ 范围内 L_1C_1 和 L_2C_2 组成的回路呈容性，L_3C_3 组成的回路呈感性。

例 5.3.3　分析图 5.3.9(a)所示振荡器，并画出该振荡器的交流通路，计算振荡频率。

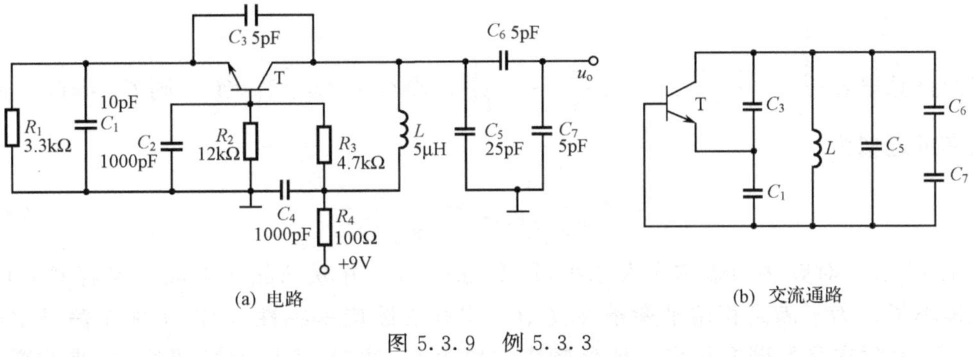

图 5.3.9　例 5.3.3

解　在图 5.3.9(a)的振荡器中，R_3、R_2 和 R_1 组成 T 的分压式偏置电路，C_2 为基极旁路电容，T 构成共基极放大电路。R_4 和 C_4 组成电源滤波电路。图中的小电容与电感组成电容三点式振荡回路，采用 C_6 和 C_7 电容分压输出的目的是减小负载对振荡器的影响。其交流通路如图 5.3.9(b)所示。

图 5.3.9(b)中的总电容为

$$C_\Sigma=\frac{1}{1/C_3+1/C_1}+C_5+\frac{1}{1/C_6+1/C_7}$$

$$=\frac{1}{1/5+1/10}+25+\frac{1}{1/5+1/5}\approx 30.83(\text{pF})$$

由此可得振荡器的振荡频率

$$f_o=\frac{1}{2\pi\sqrt{LC_\Sigma}}=\frac{1}{2\pi\sqrt{5\times10^{-6}\times30.83\times10^{-12}}}\approx 12.83(\text{MHz})$$

4. 改进型电容反馈三点式振荡器

电容三点式振荡器有两个缺点：一是不稳定的电容 C_{ie}、C_{oe} 使振荡频率稳定度较差；二是不能作为频率可调的振荡器。为了克服这两个缺点，提出了改进型的电容三点式振荡器。

1）串联改进型电容反馈三点式振荡器(克拉泼振荡器)

与电容三点式振荡器相比较，克拉泼振荡器的特点是在回路中增加了一个与 L 串联的电容 C_3，如图 5.3.10(a) 所示，这正是此电路的由来——串联改进型电容反馈三点式振荡器。相应的交流通路如图 5.3.10(b) 所示。

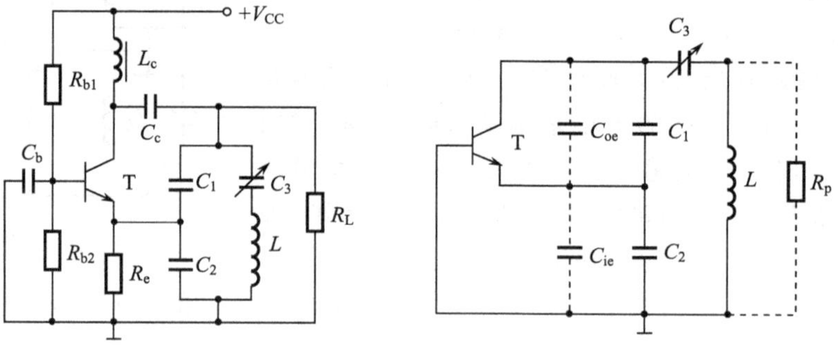

(a) 原理电路　　(b) 高频等效电路

图 5.3.10　克拉泼振荡器

因回路总电容 $\frac{1}{C_\Sigma}=\frac{1}{C_1+C_{oe}}+\frac{1}{C_2+C_{ie}}+\frac{1}{C_3}$，若 $C_3 \ll C_1$、$C_3 \ll C_2$，则 $C_\Sigma \approx C_3$。故回路振荡频率可近似为

$$f_o=\frac{1}{2\pi\sqrt{LC_\Sigma}}\approx\frac{1}{2\pi\sqrt{LC_3}} \tag{5.3.10}$$

可见，C_1、C_2 对频率的影响大大减小，那么与 C_1、C_2 并联的晶体管极间电容 C_{oe}、C_{ie} 的影响也就很小了。为了满足相位平衡条件，L、C_3 串联支路应呈感性，所以实际振荡频率必须略高于 L、C_3 串联支路的谐振频率。振荡频率主要由 C_3 决定，可以通过调整 C_3 来改变振荡频率而不影响反馈系数，而且 C_3 越小，振荡频率越稳定。那么 C_3 是不是越小越好呢？

谐振回路相对于晶体管来说，以部分接入的形式与晶体管连接。回路的一部分作为集电极负载，将其折合到晶体管 c、e 两端，接入系数 p 为

$$p=\frac{C_1+C_{oe}}{C_\Sigma}\approx\frac{C_1}{C_3} \tag{5.3.11}$$

假设电感两端的并联电阻为 R_p(回路空载谐振电阻)，则由图 5.3.10(b)可知，等效到晶体管 c、e 两端的负载电阻为

$$R'_L=\frac{R_p}{p^2}=\left(\frac{C_3}{C_1}\right)^2 R_p \tag{5.3.12}$$

式(5.3.12)表明，C_1 过大或 C_3 过小，都将使 R'_L很小，致使放大器增益较低，有可能造成振荡器不满足振幅起振条件而停振；另外，调节 C_3 使得 R'_L变化，导致振荡器输出幅度发生变化，所以克拉泼振荡器主要用于固定频率或波段范围较窄的场合。克拉泼振荡器的频率覆盖

系数(最高工作频率与最低工作频率之比)一般只有 1.2～1.3。

2) 并联改进型电容反馈三点式振荡器(西勒振荡器)

为了克服克拉泼振荡器的缺陷，出现了西勒振荡器，如图 5.3.11 所示。它是在克拉泼振荡器的基础上，在电感 L 两端并联一个可变电容 C_4，并且必须使 C_3、C_4 和 L 支路在振荡频率上呈感性，以满足电容三点式振荡器的组成原则，故称为并联改进型电容三点式振荡器。

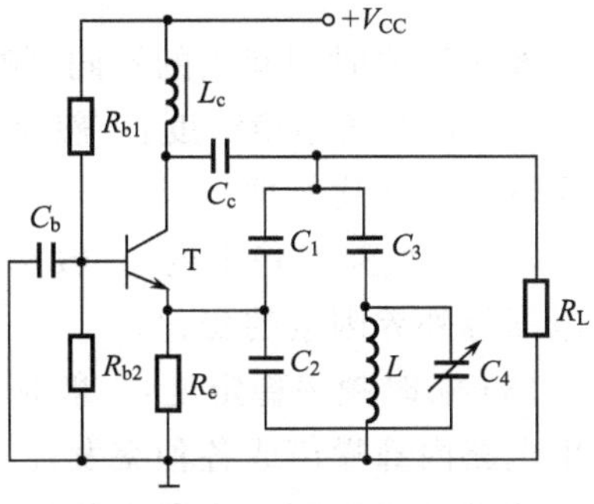

图 5.3.11　西勒振荡器

因回路总电容 $C_\Sigma = C'_\Sigma + C_4$，其中 $\dfrac{1}{C'_\Sigma} = \dfrac{1}{C_1 + C_{oe}} + \dfrac{1}{C_2 + C_{ie}} + \dfrac{1}{C_3}$，若 $C_3 \ll C_1$、$C_3 \ll C_2$，则 $C'_\Sigma \approx C_3$。故回路振荡频率可近似为

$$f_o = \frac{1}{2\pi\sqrt{LC_\Sigma}} \approx \frac{1}{2\pi\sqrt{L(C_3 + C_4)}} \tag{5.3.13}$$

式(5.3.13)表明，西勒振荡器的振荡频率主要取决于 C_3 和 C_4 的大小。其中，C_3 的选择要合理，因为 C_3 过小时难以起振甚至出现停振，C_3 过大则频率稳定度会下降。所以应在保证起振的前提下尽可能减小 C_3。C_4 为可变电容，主要用于调节振荡频率。由于 C_4 的改变并不影响接入系数 p(克拉泼和西勒两振荡器的接入系数相同)，所以波段内输出幅度较平稳，且振荡频率随 C_4 变化较为明显，使其频率覆盖系数较大，可达 1.6～1.8。

可见，与克拉泼振荡器相比，西勒振荡器不仅振荡频率高、输出幅度稳定、频率调节方便，而且振荡频率范围宽，因此是目前应用较为广泛的一种三点式振荡器。

5.4　振荡器的频率稳定度

正弦波振荡器不仅要输出具有一定幅度和频率的正弦波，还要保证振幅和频率的稳定。评价振荡器的主要指标是振荡频率的准确度和稳定度，而频率的稳定度更为重要。

5.4.1　频率准确度和频率稳定度

1. 频率准确度

频率准确度在大小上通常用频率偏差来表示。定义为实际振荡频率 f 与标称频率 f_o 之间的差值，表示为

$$\Delta f = f - f_o \tag{5.4.1}$$

为了合理评价不同标称频率下振荡器的频率偏差，频率准确度也常用相对值表示，即

$$\frac{\Delta f}{f_o} = \frac{f - f_o}{f_o} \tag{5.4.2}$$

2. 频率稳定度

1) 频率稳定度的定义

频率稳定度通常定义为在一定的时间间隔内，振荡频率准确度变化的最大值，即

$$\delta=\left.\frac{\Delta f_{\max}}{f_{\mathrm{o}}}\right|_{\text{时间间隔}} \tag{5.4.3}$$

按照所取时间间隔的不同，频率稳定度分为以下三种。

(1) 长期频率稳定度：一般是指一天乃至几个月内振荡频率的相对变化量。它主要取决于元器件的老化特性。

(2) 短期频率稳定度：一般是指一天以内振荡频率的相对变化量。它主要取决于温度、电源电压等外界因素的变化。

(3) 瞬时频率稳定度：一般是指秒或毫秒内振荡频率的相对变化量。它具有随机性，主要是由电路内部噪声或各种突发性干扰所引起的。

通常所说的频率稳定度是指短期频率稳定度，对频率稳定度的要求根据用途的不同而不同。例如，用于中频广播电台发射机的频率稳定度为10^{-5}数量级，电视发射机的频率稳定度为10^{-7}数量级，普通信号发生器为$10^{-5}\sim10^{-3}$数量级，作为标准频率源的振荡器频率稳定度则高达$10^{-9}\sim10^{-8}$数量级。

2) 频率稳定度的表达式

以图 5.2.1(a)为例，设 LC 谐振回路的等效阻抗为 $Z_{\mathrm{L}}=|Z_{\mathrm{L}}|\mathrm{e}^{\mathrm{j}\varphi_{\mathrm{L}}}$，晶体管的正向传输导纳 $Y_{\mathrm{fe}}=|Y_{\mathrm{fe}}|\mathrm{e}^{\mathrm{j}\varphi_{\mathrm{fe}}}$，则谐振放大器的放大倍数为

$$\dot{A}=\frac{\dot{U}_{\mathrm{L}}}{\dot{U}_{\mathrm{i}}}=\frac{\dot{I}_{\mathrm{c1}}Z_{\mathrm{L}}}{\dot{U}_{\mathrm{i}}}=Y_{\mathrm{fe}}Z_{\mathrm{L}}=|Y_{\mathrm{fe}}||Z_{L}|\mathrm{e}^{\mathrm{j}(\varphi_{\mathrm{fe}}+\varphi_{\mathrm{L}})} \tag{5.4.4}$$

由式(5.2.1)可得振荡平衡条件的另外一种表达式为 $Y_{\mathrm{fe}}Z_{\mathrm{L}}\dot{F}=1$。

振幅平衡条件：
$$|Y_{\mathrm{fe}}||Z_{\mathrm{L}}|F=1 \tag{5.4.5a}$$

相位平衡条件：
$$\varphi_{\mathrm{fe}}+\varphi_{\mathrm{L}}+\varphi_{\mathrm{F}}=2n\pi\quad(n=0,\ 1,\ 2,\cdots) \tag{5.4.5b}$$

由式(5.4.5b)可以看出，如果 $\varphi_{\mathrm{fe}}+\varphi_{\mathrm{F}}=0$，那么当 $\varphi_{\mathrm{L}}=0$ 时即可满足相位平衡条件。此时 $\omega=\omega_{\mathrm{o}}$。但是一般情况下 $\varphi_{\mathrm{fe}}+\varphi_{\mathrm{F}}\neq0$，所以谐振回路必须提供等值异号的 $\varphi_{\mathrm{L}}=-(\varphi_{\mathrm{fe}}+\varphi_{\mathrm{F}})$。由式(2.2.20b)可写为

$$\varphi_{\mathrm{L}}=-\arctan 2Q\frac{\Delta\omega}{\omega_{\mathrm{o}}}$$

代入式(5.4.5b)得

$$-\arctan 2Q\frac{\Delta\omega}{\omega_{\mathrm{o}}}+\varphi_{\mathrm{fe}}+\varphi_{\mathrm{F}}=0$$

$$\tan(\varphi_{\mathrm{fe}}+\varphi_{\mathrm{F}})=2Q\frac{\Delta\omega}{\omega_{\mathrm{o}}}$$

$$\Delta\omega=\frac{\omega_{\mathrm{o}}}{2Q}\tan(\varphi_{\mathrm{fe}}+\varphi_{\mathrm{F}}) \tag{5.4.6}$$

实际振荡频率为

$$\omega=\omega_{\mathrm{o}}+\Delta\omega=\omega_{\mathrm{o}}+\frac{\omega_{\mathrm{o}}}{2Q}\tan(\varphi_{\mathrm{fe}}+\varphi_{\mathrm{F}}) \tag{5.4.7}$$

$\Delta\omega$ 是由于外界因素的变化，引起 φ_{fe}、φ_{F} 以及 Q、ω_{o} 变化而产生的频率偏移量，一般情况下，该频率偏移量不大，则实际振荡频率的变化量可以写为

$$\Delta\omega = \frac{\partial\omega}{\partial\omega_o}\Delta\omega_o + \frac{\partial\omega}{\partial Q}\Delta Q + \frac{\partial\omega}{\partial(\varphi_{fe}+\varphi_F)}\Delta(\varphi_{fe}+\varphi_F) \tag{5.4.8}$$

考虑到$(\varphi_{fe}+\varphi_F)$很小，且谐振回路的 Q 值较大，由式(5.4.7)可得

$$\frac{\partial\omega}{\partial\omega_o} = 1 + \frac{1}{2Q}\tan(\varphi_{fe}+\varphi_F) \approx 1$$

$$\frac{\partial\omega}{\partial Q} = -\frac{\omega_o}{2Q^2}\tan(\varphi_{fe}+\varphi_F)$$

$$\frac{\partial\omega}{\partial(\varphi_{fe}+\varphi_F)} = \frac{\omega_o}{2Q}\cdot\frac{1}{\cos^2(\varphi_{fe}+\varphi_F)}$$

则式(5.4.8)可写为

$$\Delta\omega = \Delta\omega_o - \frac{\omega_o}{2Q^2}\tan(\varphi_{fe}+\varphi_F)\Delta Q + \frac{\omega_o}{2Q}\cdot\frac{1}{\cos^2(\varphi_{fe}+\varphi_F)}\Delta(\varphi_{fe}+\varphi_F)$$

因为 $\omega_o=\dfrac{1}{\sqrt{LC}}$，所以

$$\Delta\omega_o = \frac{\partial\omega_o}{\partial L}\Delta L + \frac{\partial\omega_o}{\partial C}\Delta C = -\frac{1}{2}\omega_o\left(\frac{\Delta L}{L} + \frac{\Delta C}{C}\right)$$

则相对稳定度为

$$\frac{\Delta\omega}{\omega_o} = -\frac{1}{2}\left(\frac{\Delta L}{L} + \frac{\Delta C}{C}\right) - \frac{1}{2Q^2}\tan(\varphi_{fe}+\varphi_F)\Delta Q + \frac{1}{2Q\cos^2(\varphi_{fe}+\varphi_F)}\Delta(\varphi_{fe}+\varphi_F) \tag{5.4.9}$$

式(5.4.9)即为 LC 振荡器频率稳定度的一般表达式。

5.4.2　提高频率稳定度的措施

通过式(5.4.9)可以看出，凡是能够引起 L、C、Q 以及 $\varphi_{fe}+\varphi_F$ 发生变化的因素，都会导致振荡频率的不稳定。提高振荡频率的稳定度可以采取以下几种措施。

1. 提高谐振回路的标准性

所谓谐振回路的标准性是指在外界因素变化时，谐振回路的电感元件和电容元件所能保持稳定的能力。回路标准性越高，频率稳定度越好。其中温度是影响 L、C 发生变化的主要因素，所以在实际中，可以选用正温度系数的电感和负温度系数的电容作为谐振回路元件以实现温度补偿，从而减小温度变化所引起的谐振频率的变化。

2. 提高回路的品质因数

由式(5.4.9)可知，Q 值越大，振荡频率越稳定，因此可以采用品质因数很高的石英晶体，构成石英晶体振荡器。

3. 减小晶体管的影响

晶体管的极间电容对振荡频率有一定的影响，因此设法增大回路总电容，减小极间电容在总

电容中所占的比例。采用的方法就是晶体管以部分接入的方式接入回路，例如，前面介绍的克拉泼振荡器和西勒振荡器，而且这两种电路的 $\varphi_{fe}+\varphi_F$ 比电感反馈三点式振荡器的 $\varphi_{fe}+\varphi_F$ 要小。

4. 减小电源、负载的影响

电源电压的波动会引起放大器静态工作点的变化，从而改变晶体管的参数，降低频率的稳定度。为了减小其影响，振荡器的电源应采取必要的稳压措施。

负载电阻是并联在回路两端，这会降低回路的品质因数，从而使频率的稳定度下降。为了减小其影响，在负载和振荡器之间加一级射极跟随器作为缓冲以减小负载的变化对振荡频率的影响。

5.5　石英晶体振荡器

克拉泼和西勒振荡器的频率稳定度较高是因为接入了小电容 C_3，但是 C_3 的减小是有限的，且回路电感 L 的 Q 值不可能做得很高。因此 LC 振荡器的频率稳定度只能达到10^{-4}数量级。由第 2 章可知，与 LC 谐振回路相比，石英晶体具有很好的标准性和极高的品质因数。如果用石英晶体作为选频网络的元件所构成的振荡器，则将具有很高的频率稳定度（可达10^{-5}数量级）。

由石英晶体基频阻抗特性图 2.2.10(c)可知，用石英晶体构成的振荡器有两类：一类是石英晶体工作在 $f_s \sim f_p$ 极窄的感性频段内，等效为三点式振荡器中的回路电感，这类振荡器称为并联型晶体振荡器；另一类是石英晶体工作在 f_s 处，作为选频短路线元件串接于正反馈支路中，这类振荡器称为串联型晶体振荡器。

石英晶体振荡器的工作频率就是晶振的标称频率。

5.5.1　并联型晶体振荡器

并联型晶体振荡器的工作原理与一般反馈式 LC 振荡器相同，只是将晶体作为一个电感置于振荡回路之中，并与其他回路元件一起按照三点式振荡器的基本原则组成三点式振荡器。实际应用中有图 5.5.1 所示的两种基本类型。图 5.5.1(a)是将石英晶体接在晶体管的 c-b 极之间，相当于电容三点式振荡器，称为皮尔斯振荡器；图 5.5.1(b)是将石英晶体接在晶体管的 b-e 极之间，相当于电感三点式振荡器，称为密勒振荡器。

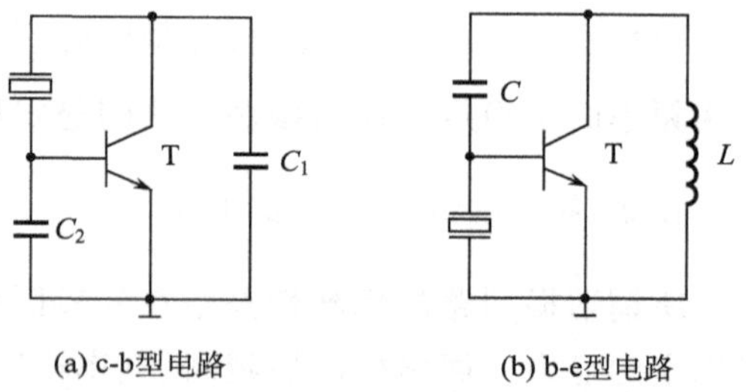

图 5.5.1　并联型晶体振荡器的两种基本形式

1. 皮尔斯振荡器

图 5.5.2(a)是典型的 c-b 型晶体振荡器，图 5.5.2(b)是其谐振回路等效电路，图中虚线框内是石英晶体的等效电路，见图 2.2.10(b)。由于振荡回路与晶体管、负载之间的耦合很弱，所以外电路中的不稳定参数对振荡回路的影响很小，从而使频率稳定性大为提高。

由于石英晶体接在阻抗很高的 c-b 之间，石英晶体的标准性受晶体管的影响很小，所以在频率稳定度要求较高的电路中几乎都采用 c-b 型电路。

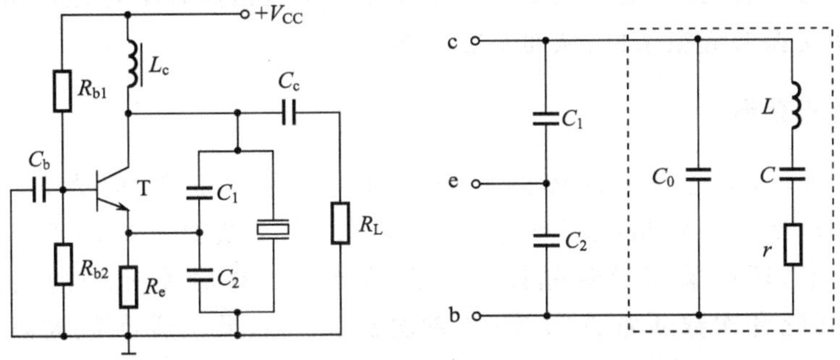

(a) c-b型电路　　(b) 谐振回路等效电路

图 5.5.2　皮尔斯振荡器

2. 密勒振荡器

图 5.5.3(a)所示为典型的 b-e 型晶体振荡器,图 5.5.3(b)为它的高频等效电路。由三点式振荡器的组成原则可知,L_1C_1 回路应呈电感性,因此 L_1C_1 回路的谐振频率 f_1 应略高于振荡器的工作频率 f_o。从等效电路可以看出,此电路相当于一个电感三点式振荡器。

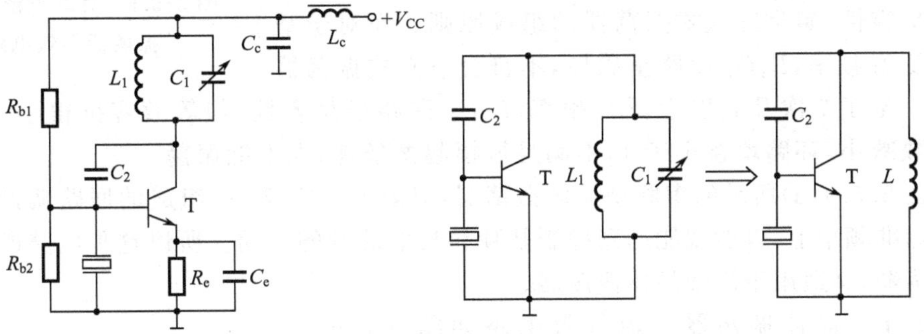

(a) b-e型电路　　(b) 等效电路

图 5.5.3　密勒振荡器

由于石英晶体接在输入阻抗较低的 b-e 极之间,降低了石英晶体的标准性,所以可采用输入阻抗高的场效应管作为放大器来克服此缺点。

5.5.2　串联型晶体振荡器

串联型晶体振荡器是把晶体接在正反馈支路中,如图 5.5.4(a)所示,图 5.5.4(b)为其高频等效电路。可见,如果晶体短路,则该电路实际上是电容三点式振荡器。

当回路的谐振频率等于晶体的串联谐振频率时,晶体的阻抗很小,近似为一短路线,电路满足相位平衡条件和

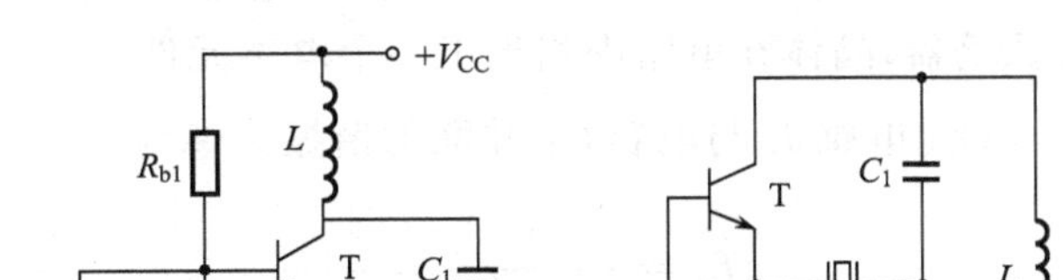

(a) 原理电路　　(b) 高频等效电路

图 5.5.4　串联型晶体振荡器

振幅平衡条件;反之,当回路的谐振频率不等于晶体的串联谐振频率时,晶体的阻抗增大,使反馈减弱,电路不满足振幅起振条件,从而不能工作。

5.5.3　泛音晶体振荡器

受工艺水平所限,上述石英晶体的基频目前不能做得很高(因为石英晶体的频率越高,要求晶片越薄,造成晶体机械强度差,易振碎)。为了获得更高的工作频率,除了在电路中采用倍频技术,还可采用泛音晶体。泛音晶体在工作频率相同的条件下,比基频晶体稳定性更好,其泛音次数通常选为 3～7 奇次泛音。如果泛音次数太高,则晶体性能也会显著下降。

图 5.5.2(a)所示的振荡器只适用于基频谐振器,对泛音谐振器,它无法控制使其工作在指定的泛音频率上。如果将图 5.5.2(a)中的电容 C_1 用 C_1 和 L_1 组成的并联谐振回路代替,即可工作在某一泛音频率上,对应的等效电路如图 5.5.5 所示。

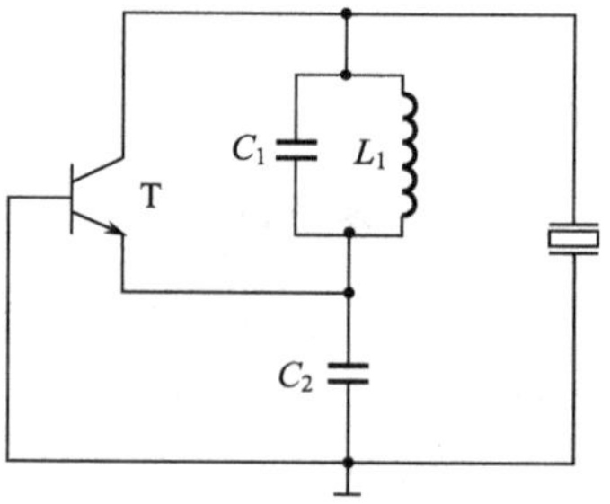

图 5.5.5　并联型泛音晶体振荡器等效电路

假设泛音晶体为 5 次泛音,标称频率为 5MHz,则为了抑制基波和 3 次泛音的寄生振荡,L_1C_1 回路就必须调谐在 3 次和 5 次泛音频率之间,如 3.5MHz。此时在 5MHz 频率上,L_1C_1 呈容性,满足三点式振荡器的组成原则。而对于基频和 3 次泛音频率,L_1C_1 回路呈感性,不符合三点式振荡器组成原则。至于 7 次及其以上泛音频率,L_1C_1 回路虽呈容性,但等效容抗很小,使回路电压放大倍数减小,环路增益小于 1,不满足振幅起振条件,也不能振荡。

对于图 5.5.4(a)所示的串联型晶体振荡器,只要 C_1、C_2 和 L 组成的回路调谐在泛音谐振电路的标准频率上,自然就能起到抑制基频和其他泛音的作用。所以这种电路既适用于基频晶体振荡器,又适用于泛音晶体振荡器。

例 5.5.1　晶体振荡器交流等效电路如图 5.5.6 所示。

(1) 该电路属于何种类型的晶体振荡器?晶体在电路中的作用是什么?

(2) 若将标称值为 5MHz 的晶体换成标称值为 2MHz 的晶体,该电路是否能够正常工作?为什么?

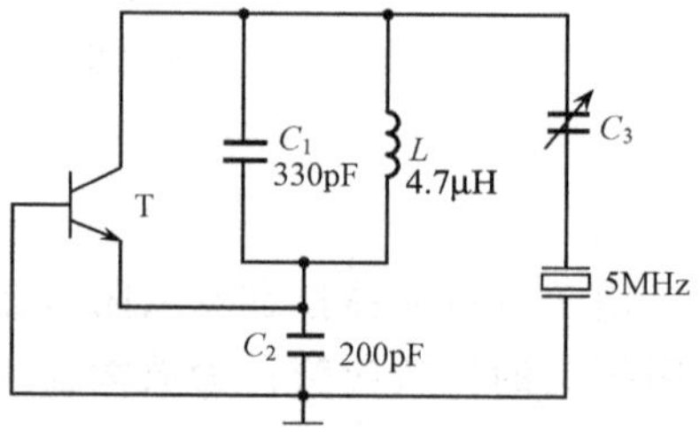

图 5.5.6　例 5.5.1

解　(1)由图 5.5.6 可以看出,该电路属于并联型晶体振荡器,晶体在电路中相当于一个电感元件。

(2) 电感 L 与电容 C_1 并联的谐振频率为

$$f_{o1}=\frac{1}{2\pi\sqrt{LC_1}}=\frac{1}{2\pi\sqrt{4.7\times10^{-6}\times330\times10^{-12}}}\approx4(\mathrm{MHz})$$

当晶体的标称频率为 5MHz 时,电感 L 与电容 C_1 并联的回路呈现电容性,满足三点式振荡器的组成原则。若把晶体的标称频率改为 2MHz,则电感 L 与电容 C_1 并联的回路呈现电感性,不满足三点式振荡器的组成原则,所以振荡器不能正常工作。

例 5.5.2　一个频率为 5MHz 的石英晶体振荡器如图 5.5.7 所示。试问:为了满足相位平衡条件,电感 L 的值应如何选取?图中 C_e 为旁路电容,L_c 为高频扼流圈。

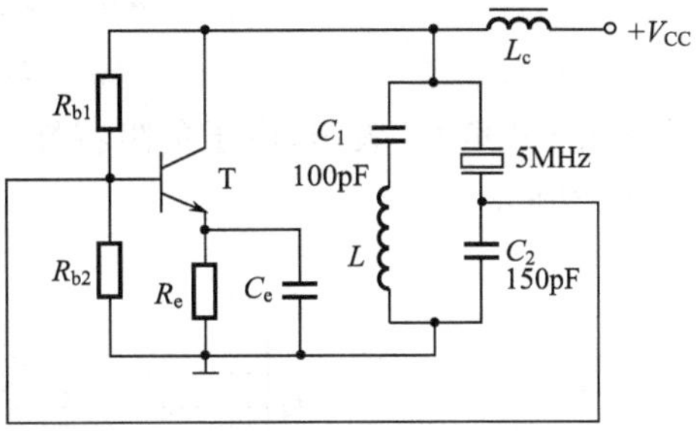

图 5.5.7　例 5.5.2

解　为了满足相位平衡条件,必须使 L、C_1 串联支路在振荡频率上呈容性,晶体呈感性,从而形成电容三点式振荡器。即要求 $\omega_o L < 1/\omega_o C_1$,于是有

$$L < \frac{1}{\omega_o^2 C_1} = \frac{1}{4\pi^2 \times (5\times 10^6)^2 \times 100 \times 10^{-12}} \approx 10.14(\mu\text{H})$$

5.6　负阻振荡器

负阻振荡器是由负阻器件与 LC 谐振回路共同构成的一种正弦波振荡器,主要工作在 100MHz 以上的超高频段。最早应用的负阻振荡器是隧道二极管振荡器,以后又陆续出现了许多新型的微波半导体负阻器件,其振荡频率已经扩展到几十吉赫兹以上。

5.6.1　负阻器件的伏安特性

负阻器件是指具有负增量电阻特性的器件,可以分为电压控制型和电流控制型两类。伏安特性如图 5.6.1 所示。它们的共同特点是:在特性曲线中间 AB 段的斜率为负值,即在该区域内,器件的增量电阻为负值。

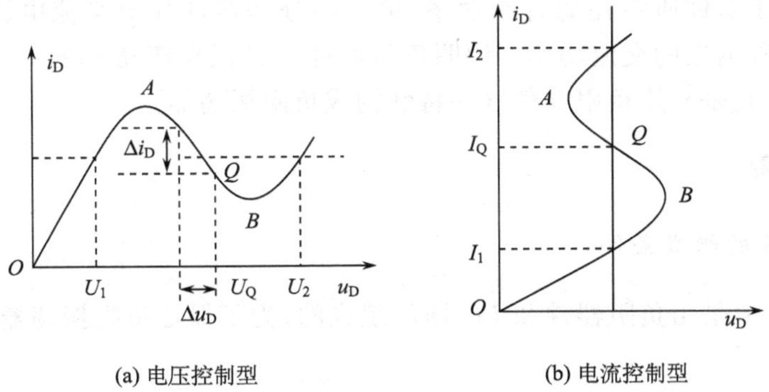

图 5.6.1　负阻器件的伏安特性

对于图 5.6.1(a),同一个电流值对应多个不同的电压值,但同一个电压值只对应一个电流值。可见,只要确定了电压值,其相应的电流值也就确定,因而是属于电压控制型负阻器件。对于图 5.6.1(b),同一个电压值对应多个不同的电流值,但同一个电流值只对应一个电压值。可见,只要确定了电流值,其相应的电压值也就确定,因而是属于电流控制型负阻器件。实用中的隧道二极管是属于电压控制型的负阻器件。下面以图 5.6.1(a)为例进行分析负阻器件的基本特性。

假设在工作点电压 U_Q 上叠加一微弱电压 $u = U_m \sin\omega t$,在负阻特性线性区,作用于器件上的合成电压和电流分别为

$$u_D = U_Q + u = U_Q + U_m \sin\omega t \tag{5.6.1}$$

$$i_D = I_Q + i = I_Q - I_m \sin\omega t \tag{5.6.2}$$

式中的“负号”表明，由于负阻特性，交流电流与所加的交流电压相位相反，对应的波形如图 5.6.2 所示。

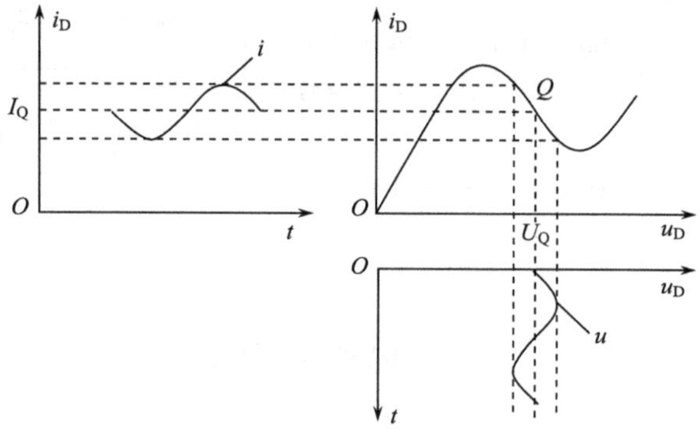

图 5.6.2　负阻器件的电压、电流波形

负阻器件所消耗的平均功率为

$$P = \frac{1}{2\pi}\int_0^{2\pi} u_D i_D \mathrm{d}(\omega t)$$

$$= \frac{1}{2\pi}\int_0^{2\pi} (U_Q + U_m \sin\omega t)(I_Q - I_m \sin\omega t)\mathrm{d}(\omega t) = U_Q I_Q - \frac{1}{2}U_m I_m \tag{5.6.3}$$

式(5.6.3)表明，负阻器件的平均功率是由两部分组成的。第一部分是直流电源供给器件的直流功率，也就是器件所消耗的直流功率；第二部分是器件加上交流电压后所消耗的负功率，也就是器件对外输出的交流功率。说明负阻器件可以把直流功率的一部分转换为交流功率传送给外电路。正是利用负阻器件这一特性构成负阻振荡器。

5.6.2　负阻振荡器

1. 负阻振荡器的组成条件

负阻振荡器一般是由负阻器件和 LC 回路组成的，为了保证负阻振荡器能够正常工作，应满足以下条件。

(1) 给负阻器件建立合适的静态工作点，保证器件工作在负阻特性区域内。

(2) 负阻器件应与 LC 回路正确连接。电压控制型负阻器件应与 LC 并联谐振回路连接，电流控制型负阻器件应与 LC 串联谐振回路连接。

(3) 电压控制型负阻振荡器的起振条件是器件的负阻小于 LC 回路的谐振电阻；电流控制型负阻振荡器的起振条件是器件的负阻大于 LC 回路的损耗电阻。

2. 负阻振荡器

由隧道二极管构成的负阻振荡器如图 5.6.3(a)所示。图中 D 为隧道二极管，它是电压控制型负阻器件；V_{DD}、R_1、R_2 构成隧道二极管的偏置电路，为隧道二极管提供合适的静态电压，保证隧道二极管工作在负阻区；C_1 是高频旁路电容，对 R_2 产生交流旁路作用。振荡器的交流等效电路如图 5.6.3(b)所示，其中，$-r_d$ 是隧道二极管的负阻，C_d 是隧道二极管的结电容，R_p 是 LC 并联回路的谐振电阻。

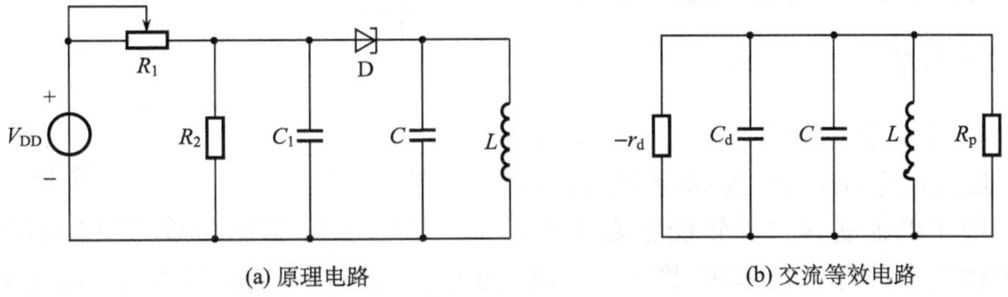

图 5.6.3　隧道二极管负阻振荡器

根据 LC 回路自由振荡的原理，当 $r_d=R_p$ 时，负阻器件向振荡回路所提供的能量恰好补偿回路能量损耗，电路维持稳定的等幅振荡，其振荡频率取决于振荡回路的参数，即

$$f_o=\frac{1}{2\pi\sqrt{L(C_d+C)}} \tag{5.6.4}$$

需要说明的是，在起振阶段，只有当负阻器件向 LC 回路"提供"的交流能量大于回路消耗的能量时，振荡幅度才能越来越大。所以电压控制型负阻振荡器的起振条件为

$$r_d<R_p \tag{5.6.5}$$

随着振荡幅度的增大，负阻器件由交流小信号线性工作区逐渐进入大信号非线性工作区。加在负阻器件上的交流电压是正弦波而通过器件的电流为非正弦波，电流基波分量的增长逐渐减小，使得负阻器件的负阻绝对值逐渐增加。当 $r_d=R_p$ 时，振荡器进入平衡状态。

5.7　其他类型振荡器

5.7.1　压控振荡器

压控振荡器(Voltage Controlled Oscillator，VCO)是利用可变电抗器件的电容或电感随外加电压变化的特性而构成的一种振荡器，最常见的压控电抗器件是变容二极管。压控振荡器广泛应用于频率调制、频率合成、锁相环路、电视调谐器、频谱分析等。

1. 变容二极管

在《模拟电子技术基础》课程中已经知道半导体二极管的 PN 结具有电容效应，当 PN 结正偏时扩散电容起主要作用，当 PN 结反偏时势垒电容起主要作用。变容二极管就是利用 PN 结反偏时势垒电容随外加反向偏置电压变化的原理而制成的一种半导体器件。

变容二极管的结电容 C_j 与反偏电压 u_R 之间的关系为

$$C_j=\frac{C_{j0}}{\left(1+\dfrac{u_R}{U_B}\right)^{\gamma}} \tag{5.7.1}$$

式中，C_j 为变容二极管的结电容；C_{j0} 为变容二极管在零偏时的电容值；u_R 为变容二极管两端所加的反偏电压，U_B 为 PN 结的势垒电压，γ 为变容二极管的变容指数，它与 PN 结掺杂情况有关

($\gamma=1/3$ 为缓变结,$\gamma=1/2$ 为突变结,$\gamma>1$为超突变结)。图 5.7.1 给出了变容二极管的电路符号及结电容随反偏电压变化的关系曲线。

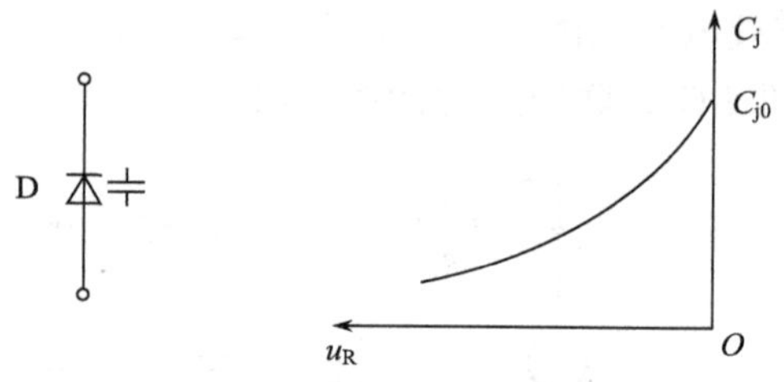

(a) 电路符号　　(b) 关系曲线

图 5.7.1　变容二极管符号及压控特性

2. 变容二极管压控振荡器

变容二极管振荡器如图 5.7.2(a)所示。图中 $u_c(t)$是控制电压,用以控制变容二极管的结电容。为了保证变容二极管能正常工作,必须为其提供合适的静态负偏压,图 5.7.2(b)为变容二极管的直流偏置电路,鉴于变容二极管的反向电阻很大,可将与其相串联的电阻 R_5 近似为短路。

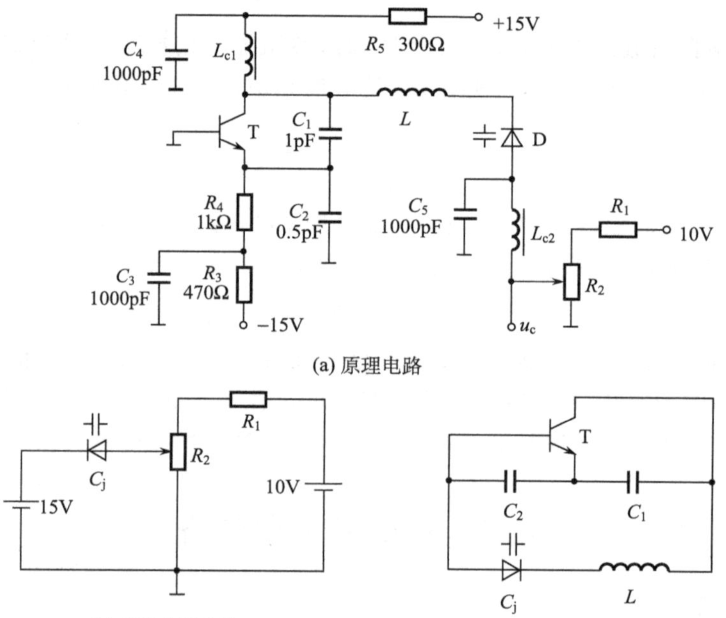

(a) 原理电路

(b) 直流偏置电路　　(c) 高频等效电路

图 5.7.2　变容二极管压控振荡器

分析压控振荡器与分析其他类型振荡器一样,仍然是从高频等效电路出发,即正确画出高频振荡回路,如图 5.7.2(c)所示。可见,该电路实质上是一个克拉泼振荡器。与图 5.3.10 不同之处在于用变容二极管代替了可变电容 C_3。由于变容二极管的结电容是受电压 $u_c(t)$控制,从而实现了电压对振荡频率的控制。

3. 晶体压控振荡器

为了提高压控振荡器振荡频率的稳定度,可采用晶体压控振荡器。在晶体压控振荡器中,晶体或者等效为短路元件,或者等效为一个高 Q 值的电感元件作为振荡回路的元件之一。控制元件通常仍然采用变容二极管。

图 5.7.3 所示的是一个晶体压控振荡器高频等效电路。图中晶体作为一个电感元件。控制电压通过控制变容二极管的结电容,使其与晶体串联后的等效电感发生变化,从而控制振荡器的振荡频率发生变化。

晶体压控振荡器的缺点是频率控制范围很窄。图 5.7.3 所示电路的频率变化范围是在晶体的串联谐振频率 f_s 与并联谐振频率 f_p 之间。为了增大频率的控制范围，可将一个大电感与晶体串联或并联，如图 5.7.4 所示。

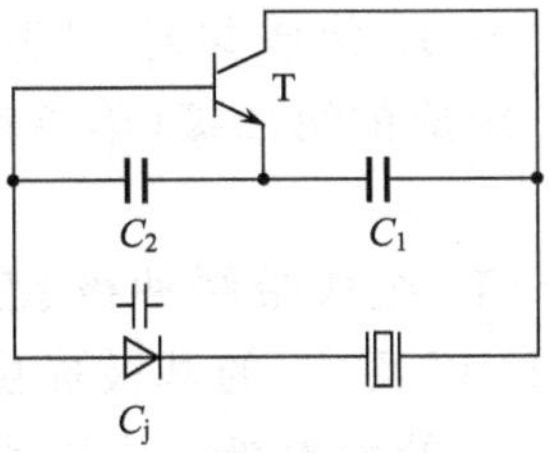

图 5.7.3　晶体压控振荡器等效电路

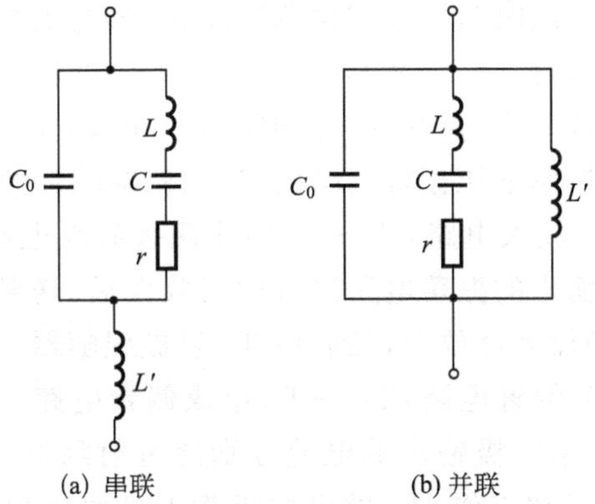

图 5.7.4　扩展晶振频率范围的等效电路

当晶体串联一个电感 L' 后，将使等效后的串联谐振频率减小，而并联谐振频率不变；当晶体并联一个电感 L' 后，将使等效后的并联谐振频率增大，而串联谐振频率不变。而且 L' 越大，频率控制范围越大，但频率稳定度也会相应下降。

5.7.2　集成电路振荡器

以上介绍的振荡器均为分立元件构成的振荡器。集成电路振荡器是在集成电路上外接 *LC* 元件构成的。如果 *LC* 回路中有变容二极管，则构成压控振荡器。

1. 单片集成振荡器 MC1648

MC1648 是摩托罗拉公司生产的高性能振荡器，其内部采用了典型的差分对管振荡电路，振荡频率可达 225MHz。MC1648 内部电路如图 5.7.5 所示，它由振荡电路、放大电路和偏置电路三部分组成。

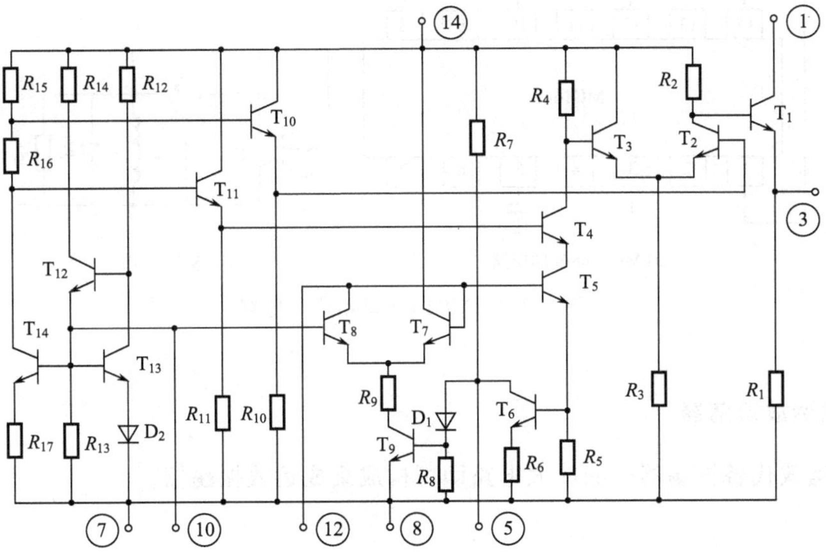

图 5.7.5　单片集成振荡器 MC1648 内部电路

(1) 振荡电路：T_6～T_9 与 10、12 脚之间外接的 LC 回路组成差动对管振荡电路。差动对管 T_8 的集电极输出的电压一是给外接引出端子 10 脚，二是给 T_7 和 T_5 的基极。由于 T_7 和 T_8 的射极耦合，振荡电压经过 T_7 共集放大后送到 T_8 的射极，形成共集-共基级联放大的正反馈电路。同时为了稳定振荡幅度，振荡电压经过 T_5 共集放大后输出到 T_6，T_6 和 D_1 构成控制电路，用来控制 T_9 管构成的恒流源的电流。当由于某种原因使得振荡电压增大，即 T_6 管的基极电位升高时，则 T_6 集电极电位下降，从而使得 T_9 基极电位下降，电流源的电流减小，从而阻止振荡电压振幅的增大，达到稳幅的目的。

(2) 放大电路：T_1～T_5 组成两级放大电路。其中，T_5～T_4 组成共射-共基放大器，对 T_8 集电极输出的振荡电压进行一级放大后，送到由 T_2～T_3 组成的第二级(单端输入、单端输出的)差动放大器放大，最后由 T_1 射极跟随器 3 脚输出。

(3) 偏置电路：T_{10}～T_{14}组成偏置电路。其中，T_{12}～T_{14}组成带缓冲级(射随器)的电流源。T_{14}集电极输出的电流分别通过射随器 T_{11}、T_{10}为 T_4 以及 T_2 的基极提供偏压，保证放大电路正常工作；T_{12}的发射极为差动对管提供偏压，即 T_{12}的发射极一方面为 T_8 的基极提供偏压，另一方面通过 10、12 脚之间外接的 LC 回路为 T_8 的集电极、T_7 和 T_5 的基极提供偏压。

2. MC1648 基本应用电路

MC1648 最基本的应用电路如图 5.7.6(a)所示。图中，1、14 脚接电源，8 脚接地，10、12 脚之间外接 LC 回路，5 脚外接电容用来滤除 T_6 管输出电流中的高频分量。图 5.7.6(b)是振荡电路的交流通路。当 LC 回路谐振时，振荡电路的输出电压 u_o 与输入电压 u_i 同相位，形成正反馈，满足相位平衡条件。故振荡器的振荡频率是由 LC 回路的参数决定的，即

$$f_o=\frac{1}{2\pi\sqrt{LC}}$$

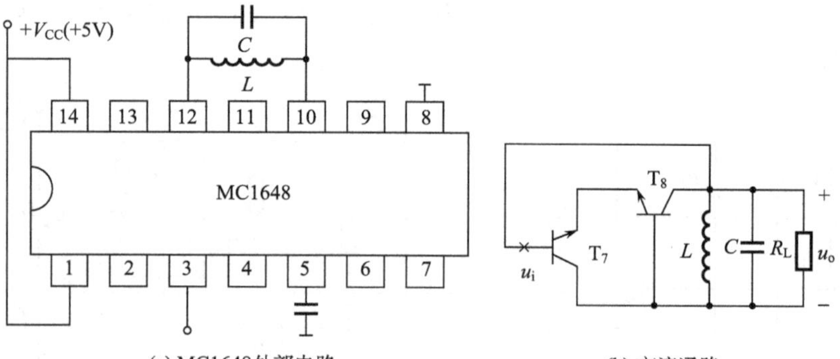

(a) MC1648外部电路　　(b) 交流通路

图 5.7.6　MC1648 基本应用电路

5.7.3　集成运放振荡器

用集成运放代替振荡器中的放大电路即可构成集成运放振荡器。

对于集成运放构成的振荡器也可以仿照分立元件三点式振荡器“射同基反”的判断方法判断相位平衡条件。只要接在集成运放同相输入端的元件性质相同，接在反相输入端的元件性质相反即可满足相位平衡条件，可记为“同同反反”。

图 5.7.7 是由集成运放构成的电感三点式振荡器。其振荡频率为

$$f_o=\frac{1}{2\pi\sqrt{(L_1+L_2+2M)C}}$$

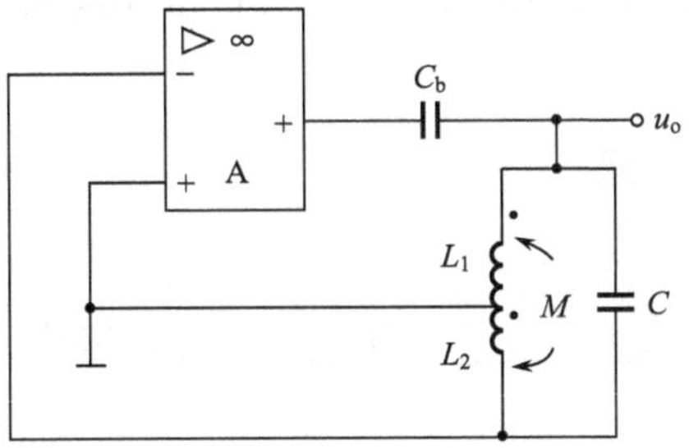

图 5.7.7　集成运放电感三点式振荡器

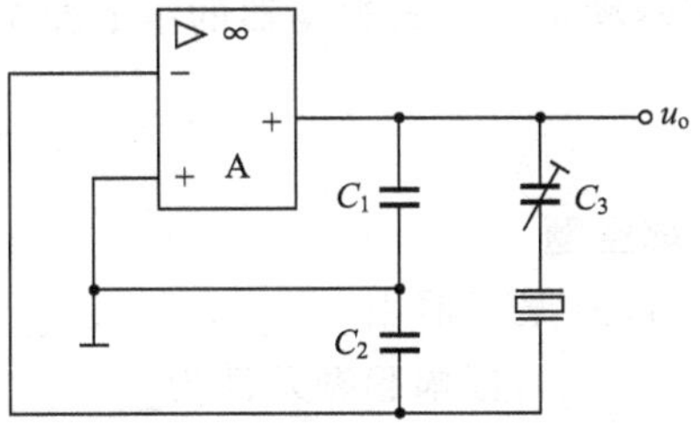

图 5.7.8　集成运放皮尔斯振荡器

图 5.7.8 所示的振荡回路中包含石英晶体，所以是一个集成运放晶体振荡器。在电路中，石英晶体等效为一个电感元件。

集成运放振荡器结构简单，容易调整，但是工作频率会受到集成运放上限截止频率的限制。

本 章 小 结

本章主要内容体系为：反馈型振荡器的工作原理→LC 正弦波振荡器→振荡器的频率稳定度→石英晶体振荡器→负阻型振荡器→其他类型振荡器。

(1) 反馈型振荡器是由放大器和反馈网络组成的具有选频能力的正反馈系统。它正常工作必须满足起振、平衡和稳幅三个条件。每个条件都包含振幅和相位两方面的要求。

(2) LC 振荡器有互感耦合和三点式两种电路形式。一般从分析电路组成(一看、二查、三找)、判断振荡条件(振幅和相位条件)和估算振荡频率出发。在电路组成上为了避免确定变压器同名端的麻烦，克服互感耦合中原、副绕组耦合不紧的不足，采用了自耦形式的电容和电感三点式振荡器，且电容三点式比电感三点式振荡器产生的正弦波形失真小。当振荡器起振时放大器工作在甲类状态，平衡时放大器工作在乙类或丙类状态，它是利用放大器件工作在非线性区的特性来实现稳幅的。判断相位条件可采用瞬时极性法，对于三点式振荡器还可以采用“射同基反”法。振荡频率近似等于 LC 谐振回路的谐振频率。

(3) 为了提高频率稳定度，必须采取一系列措施。可以通过减小外界因素变化、提高回路标准性和减小晶体管极间电容影响等方法稳频。克拉泼振荡器和西勒振荡器是两种较实用的电容三点式改进型振荡器，前者适合于频率固定的振荡器，后者可作为波段振荡器使用。

(4) 晶体振荡器的频率稳定度很高，但振荡频率的可调范围很小。它分为并联型(晶体在电路中等效为电感元件)和串联型(晶体在电路中起选频短路线作用)两类。为了提高晶体振荡器的振荡频率，可采用泛音晶体振荡器，它需要采取措施抑制低次谐波振荡，保证只谐振在所需要的工作频率上。

(5) 负阻型振荡器是由负阻器件和 LC 谐振回路组成的。负阻器件所起的作用相当于反馈型振荡器中的正反馈，振荡频率取决于 LC 谐振回路。负阻器件有电压控制型和电流控制型，其中电压控制型器件必须与 LC 并联谐振回路连接，电流控制型器件必须与 LC 串联谐振回路连接。

(6) 采用变容二极管组成的压控振荡器可使振荡频率随外加电压而变化。它在调频(第 7 章)、自动频率控制电路和锁相环路(第 8 章)、几乎所有移动通信设备中的本机振荡器中得到广泛应用。采用串联电感或并联电感可以扩展晶体压控振荡器的振荡频率范围，但频率稳定度会有所下降。集成电路振荡器结构简单、调试方便，但需外加 LC 元件组成选频网络。集成运放振荡器满足三点式振荡器的组成原则。

自 测 题

一、填空题

1. 正弦波振荡器由__________、__________、__________和__________组成。其平衡条件为__________，振幅起振条件为__________。

2. 正弦波振荡器的类型根据__________所用的元件不同分为__________、__________、__________。

3. 互感耦合振荡器是利用__________来完成正反馈耦合。振荡电路中的放大器可以是__________放大，也可以是__________放大，而完成正反馈满足相位平衡条件，是由耦合互感的__________来决定的。

4. 对于哈特莱振荡器而言，若用可变电容器来改变振荡频率时__________不变，因此调频方便；又因反馈电压取自__________两端，它对高次谐波呈__________，使振荡输出波形__________。

5. 对于考毕兹振荡器而言，若用可变电容器来改变振荡频率时__________发生变化，因此该电路常用于__________的场合；又因反馈电压取自__________两端，它对高次谐波呈__________，使振荡输出波形__________。为了提高振荡频率稳定性和频率可调，两位发明者对其进行了改进，并分别命名为__________振荡器和__________振荡器。

6. 在串联型晶体振荡器中晶体等效为__________，在并联型晶体振荡器中晶体等效为__________。

7. 负阻器件分为__________和__________两种，它的基本特性是可以把__________功率的一部分转换为__________功率输出给外电路。

8. 晶体压控振荡器的频率范围是__________，为了扩展频率范围，可将一个电感与晶体串联或并联。当晶体串联电感，等效后的__________，当晶体并联电感后，等效后的__________。

9. 集成电路振荡器由__________、__________和__________三部分组成。

二、选择题

1. 反馈型振荡器的振荡频率与谐振回路的谐振频率__________。

A. 相等　　B. 不相等　　C. 近似相等

2. 互感耦合振荡器的同名端决定振荡器的__________。

A. 电压幅度　　B. 振荡频率　　C. 相位平衡条件　　D. 振幅平衡条件

3. 电感三点式振荡器的缺点是__________。

A. 不易起振　　B. 输出波形较差　　C. 输出电压幅度小　　D. 频率可调

4. 电容三点式振荡器的优点是__________。

A. 不易起振　　B. 振荡频率的稳定度高

C. 反馈电压中的谐波成分多　　D. 输出波形好

5. 设计一个频率稳定度高且可调的振荡器,通常采用__________。

A. LC 振荡器　　B. 变压器耦合振荡器　　C. 晶体振荡器　　D. 西勒振荡器

6. 在皮尔斯振荡器中,石英晶体等效为__________。

A. 电感元件　　B. 电容元件　　C. 短路线　　D. 电阻元件

7. 晶体振荡器具有较高的频率稳定度,但它不能直接作为收音机的本地振荡器,原因是__________。

A. 频率稳定度太高　　B. 输出频率不可调　　C. 振荡频率太低　　D. 都不是

8. 若要求正弦信号发生器的频率在 0.01～10kHz 范围内连续可调,应采用__________。

A. LC 振荡器　　B. RC 振荡器　　C. 石英晶体振荡器

9. 若要求振荡器的振荡频率为 20MHz,且频率稳定度高达 10^{-8},则应采用__________。

A. LC 振荡器　　B. RC 振荡器　　C. 石英晶体振荡器

三、判断题

1. 振荡器的相位起振条件等于相位平衡条件,它表明反馈是正反馈。(　　)

2. 振荡器的振幅平衡条件表明振荡是增幅振荡。(　　)

3. 反馈型 LC 振荡器从起振到平衡,一般来说放大器的工作状态是从甲类放大状态进入甲乙类、乙类或丙类。(　　)

4. LC 振荡器是依靠晶体管本身的非线性稳定振幅的。(　　)

5. 电容三点式振荡器输出谐波成分比电感三点式振荡器大。(　　)

6. 克拉泼振荡器通过减弱晶体管与回路的耦合来提高频率的稳定度。(　　)

7. 串联型晶体振荡器中的晶体是作为短路元件接在反馈支路中。(　　)

8. 压控振荡器中的变容二极管必须工作在正偏状态。(　　)

9. 电压控制型负阻器件应与 LC 串联谐振回路连接构成负阻振荡器。(　　)

习　题

5.1　在反馈型 LC 振荡器中,起振时放大器的工作状态与平衡时的工作状态有何不同?

5.2　一个反馈型振荡器必须满足哪三个条件?

5.3　为什么电容三点式振荡器最高振荡频率一般比电感三点式振荡器要高?

5.4　为了满足下列电路的相位平衡条件,给习题 5.4 图所示交流等效电路中的互感耦合线圈标出正确的同名端。

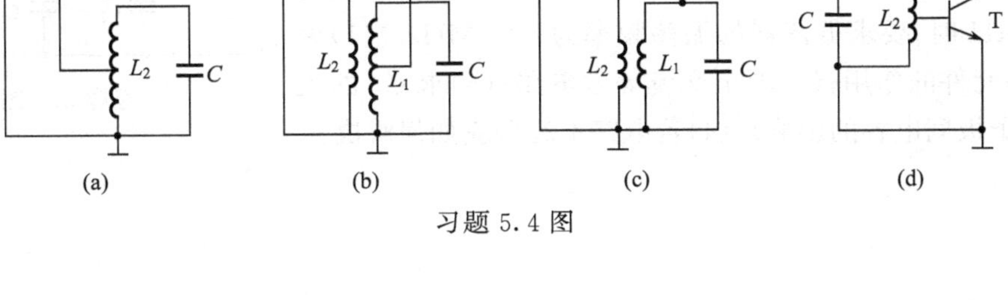

习题 5.4 图

5.5　用相位平衡条件判断习题 5.5 图所示电路哪些电路可能振荡？哪些不能振荡？

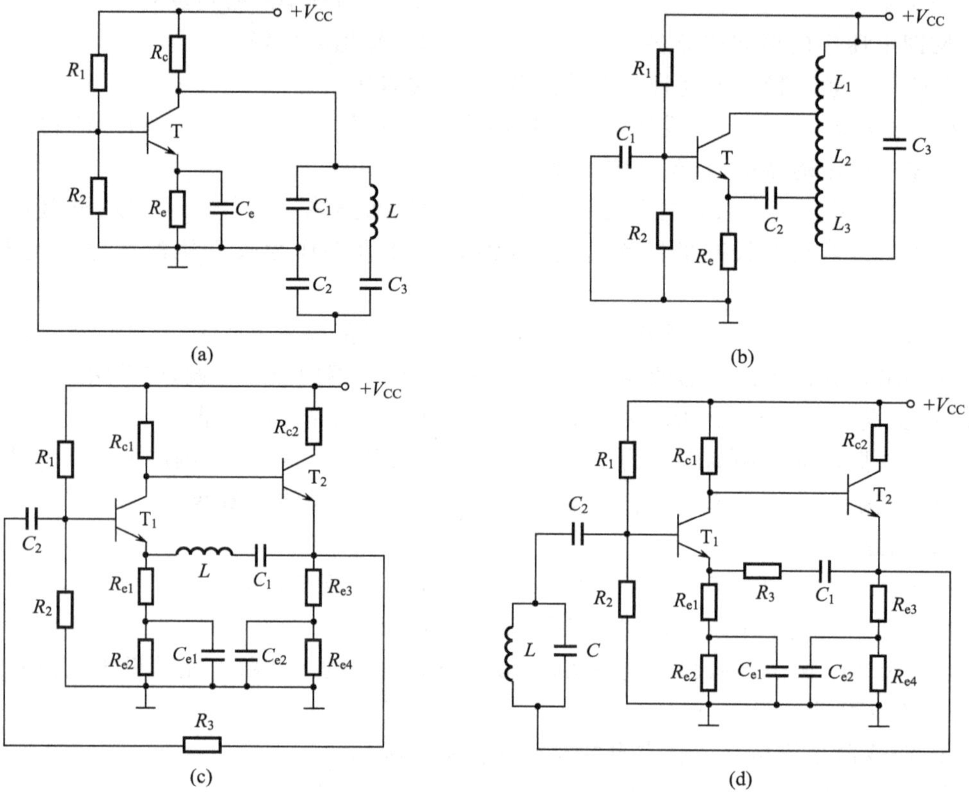

习题 5.5 图

5.6　图 5.3.8 是一个三回路振荡电路的等效电路，设有下列几种情况：(1)$L_1C_1=L_2C_2=L_3C_3$；(2)$L_1C_1<L_2C_2<L_3C_3$；(3)$L_1C_1=L_2C_2>L_3C_3$；(4)$L_1C_1<L_2C_2=L_3C_3$。试分析上述几种情况是否能够振荡，振荡频率与回路谐振频率有何关系？属于何种类型的振荡器？

5.7　在图 5.3.3(a)所示的电感三点式振荡器中，已知 $L_1=L_2=1\text{mH}$，$C=1000\text{pF}$。(1)估算振荡频率(假设忽略 L_1、L_2 之间的互感)；(2)计算电压反馈系数。

5.8　在图 5.3.5(a)所示的电容三点式振荡器中，已知 $C_1=470\text{pF}$，$C_2=1000\text{pF}$，若振荡频率为 10.7MHz，并忽略晶体管的极间电容。(1)求回路电感；(2)求电压反馈系数；(3)为维持振荡，电压增益的最小值为多少？

5.9　一振荡器的等效电路如习题 5.9 图所示。已知 $C_1=600\text{pF}$，$C_3=20\text{pF}$，$C_5=12\sim250\text{pF}$，反馈系数 $F=0.4$，振荡器的频率范围为 1.2～3MHz。试求 C_2、C_4 和 L。

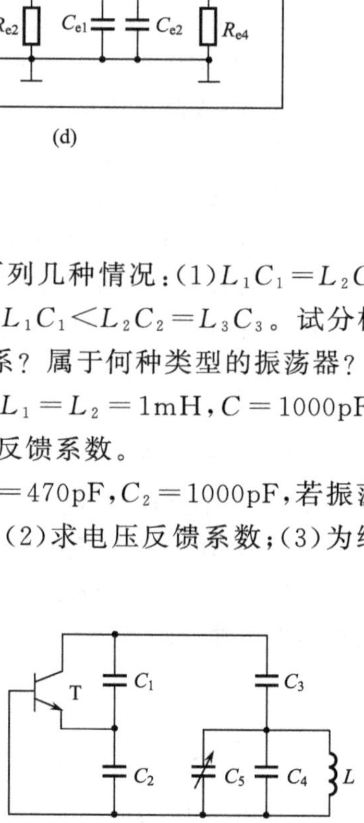

习题 5.9 图

5.10　如习题 5.10 图所示的振荡器，L_C 是扼流圈，设电感 $L=1.5\mu\text{H}$ 时，要求振荡器的振荡频率为 49.5MHz。(1)说明电路中各元件的作用；(2)画出交流等效电路；(3)求 C_4 的大小(忽略管子极间电容的影响)；(4)若电路不起振应如何解决？

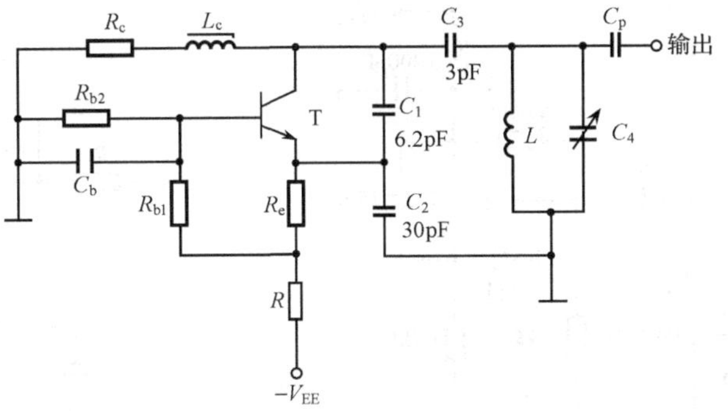

习题 5.10 图

5.11　习题 5.11 图是一个数字频率计中的晶振电路，试画出 T_1 管的高频交流等效电路，并说明其电路形式、工作频率。若将晶体标称频率换为 2MHz，试问该电路能否正常工作。

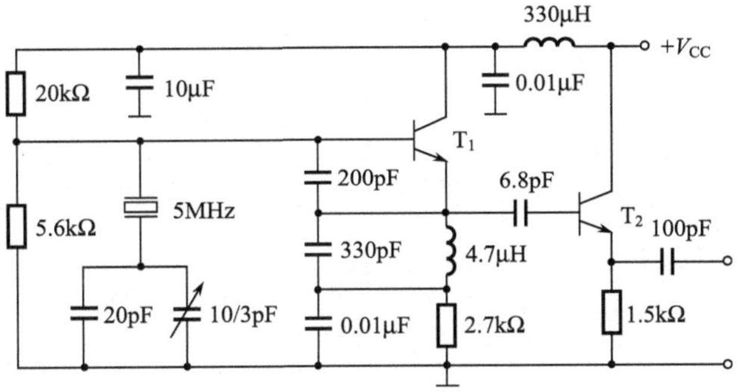

习题 5.11 图

5.12　晶体振荡器如习题 5.12 图所示。(1)画出交流等效电路，说明晶体在电路中的作用；(2)指出是何种类型的晶体振荡器，振荡频率是多少？该晶体有何特点？

5.13　试画出由 NPN 型晶体三极管构成的具有下列特点的晶体振荡器实用电路。(1)采用分压式偏置电路；(2)晶体作为电感元件；(3)正极接地的直流电源供电；(4)晶体三极管 c、e 间为 LC 并联谐振回路；(5)发射极交流接地。

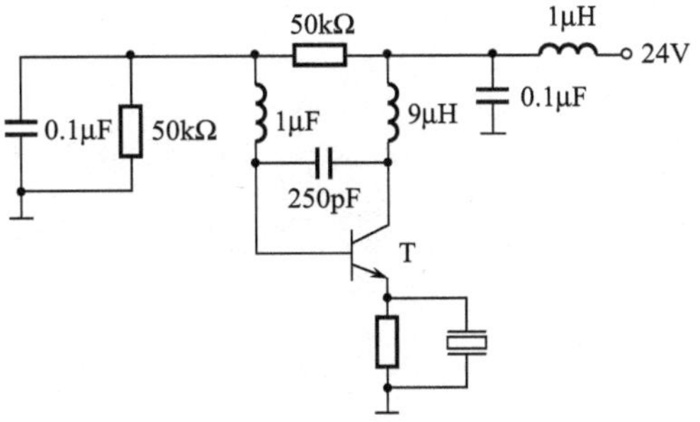

习题 5.12 图

5.14　某彩色电视接收机 VHF 调谐器中第 6～12 频道的本振 VCO 实际电路如习题 5.14 图所示，电路中控制电压 U_C 为 0.5～30V 时，C_j＝10～0.5pF。(1)画出 VCO 振荡电路的交流等效电路，并说明属于什么类型的振荡器？(2)根据电路参数求出其振荡频率范围；(3)调节振荡频率可否调节容值为 6pF 的电容？

5.15　在习题 5.15 图所示的由理想集成运放构成的振荡器中，已知晶体构成的谐振回路的谐振电阻 R_p＝80kΩ，R_f＝$2R_1$。试问：(1)晶体在电路中起何作用；(2)为满足起振条件，R 应小于何值。

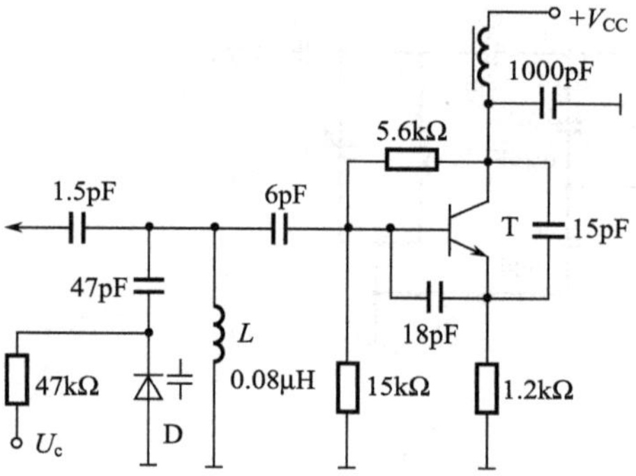

习题 5.14 图

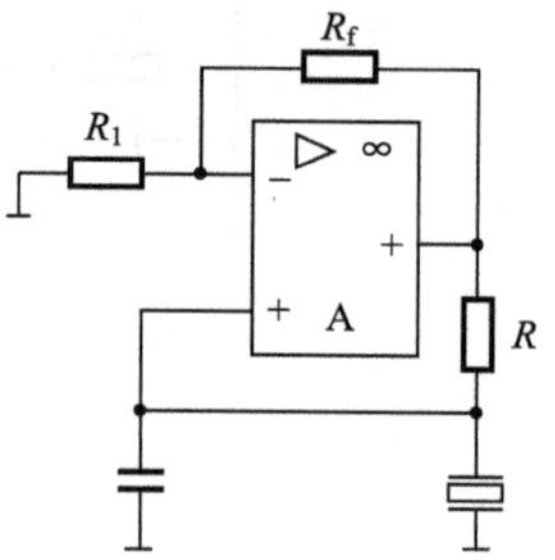

习题 5.15 图

第 6 章　振幅调制、解调及混频

在 1.3 节曾介绍了无线广播调幅发送和接收系统，在发送系统中，待发送的语音、图像等电信号通过对高频载波进行调幅，可得到高频调幅波；在超外差接收机中，将接收到的高频调幅波经过混频、放大和解调还原为语音、图像等电信号。其中的调幅、解调和混频电路是通信设备中的重要单元电路，它们均属于频率的线性变换电路，在其他电子设备中也有着广泛的应用。

本章首先介绍调幅信号的特点，然后依次讨论振幅调制电路、振幅解调电路和混频电路的组成及工作原理。

6.1 概　　述

由通信系统的组成可以看出，在信道上传输的是无线电信号，显然掌握高频已调信号，不仅有助于进一步认识发送、接收设备的组成，也是理解调制、解调和混频电路的前提。

任何信号都有时域和频域两种描述方法。时域反映了信号随时间变化的规律，通常用数学表达式(时间函数)和波形来加以描述；频域反映了组成信号的各频率成分的幅度和相位，以及它们的能量分布，通常用频谱和频带宽度来加以描述。振幅调制信号的描述也是如此。

频率变换电路可分为线性和非线性频谱搬移电路两大类。从信号频谱角度来看，输入信号频谱仅沿频率轴进行不失真的搬移，搬移前后各频率分量的相对大小和相互间隔(即频谱内部结构)保持不变，通常把完成此功能的电路称为线性频谱搬移电路，如调幅、检波、混频和倍频电路属于这类电路，其中前三个电路也是本章所要讨论的问题。如果信号的频谱不仅在频率轴上搬移，而且频谱结构也发生了变化，通常把完成此功能的电路称为非线性频谱搬移电路，如调频、鉴频等电路属于这类电路，此内容将在第 7 章介绍。

6.2 调幅信号的分析

用待传输的调制信号控制高频载波振幅的过程称为幅度调制，简称调幅。它有普通(Amplitude Modulation，AM)调幅、抑制载波双边带(Double Side Band，DSB)调幅、抑制载波单边带(Single Side Band，SSB)调幅和残留边带(Vestigial Side Band，VSB)调幅。

6.2.1 普通调幅信号

1. 调制信号为单频信号

1) 数学表达式和波形

由调制的概念可知，欲得到调幅信号，必须已知调制信号和载波信号，为此不妨假设调制信号和载波信号分别为

$$u_{\Omega}(t)=U_{\Omega m}\cos\Omega t \tag{6.2.1}$$

$$u_{c}(t)=U_{cm}\cos\omega_{c}t \tag{6.2.2}$$

式中，$\omega_c \gg \Omega$，对应的波形分别如图 6.2.1(a)和图 6.2.1(b)所示。

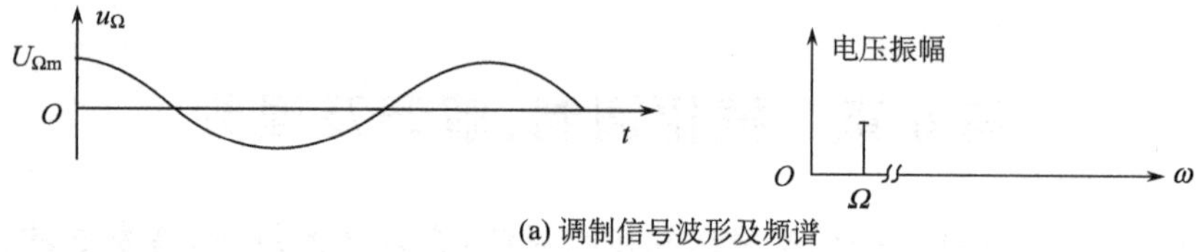

(a) 调制信号波形及频谱

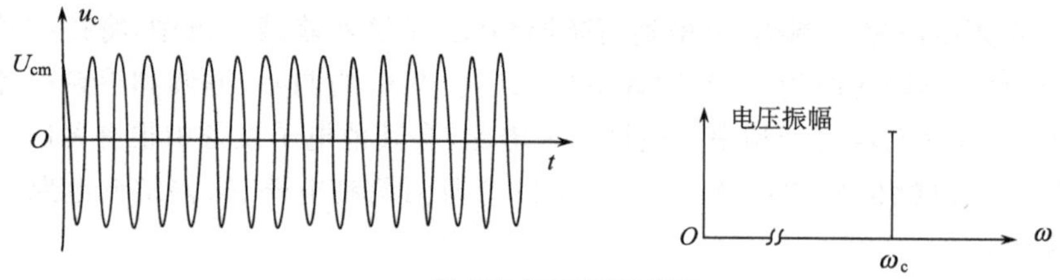

(b) 载波信号波形及频谱

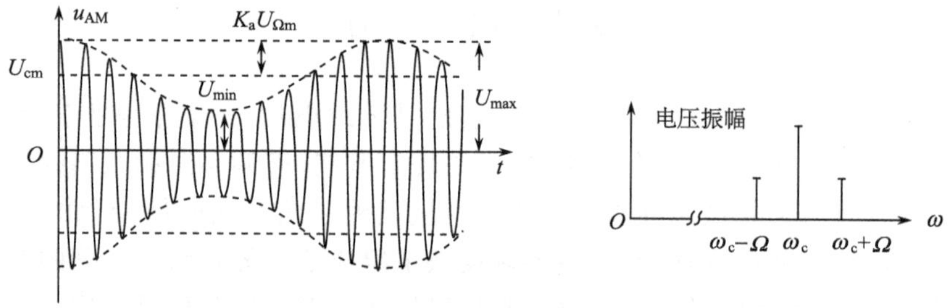

(c) 调幅信号波形及频谱

图 6.2.1　单频调幅信号的波形及频谱

由调幅定义可知，调幅就是用调制信号对载波信号的振幅进行控制的过程，即在载波振幅上叠加一个受调制信号控制的变化量，可表示为

$$U_{AM}(t)=U_{cm}+K_a u_\Omega(t)=U_{cm}+K_a U_{\Omega m}\cos\Omega t=U_{cm}(1+m_a\cos\Omega t)$$

式中，$m_a=\dfrac{K_a U_{\Omega m}}{U_{cm}}$称为振幅调制度或调幅指数，$K_a$ 是由调制电路决定的比例系数。由于调幅后载波频率不变，所以调幅信号的表达式为

$$u_{AM}(t)=U_{AM}(t)\cos\omega_c t=U_{cm}(1+m_a\cos\Omega t)\cos\omega_c t \tag{6.2.3}$$

此式对应的波形如图 6.2.1(c)所示。由该波形也可以写出 $m_a=\dfrac{U_{max}-U_{cm}}{U_{cm}}=\dfrac{U_{cm}-U_{min}}{U_{cm}}$。

可见，调幅波的振幅是围绕着载波振幅 U_{cm} 按照调制信号的规律变化，即调幅波的包络随 $u_\Omega(t)$ 而变化，表明它是携带着原调制信号信息的高频已调信号。

2) 频谱和带宽

由于假设的 $u_\Omega(t)$ 和 $u_c(t)$ 都是单频信号，这样每个信号只有一根频谱线，如图 6.2.1(a)和图 6.2.1(b)所示。

若将调幅信号表达式(6.2.3)展开，则

$$u_{AM}(t)=U_{cm}\cos\omega_c t+\frac{m_a U_{cm}}{2}\cos(\omega_c+\Omega)t+\frac{m_a U_{cm}}{2}\cos(\omega_c-\Omega)t$$

$$\xrightarrow{\text{缩写为}} U_{cm}\cos\omega_c t+\frac{m_a U_{cm}}{2}\cos(\omega_c\pm\Omega)t \tag{6.2.4}$$

由式(6.2.4)可见，调幅波包含三个频率分量：载波 ω_c 分量、上边频($\omega_c+\Omega$)分量及下边频($\omega_c-\Omega$)分量。显然，后两个边频分量是由于调制产生的。如果把这些频率分量画在频率轴上，则构成了调幅波的频谱，如图 6.2.1(c)所示。可见，在单频信号调幅时的频带宽度为

$$BW_{AM}=2\Omega \text{ 或 } BW_{AM}=2F \tag{6.2.5}$$

严格地说，调幅波的包络能够反映 $u_\Omega(t)$ 的变化规律应满足以下两个条件。

(1) 要求 $0<m_a<1$，通常为 0.3 左右。当 $m_a>1$ 时，即 $m_a=\dfrac{U_{cm}-U_{min}}{U_{cm}}>1$，则 $U_{min}<0$，表明 u_{AM} 变为负值，此时调幅波的包络不再反映调制信号的变化规律，产生了严重失真，称为过调制，如图 6.2.2 所示，这是应该避免的。

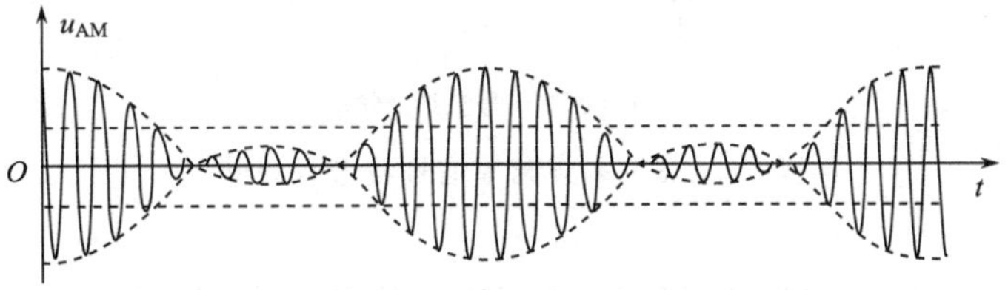

图 6.2.2　过调制波形

(2) 如设 $u_\Omega(t)$ 的最大角频率为 Ω_m，由抽样定理可知，AM 调制应满足 $\omega_c\geqslant 2\Omega_m$ 的条件。实际中 AM 调制时，$\omega_c>20\Omega_m$。

2. 调制信号为多频信号

1) 数学表达式和波形

在实际中，声音和图像等电信号并非单一频率的余弦信号，而是由许多频率分量组成的复杂信号，此时式(6.2.3)不再适用。当调制信号为多频信号时，可表示为

$$u_\Omega(t)=U_{\Omega m1}\cos\Omega_1 t+U_{\Omega m2}\cos\Omega_2 t+\cdots+U_{\Omega mn}\cos\Omega_n t \tag{6.2.6}$$

仿照式(6.2.3)可推得多频信号调制的调幅信号的表达式为

$$u_{AM}(t)=U_{cm}(1+m_{a1}\cos\Omega_1 t+m_{a2}\cos\Omega_2 t+\cdots+m_{an}\cos\Omega_n t)\cos\omega_c t \tag{6.2.7}$$

式中，$m_{a1}=\dfrac{K_aU_{\Omega m1}}{U_{cm}}$，$m_{a2}=\dfrac{K_aU_{\Omega m2}}{U_{cm}}$，$m_{an}=\dfrac{K_aU_{\Omega mn}}{U_{cm}}$。只要 $m_{a1},m_{a2},\cdots,m_{an}$ 小于 1，则 $u_{AM}(t)$ 的包络就能反映 $u_\Omega(t)$ 的变化规律。

例如，某一负极性电视图像信号的波形如图 6.2.3(a)所示，则调幅波波形如图 6.2.3(b)所示。值得说明的是，电视图像信号的调幅波采用负极性是为了增强抗干扰能力，因幅度越大则图像越黑，表现为暗点不明显。

2) 频谱和带宽

从式(6.2.7)可看出，多频信号调制所产生的调幅波可视为分别由 $\Omega_1,\Omega_2,\cdots,\Omega_n$ 等频率单独调幅后叠加而成，且调制后每一频率分量的调制信号将产生一对边频分量，即 $\omega_c\pm\Omega_1$，$\omega_c\pm\Omega_2,\cdots,\omega_c\pm\Omega_n$，使这些上、下边频分量的集合形成上、下边带，对应的频谱如图 6.2.3 所示。可见，AM 调制是把调制信号的频谱沿频率轴由低频搬移到高频载波 ω_c 的两侧(即上、下两个边带频谱的分布对载波而言是对称的)，在搬移过程中频谱结构不变，它属于线性频谱搬移的调制方式。

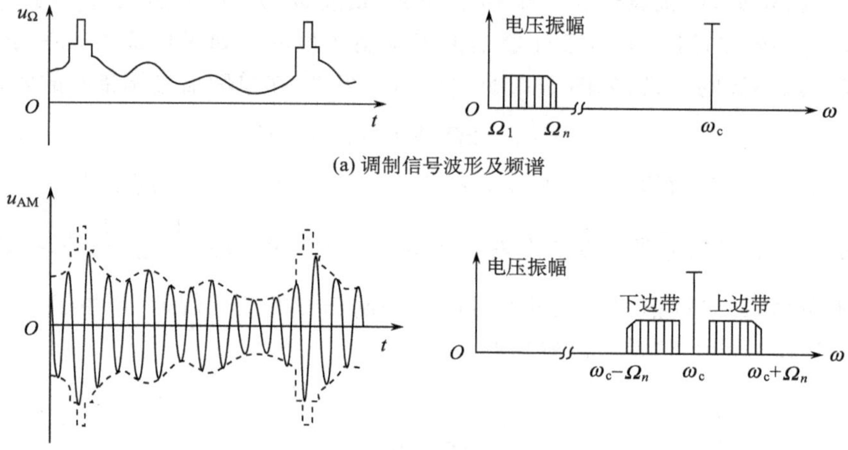

(a) 调制信号波形及频谱

(b) 调幅信号波形及频谱

图 6.2.3　多频调幅信号波形及频谱

如果调制信号的频率范围为 $\Omega_1(F_1)\sim\Omega_n(F_n)$，则信号占用的带宽 $BW_{AM}=2F_n$ 或 $BW_{AM}=2\Omega_n$。通常调制信号的频谱范围表示为 $\Omega_{min}\sim\Omega_{max}$，为此调幅信号所占用的带宽相应地表示为 $2F_{max}$ 或 $2\Omega_{max}$。

3. 功率分配

若将式(6.2.4)所表示的调幅信号加到负载电阻 R_L 上，那么在负载 R_L 上将产生以下几种功率。

载波功率

$$P_c=\frac{U_{cm}^2}{2R_L} \tag{6.2.8}$$

边频功率：因上边频功率(P_{bu})和下边频功率(P_{bd})相等，则有

$$P_b=P_{bu}+P_{bd}=2P_{bu}=2\cdot\frac{\left(\frac{m_aU_{cm}}{2}\right)^2}{2R_L}=\frac{1}{2}m_a^2P_c \tag{6.2.9}$$

输出的平均总功率为

$$P_{AV}=P_c+P_b=\left(1+\frac{m_a^2}{2}\right)P_c \tag{6.2.10}$$

由式(6.2.3)可得最大功率为

$$P_{max}=\frac{[(1+m_a)U_{cm}]^2}{2R_L}=(1+m_a)^2P_c \tag{6.2.11}$$

讨论如下内容。

(1) 欲提高边频分量的功率，应尽可能提高 m_a。

(2) 当 $m_a=1$ 时，$P_c=2/3P_{AV}$；当 $m_a=0.5$ 时，$P_c=8/9P_{AV}$。而实际中 $m_a=0.2\sim0.3$，即边频功率很小，效率低。尽管如此，但考虑到普通调幅波的实现和解调技术简单，故在目前的中短波广播系统中仍广泛采用。

(3) 对于多频信号调制的调幅波，由式(6.2.10)可知，在负载 R_L 上所产生的功率与上述结论一致，表示为

$$P_{AV}=\left(1+\frac{m_{a1}^2}{2}+\frac{m_{a2}^2}{2}+\cdots+\frac{m_{an}^2}{2}\right)P_c \tag{6.2.12}$$

例 6.2.1　求 $u=25(1+0.7\cos2\pi\times5000t-0.3\cos2\pi\times10^4t)\times\sin2\pi\times10^6t$ V 的调幅波所包含各频率分量的频率与振幅。

解　将已知调幅波表达式展开为

$$\begin{aligned}u&=25\sin2\pi\times10^6t+17.5\cos2\pi\times5000t\times\sin2\pi\times10^6t-7.5\cos2\pi\times10^4t\times\sin2\pi\times10^6t\\&=\{25\sin2\pi\times10^6t+8.75[\sin2\pi(10^6\pm5000)t]-3.75[\sin2\pi(10^6\pm10^4)t]\}\ \text{V}\end{aligned}$$

载波：$f_c=10^6$ Hz，　$U_{cm}=25$V

和频：$f_1=(10^6+5000)$ Hz，　$U_{1m}=8.75$V

$f_2=(10^6+10^4)$ Hz，　$U_{2m}=3.75$V

差频：$f_1'=(10^6-5000)$ Hz，　$U_{1m}'=8.75$V

$f_2'=(10^6-10^4)$ Hz，　$U_{2m}'=3.75$V

6.2.2　抑制载波调幅信号

由于载波不携带欲发送的信息，所以为了节省发射功率，常采用抑制载波的调幅方式。

1. 双边带调幅信号

抑制载波双边带(DSB)调幅波与普通调幅波的主要区别是：DSB 波中 ω_c 频率分量的振幅较小，甚至完全不存在，为此将有 ω_c 分量的 DSB 波称为有导频的 DSB 波；无 ω_c 分量的 DSB 波称为抑制载波的 DSB 波。下面主要讨论后者。

1) 单频信号调幅

抑制载波双边带调幅信号时域表达式，既可将普通调幅波表达式(6.2.4)中的载波分量去掉得

$$u_{DSB}(t)=\frac{1}{2}m_aU_{cm}\cos(\omega_c\pm\Omega)t \tag{6.2.13}$$

又可以将 $u_\Omega(t)$ 和 $u_c(t)$ 直接相乘得

$$u_{DSB}(t)=k_au_\Omega(t)u_c(t)=\frac{1}{2}k_aU_{\Omega m}U_{cm}\cos(\omega_c\pm\Omega)t \tag{6.2.14}$$

抑制载波双边带调幅波的波形及频谱如图 6.2.4 所示，其特点如下。

① 就整个调制信号周期看，已调波包络不再反映原调制信号的形状。

② 已调波的高频载波相位在调制信号过零点时倒相。

③ u_{DSB} 信号的能量集中在载频 ω_c 附近的边频分量上，其频带宽度与普通调幅波一样，即 $BW_{DSB}=2\Omega$。

④ DSB 波中只有上、下边频，没有载频分量，发射机发射的功率利用率高。

2) 多频信号调幅

由式(6.2.7)可得出抑制载波双边带调幅信号的数学表达式为

$$u_{DSB}(t)=U_{cm}(m_{a1}\cos\Omega_1t+m_{a2}\cos\Omega_2t+\cdots+m_{an}\cos\Omega_nt)\cos\omega_ct \tag{6.2.15}$$

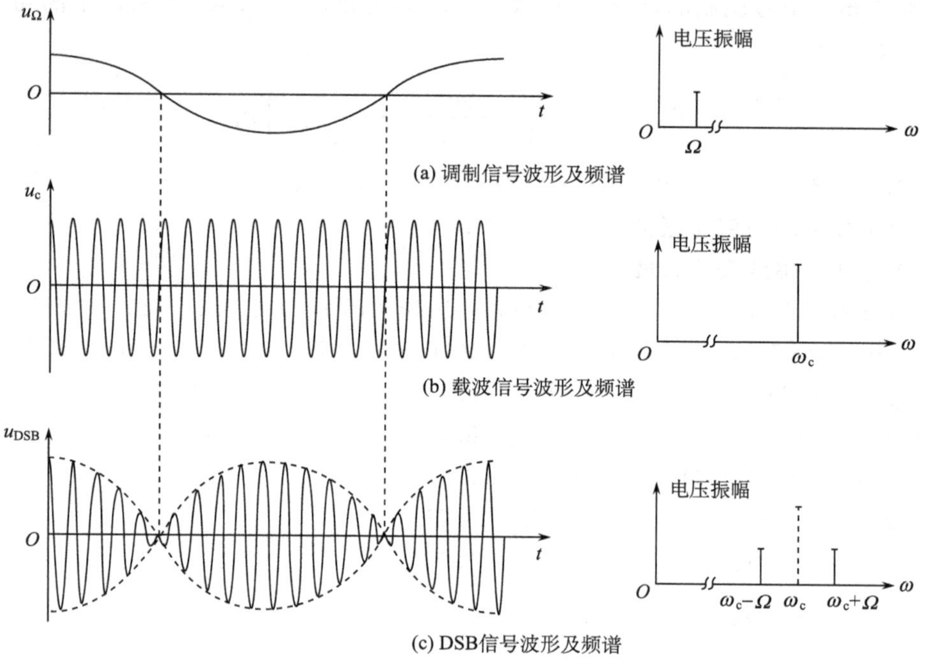

图 6.2.4　抑制载波的 DSB 波形及频谱

频谱图如图 6.2.5 所示，且 $BW_{DSB}=2\Omega_n$。可见双边带调幅仍为频谱的线性搬移。抑制载波双边带调制方式广泛用于调频调幅制立体声广播等系统中。

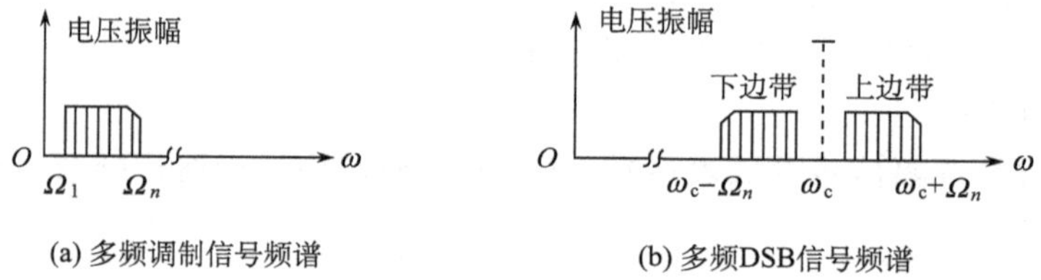

图 6.2.5　多频信号调制的 DSB 信号频谱

2. 单边带调幅信号

由图 6.2.5(b)可见，双边带信号的上、下两个边带频谱结构完全相同，即包含有相同的有用信息。因此为了进一步提高发射效率和节省信道资源，可将其中一个边带抑制掉，而发送另一个边带。这种只传送一个边带的调幅波称为单边带(SSB)调幅波。

(1) 若经滤波器滤除的是单频信号调制的 DSB 信号的下边频，则由式(6.2.13)可知，获取的上边频信号为

$$u_{SSBH}=\frac{1}{2}m_a U_{cm}\cos(\omega_c+\Omega)t \tag{6.2.16}$$

式(6.2.16)表示的波形及频谱如图 6.2.6 所示。其特点如下。

① 单频调制时的 SSB 信号为高频等幅波，其振幅与载波信号的振幅成正比，频率随调制信号频率的不同而不同，含有信息特征。显然，其包络不直接反映调制信号的变化规律。

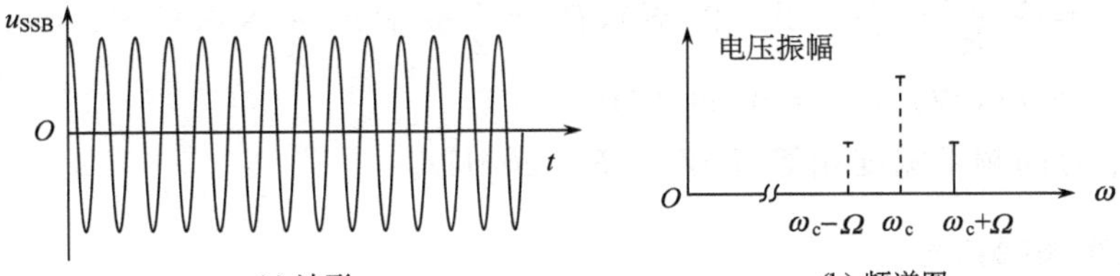

(a) 波形　　(b) 频谱图

图 6.2.6　SSB 信号波形与频谱

② 因为只有一个边频，所以频带宽度是 DSB 信号的一半。

③ 发射机发送功率利用率高。

(2) 若经滤波器滤除的是多频调制的 DSB 信号的下边带，则获取的上边带信号

$$u_{SSBH}(t)=\frac{1}{2}U_{cm}[m_{a1}\cos(\omega_c+\Omega_1)t+m_{a2}\cos(\omega_c+\Omega_2)t$$
$$+\cdots+m_{an}\cos(\omega_c+\Omega_n)t] \tag{6.2.17}$$

频谱图如图 6.2.7 所示，且 $BW_{SSBH}=\Omega_n$。

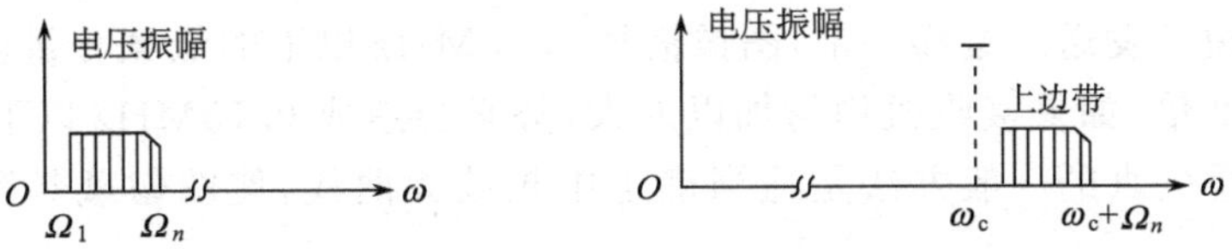

(a) 多频调制信号频谱　　(b) 多频SSBH信号频谱

图 6.2.7　多频信号调制的 SSBH 信号频谱

例 6.2.2　已知两个信号电压的频谱如图 6.2.8 所示，要求如下。

(1) 指出已调波的性质，并写出两个信号电压的数学表达式。

(2) 计算在单位电阻上消耗的总功率以及已调波的频带宽度。

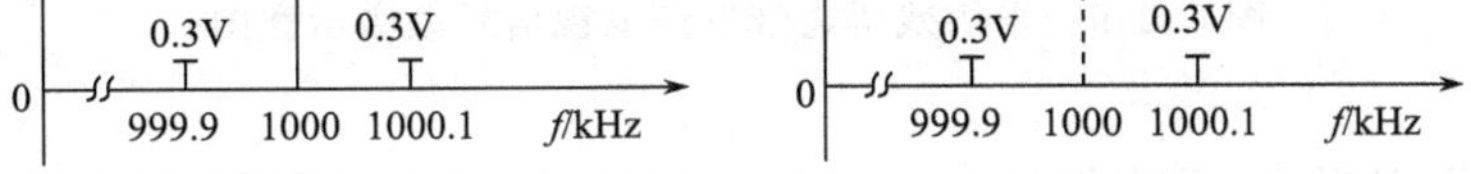

(a)　　(b)

图 6.2.8　例 6.2.2

解　(1)图 6.2.8(a)是普通调幅波，图 6.2.8(b)是抑制载波双边带调幅波。

由图 6.2.8 可知，$f_c=1000\text{kHz}$，$F=100\text{Hz}$，$\frac{1}{2}m_aU_{cm}=0.3\text{V}$，$U_{cm}=2\text{V}$，所以 $m_a=0.3$。

两个电压的数学表达式为

$$u_{AM}(t)=2(1+0.3\cos2\pi\times10^2t)\cos2\pi\times10^6t\ \text{V}$$
$$u_{DSB}(t)=0.6\cos2\pi\times10^2t\cos2\pi\times10^6t\,\text{V}$$

(2) 因为 $P_c=\frac{1}{2}\frac{U_{cm}^2}{R}=\frac{1}{2}\times 2^2=2(W)$，$P_b=\frac{1}{2}m_a^2P_c=\frac{1}{2}\times 0.3^2\times 2=0.09(W)$。所以 $P_{AM}=2+0.09=2.09(W)$，$P_{DSB}=0.09(W)$

两个电压信号的频带宽度相等，$BW=2F=200Hz$。

6.2.3　残留边带调幅信号

残留边带调幅(VSB)是指发送信号中包括一个完整边带、载波及另一边带的小部分(即残留一小部分)。这样，既比普通调幅方式节省了频带，又避免了单边带调幅要求滤波器衰减特性陡峭的困难，发送的载频分量也便于接收机提取同步信号。

VSB 调制应用的一个实例是用于电视图像的发送。因为电视信号中含有很低的频率成分，要想把一个边带完全抑制是十分困难的，而且实现单边带传输后，其解调电路也会复杂化，致使电视机的成本增加。为此，对图像信号采取了残留边带调幅方式，对电视伴音信号采用调频方式。电视图像信号带宽为 6MHz，在发射端先产生 12MHz 的普通调幅信号，然后在发送时用滤波器将下边带的一部分滤除，仅发送上边带的全部及下边带的残留部分，如图 6.2.9 所示。从图中可见，残留边带发送时，在靠近图像载频两侧 0.75MHz 范围反映图像信号低频分量的频率成分仍采用双边带发送，而远离图像载频 0.75MHz 以上反映图像信号高频分量的频率成分采用单边带发送。这样一来，图像信号 0.75MHz 以下的低频分量就是 0.75MHz 以上的高频分量的 2 倍，如果接收机均匀加以放大，势必会造成 0.75MHz 以下低频分量产生加重失真。消除加重失真的一般方法是适当确定中频放大曲线，使图像载频附近 0.75MHz 范围增益下降一半。

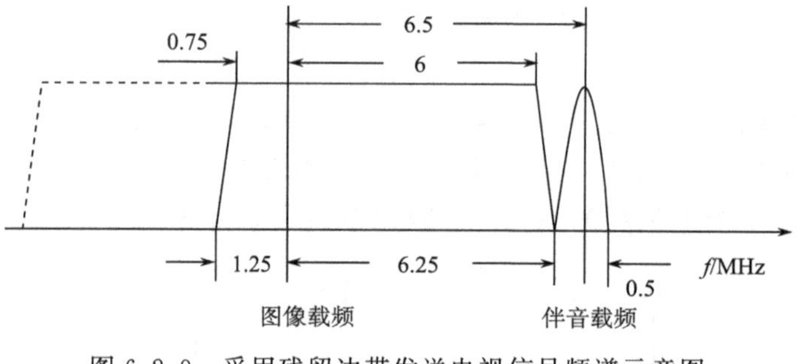

图 6.2.9　采用残留边带发送电视信号频谱示意图

由图 6.2.9 可以看出，下边带从 0.75～1.25MHz 逐渐衰减到零；伴音载频比图像载频高 6.5MHz；伴音带宽留有±0.25MHz 的富裕量。由于采用了残留边带发送电视信号，每一个频道(一个电视台)只需要占用 8MHz 的带宽，这样就使电视频段内容纳的频道数目大大增多。

6.3　调幅信号的产生电路

调制电路是无线电广播发射机的重要组成部分，从图 1.3.1 中可直观地看到振幅调制电路需要两个输入信号，一个是高频载波信号 $u_c(t)$，另一个是低频调制信号 $u_\Omega(t)$，它们是形成已调信号的基本要素。

6.3.1　调幅电路的分类

振幅调制电路按输出已调波功率的大小分为高电平调幅电路和低电平调幅电路。

高电平调幅电路是将调制与功放合二为一，调制后的信号不需要再放大就可以直接发射。它一般位于发射机的最后一级，用于形成 AM 信号，许多广播发射机都采用这种调制。

低电平调幅电路是首先在低功率级上完成调制，然后经高频功率放大器放大到所需要的发射功率。由于低电平调幅电路的功率较小，对调幅电路而言，输出功率和效率不是主要指标，重点是提高电路的线性调制特性。二极管调幅电路和模拟相乘器调幅电路属于低电平调幅电路，可用来形成 AM、DSB、SSB 信号。

6.3.2　高电平调幅电路

丙类谐振功放具有基极调制特性和集电极调制特性，由此可以分别组成基极调幅电路和集电极调幅电路，其基本原理是通过改变高频功放的基极和集电极的直流电压来控制集电极高频电流的振幅，以便产生 AM 信号。

1. 基极调幅电路

1）电路组成

如图 6.3.1(a)所示，实质上是一个变偏压的谐振功率放大器。图中载波信号 $u_c(t)$ 经 Tr_1 耦合至晶体管基极，调制信号 $u_\Omega(t)$ 经变压器 Tr_2 耦合到基极。C_1 为低频旁路电容，用来为调制信号提供通路；C_2 为高频旁路电容，用来为载波信号提供通路，对低频信号相当于开路。基极采用自偏压串联馈电电路，$V_{BB}=-I_{B0}R_b$，保证晶体管工作在丙类状态。集电极采用串联馈电电路，其中 LC 选频网络的中心频率为载频，经变压器 Tr_3 耦合至输出端。C_3 为高频旁路电容，一是为输出高频信号提供通路，二是防止交流电流流过直流电源 V_{CC}。

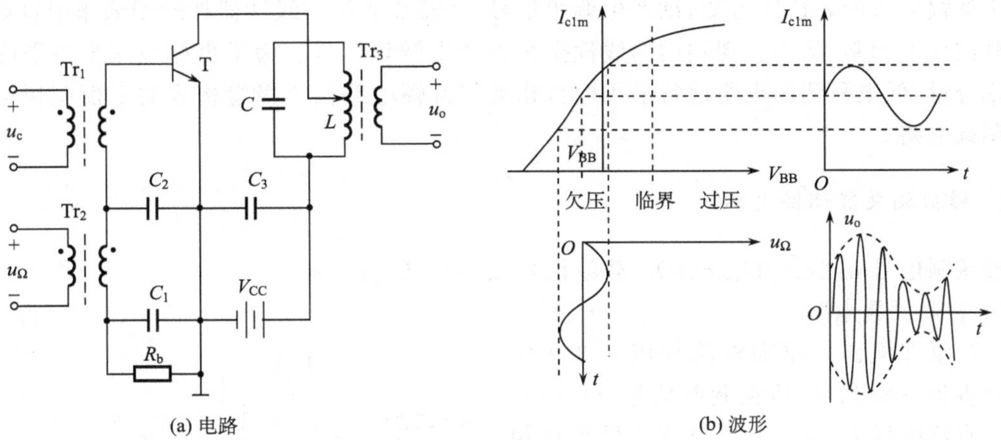

(a) 电路　　(b) 波形

图 6.3.1　基极调幅电路及波形

2）调制原理

由图 6.3.1(a)可以看出，晶体管发射结两端的电压 $u_{BE}=V_{BB}+u_\Omega(t)+u_c(t)=V_{BB}(t)+u_c(t)$，式中，$V_{BB}(t)=V_{BB}+u_\Omega(t)$ 为等效基极偏压。由高频功放的基极调制特性可知：在欠压

区的一定范围内，集电极电流基波分量振幅 I_{c1m} 随等效基极偏压 $V_{BB}(t)$ 的变化近似为线性变化。由图 6.3.1(b)可见，若调制信号 $u_\Omega(t)=0$，I_{c1m} 不随时间变化，则此时输出端得到振幅为 I_{c1m}，频率为 f_c 的等幅正弦波。当 $u_\Omega(t)\neq 0$ 时，I_{c1m} 随调制信号 $u_\Omega(t)$ 变化，此时输出端将得到振幅随 $u_\Omega(t)$ 变化、中心频率为 f_c 的调幅波(AM)。

它与谐振功率放大器的区别在于其基极偏压随调制信号电压变化。因其工作在欠压状态，集电极效率低是该电路的缺点。

2. 集电极调幅电路

1) 电路组成

如图 6.3.2 所示，实质上是一个变集电极电源的谐振功率放大器。图中载波 $u_c(t)$ 通过变压器 Tr_1 加至基极，调制信号 $u_\Omega(t)$ 通过变压器 Tr_2 加至集电极回路，C_1、C_2 均为高频旁路电容，C_3 为低频旁路电容，LC 谐振在载频 f_c 上。基极电流的直流分量 I_{B0} 流过 R_b，使电路工作在丙类状态。

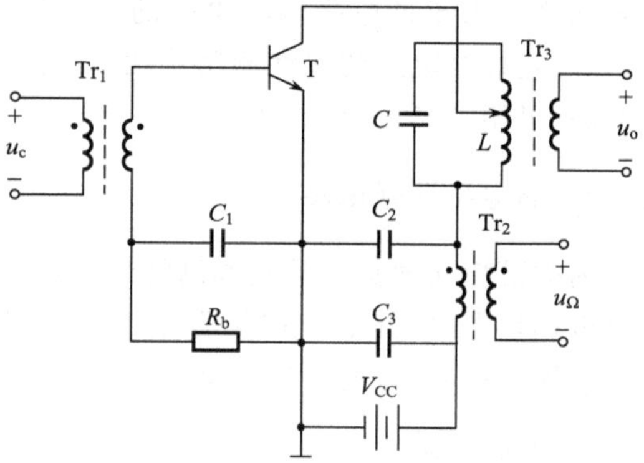

图 6.3.2　集电极调制电路

2) 调制原理

等效集电极偏压 $V_{CC}(t)=V_{CC}+u_\Omega(t)$，显然集电极电源电压是随调制信号变化的。由高频功放的集电极调制特性可知：在过压区的一定范围内，集电极电流脉冲的高度和凹陷深度都随 $u_\Omega(t)$ 的变化而变化，使集电极电流 i_C 的基波分量振幅 I_{c1m} 随等效集电极偏压 $V_{CC}(t)$ 的变化近似为线性变化，经 LC 回路选频，得到已调波(AM)。其波形与图 6.3.1(b)类似。

6.3.3　低电平调幅电路

由调幅信号的表达式可知，欲产生调幅信号，就需要利用非线性器件的相乘作用将调制信号与载波信号相乘，从而实现频谱的线性搬移以产生调幅信号。为了更好地减少或消除无用的频率分量，低电平调制电路通常采用模拟相乘器调幅电路及二极管构成的平衡调幅电路和环形调幅电路。

1. 模拟相乘器调幅电路

设调制信号 $u_\Omega(t)=U_{\Omega m}\cos\Omega t$，载波信号 $u_c(t)=U_{cm}\cos\omega_c t$。

1) 普通调幅电路

(1) 原理电路。原理电路如图 6.3.3 所示。欲得到 AM 信号，应在调制信号 $u_\Omega(t)$ 上叠加一直流电压 U_0 后，再与载波信号直接相乘便可得到 AM 信号。其函数关系为

$$
\begin{aligned}
u_o(t) &= ku_{o1}u_c \\
&= -k(U_0+U_{\Omega m}\cos\Omega t)U_{cm}\cos\omega_c t \\
&= -kU_{cm}U_0(1+m_a\cos\Omega t)\cos\omega_c t
\end{aligned}
$$

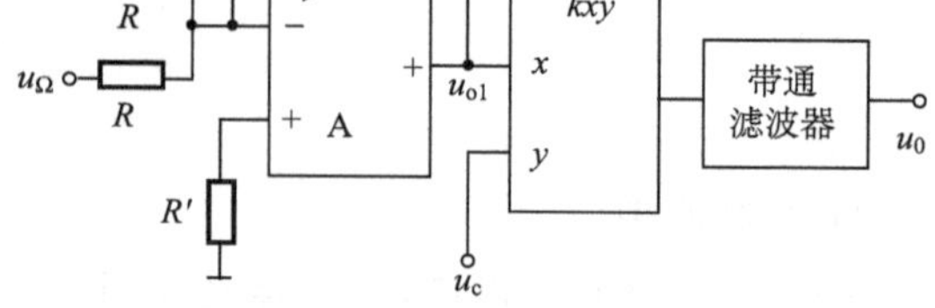

图 6.3.3　普通调幅原理电路

式中，$m_a=U_{\Omega m}/U_0$ 为调幅指数，显然得到的输出信号 $u_o(t)$ 就是 AM 数学表达式。为了避免出现过调制，要求 $U_{\Omega m}\leqslant U_0$。

(2) MC1596 芯片组成的普通调幅电路。图 6.3.4 给出了用 MC1596 芯片（内部电路如图 2.3.9(a)所示）实现普通调幅的典型应用电路。

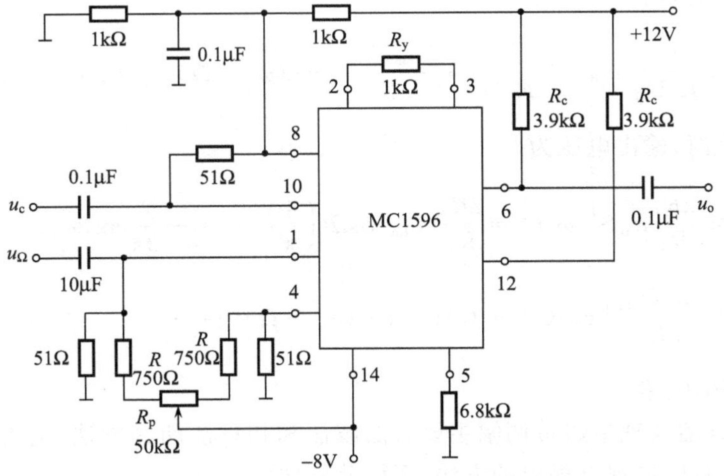

图 6.3.4　MC1596 组成的调幅电路

① 电路组成。电路采用双电源供电，其中，正电源(12V)通过两个 1kΩ 电阻分压后为 8、10 脚提供合适的偏压，使芯片内部的 $T_1\sim T_4$ 正常工作；负电源(−8V)通过 R_p，分两路由 750Ω 和 51Ω 电阻分压后供给 1、4 脚合适的偏压，使芯片内部的 T_5、T_6 正常工作，同时通过 5 脚的 6.8kΩ 电阻来控制恒流源 T_7、T_8 的静态偏流，典型偏流 $I_o/2$ 为 1mA。R_p 称为载波调零电位器，调节 R_p 可使电路对称以减小载波信号的输出。6、12 脚的两个 3.9kΩ 电阻 R_c 为输出端的负载电阻，2、3 脚之间的 1kΩ 电阻 R_y 用来扩大 $u_\Omega(t)$ 的线性动态范围。

② 普通调幅信号的产生。调制信号 $u_\Omega(t)$ 从 1 脚输入，高频载波信号 $u_c(t)$ 从 10 脚输入，调幅信号从 6 脚输出。调节 R_p 使 1 脚直流电位比 4 脚高 U_0，即 1 脚输入电压为 $U_0+u_\Omega(t)$。由式(2.3.32)可知：

当 $u_c(t)$ 较小时，双差分对工作在小信号状态，输出电压为

$$u_o\approx\frac{2R_c}{R_y}\cdot\frac{u_c}{2U_T}(U_0+u_\Omega)=\frac{R_c}{R_yU_T}U_{cm}\cos\omega_c t(U_0+U_{\Omega m}\cos\Omega t)=U_m(1+m_a\cos\Omega t)\cos\omega_c t$$

式中，$U_m=\dfrac{R_cU_{cm}U_0}{R_yU_T}$（已调波幅度）；$m_a=\dfrac{U_{\Omega m}}{U_0}$（调幅指数）。电路中，调节 R_p 的大小，即可改变偏压 U_0，使调幅指数 m_a 随之变化。

当 $u_c(t)$ 较大时，双差分对工作在双向开关状态，输出电压为

$$u_o\approx\frac{2R_c}{R_y}(U_0+u_\Omega)S'(\omega_c t)=\frac{2R_c}{R_y}(U_0+U_{\Omega m}\cos\Omega t)\left(\frac{4}{\pi}\cos\omega_c t-\frac{4}{3\pi}\cos3\omega_c t+\cdots\right)$$

$$=\frac{8R_c}{\pi R_y}(U_0+U_{\Omega m}\cos\Omega t)\cos\omega_c t+\cdots=\frac{8R_cU_0}{\pi R_y}\left(1+\frac{U_{\Omega m}}{U_0}\cos\Omega t\right)\cos\omega_c t+\cdots$$

经过中心频率为 ω_c，带宽为 2Ω 的带通滤波器可以选出所需要的调幅信号。

2）双边带调幅电路

图 6.3.4 也能实现双边带调幅。为了减小流过电位器 R_p 的电流，便于调零准确，电阻 R 应改为 10kΩ，以最大程度抑制载波输出。在图 6.3.4 中，调节 R_p 使 1、4 脚直流电位差 $U_0=0$，仿照上面的分析，同样可得

当 $u_c(t)$ 较小时，输出电压为

$$u_o \approx \frac{R_c}{R_y U_T} u_c u_\Omega = \frac{R_c}{R_y U_T} \cdot \frac{U_{cm} U_{\Omega m}}{2} [\cos(\omega_c + \Omega)t + \cos(\omega_c - \Omega)t]$$

当 $u_c(t)$ 较大时，输出电压为

$$u_o \approx \frac{2R_c}{R_y} u_\Omega S'(\omega_c t) = \frac{2R_c}{R_y} U_{\Omega m} \cos\Omega t \left(\frac{4}{\pi} \cos\omega_c t - \frac{4}{3\pi} \cos 3\omega_c t + \cdots \right)$$

$$= \frac{4R_c U_{\Omega m}}{\pi R_y} [\cos(\omega_c + \Omega)t + \cos(\omega_c - \Omega)t] + \cdots$$

3）单边带调幅电路

利用模拟相乘器实现单边带调幅主要有滤波法和相移法两种方法，前者是从频域观点提出的方法，后者是从时域观点提出的方法，下面分别加以介绍。

（1）滤波法。由单边带调幅信号的特点可知，若在双边带调幅电路之后接一合适的带通滤波器（中心频率为 ω_c，带宽为 F_{max}），如图 6.3.5 所示，则滤除其中一个边带即可，这种方法称为滤波法。因上、下边带信号的频率间隔仅为 $2F_{min}$，这就需要具有十分陡峭过渡带的带通滤波器，以保证有用信号不失真地通过而抑制掉另一边带，但在实际中难以实现。为了克服这一实际困难，可采用多次滤波法来产生 SSB 信号。

（2）相移法。相移法就是利用移相的方法来实现单边带调制。以上边带调制为例加以说明。因为 $u_{SSBH}(t)=kU_{cm}U_{\Omega m}\cos(\omega_c+\Omega)t=kU_{cm}U_{\Omega m}(\cos\omega_c t\cos\Omega t-\sin\omega_c t\sin\Omega t)$，显见，第一项为 $u_c(t)$ 与 $u_\Omega(t)$ 的乘积，第二项为 $u_c(t)$ 与 $u_\Omega(t)$ 各移相 90°后的乘积，然后两乘积项相减。其相应的实现模型如图 6.3.6 所示。

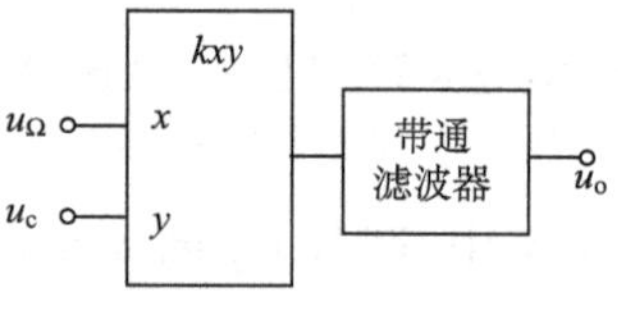

图 6.3.5 滤波法单边带调幅原理电路

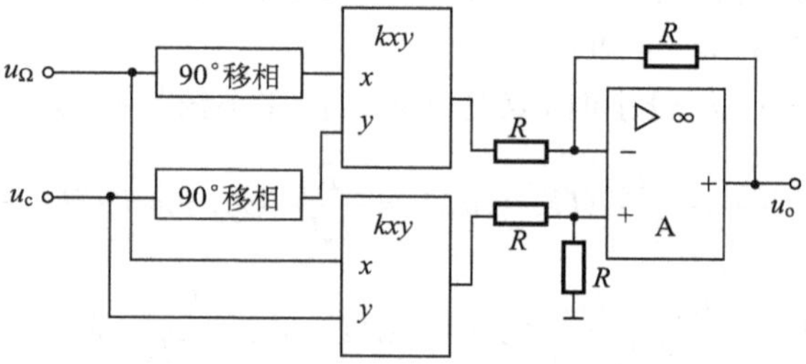

图 6.3.6 相移法单边带调幅原理电路

2. 二极管调幅电路

1）二极管平衡调幅电路

在图 2.3.4(a)所示的二极管平衡相乘器中，用调制信号 $u_\Omega(t)=U_{\Omega m}\cos\Omega t$ 替代 u_1，载波信号 $u_c(t)=U_{cm}\cos\omega_c t$ 替代 u_2 即可构成二极管平衡调幅电路。由式(2.3.17)可得

$$i_L = i_1 - i_2 = 2u_\Omega(t)gS(\omega_c t) = 2gU_{\Omega m}\cos\Omega t\left(\frac{1}{2} + \frac{2}{\pi}\cos\omega_c t - \frac{2}{3\pi}\cos 3\omega_c t + \cdots\right)$$

$$= gU_{\Omega m}\left[\cos\Omega t + \frac{2}{\pi}\cos(\omega_c \pm \Omega)t - \frac{2}{3\pi}\cos(3\omega_c \pm \Omega)t + \cdots\right]$$

显然，式中含有 Ω，$\omega_c \pm \Omega$，$3\omega_c \pm \Omega$，…等频率分量，并通过电路的对称性抑制了载波分量。如果在输出端接有中心频率为 ω_c，带宽为 2Ω 的带通滤波器，则将会取出频率为 $\omega_c \pm \Omega$ 的分量，即得到双边带调幅信号 $u_{DSB} = \frac{2}{\pi}gU_{\Omega m}\cos(\omega_c \pm \Omega)t$。

二极管平衡调幅电路是通过电路的对称性抑制了载波，但在实际应用中很难做到这一点，例如，变压器中心抽头不对称，两二极管特性不一致等，这样就必然造成载波信号的泄漏。为了改善电路的对称性，减小电路载波泄漏，在实际电路中，可以由电阻分压器取代输出变压器。

2）二极管环形调幅电路

将图 2.3.5(a)所示的二极管环形相乘器中的 u_1 用调制信号 $u_\Omega(t) = U_{\Omega m}\cos\Omega t$ 替代，u_2 用载波信号 $u_c(t) = U_{cm}\cos\omega_c t$ 替代即可构成二极管环形调幅电路。由式(2.3.21)可得

$$i_L = 2u_\Omega(t)gS'(\omega_c t) = 2gU_{\Omega m}\cos\Omega t\left(\frac{4}{\pi}\cos\omega_c t - \frac{4}{3\pi}\cos 3\omega_c t + \frac{4}{5\pi}\cos 5\omega_c t + \cdots\right)$$

$$= gU_{\Omega m}\left[\frac{4}{\pi}\cos(\omega_c \pm \Omega)t - \frac{4}{3\pi}\cos(3\omega_c \pm \Omega)t + \frac{4}{5\pi}\cos(5\omega_c \pm \Omega)t + \cdots\right]$$

可见，流过负载的电流 i_L 中含有有用分量 $\omega_c \pm \Omega$，且振幅比二极管平衡调幅电路提高了一倍。若在输出端接上中心频率为 ω_c，通频带为 2Ω 的带通滤波器，则可选出频率为 $\omega_c \pm \Omega$ 的上、下边频分量。

6.4　调幅信号的解调电路

6.4.1　振幅解调电路的作用及其分类

接收机收到高频已调波后，还必须把携带在载波上的调制信号取出来。从高频已调信号中恢复出调制信号的过程称为解调，解调是调制的逆过程。调幅波的解调就是将调制信号从调幅波上“检取”出来的过程，又称为检波，完成这一功能的电路称为检波器。图 1.3.2 中的振幅解调器就是检波器。

从频域上看，检波就是把调幅波的频谱由高频不失真地搬到低频，即在频率轴上向左搬移了一个载频频量，其频谱变换与调幅正好相反。可见检波器也是线性频谱搬移电路。

从时域上看，由于 AM、DSB 和 SSB 调幅波的波形不同，其解调方式也不同：如普通调幅波常采用包络检波器；而抑制载波的调幅波常采用同步检波器。

6.4.2　二极管峰值包络检波器

包络检波器由非线性器件和低通滤波器组成，其中的非线性器件可以是二极管，也可以是三极管；且对于二极管而言，有串联型和并联型两种电路形式。这里仅介绍串联型二极管包络检波器。

由于普通调幅波的包络与调制信号的变化规律成正比,所以包络检波器只适用于 AM 波,其原理电路如图 6.4.1 所示。

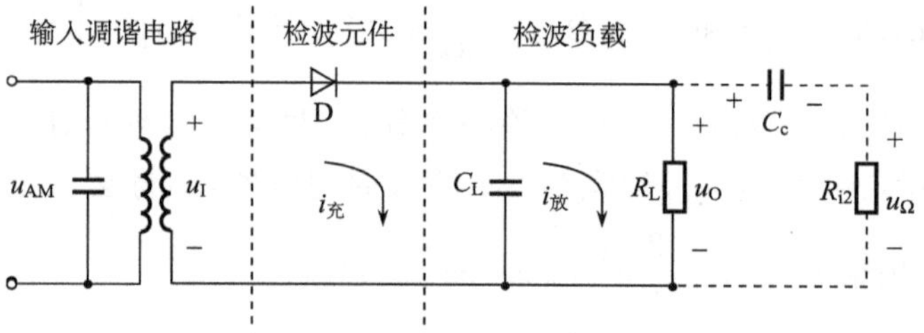

图 6.4.1 二极管峰值包络检波原理电路

1. 电路组成及各元器件的作用

1）高频信号的输入调谐电路

以超外差式接收机为例,一般是末级中放输出电路向检波电路提供中频调幅信号。

2）检波元件(非线性器件)

目前应用最广的是二极管(通常选用导通电压小的锗管)包络检波器。集成电路中多采用晶体管射极包络检波器。

3）检波负载

检波负载电阻 R_L:数值很大,低频电流通过它产生低频输出电压。

检波负载电容 C_L:有两个作用,一是将输入的中频调幅信号完全加至检波元件上,以提高检波效率;二是起高频滤波作用,其值的选取应在高频时 C_L 的阻抗远小于 R_L,可视为短路,而在低频(调制信号频率)时,阻抗远大于 R_L,可视为开路。

在实际应用电路中常接入虚线部分,其中 C_C 为隔直电解电容,R_{i2} 为下一级电路的输入电阻。

2. 检波器的工作原理

在峰值包络检波器中,检波器工作在大信号状态,输入信号电压大于 0.5V,通常为 1V 左右。下面由时域上的波形图 6.4.2 来分析大信号的检波过程。

大信号的检波过程就是利用二极管的单向导电性和检波负载的充放电来完成,如图 6.4.1 所示。由于负载电容 C_L 的高频阻抗很小,所以输入高频信号大部分加在二极管 D 上,且 $u_D=u_I-u_O$。当 $u_I>u_O$ 时,二极管导通,电容 C_L 被充电,由于 r_d很小,充电电流很大,同时充电时间常数(r_dC_L)很小,所以电容 C_L 两端的电压 u_O 建立很快,电压 u_O 又反作用于二极管。当输入高频电压由最大值下降到小于 u_O 时,二极管截止,电容 C_L 通过负载电阻 R_L 放电。由于放电时间常数(R_LC_L)很大,远大于输入高频电压的周期,放电很慢。电容两端电压 u_O 下降不多时,输入高频信号的下一个正半周到来。只有当 $u_I>u_O$ 时,二极管才能够再次导通,电容 C_L 被再次充电。如此循环反复,得到了图 6.4.2(a)的波形图。由此可见,二极管端电压 u_D 在大部分时间内为负值,只有在输入高频信号的峰值附近二极管才导通。只要合理地选取元件参数,使充电时间常数足够小,放电时间常数足够大,就可以使电容 C_L 上的电压按照输入高频信号的角频率在包络附近进行小锯齿状的波动,与输入信号包络形状相同,所以称为峰值包络检波器。在实际电路中，经过隔直电容 C_C 后的波形如图 6.4.2(b)所示。

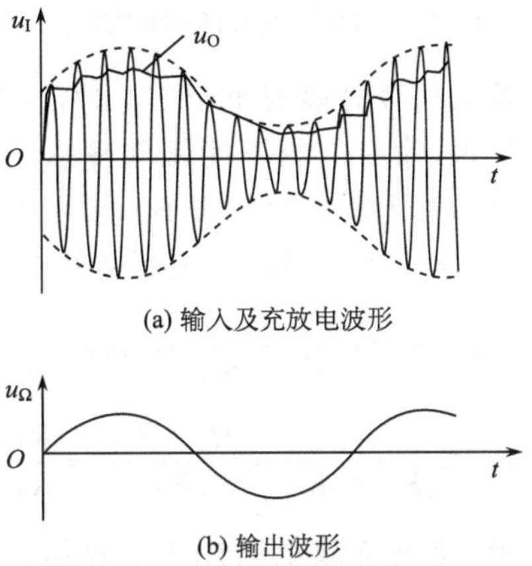

(a) 输入及充放电波形

(b) 输出波形

图 6.4.2　二极管峰值包络检波器的包络检波波形

3. 大信号检波器的性能分析

1) 电压传输系数

电压传输系数又称为检波效率，用 k_d 表示。它是用来描述检波器将高频调幅波转换为低频电压的能力，定义为检波器的输出电压与输入高频电压振幅之比。利用折线近似分析法可以证明

$$k_d = \cos\theta, \text{ 且 } \theta = \sqrt[3]{\frac{3\pi}{g_d R_L}} = \sqrt[3]{\frac{3\pi r_d}{R_L}} \qquad (6.4.1)$$

式中，θ 为二极管余弦脉冲电流通角，显然通角 θ 越小电压传输系数越高。当 $R_L \gg r_d$ 时，$\theta \to 0$，$\cos\theta = 1$，即检波效率 k_d 接近于 1。

由于包络检波器的输出电压与输入调幅波的振幅成正比，所以当输入调幅信号为 $u_I(t) = U_{Im}(1 + m_a\cos\Omega t)\cos\omega_I t$ 时，检波器输出电压 $u_O = U_{Im}(1 + m_a\cos\Omega t)\cos\theta$。

2) 等效输入电阻

由于二极管在大部分时间处于截止状态，仅在输入中频调幅信号的峰值附近才导通，所以检波器的输入电阻是变化的。

检波器的前级通常是一个调谐在中频频率的谐振回路，检波器的输入电阻 R_i 就是中频放大器的负载，它的大小直接影响中频放大器的性能。检波器的等效输入电阻为载波振幅 U_{Im} 与二极管电流中的基波分量幅度 I_{1m} 之比。在 $k_d \approx 1$ 的情况下，可近似求得

$$R_i \approx \frac{R_L}{2} \qquad (6.4.2)$$

显然，R_L 越大，R_i 也越大，检波器对前级影响就越小。

3) 检波器的失真

它包括非线性失真、截止失真、频率失真、负峰切割失真和惰性失真。

(1) 非线性失真。非线性失真是由于二极管伏安特性的非线性，检波器输出的低频电压不能完全与输入调幅波的包络成正比而产生的失真。如果负载电阻 R_L 足够大，这种失真一般很小，则可以忽略。

(2) 截止失真。截止失真是由于导通电压 U_{on} 的存在，二极管在输入信号幅值较小时不能导通而产生的失真。在实际电路中常采用锗管，且提供一正向偏置电压，该失真就不容易产生。

(3)频率失真。频率失真是检波负载电容 C_L 和隔直电容 C_C 引起的。为使电容 C_L 的容抗对 Ω_{max} 不产生旁路作用，应满足 $1/\Omega_{max}C_L \gg R_L$；为使 C_C 对 Ω_{min} 分量的阻隔作用尽量小，应满足 $1/\Omega_{min}C_C \ll R_{i2}$。这样就会避免频率失真，而这两个条件是容易满足的。

(4) 负峰切割失真。负峰切割失真产生的原因是在电容放电的过程中，对二极管产生了一个负偏压。由于 C_C 的存在，使检波器的直流负载电阻为 R_L，低频交流负载电阻为 $R_L // R_{i2}$。在稳定状态下，C_C 上有一个大小近似为载波振幅 U_{Im} 的直流电压。U_{Im} 经 R_L 和 R_{i2} 分

压，在 R_L 上所分得的电压为$U_{RL}=\frac{R_L}{R_L+R_{i2}}U_{Im}$。当输入信号的幅值小于 U_{RL}时，二极管截止，也就是说，输出电压不能跟随输入电压的包络而变化，出现负峰切割失真，也称为底部切割失真，如图 6.4.3 所示。为了防止失真，必须满足 $U_{Im}(1-m_a)\geqslant\frac{R_L}{R_L+R_{i2}}U_{Im}$，即

$$m_a\leqslant\frac{R_{i2}}{R_L+R_{i2}}=\frac{R_{i2}//R_L}{R_L}=\frac{R_\Omega}{R_L} \quad (6.4.3)$$

式中，交流负载电阻用 R_Ω 表示。可见，当 m_a 较小时，不容易产生负峰切割失真；当 m_a 较大时，要求检波器的交、直流负载电阻尽可能接近，以避免产生负峰切割失真。

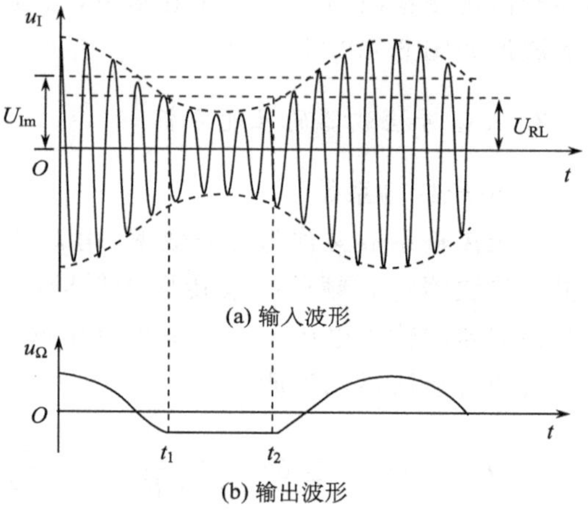

图 6.4.3 负峰切割失真波形

在实际应用中，为了减小交、直流负载电阻的差别，常用以下两种方法。

① 分负载法。如图 6.4.4(a)所示，将直流负载电阻 R_L 分成 R_{L1}和 R_{L2}两部分，此时直流负载电阻$R_L=R_{L1}+R_{L2}$，低频交流负载电阻 $R_\Omega=R_{L1}+R_{L2}//R_{i2}$，则有$\frac{R_\Omega}{R_L}=\frac{R_{L1}+R_{L2}//R_{i2}}{R_{L1}+R_{L2}}$。当 R_L 一定时，R_{L1}选得越大，交直流负载电阻之差别就越小，但输出低频电压也减小。因此一般取$R_{L1}=(0.1\sim0.2)R_{L2}$。图中的 C_{L2}是为了进一步提高滤波能力而加的，常选 $C_{L1}=C_{L2}$。

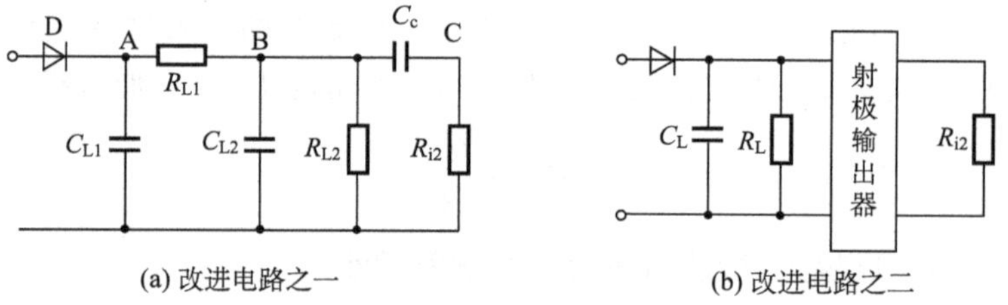

图 6.4.4 避免负峰切割失真的改进电路

② 插入射极跟随器。如图 6.4.4(b)所示，在检波器与下一级低放之间插入高输入阻抗的射极跟随器，使低频交流负载电阻 R_Ω 接近于直流负载电阻 R_L，以避免负峰切割失真。

(5) 惰性失真。为了提高效率和滤波能力，R_LC_L 应尽可能大，工程上可选择它的范围为

$$R_LC_L\geqslant\frac{5\sim10}{\omega_I} \quad (6.4.4)$$

然而，过大的 R_LC_L 却使输出电压往往在输入信号包络下降的区段跟不上包络的变化，而依照 R_LC_L 放电规律变化，这种由电容放电的惰性引起的失真称为惰性失真，又称为对角线切割失真，如图 6.4.5 所示。

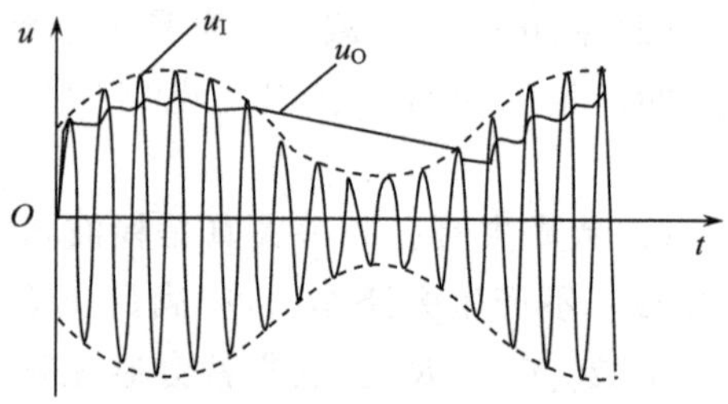

图 6.4.5 惰性失真波形

为了避免产生惰性失真，必须减小 R_LC_L 的数值，使电容器的放电速度加快，能够跟随调幅波包络的变化。可以证明，R_LC_L 的选取应当满足：

$$R_LC_L \leqslant \frac{\sqrt{1-m_a^2}}{m_a\Omega} \tag{6.4.5}$$

可见，m_a 越大，放电时间常数应越小。这是由于 m_a 越大，包络变化的起伏越大，只有缩短电容的放电时间，才能跟得上包络的变化。同样，当调制信号的频率 Ω 较高时，包络的变化应加快，时间常数也应缩短。在设计电路时，应用最大的调幅指数和最高的工作频率检验有无惰性失真，其表达式为

$$R_LC_L \leqslant \frac{\sqrt{1-m_{a\max}^2}}{m_{a\max}\Omega_{\max}} \tag{6.4.6}$$

4. 二极管包络检波器元器件的选择

综合上述分析，在选择检波器的元器件时应遵循以下方案。

1) 检波二极管

从式(6.4.1)可知，欲提高检波效率，需要选用正向导通电阻 r_d小的二极管；考虑到通过二极管的是高频电流以及非线性失真、截止失真等问题，可选用极间电容(即扩散电容 C_D)小、导通电压低的点接触型锗二极管。

2) R_L 和 C_L

首先由式(6.4.4)、式(6.4.5)可知，从提高效率、滤波能力考虑，要求 R_LC_L 尽可能大；从避免产生惰性失真看，要求 R_LC_L 又不宜过大。因此 R_L 和 C_L 的选取范围为

$$\frac{5\sim 10}{\omega_I} \leqslant R_LC_L \leqslant \frac{\sqrt{1-m_{a\max}^2}}{m_{a\max}\Omega_{\max}} \tag{6.4.7}$$

其次，由式(6.4.2)、式(6.4.3) 可知，从提高输入电阻 R_i 考虑，要求 R_L 尽可能大；为避免产生负峰切割失真，要求 R_L 又尽量小。因此 R_L 的取值范围为

$$2R_i \leqslant R_L \leqslant \frac{1-m_{a\max}}{m_{a\max}}R_{i2} \tag{6.4.8}$$

最后，当选定 R_L 后，就可按 R_LC_L 的乘积决定 C_L 的大小。但为了保证输入电压能有效地加到二极管两端，还应验算 C_L 是否满足

$$C_L \geqslant 10C_D \tag{6.4.9}$$

对于如图 6.4.4(a)所示的改进电路，一般取 $C_{L1}=C_{L2}=C_L/2$。

例 6.4.1　在图 6.4.4(a)所示的大信号检波电路中，已知 $C_{L1}=C_{L2}=0.01\mu F$，$R_{L1}=510\Omega$，$R_{L2}=4.7k\Omega$，$C_C=20\mu F$，$R_{i2}=10k\Omega$。二极管 D 的导通电阻 $r_d=80\Omega$，导通电压 $U_{on}=0$，输入高频电压 $u_I(t)=2(1+0.3\cos 2\pi\times 10^3 t)\times\cos 2\pi\times 10^6 t\ V$。试求：(1)$u_A$、$u_B$、$u_C$；(2)检波器输入电阻 R_i。

解　(1)因为 $\theta=\sqrt[3]{\dfrac{3\pi r_d}{R_{L1}+R_{L2}}}=\sqrt[3]{\dfrac{3\pi\times 80}{510+4700}}\approx 0.53(\text{rad})=30.38°$

则 $k_d=\cos\theta=\cos 30.38°\approx 0.86$，所以 A 点电压为

$$u_A = k_d \times 2(1 + 0.3\cos 2\pi \times 10^3 t) \approx 1.72 + 0.52\cos 2\pi \times 10^3 t \text{(V)}$$

因为 u_A 包含直流电压和低频交流电压，所以 B 点电压为

$$u_B = \frac{R_{L2}}{R_{L1} + R_{L2}} \times 1.72 + \frac{R_{L2}//R_{i2}}{R_{L1} + R_{L2}//R_{i2}} \times 0.52\cos 2\pi \times 10^3 t$$

$$= \frac{4.7}{0.51 + 4.7} \times 1.72 + \frac{4.7//10}{0.51 + 4.7//10} \times 0.52\cos 2\pi \times 10^3 t$$

$$\approx 1.55 + 0.45\cos 2\pi \times 10^3 t \text{(V)}$$

经隔直电容 C_C 后，C 点电压为

$$u_C = 0.45\cos 2\pi \times 10^3 t \text{(V)}$$

(2) 检波器输入电阻 $R_i \approx \frac{R_L}{2} = \frac{R_{L1} + R_{L2}}{2} = \frac{0.51 + 4.7}{2} \approx 2.61(\text{k}\Omega)$

例 6.4.2　二极管包络检波器如图 6.4.6 所示。(1)在图 6.4.6(a)电路中，二极管正向电阻 $r_d = 100\Omega$，$F = (100 \sim 5000)\text{Hz}$，$m_{a\max} = 0.8$，试求不产生负峰切割失真和惰性失真的电容 C_L 和电阻 R_{i2}；(2)在图 6.4.6(b)电路中，若输入信号 $u_I(t) = 0.5(1 + 0.3\cos 2\pi \times 10^3 t) \times \cos 2\pi \times 10^7 t$ V，试问当可变电阻的滑动头在中心位置和最上端时，会不会产生负峰切割失真。

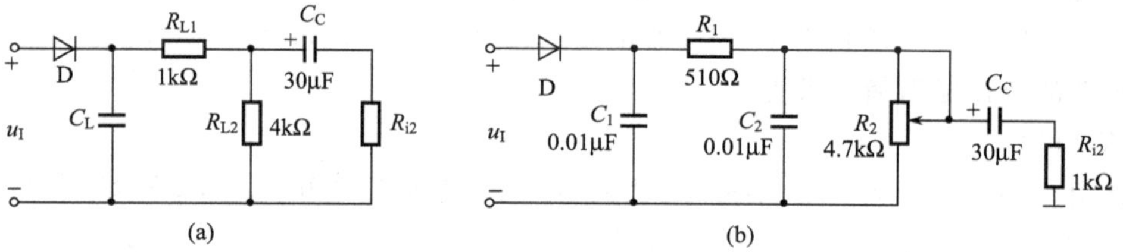

图 6.4.6　例 6.4.2

解　(1) 因为不产生惰性失真的条件为 $R_L C_L \leqslant \frac{\sqrt{1 - m_{a\max}^2}}{m_{a\max}\Omega_{\max}}$，且 $R_L = R_{L1} + R_{L2}$，所以

$$C_L \leqslant \frac{\sqrt{1 - m_{a\max}^2}}{m_{a\max}\Omega_{\max}R_L} = \frac{\sqrt{1 - 0.8^2}}{0.8 \times 2\pi \times 5 \times 10^3 \times (1 + 4) \times 10^3} \approx 4.78(\text{nF})$$

交流负载电阻 $R_\Omega = R_{L1} + R_{L2}//R_{i2} = 1 + \frac{4R_{i2}}{4 + R_{i2}}$，直流负载电阻 $R_L = R_{L1} + R_{L2} = 1 + 4 = 5(\text{k}\Omega)$，根据不产生负峰切割失真的条件 $m_a \leqslant \frac{R_\Omega}{R_L}$ 得 $0.8 \leqslant \frac{1 + 4R_{i2}/(4 + R_{i2})}{5}$，解得 $R_{i2} \geqslant 12\text{k}\Omega$

(2) 当滑动头在中心位置

$$R_\Omega = R_1 + (R_2/2)//R_{i2} = 0.51 + (4.7/2)//1 \approx 1.21(\text{k}\Omega)$$

$$R_L = R_1 + R_2/2 = 0.51 + 4.7/2 = 2.86(\text{k}\Omega)$$

$\frac{R_\Omega}{R_L} = \frac{1.21}{2.86} \approx 0.42 > m_a = 0.3$，故不会产生负峰切割失真。

当滑动头在最上端：$R_\Omega = R_1 + R_2//R_{i2} = 0.51 + 4.7//1 \approx 1.33(\text{k}\Omega)$

$R_L = R_1 + R_2 = 0.51 + 4.7 = 5.21(\text{k}\Omega)$

$\frac{R_\Omega}{R_L} = \frac{1.33}{5.21} \approx 0.26 < m_a = 0.3$，故产生负峰切割失真。

6.4.3　同步检波器

前面讨论的包络检波器只能用于解调普通调幅波，因为双边带和单边带调幅波的包络不能直接反映调制信号的变化规律，所以不能用包络检波器解调，只能采用下面将要介绍的同步检波器来解决。

1. 同步检波器的类型及特点

1）类型

DSB 和 SSB 信号均抑制了载波分量，在接收设备中对 DSB 和 SSB 信号解调时，必须为其提供与发射端同频同相的电压，称为本地载波或同步信号，然后用相乘的方式或相加的方式完成 DSB 和 SSB 信号的解调，如图 6.4.7 所示。

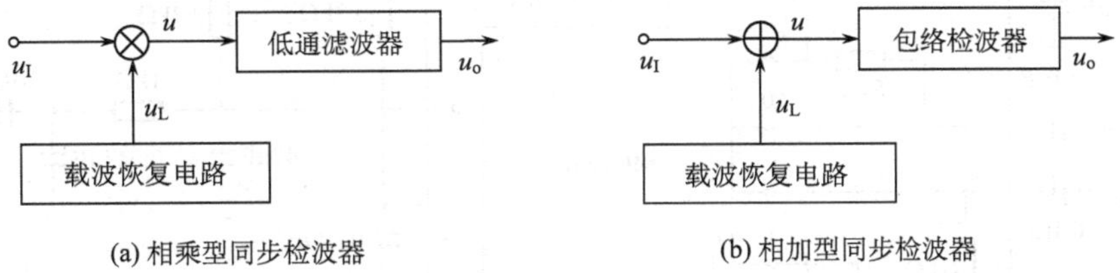

图 6.4.7　同步检波器

2）特点

在接收端由载波恢复电路提供一个与发送端的载波同频同相的本地载波。

2. 相乘型检波器

已调信号和本地载波信号经过相乘器和滤波器就可以得到原调制信号，如图 6.4.7(a) 所示。

1）抑制载波调幅波的解调原理及其电路

(1) 解调原理。

① 设输入的双边带调幅信号为 $u_I(t)=U_{Im}\cos\Omega t\cos\omega_I t$，本地载波信号为 $u_L(t)=U_{Lm}\cdot\cos(\omega_L t+\varphi)$。经相乘器相乘后的输出电压为

$$u=ku_Iu_L=kU_{Im}U_{Lm}\cos\Omega t\cos\omega_I t\cos(\omega_L t+\varphi)$$

$$=\frac{1}{2}kU_{Im}U_{Lm}\cos\Omega t\left\{\cos\left[(\omega_L-\omega_I)t+\varphi\right]+\cos\left[(\omega_L+\omega_I)t+\varphi\right]\right\}$$

经过低通滤波器后，输出电压为

$$u_o=U_{om}\cos[(\omega_L-\omega_I)t+\varphi]\cos\Omega t \tag{6.4.10}$$

式中，$U_{om}=\frac{1}{2}kU_{Im}U_{Lm}$。

讨论：由式(6.4.10)可知，当 $\omega_L\neq\omega_I$ 时，$u_o=U_{om}\cos(\Delta\omega_o t+\varphi)\cos\Omega t$，其振幅相对于原调制信号将产生失真，故要求 $\omega_L=\omega_I$；当 $\varphi\neq0$ 时，$u_o=U_{om}\cos\varphi\cos\Omega t$，相当于在解调出的电压中引入了一个衰减因子 $\cos\varphi$，显见理想情况是 $\varphi=0$。

可见，在同步检波器中，要求本地同频同相载波信号与发送端的载波信号应同频同相。

② 设输入的单边带调幅信号为 $u_I(t)=U_{Im}\cos(\omega_I+\Omega)t$，本地载波信号为 $u_L(t)=U_{Lm}\cos\omega_I t$，则相乘器输出电压为

$$u=\frac{1}{2}kU_{Im}U_{Lm}\cos\Omega t+\frac{1}{2}kU_{Im}U_{Lm}\cos(2\omega_I+\Omega)t$$

经低通滤波器滤除高频 $2\omega_I+\Omega$ 分量，取出频率为 Ω 的低频信号 u_o。

(2) 解调电路。图 6.4.8 是采用模拟相乘器 MC1596 组成的集成同步检波器。图中 MC1596 用于输入的调幅信号与本地载波信号相乘，相乘后的信号从相乘器的 6 脚输出，经外接 π 形低通滤波器即可解调出所需的原调制信号。

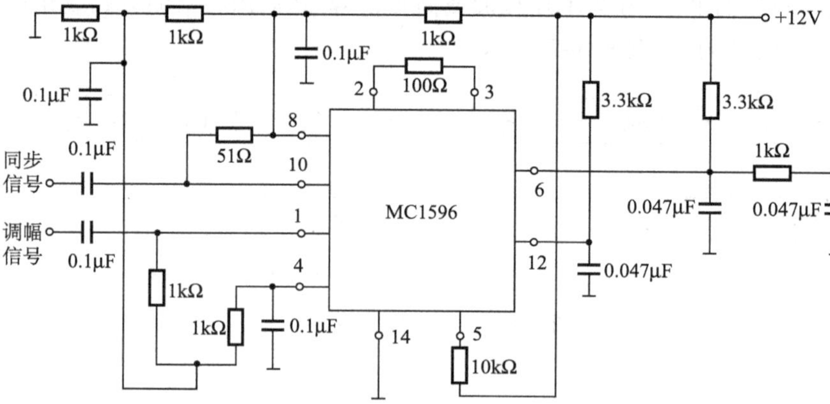

图 6.4.8 集成同步检波器

除了使用模拟相乘器，还可以使用前面所介绍的二极管相乘器来构成相乘型同步检波器。

2) 普通调幅波的解调原理及其电路

(1) 解调原理。设普通调幅波为 $u_I(t)=U_{Im}(1+m_a\cos\Omega t)\cos\omega_I t$，本地载波信号为 $u_L(t)=U_{Lm}\cos\omega_I t$，则

$$u=ku_Iu_L=\frac{1}{2}kU_{Im}U_{Lm}(1+m_a\cos\Omega t)(\cos2\omega_I t+1)$$

$$=\frac{1}{2}kU_{Im}U_{Lm}\left[1+m_a\cos\Omega t+\cos2\omega_I t+\frac{1}{2}m_a\cos(2\omega_I\pm\Omega)t\right]$$

可见，只要用低通滤波器将其高频分量去除，同时用足够大的电容器阻隔直流分量，就可得到低频分量 $u_o=\frac{1}{2}kU_{Im}U_{Lm}m_a\cos\Omega t$。

(2) 解调电路。由于普通调幅波中包含有载波分量，所以由普通调幅波限幅放大即可得本地载波信号，其原理图如图 6.4.9 所示。其中，相乘器仍可采用 MC1596。

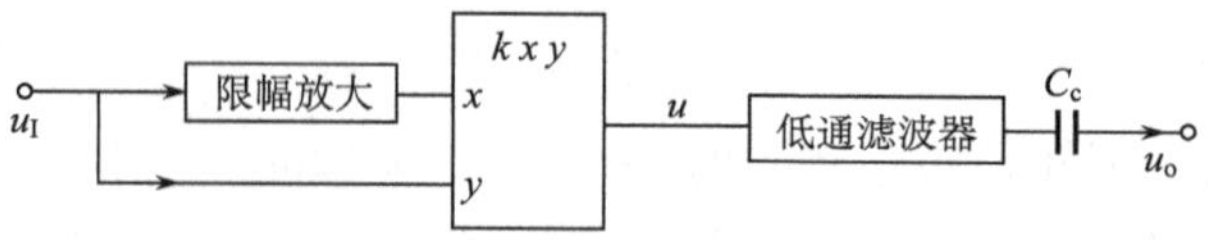

图 6.4.9 普通调幅波检波原理图

3. 相加型检波器

将已调 DSB 或 SSB 信号插入到本地载波信号中，使之成为或近似成为 AM 信号，再利用包络检波器将调制信号解调出来，如图 6.4.7(b)所示。

1）解调原理

设本地载波为 $u_L(t)=U_{Lm}\cos\omega_I t$。

(1) 对于双边带调幅信号。设输入双边带调幅信号为 $u_I(t)=U_{Im}\cos\Omega t\cos\omega_I t$，由图 6.4.7(b)得

$$u=u_I+u_L=U_{Lm}\left(1+\frac{U_{Im}}{U_{Lm}}\cos\Omega t\right)\cos\omega_I t=U_{Lm}(1+m_a\cos\Omega t)\cos\omega_I t$$

式中，$m_a=\dfrac{U_{Im}}{U_{Lm}}$，只要 $m_a<1$，将得到普通调幅波，再通过包络检波器便可检出所需的调制信号。

(2) 对于单边带调幅信号。设输入的单边带调幅信号为 $u_I(t)=U_{Im}\cos(\omega_I+\Omega)t$，由图 6.4.7(b)得

$$\begin{aligned}u&=u_I+u_L=U_{Im}\cos\Omega t\cos\omega_I t-U_{Im}\sin\Omega t\sin\omega_I t+U_{Lm}\cos\omega_I t\\&=U_{Lm}\left(1+\frac{U_{Im}}{U_{Lm}}\cos\Omega t\right)\cos\omega_I t-U_{Im}\sin\Omega t\sin\omega_I t\\&=U_{Lm}(1+m_a\cos\Omega t)\cos\omega_I t-U_{Im}\sin\Omega t\sin\omega_I t\end{aligned}$$

当 $U_{Lm}\gg U_{Im}$ 时，不仅 $m_a<1$，而且 $U_{Im}\sin\Omega t\sin\omega_I t$ 可以被忽略。合成信号近似为 AM 波。将叠加后的合成信号送至包络检波器，则可解出调制信号。

2）解调电路

图 6.4.10 是由两个二极管峰值包络检波器构成的相加型平衡同步检波电路。图中，D_1 构成的上检波器输出电压为 $u_{O1}=k_dU_{Lm}(1+m_a\cos\Omega t)$，式中，$m_a<1$；同理，$D_2$ 构成的下检波器输出电压为 $u_{O2}=k_dU_{Lm}(1-m_a\cos\Omega t)$，则总输出电压

$$u_o=u_{O1}-u_{O2}=2k_dm_aU_{Lm}\cos\Omega t$$

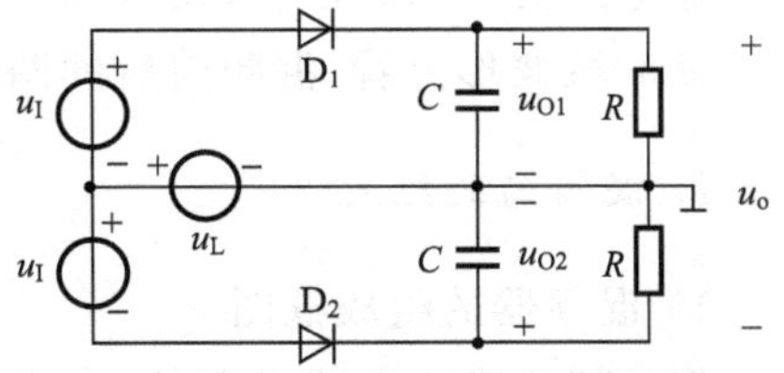

图 6.4.10 相加型同步检波原理电路

由此可见，输出信号和原调制信号呈线性关系。

4. 本地载波的产生方法

无论相乘型还是相加型同步检波器，都要求接收机提供与载波信号同频、同相的同步信号 u_L——本地载波。

对于双边带或单边带调幅信号来说，无法直接从信号中提取本地载波，为了产生本地载波信号，往往在发射机发射双边带或单边带调幅信号的同时，附带发射一个载频信号，其功率远低于双边带或单边带调幅信号的功率，通常称为导频信号。接收机在接收信号的同时也就接收了导频信号，由晶体滤波器从输入信号中取出该导频信号，经放大后作为本地载波，如图 6.4.11(a)所示。当然对于普通调幅波本身就含有载波信号，也可以采用图 6.4.11(a)所示的方法获得本地载波信号。

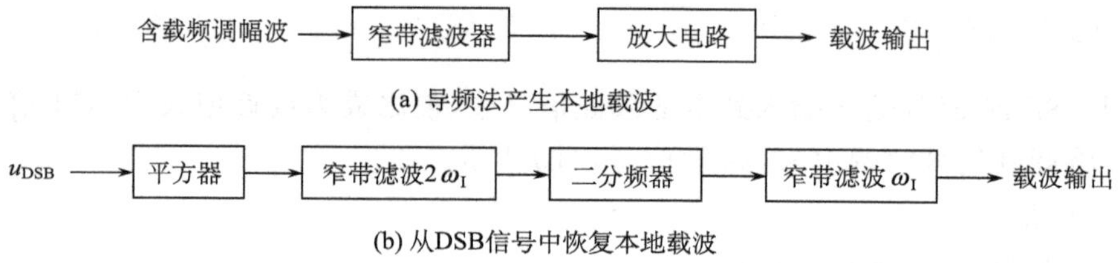

图 6.4.11　本地载波的产生原理框图

此外，对于双边带调幅信号，也可直接由该信号得到本地载波。方法是将 $u_{DSB}=U_{Im}\cos\Omega t\cos\omega_I t$ 取平方，从中取出角频率为 $2\omega_I$ 的分量，经二分频器将其变换为频率是 ω_I 的同步信号。如图 6.4.11(b)所示。

对于单边带信号，则必须在发射端专门发送一个载频信号供接收端提取。

6.5 混频器

6.5.1 混频器的作用、组成及主要参数

1. 混频器的作用

为了能满足各种无线电设备的需要，有利于提高设备的性能，经常将信号从某一频率变换到另一固定的新频率(称为中频)，而保持其调制规律不变。完成这一频率变换功能的电路称为混频器或变频器。

混频器是通信机的重要组成部件。在发射机中一般采用上混频(和频)，在频谱上将已调信号搬移到更高的频段上；接收机一般采用下混频(差频)，在频谱上将已调信号搬移到中频上。从时域波形上看，混频前后的调制规律保持不变，只是载波频率发生了变化。

2. 混频器的组成

1) 混频器的组成框图

混频器通常由非线性器件、本机振荡器和带通滤波器三部分组成。图 6.5.1 是以超外差接收机为例的示意图。图中，u_s 为混频前输入的高频调幅信号，u_L 为本地(本机)振荡器产生的高频等幅波，u_I 为混频后输出的中频调幅信号。

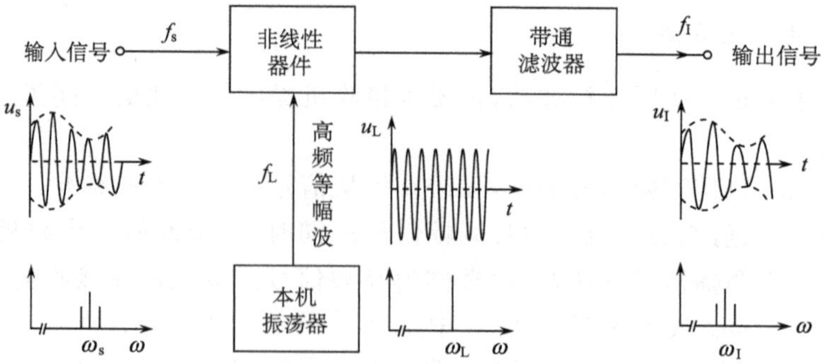

图 6.5.1　超外差式接收机混频器的组成框图、波形及频谱

(1) 非线性器件。在实际电路中，根据混频器所使用的非线性器件不同分为二极管混频器、晶体管混频器、场效应管混频器、模拟相乘器混频器等。

(2) 本机振荡器。如果非线性器件本身既产生本机振荡信号，又进行频率变换，则这种频率变换电路称为变频器或自激式变频器；如果非线性器件只进行频率变换，而本机振荡信号由另外的器件产生，则这种频率变换电路称为混频器或它激式变频器，适于高质量的设备。

(3) 带通滤波器。滤波器用于选出混频后所需输出的中频分量(和频或差频)。

2) 混频器的特点

假设 $u_s(t)=U_{sm}(1+m_a\cos\Omega t)\cos\omega_s t$，$u_L(t)=U_{Lm}\cos\omega_L t$，加在非线性器件上的电压 $u=U_Q+u_s+u_L$，根据式(2.3.2)并取二次方项中的相乘项可得

$$\begin{aligned}2a_2u_Lu_s&=2a_2U_{Lm}\cos\omega_L t\cdot U_{sm}(1+m_a\cos\Omega t)\cos\omega_s t\\&=a_2U_{Lm}U_{sm}(1+m_a\cos\Omega t)[\cos(\omega_L+\omega_s)t+\cos(\omega_L-\omega_s)t]\end{aligned}$$

通过带通滤波器选出其中的差频分量，则中频输出电压为

$$u_I(t)=a_2U_{Lm}U_{sm}(1+m_a\cos\Omega t)\cos(\omega_L-\omega_s)t=a_2U_{Lm}U_{sm}(1+m_a\cos\Omega t)\cos\omega_I t$$

式中，$\omega_I=\omega_L-\omega_s$ 称为中频频率。从上述组成框图和表达式中看出以下几点。

(1) 从波形看，电压 $u_I(t)$ 与 $u_s(t)$ 的振幅包络相同，表明变频后所携带的信息 $(1+m_a\cos\Omega t)$ 没有变化，唯一的差别是载波频率不同。

(2) 从表达式看，输入已调信号频谱不失真地从高频位置 ω_s 搬移到中频位置 ω_I 上，将高频已调波变成了中频已调波，各频谱分量的相对位置并不发生变化，显然混频器是一种典型的线性频谱搬移电路。例如，在超外差式调幅广播接收机中，把载频位于 535～1605kHz 波段内的信号变换为 465kHz 的中频信号，如图 1.3.2 所示，由于采用的是超外差式，所需要的本机振荡频率的范围在 1000～2070kHz。在调频广播接收机中，把载频位于 88～108MHz 的各调频信号变换为 10.7MHz 的中频信号。在电视接收机中，把载频位于四十几兆赫兹至近千兆赫兹频段内的图像信号变换为 38MHz 的中频信号，电视伴音信号变换为 31.5MHz 的中频信号。

(3) 在上式中，由于设置的带通滤波器的中心频率为差频 $\omega_L-\omega_s$，所以得到的中频载波常称为低中频；若设置的带通滤波器的中心频率为和频 $\omega_L+\omega_s$，那么中频载波可称为高中频。可见，混频器有低中频和高中频之分，一般民用接收设备如收音机、电视机等采用低中频；在通信设备中，为了避免某些干扰有时采用高中频。

3. 混频器的主要指标

1) 混频增益

定义为混频器输出的中频电压振幅 U_{Im} 与输入高频电压振幅 U_{sm} 之比。即

$$A_{uc}=\frac{U_{Im}}{U_{sm}} \tag{6.5.1}$$

对接收机而言，变频增益大，易于提高灵敏度。若二极管作为混频器时，则 $A_{uc}<1$。

2) 选择性

为了有效抑制无用分量，中频输出端所接的带通滤波器应具有良好的选择性。

3) 失真与干扰

在混频过程中将产生频率失真、非线性失真和各种组合频率干扰等，对此应采取相应的抑制措施。

6.5.2　晶体管混频器

晶体管混频器具有电路简单、混频增益较高的特点。

1. 混频器的组态

根据晶体管组态和本机振荡电压注入方式的不同，晶体管混频器有四种基本形式。如图 6.5.2 所示。

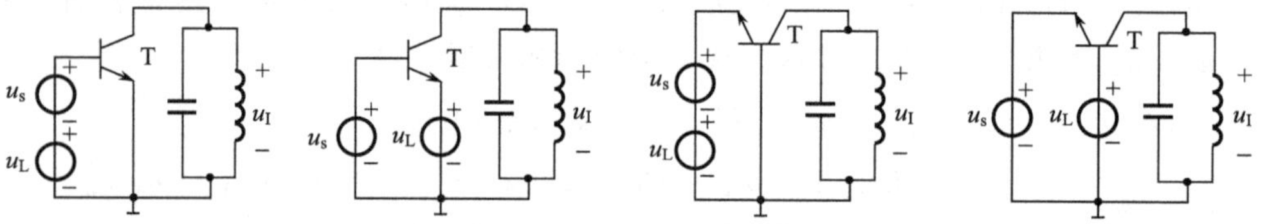

(a) 共射混频器　(b) 共射混频器　(c) 共基混频器　(d) 共基混频器

图 6.5.2　混频器的四种基本形式

其中，图 6.5.2(a)和图 6.5.2(b)均为共射混频器，在调幅广播接收机中应用较多；图 6.5.2(c)和图 6.5.2(d)均为共基混频器，频率特性好，多用于频率较高的调频接收机中。此外，图 6.5.2(b)和图 6.5.2(d)两电路中的 u_s 和 u_L 分别由不同的引脚输入，两个电压互相影响小，本振频率受信号频率的牵引作用小。

2. 混频器的工作原理

晶体管混频器是利用发射结实现混频，晶体管进行放大，集电极调谐回路完成选频任务。混频原理电路如图 6.5.3 所示。

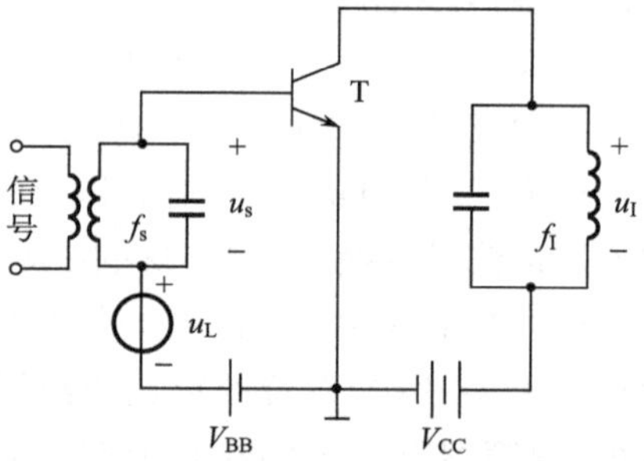

图 6.5.3　混频原理电路

在 2.3.1 节中曾介绍的线性时变电路分析法是分析晶体管混频器的基础。若用输入信号 $u_s(t)=U_{sm}\cos\omega_s t$ 代替图 2.3.2 中的 u_1，本振信号 $u_L(t)=U_{Lm}\cos\omega_L t$ 代替图 2.3.2 中的 u_2，并且 $U_{Lm}\gg U_{sm}$，则由式(2.3.9)可得

$$i_C \approx I_C(t)+g(t)u_s$$

由式(2.3.10)将 i_C 展开为

$$\begin{aligned} i_C = & I_{C0}+I_{c1m}\cos\omega_L t+I_{c2m}\cos 2\omega_L t+\cdots \\ & +U_{sm}\left[g_0\cos\omega_s t+\frac{1}{2}g_1\cos(\omega_L\pm\omega_s)t+\frac{1}{2}g_2\cos(2\omega_L\pm\omega_s)t+\cdots\right] \end{aligned} \tag{6.5.2}$$

当通过带通滤波器取差频，即中频 $\omega_I=\omega_L-\omega_s$ 时，则变频后的中频电流为

$$i_I=\frac{1}{2}U_{sm}g_1\cos(\omega_L-\omega_s)t=\frac{1}{2}U_{sm}g_1\cos\omega_I t=I_{Im}\cos\omega_I t \tag{6.5.3}$$

定义变频跨导 g_c 为输出中频电流振幅 I_{Im} 与输入高频电压振幅 U_{sm} 之比，即

$$g_c = \frac{I_{Im}}{U_{sm}} = \frac{g_1}{2} \tag{6.5.4}$$

它表示晶体管混频器输入的高频电压对输出的中频电流的控制能力，在数值上等于时变跨导基波分量振幅的一半。可见欲求变频跨导，只需求出时变跨导的基波分量的振幅 g_1。

通过晶体管混频器的等效电路可以推导出混频器的变频增益为

$$A_{uc} = \frac{g_c}{g_{oe} + g_L} \tag{6.5.5}$$

式中，g_{oe}为晶体管的输出电导；g_L为负载电导。

例 6.5.1　在晶体管混频器中，已知晶体管静态转移特性为 $i_C = a_0 + a_2 u_{BE}^2 + a_3 u_{BE}^3$，且 $u_L(t) = U_{Lm}\cos\omega_L t$，试求变频跨导。

解　由晶体管静态转移特性可得跨导 $g = \frac{di_C}{du_{BE}} = 2a_2 u_{BE} + 3a_3 u_{BE}^2$。

设时变偏压 $u_{BE} = V_{BB} + u_L = V_{BB} + U_{Lm}\cos\omega_L t$，则时变跨导为

$$\begin{aligned} g(t) &= 2a_2(V_{BB} + U_{Lm}\cos\omega_L t) + 3a_3(V_{BB} + U_{Lm}\cos\omega_L t)^2 \\ &= (2a_2 + 3a_3 V_{BB})V_{BB} + U_{Lm}(2a_2 + 6a_3 V_{BB})\cos\omega_L t + 3a_3 U_{Lm}^2 \cos^2\omega_L t \end{aligned}$$

式中，基波分量的振幅 $g_1 = U_{Lm}(2a_2 + 6a_3 V_{BB})$，故变频跨导为

$$g_c = \frac{g_1}{2} = U_{Lm}(a_2 + 3a_3 V_{BB})$$

3. 晶体管混频器的实际应用

晶体管混频器的实际电路有两类：本振电压由混频管自身产生的自激式变频器和本振电压由单独振荡器产生的它激式变频器。

1) 自激式共射极实际变频器

对于多数调幅收音机而言，变频级既包含混频器，又含有振荡器，如图 6.5.4 所示。其中，图 6.5.4(b)为混频器，图 6.5.4(c)为振荡器，晶体管 T_1 既作为混频管，又作为振荡器的放大管。

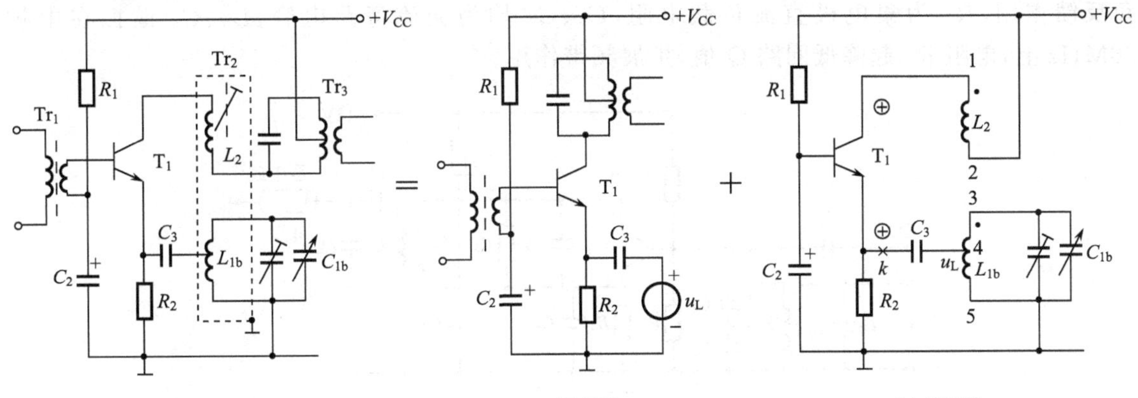

图 6.5.4　实际收音机变频器的分解图

(1) 混频器。由于混频器采用了"非线性器件",所以会产生更多的频率分量,这就需要通过滤波器来完成对有用分量 $f_I=f_L-f_s$ 的选取。这里采用图 6.5.2(b)所示的信号、本振分极注入方式是因为调幅广播收音机的中频为 465kHz,本振频率和信号频率相距较近,为减小两信号间的相互影响而为之。

(2) 本机振荡器。本机振荡器属于互感耦合式振荡器,本振电压通过耦合电容 C_3 加到晶体管发射极上。

① 相位条件。用"三步曲法"来判断图 6.5.4(c)。假想从反馈线的 k 点断开,并加入瞬时极性为⊕的 $\dot{U}_k$,则电路中各点电位变化如下:

$\dot{U}_k$⊕→T_1 集电极 $\dot{U}_c$⊕→线圈 L_2 上端 1 为⊕,由同名端可知 L_{1b} 上端 3 为⊕→线圈 L_{45} 上端为⊕,即反馈电压 $\dot{U}_L$ 为⊕。

可见 $\dot{U}_L$ 与 $\dot{U}_k$ 同相位,满足相位平衡条件。

② 幅值条件。适当调节 L_2 和 L_{1b} 的相对位置或 L_2 的匝数即可满足振荡器的起振条件。

③ 谐振频率。由 L_{1b}、C_{1b} 回路决定,即 $f_L=\dfrac{1}{2\pi\sqrt{L_{1b}C_{1b}}}$。

(3) 变频器的工作原理。由图 6.5.4(a)看出,f_s 与 f_L 两路输入信号加至 T_1 的发射结上,产生多组合频率的分量,再经并联谐振回路选频(调 Tr_3 磁心,可使 $f_I=465kHz$),只把 465kHz 的电流在 Tr_3 初级线圈两端转换成很高的谐振电压,后经 Tr_3 次级线圈耦合至下级。

电路工作状态无法兼顾振荡器和混频器同时处于最佳情况(混频管的静态工作点偏低,使其工作在非线性区;而振荡管为了满足起振条件应工作在甲类状态)是该电路的缺点。

2) 它激式共射极实际混频器

图 6.5.5 为电视接收机的混频电路。其电路特点为:高频放大器输出的高频信号 u_s 经双调谐耦合回路加到混频器的基极;由单独振荡器产生的本振信号 u_L 通过电容 C_1 也加到混频器的基极。由于本振和混频由两个晶体管分担(图中未画出产生本振信号的电路),便于调到最佳工作状态。由于电视图像信号频率与本振频率相差较大($f_L-f_s=38MHz$),两者不会发生频率牵引现象,所以可采用图 6.5.2(a)所示的同极注入方式。图中 L_2、C_3、C_4 采用部分接入方式,谐振在某一电视频道上;R_1、R_2 为基极偏置电阻,R_3 为发射极直流偏置电阻,起直流负反馈作用,R_4 为集电极直流负载电阻,C_6、C_7 均为交流旁路电容;L_3、C_5 谐振在中频 38MHz 上,电阻 R_5 起降低回路 Q 值,扩展频带作用。

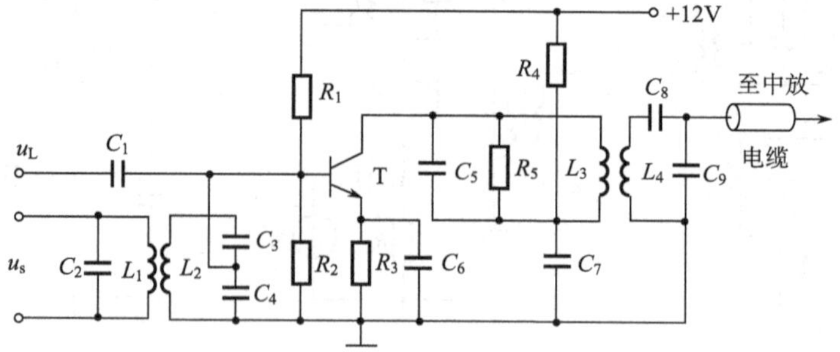

图 6.5.5　电视接收机的混频电路

6.5.3　二极管混频器

二极管混频器与晶体管混频器相比较，具有电路结构简单、噪声低、组合频率少等优点，其缺点是混频增益小于 1，但混频后再进行放大，可以减小整机的噪声系数。因此在高质量通信设备以及工作频率较高时，常采用二极管平衡混频器或环形混频器。

1. 二极管平衡混频器

若将图 2.3.4(a)所示的二极管平衡相乘器中的 u_1 用输入信号 $u_s(t)=U_{sm}\cos\omega_s t$ 代替、u_2 用本振信号 $u_L(t)=U_{Lm}\cos\omega_L t$ 代替，并且 $U_{Lm}\gg U_{sm}$，这样便组成了二极管平衡混频器。然后利用式(2.3.17)可得输出电流为

$$i_L=2gS(\omega_L t)u_s=2g\left(\frac{1}{2}+\frac{2}{\pi}\cos\omega_L t-\frac{2}{3\pi}\cos 3\omega_L t+\cdots\right)U_{sm}\cos\omega_s t$$

若输出端接中频滤波器(取差频)，则输出中频电压 u_I 为

$$u_I=i_I R_L=\frac{2}{\pi}gR_L U_{sm}\cos(\omega_L-\omega_s)t=\frac{2}{\pi}gR_L U_{sm}\cos\omega_I t$$

可见，通过二极管平衡混频器得到了中频信号，实现了频谱搬移。

2. 二极管环形混频器

若将图 2.3.5(a)所示的二极管双平衡相乘器中的 u_1 用输入信号 $u_s(t)=U_{sm}\cos\omega_s t$ 代替、u_2 用本振信号 $u_L(t)=U_{Lm}\cos\omega_L t$ 代替，并且 $U_{Lm}\gg U_{sm}$，这样便构成了二极管环形混频器。由式(2.3.21)可得输出电流为

$$i_L=2gS'(\omega_L t)u_s=2g\left(\frac{4}{\pi}\cos\omega_L t-\frac{4}{3\pi}\cos 3\omega_L t+\cdots\right)U_{sm}\cos\omega_s t$$

经中频滤波器取差频后，得输出中频电压为

$$u_I=i_I R_L=\frac{4}{\pi}gR_L U_{sm}\cos(\omega_L-\omega_s)t=\frac{4}{\pi}gR_L U_{sm}\cos\omega_I t$$

显然，环形混频器的输出电压是平衡混频器输出电压的两倍，且减少了电流频谱中的组合分量。

6.5.4　模拟相乘器混频器

两信号相乘实现混频是最直观的方法。利用非线性器件实现两个信号相乘时，虽然可以采用多种措施来减少一些无用频率分量，但都无法根除它们的影响，为了实现理想相乘，只要条件允许，应首先选用模拟相乘器。

利用 MC1596 构成的混频器如图 6.5.6 所示。本振信号 u_L 由 10 脚输入，信号电压 u_s 由 1 脚输入。混频后信号由 6 脚输出，经带通滤波器后得到中频信号。

与分立元件晶体管构成的混频器相比，相乘器组成的混频器有如下优点：输出信号中组合频率分量少、寄生干扰小；对本振电压没有严格的要求；输入电压与本振电压隔离较好，互相影响小；有较高的变频增益；线性动态范围大。

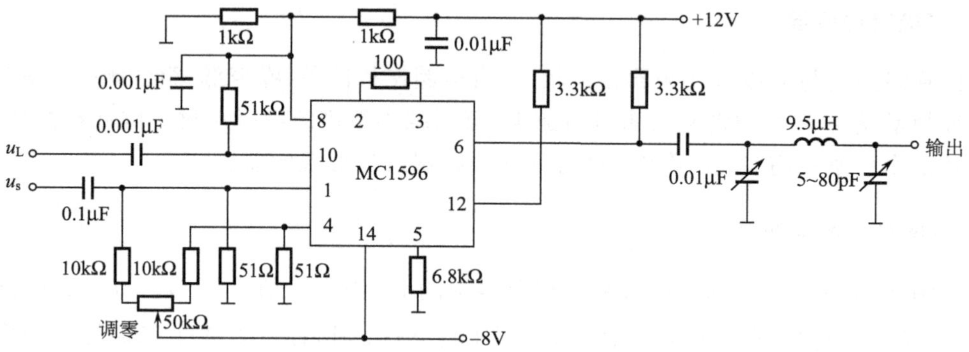

图 6.5.6　用 MC1596 实现混频的实用电路

6.5.5　混频器的干扰

超外差接收机中的混频器，在使其性能得到改善的同时，又会给接收机带来一些特有的混频干扰，这些干扰是混频器的非线性所引起的。混频器的作用是输入信号与本振信号混频后通过选频网络选出有用的中频分量，但实际上，输入信号与本振信号的各种谐波之间、干扰信号与本振信号之间、干扰信号与输入信号之间以及干扰信号之间，经非线性器件的相互作用还会产生很多新的频率分量，若其中某些分量的频率等于或接近于中频时，则这些无用中频和有用中频将同时被放大器放大，并进入检波器进行检波。这样在收听有用信号的同时，也能听到干扰信号。若在检波器中发生差拍检波，则在收听时可听到啸叫声。

在实际电路中，能否形成干扰要看以下两个条件：一是是否满足一定的频率关系，二是满足一定频率关系的分量幅值是否较大。

混频干扰的形式一般有组合频率干扰、副波道干扰、交调和互调干扰、阻塞干扰等。

1. 组合频率干扰

由 2.3.1 节分析可知，当两个频率的信号作用于非线性器件时，会产生这两个信号频率的各种组合分量。组合频率干扰是指没有外来干扰信号时，由于混频器的非线性而产生的不同频率的组合所形成的干扰。

1）形成原因及条件

由于混频器的非线性产生了输入信号与本振信号的组合频率，其产生干扰的条件为

$$|\pm pf_L \pm qf_s| \approx f_I$$

式中，p、q 分别为本振信号和输入信号频率的谐波次数，上式包含以下四种情况：$pf_L+qf_s\approx f_I$、$pf_L-qf_s\approx f_I$、$-pf_L+qf_s\approx f_I$、$-pf_L-qf_s\approx f_I$。如取 $f_I=f_L-f_s$，则第一种情况不可能，第四种情况不存在。若将第二、三两种情况合并可写成 $pf_L-qf_s\approx\pm f_I$，又因为 $f_L=f_s+f_I$，故

$$\frac{f_s}{f_I} \approx \frac{p\pm 1}{q-p} \tag{6.5.6}$$

式中，f_s/f_I称为变频比。当 f_s或 f_I确定后，总会找到能使有用信号的频率 f_s接近中频频率f_I整数倍的 p、q 整数值，也就是说有确定的干扰频率及其数目。把 $p+q$ 称为干扰的阶数，阶数

越小干扰越严重。一般限定 $p\leqslant 4, q\leqslant 8$，且 $p+q\leqslant 10$。将不同的 p、q 值代入式(6.5.6)可算出相应的变频比 f_s/f_I 的值，如表 6.5.1 所示。

表 6.5.1　组合干扰频率分布点

编号	1	2	3	4	5	6	7	8	9	10
p	0	1	1	2	1	2	3	1	2	3
q	1	2	3	3	4	4	4	5	5	5
f_s/f_I	1	2	1	3	2/3	3/2	4	1/2	1	2
编号	11	12	13	14	15	16	17	18	19	20
p	4	1	2	3	4	1	2	3	1	2
q	5	6	6	6	6	7	7	7	8	8
f_s/f_I	5	2/5	3/4	4/3	5/2	1/3	3/5	1	2/7	1/2

例如，调幅广播接收机的中频为 465kHz，当接收发射频率 $f_s=931\text{kHz}$ 的电台时，本振频率 $f_L=f_I+f_s=1396\text{kHz}$，则变频比 $f_s/f_I\approx 931/465\approx 2$。查表 6.5.1 有编号为 2 和 10 的干扰。对于 2 号是 3 阶干扰，可得 $2f_s-f_L=466\text{kHz}$；对于 10 号是 8 阶干扰，可得 $5f_s-3f_L=467\text{kHz}$。它们与中频 465kHz 很接近，并落在中频放大器的通频带内，中频谐振回路无法将它滤除。因此经中频放大器加至检波器上，通过检波器的非线性效应，使这些接近中频的组合频率(无用中频)与有用中频进行差拍检波而产生 1kHz 和 2kHz 的音频，这种音频以啸叫声的形式出现，故也称为干扰哨声。

2) 抑制方法

由于这种干扰是输入信号与本振的各次谐波组合形成的，与外来干扰无关，所以只能尽可能减少干扰点的数目并抑制阶数低的干扰。主要方法有以下几种。

(1) 正确选择中频频率。例如，某短波接收机波段范围为 2～30MHz，若 $f_I=1.5\text{MHz}$，则变频比 $f_s/f_I=1.33\sim 20$。由表 6.5.1 查出组合干扰点为 2、4、6、7、10、11、14、15 号，干扰最强的是 2 号 3 阶干扰，由式(6.5.6)得受干扰的频率为 $f_s=2f_I=3\text{MHz}$。若 $f_I=0.5\text{MHz}$，$f_s/f_I=4\sim 60$，组合干扰点为 7 号和 11 号，最严重的是 7 号 7 阶干扰，受干扰的频率 $f_s=4f_I=2\text{MHz}$。显然将中频由 1.5MHz 改为 0.5MHz，较强的干扰点由 8 个减至 2 个，最强的干扰由 3 阶降为 7 阶。但中频频率降低后，对其他干扰的抑制是不利的。若改用高中频 70MHz，$f_s/f_I=0.029\sim 0.43$，则此时的组合干扰点为 12、16 和 19 号，最严重的是 12 号 7 阶干扰。所以提高中频抑制组合频率干扰的方法也得到了广泛的应用。

(2) 合理选择混频器的工作状态。目的是尽可能避免混频器工作在强非线性区，以减少组合频率分量。

(3) 采用合理的电路形式。从电路结构上想办法，尽可能抵消一些组合频率分量。如采用模拟相乘器、环形混频器等电路。

2. 副波道干扰

当有外来干扰信号作用于混频器的输入端时，如果这个干扰信号能够通过混频器的某个寄生通道变换为中频，那么这种干扰称为副波道干扰，或称为寄生通道干扰。

1) 形成原因及条件

混频器前端电路的选择性不好，使频率为 f_N 的干扰信号加至混频器的输入端，并与本振电压混频，若产生的组合频率满足

$$|\pm pf_L \pm qf_N| \approx f_I$$

则产生的“假中频”将表现为串台，还有可能伴随着啸叫声。

在上式的四种情况中同样只有 $pf_L - qf_N \approx f_I$、$-pf_L + qf_N \approx f_I$ 两式成立，将它们合并可写为

$$f_N = \frac{p}{q}f_L \pm \frac{1}{q}f_I \tag{6.5.7}$$

表明 f_N 对称地分布在 $\frac{p}{q}f_L$ 左右，且与 $\frac{p}{q}f_L$ 的间隔为 $\frac{1}{q}f_I$。

2) 中频、镜像干扰及其抑制方法

下面对式(6.5.7)进行讨论。

(1) 中频干扰。若 $p=0$、$q=1$，则 $f_N = f_I$，称为中频干扰，是 1 阶干扰。当接收机的前端电路选择性不好，且干扰频率等于或接近接收机的中频频率时，对于中频干扰信号来说，混频器相当于一级中频放大器，此干扰信号经过各级中频放大器放大后加至检波器的输入端，差拍检波后形成啸叫声。

抑制中频干扰的主要方法是提高接收机前端电路的选择性，以降低加在混频器上的干扰电压值。例如，广泛采用在混频器的输入端加中频陷波电路，以滤除外来的中频干扰。如图 6.5.7所示。在图 6.5.7(a)中，LC 串联回路谐振在中频 f_I 上，由于串联谐振时回路阻抗很小，将对中频干扰信号起到短路作用；在图 6.5.7(b)中，LC 并联回路也谐振在中频 f_I 上，并联谐振时回路阻抗很大，它将使中频干扰信号大大衰减，从而起到抑制中频干扰的作用。

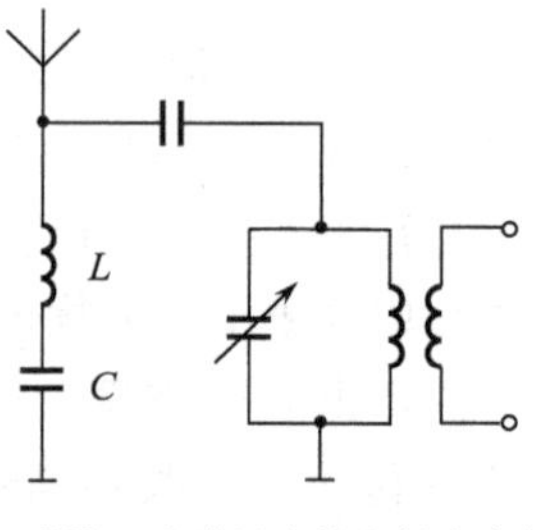

(a) 采用LC串联回路的中频陷波电路

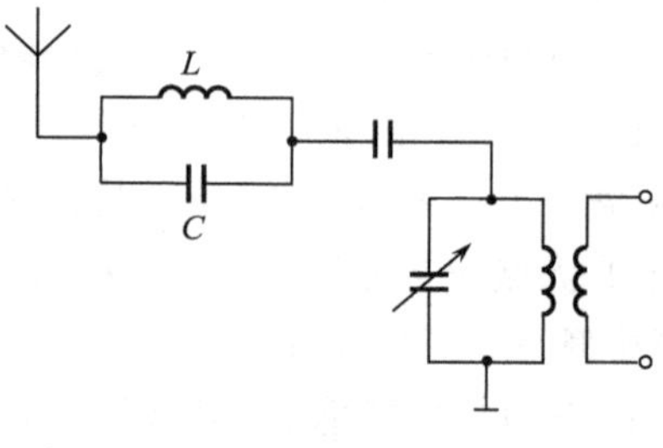

(b) 采用LC并联回路的中频陷波电路

图 6.5.7　LC 中频陷波电路

(2) 镜像干扰。若 $p=q=1$，则 $f_N = f_L + f_I = f_s + 2f_I$，称为 f_s 的镜像干扰频率，如图 6.5.8 所示，镜像干扰是 2 阶干扰。抑制镜像干扰的主要措施是提高混频器前端电路的选择性，以降低加到混频器输入端的镜像干扰电压，如加镜频吸收回路。还可以采用高中频方案，即提高接收机的中频频率 f_I，以使镜像干扰频率 f_N 与信号频率 f_s 的频率间距($2f_I$)加大，有利于选频回路对 f_N 的抑制。

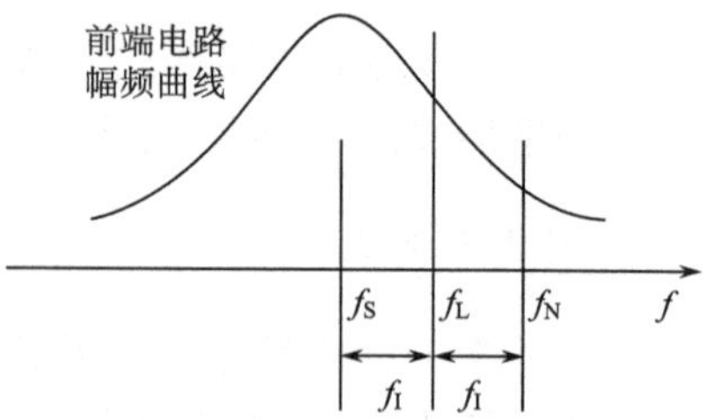

图 6.5.8　镜像干扰示意图

由上述分析可见，组合频率干扰和副波道干扰都是有用信号或干扰信号与本振信号经过混频器的非线性变换后，产生了接近于中频 f_I 的分量而引起的。因此这类干扰是混频器所特有的。

3. 交叉调制干扰和互相调制干扰

1）交叉调制干扰

(1) 形成原因。由于输入回路的选择性不好，一个已调的强干扰信号与有用信号同时作用于混频器，由于器件的非线性将已调干扰信号的调制电压转移到有用信号的载频上，然后再与本振混频得到中频电压，中频电压的振幅不仅与有用调制信号有关，还与干扰调制信号有关，从而形成交叉调制干扰(简称交调干扰)。交调干扰是由混频器晶体管特性中的四次方项或更高偶次方项产生的。

(2) 干扰现象。当接收有用信号时，在输出端不仅可以收听到有用信号台的声音，还清楚地听到干扰台的声音，而信号频率与干扰频率之间没有固定的关系，一旦有用信号消失，干扰台的声音也随之消失。即干扰信号随有用信号的变化而变化(同时存在、同时消失)。

2）互相调制干扰

(1) 形成原因。当两个或多个干扰信号同时加至接收机的输入端时，由于放大器的非线性，干扰信号之间相互作用，产生的组合频率分量接近于有用信号的频率，它和有用信号一同进入混频器与本振混频，产生接近于中频的干扰信号，该信号很顺利地通过中频放大器后，经检波器差拍检波后产生互相调制干扰(简称互调干扰)。在高放级，它是由晶体管特性中的三次方项产生的，在混频器中，它是由晶体管特性中的四次方项或更高次方项产生的。

(2) 产生条件。设两个干扰信号的频率分别为 f_{N1} 和 f_{N2}，对高放级若满足 $|\pm mf_{N1}\pm nf_{N2}|\approx f_s$，则将产生互调干扰，$m+n$ 为干扰阶数；或者对混频器满足 $|\pm pf_L\pm mf_{N1}\pm nf_{N2}|\approx f_I$ 时也会产生互调干扰。

3）交调和互调干扰的抑制措施

(1) 提高混频器前端(级)电路的选择性，尽量减小干扰信号的幅度。

(2) 选择合适的器件(如平方律器件)和合适的工作状态，使混频器的非线性高次方项尽可能少，以减小组合分量。

(3) 采用抗干扰能力较强的模拟相乘器混频器和环形混频器等。

4. 阻塞干扰

由于输入电路抑制不良，当一个强干扰信号进入接收机输入端后，前端电路的放大器或混频器的晶体管工作在严重的非线性区，混频器输出的有用信号的幅度减小，严重时晶体管的工作状态被完全破坏，有用信号无法收到。当然有用信号为强信号时，同样也会产生阻塞干扰。

例 6.5.2　在超外差接收机中，中频 $f_I=f_L-f_s=465\text{kHz}$，试分析下列现象：

(1) 当收听频率为 550kHz 电台时，还能听到 1480kHz 电台的干扰；

(2) 接收 1480kHz 电台时，还能听到 740kHz 电台的干扰；

(3) 收听 930kHz 电台时，可同时收到 690kHz 和 810kHz 的电台，但不能单独收到其中一个电台的信号。

解　只有组合频率干扰是本振信号和有用输入信号之间相互作用产生的，而其他混频干扰产生时，都会收到另外的无用信号。由题意可知，所给三种情况都能听到其他频率的干扰，显见应是副波道干扰、交调干扰和互调干扰中的一种情况。

(1) 由接收情况可知 $f_L=f_I+f_s=465+550=1015(\text{kHz})$,且有 $f_N-f_L=1480-1015=465(\text{kHz})=f_I$。由于 $p=q=1$,所以此干扰为 2 阶副波道干扰,即镜像干扰。

(2) 由接收情况可知 $f_L=f_I+f_s=465+1480=1945(\text{kHz})$,且有 $f_L-2f_N=1945-2\times740=465(\text{kHz})=f_I$。由于 $p=1$、$q=2$,所以此干扰为 3 阶副波道干扰。

(3) 由接收情况可知 $f_L=f_I+f_s=465+930=1395(\text{kHz})$,且有 $f_L-(-f_{N1}+2f_{N2})=1395-(-690+2\times810)=465(\text{kHz})=f_I$。由于 $m=1$、$n=2$,所以此干扰为 3 阶互调干扰。

本章小结

本章主要内容体系为:振幅调制信号的分析→振幅调制电路→振幅解调电路→混频器。

(1) 在调制过程中,当被控制的是等幅高频载波的振幅时,这种调制称为幅度调制,简称调幅。调幅方式有:AM、DSB、SSB 和 VSB。

(2) 调幅、检波和混频的过程就是频谱线性搬移的过程。从数学的角度看,实现频谱搬移必须在表达式中含有乘积项;从电路的角度看,模拟相乘器或具有相乘功能的电路是频谱搬移的核心。因此这些电路的工作原理和基本组成相似,都是由非线性器件实现频率变换和用滤波器来滤除不需要的频率分量。不同之处是输入信号、参考信号、滤波器特性在实现调幅、检波和混频时各有不同的形式,以完成特定要求的频谱搬移,见图 6.1。

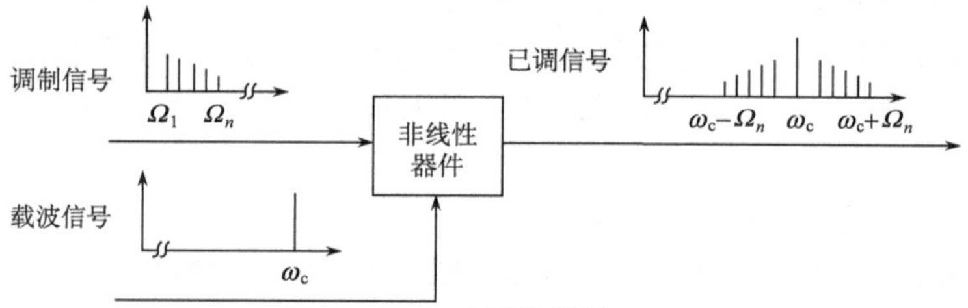

(a) 调幅电路

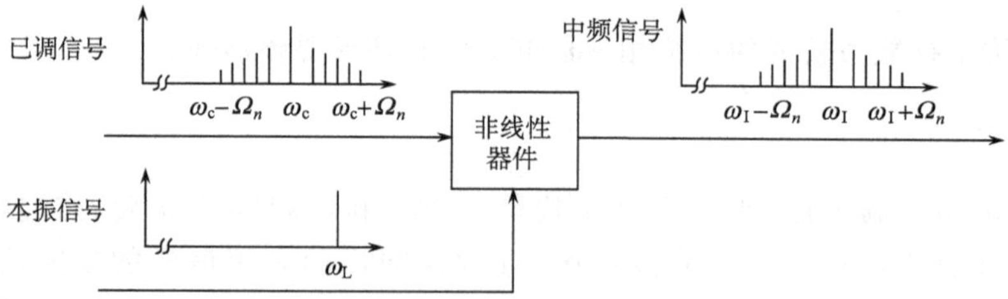

(b) 混频电路

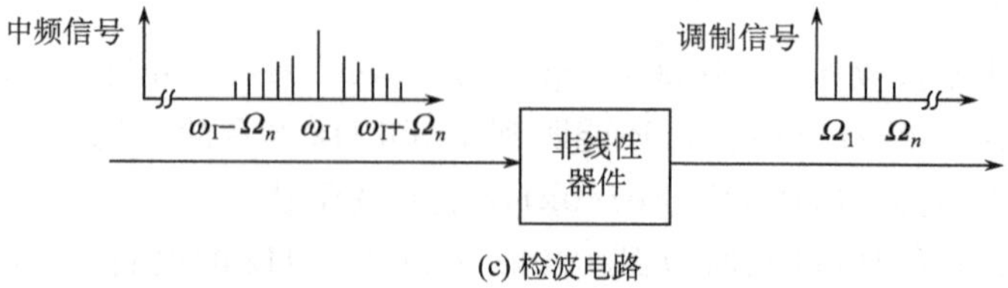

(c) 检波电路

图 6.1 三种频率变换电路框图及频谱示意图

(3) 实现调幅的电路分高电平和低电平两类。在高电平级实现的调幅称为高电平调幅，常采用丙类谐振功率放大器产生大功率的 AM 信号。在低电平级实现的调幅称为低电平调幅，广泛采用二极管环形相乘器和双差分对集成模拟相乘器实现 DSB 和 SSB 调幅，也可产生 AM 波。

(4) 从调幅信号中还原出调制信号的过程称为解调，也称为振幅检波，相应的电路称为检波器。检波器有大信号峰值包络检波器和小信号同步检波器。大信号峰值包络检波器只适用于 AM 信号的解调，它是调幅接收机普遍采用的方法；同步检波器适用于所有信号的解调，检波时需要引入一个与已调波的载频同频同相的本地载波信号，使接收电路比峰值包络检波器复杂。

(5) 混频器是超外差接收机的重要组成部分。其作用是将载频为高频的已调信号不失真地变换为载频为固定的已调信号，而保持原调制规律不变。混频器和变频器的区别在于，混频器不包括本地振荡器，而变频器是包括本地振荡器在内的混频电路。

由于混频器的非线性特性和前端电路的选择性不好，在混频的过程中会产生组合频率干扰、副波道干扰、交调和互调干扰以及阻塞干扰等。抑制这些混频干扰的主要措施是提高前端电路的选择性，给混频管选择适当的工作点以减小其非线性特性；另外还可以选择适当的混频器，例如，采用二极管环形混频器和双差分对集成模拟相乘器等电路来抵消部分组合频率分量，降低干扰。在简易接收机中常采用晶体管混频器。

自　测　题

一、填空题

1. 若调幅波 $u(t)=2(5+2\sin 6280t)\cos 3.14\times10^6 t$ V，且把该电压加到 $R_L=20\Omega$ 的电阻上，则调幅系数__________，载波功率__________，边频功率__________，最大瞬时功率__________，通频带__________。

2. 一调幅波 $u(t)=25(1+0.7\cos 2\pi\times5000t-0.3\cos 2\pi\times10^3 t)\times\cos 2\pi\times10^6 t$ V，此调幅波包含的频率分量有__________、__________、__________、__________、__________。

3. 峰值包络检波器是利用二极管__________和 RC 网络__________的滤波特性工作的。

4. $u(t)=\cos\Omega t\cos\omega_c t$ V 表示的是__________调幅波。其中调制信号的角频率为__________，载波角频率为__________。每一边频分量的振幅为__________。

5. 集电极调幅时谐振功放应工作在__________状态，若对普通调幅波采用峰值包络检波器检波，由于负载 RC 放电时间常数太大，则可能产生__________失真。

6. 混频只能改变已调波的__________，而不能改变已调波的__________。

7. 变频跨导的定义是____________________，可用__________表示。混频时将晶体管视为__________元件。

8. 常见的混频干扰有__________、__________、__________及__________。

9. 在混频电路中，为了减小非线性失真，最好采用具有__________特性的器件，例如__________。

二、选择题

1. 在电视信号发射中，为了压缩图像带宽又用普通的接收机接收，采用__________制式。

A. AM　　B. DSB　　C. SSB　　D. VSB

2. 高电平调制在__________放大器中进行，分__________和__________。

A. 调幅　　B. 高频功率　　C. 基极调幅　　D. 发射极调幅

E. 集电极调幅

3. 平衡调幅器平衡的结果是__________。

A. 获得很窄的频谱　　B. 抑制一个边带

C. 使载波振幅按调制信号规律变化　　D. 抵消载波

4. 大信号包络检波器可对__________和__________进行解调。

A. AM　　B. DSB　　C. SSB　　D. VSB

5. 关于同步检波器的说法,下列说法正确的是__________。

A. 相乘型同步检波器由相乘器和低通滤波器组成

B. 相乘型同步检波器由相加器和包络检波器组成

C. 叠加型同步检波器由相加器和低通滤波器组成

D. 叠加型同步检波器由相乘器和低通滤波器组成

6. 混频前后改变的是__________。

A. 信号的载频　　B. 调制规律　　C. 调制信号的频率　　D. A 与 B

7. 实现变频的核心部分是__________。

A. 线性元器件　　B. 非线性元器件　　C. 功率放大器　　D. 振荡器

8. 提高混频器前端电路的选择性对抑制__________效果不明显。

A. 组合频率干扰　　B. 副波道干扰　　C. 互调干扰　　D. 交调干扰

9. 调幅器、同步检波器和混频器都是由非线性器件和滤波器组成的,但所用的滤波器有所不同,它们分别用__________、__________、__________。

A. 低通滤波器　　B. 高通滤波器　　C. 带通滤波器　　D. 带阻滤波器

三、判断题

1. 调幅波中所含的频率成分有载频和调制信号的频率。(　　)

2. 调制的过程就是把调制信号的频谱进行线性搬移,因此一般可采用线性器件实现,其目的是减少非线性失真。(　　)

3. 抑制载波的调幅信号可采用同步检波器解调,也可采用包络检波器解调。(　　)

4. 模拟相乘器调幅、平衡相乘器调幅、环形相乘器调幅均属于高电平调幅。(　　)

5. 同步检波器可用来解调任何类型的调幅波。(　　)

6. 同步检波器的同步指的是本地载波与输入信号载波同频、同相。(　　)

7. 变频实质上是载频上升或降低,而所携带的信息并不发生变化的过程。(　　)

8. 干扰信号随有用信号的变化而变化的现象称为交叉调制干扰。(　　)

9. 当输入信号为调幅波时,混频器的输出信号为调制信号。(　　)

习　　题

6.1　已知调幅波 $u=[5\cos 2\pi\times 10^6 t+\cos 2\pi(10^6+5\times 10^3)t+\cos 2\pi(10^6-5\times 10^3)t]$V,试求调幅系数及频带宽度,画出调幅波波形和频谱图。

6.2　已知调幅波的频谱和波形如习题 6.2 图所示,试分别写出它们的表达式。

6.3　采用 MC1496/MC1596 双差分对集成模拟相乘器组成调幅电路时,为什么将载波信号接到 X 输入端,调制信号接到 Y 输入端?说明图 6.3.4 所示电路中的 R_y、R_p 的作用。

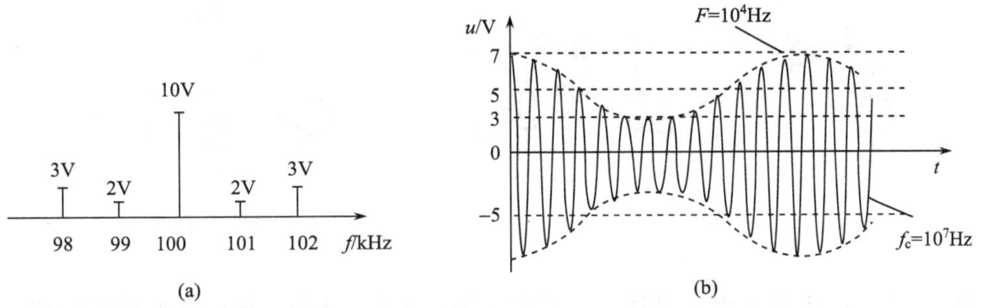

习题 6.2 图

6.4　已知非线性器件的伏安特性为 $i=a_1u+a_3u^3$，试问该器件是否具有调幅作用？为什么？

6.5　调幅电路原理图如习题 6.5 图所示。图中载波 $u_L=U_{Lm}\cos\omega_Lt$，调制信号 $u_\Omega=U_{\Omega m}\cos\Omega t$，证明调制系数 $m_a=A_1U_{\Omega m}/A_0$。

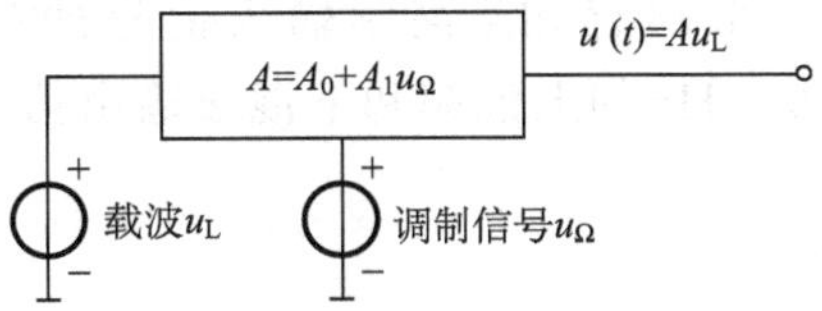

习题 6.5 图

6.6　在习题 2.10(a)图所示电路中，二极管 D_1、D_2 特性相同，伏安特性均是从原点出发、斜率为 g_d 的直线。若 $u_1=u_\Omega=U_{\Omega m}\cos\Omega t$，$u_2=u_c=U_{cm}\cos\omega_ct$，且 $U_{cm}\gg U_{\Omega m}$，$\omega_c\gg\Omega$，并使二极管工作在受 u_c 控制的开关状态。在忽略负载对初级的影响时，(1)能够实现何种调幅；(2)若将习题 2.10(a)图中的二极管 D_2 反接，又能够实现何种调幅。

6.7　在习题 2.10(b)图所示电路中，二极管 D_1、D_2 特性相同，伏安特性均是从原点出发、斜率为 g_d 的直线。若调制信号 $u_\Omega=U_{\Omega m}\cos\Omega t$，载波信号 $u_c=U_{cm}\cos\omega_ct$，且 $U_{cm}\gg U_{\Omega m}$，$\omega_c\gg\Omega$，并使二极管工作在受 u_c 控制的开关状态。在忽略负载对初级的影响时，试问下列三种情况下，能够实现何种调幅：(1)$u_1=u_\Omega$，$u_2=u_c$；(2)$u_1=u_c$，$u_2=u_\Omega$；(3)在 $u_1=u_c$，$u_2=u_\Omega$ 的条件下，将二极管 D_1、D_2 同时反接。

6.8　二极管包络检波电路如习题 6.8 图所示。已知调幅指数 $m_a=0.3$。为了不产生负峰切割失真，R_2 的滑动端应放在什么位置？

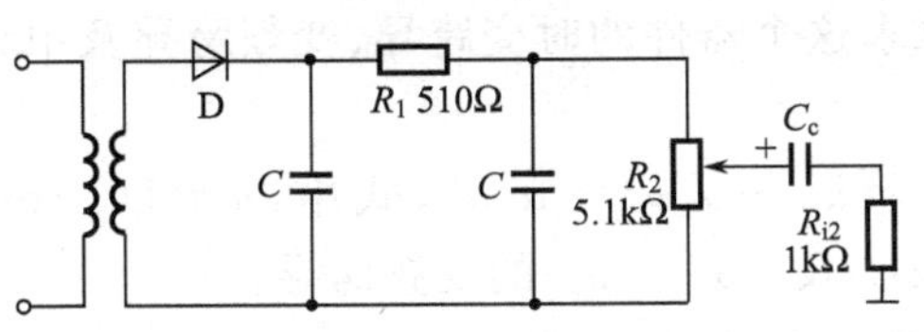

习题 6.8 图

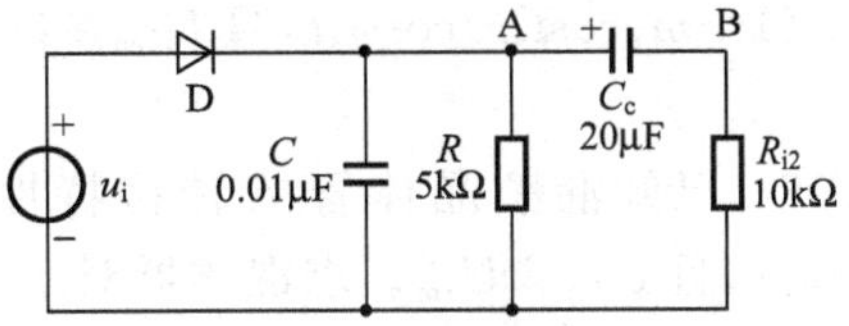

习题 6.9 图

6.9　在习题 6.9 图所示的检波电路中，二极管导通电阻 $r_d=60\Omega$，$U_{on}=0V$，输入调幅波的载频为 465kHz，其振幅最大值为 20V，最小值为 5V，最高调制频率为 5kHz。

(1) 写出 u_A、u_B 的表达式；(2)判断能否产生负峰切割失真和惰性失真。

6.10　电路如习题 6.10 图所示。已知 $u_s=(2\cos2\pi\times465\times10^3t+0.3\cos2\pi\times469\times10^3t+0.3\cos2\pi\times461\times10^3t)V$。(1)试问该电路会不会产生负峰切割失真和惰性失真；(2)若检波效率 $k_d\approx1$，试画出 A、B、C 三点的电压波形，并标出电压的大小。

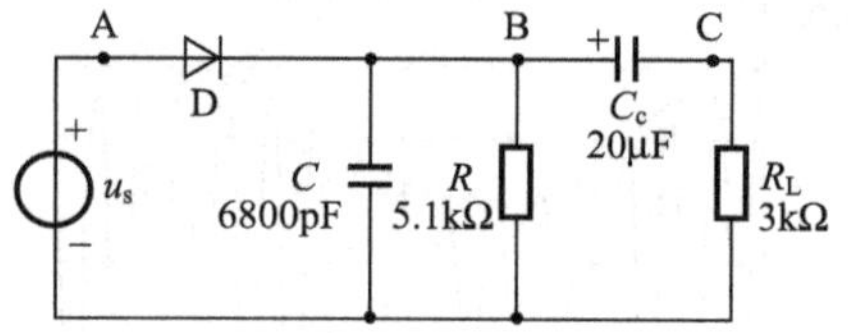

习题 6.10 图

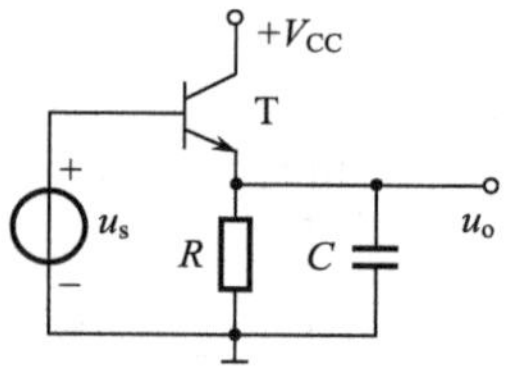

习题 6.11 图

6.11　习题 6.11 图示出了晶体管射极包络检波电路，试分析该电路的检波原理。

6.12　同步检波器与包络检波器有何区别？各有何特点？

6.13　根据下面器件伏安特性的表达式判断哪些具有混频作用，哪些不具有混频作用，哪些是理想的混频器件(设器件工作在甲类状态)。

(1) $i=a_0+a_1u$；(2) $i=a_0+a_1u+a_2u^2$；(3) $i=au^2$。

6.14 已知某高频输入信号的频谱如习题 6.14 图所示。试分别画出本机振荡频率为 1500kHz 的上混频和下混频输出信号的频谱图。

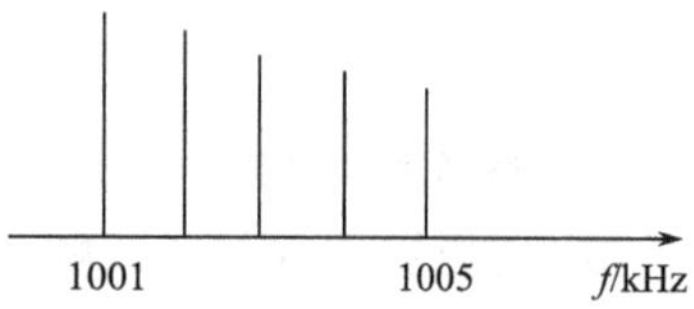

习题 6.14 图

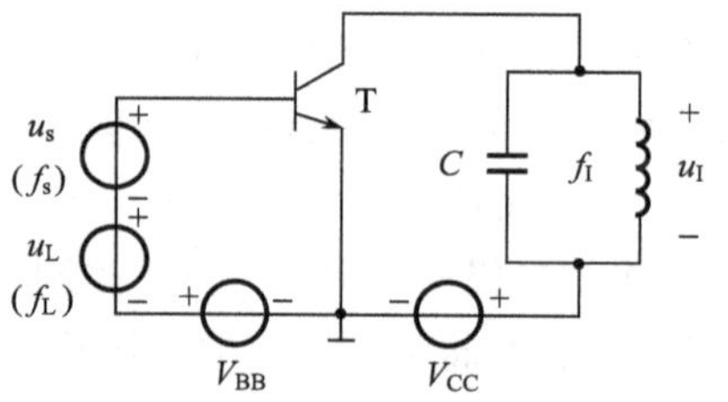

习题 6.15 图

6.15　在习题 6.15 图所示晶体管混频电路中，晶体管在工作点展开的转移特性为 $i_C=a_0+a_1u_{BE}+a_2u_{BE}^2$，其中 $a_0=0.5\text{mA}$，$a_1=3.25\text{mA/V}$，$a_2=7.5\text{mA/V}^2$，若本振信号 $u_L=0.16\cos\omega_Lt\,\text{V}$，信号电压 $u_s=10^{-3}\cos\omega_st\,\text{V}$，中频回路谐振阻抗 $R_p=10\text{k}\Omega$，求该电路的混频电压增益 A_c。

6.16　设某非线性器件的伏安特性为 $i_C=a_0+a_1u+a_2u^2+a_4u^4$，如果 $u_L=U_{Lm}\cos\omega_Lt$，$u_s=U_{sm}(1+m_a\cos\Omega t)\cos\omega_st$，且 $U_{Lm}\gg U_{sm}$。试求这个器件的时变跨导、变频跨导及中频电流幅值。

6.17　已知混频晶体管的转移特性为 $i_C=a_0+a_2u^2+a_3u^3$，式中，$u=U_{sm}\cos\omega_st+U_{Lm}\cos\omega_Lt$，且 $U_{Lm}\gg U_{sm}$。求混频器对于$(\omega_L-\omega_s)$及$(2\omega_L-\omega_s)$的变频跨导。

6.18　变频器的干扰主要有哪些？在超外差接收机中，中频 $f_I=f_L-f_s=465\text{kHz}$，试分析下列现象：

(1) 在某地，当收音机收听 1090kHz 的信号时，还能听到 1323kHz 的电台播音；

(2) 当收音机接收 1080kHz 的信号时，还能听到 540kHz 台的播音；

(3) 当收音机接收 580kHz 的信号时，还能听到 1510kHz 台的播音；

(4) 当收音机接收 931kHz 的信号时，伴有音调约 1kHz 的哨声。

第 7 章　角度调制与解调

采用电磁波传送信息，除了振幅调制方式，还可以采用频率调制和相位调制方式。用反映信息的低频调制信号控制高频载波的频率或相位，使之随低频调制信号的幅度变化而变化，振幅保持恒定，这一过程称为调频(frequency modulation，FM)或调相(phase modulation，PM)，这两种调制方式混称为角度调制。它的逆过程称为频率解调(简称鉴频)或相位解调(简称鉴相)。

本章先介绍角度调制信号的特点，并依此讨论调频信号的产生电路(也称为调频电路)及其解调电路(也称为鉴频电路)。

7.1　概　　述

与第 6 章调幅信号相比，调角信号可以更好地克服信道中噪声和干扰的影响。调频广泛应用于调频广播、电视伴音、通信和遥控、遥测等，而调相主要应用于数字通信系统中的移相键控。本章重点介绍调频信号的产生电路及其解调电路。

调角在时域上不是两信号的简单相乘，频域上也不是频谱的线性搬移(即已调波不再保持低频调制信号的频谱结构)，而是产生了无数个组合频率分量，且频谱结构与调制指数 m 有关，这一点不同于振幅调制。因此，角度调制属于频谱的非线性搬移，欲产生和解调调频信号，就必须根据调频信号的特点完成其频谱的非线性变换过程。

产生调频信号的电路称为调频器(frequency modulator)或调频电路。调频电路的类型有直接调频和间接调频两种。

对调频信号的解调就是从调频波中恢复出原调制信号，完成这一功能的电路称为鉴频器(frequency discriminator)。实现鉴频的方法有很多，本章重点介绍通过波形变换进行鉴频的方法。

7.2　调角信号的分析

7.2.1　调频信号与调相信号的数学表达式和波形

设高频载波为一简谐振荡信号，表示为

$$u(t)=U_{cm}\cos\omega_c t=U_{cm}\cos\varphi(t)$$

式中，U_{cm}为高频载波的振幅；$\varphi(t)$为高频载波的瞬时相位。

在未调制时，$u(t)$就是角频率为 ω_c 的高频载波电压，相位 $\varphi(t)=\omega_c t$。

在角度调制时，任一时间的瞬时相位 $\varphi(t)$和瞬时角频率$\omega(t)$的关系为

$$\varphi(t)=\int\omega(t)\mathrm{d}t\ 或\ \omega(t)=\frac{\mathrm{d}\varphi(t)}{\mathrm{d}t}$$

1. 调频波

由调频定义可知，调频波的瞬时角频率 $\omega(t)$ 是以 ω_c 为中心，随调制信号 $u_\Omega(t)$ 而变化，即

$$\omega(t)=\omega_c+K_f u_\Omega(t)=\omega_c+\Delta\omega(t) \tag{7.2.1}$$

式中，K_f 为调频电路的比例系数，单位为 rad/s · V；$\Delta\omega(t)=K_f u_\Omega(t)$ 称为角频率偏移，简称角频偏。则瞬时相位为

$$\begin{aligned}\varphi(t)&=\int\omega(t)\mathrm{d}t=\int[\omega_c+K_f u_\Omega(t)]\mathrm{d}t\\&=\omega_c t+K_f\int u_\Omega(t)\mathrm{d}t=\varphi_c(t)+\Delta\varphi(t)\end{aligned} \tag{7.2.2}$$

式中，$\varphi_c(t)=\omega_c t$ 为载波信号的相位；$\Delta\varphi(t)=K_f\int u_\Omega(t)\mathrm{d}t$ 是调频信号的相位偏移，简称相移。故调频波表示为

$$u_{FM}(t)=U_{cm}\cos\varphi(t)=U_{cm}\cos\left[\omega_c t+K_f\int u_\Omega(t)\mathrm{d}t\right] \tag{7.2.3}$$

若调制信号为单频余弦信号 $u_\Omega(t)=U_{\Omega m}\cos\Omega t$，则调频波的瞬时角频率 $\omega(t)$、瞬时相位 $\varphi(t)$ 和调频波的数学表达式 $u_{FM}(t)$ 分别为

$$\omega(t)=\omega_c+K_f U_{\Omega m}\cos\Omega t=\omega_c+\Delta\omega_m\cos\Omega t \tag{7.2.4}$$

$$\varphi(t)=\omega_c t+\frac{K_f U_{\Omega m}}{\Omega}\sin\Omega t=\omega_c t+m_f\sin\Omega t=\varphi_c(t)+\Delta\varphi(t) \tag{7.2.5}$$

$$u_{FM}(t)=U_{cm}\cos(\omega_c t+m_f\sin\Omega t) \tag{7.2.6}$$

式中，$\Delta\omega_m=K_f U_{\Omega m}$ 称为最大角频偏，且与调制信号频率无关。

$$m_f=\frac{K_f U_{\Omega m}}{\Omega}=\frac{\Delta\omega_m}{\Omega}=\frac{\Delta f_m}{F} \tag{7.2.7}$$

为调频指数，表示调频信号的最大附加相移，又称为最大相移，其值与 $U_{\Omega m}$ 成正比，与 Ω 成反比。与调幅指数不同的是，它的数值可以大于 1。

调频波的相关波形如图 7.2.1(a)所示。

2. 调相波

同理，由调相定义可知，调相波的相位受调制信号 $u_\Omega(t)$ 的控制，即

$$\varphi(t)=\omega_c t+K_p u_\Omega(t)=\varphi_c(t)+\Delta\varphi(t) \tag{7.2.8}$$

式中，K_p 为调相电路的比例系数，单位为 rad/V；$\Delta\varphi(t)=K_p u_\Omega(t)$ 是调相波的相移。由此可得调相波的表达式为

$$u_{PM}(t)=U_{cm}\cos\varphi(t)=U_{cm}\cos[\omega_c t+K_p u_\Omega(t)] \tag{7.2.9}$$

对应的调相波的瞬时角频率为

$$\omega(t)=\frac{\mathrm{d}\varphi(t)}{\mathrm{d}t}=\omega_c+K_p\frac{\mathrm{d}u_\Omega(t)}{\mathrm{d}t}=\omega_c+\Delta\omega(t) \tag{7.2.10}$$

式中，$\Delta\omega(t)=K_p\dfrac{\mathrm{d}u_\Omega(t)}{\mathrm{d}t}$ 称为角频偏。

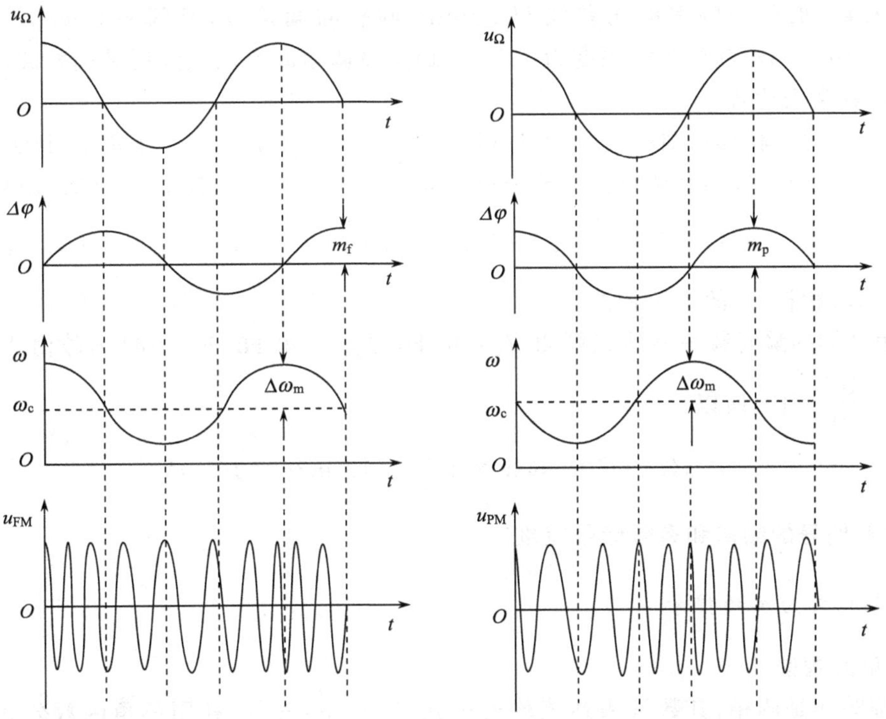

(a) 调频信号波形　　(b) 调相信号波形

图 7.2.1　调角信号波形

若调制信号为单频余弦信号 $u_\Omega(t)=U_{\Omega m}\cos\Omega t$，则调相波的瞬时相位 $\varphi(t)$、瞬时角频率 $\omega(t)$ 和 $u_{PM}(t)$ 数学表达式分别为

$$\varphi(t)=\omega_c t+K_p U_{\Omega m}\cos\Omega t=\omega_c t+m_p\cos\Omega t=\varphi_c(t)+\Delta\varphi(t) \tag{7.2.11}$$

$$\omega(t)=\omega_c-m_p\Omega\sin\Omega t=\omega_c-\Delta\omega_m\sin\Omega t \tag{7.2.12}$$

$$u_{PM}(t)=U_{cm}\cos(\omega_c t+m_p\cos\Omega t) \tag{7.2.13}$$

式中，$m_p=K_pU_{\Omega m}$ 称为调相指数，表示调相信号的最大附加相移，又称为最大相移，它与 $U_{\Omega m}$ 成正比，与 Ω 无关；$\Delta\omega_m=K_pU_{\Omega m}\Omega=m_p\Omega$，称为最大角频偏，与 $U_{\Omega m}$ 和 Ω 的乘积成正比。m_p 还可以表示为

$$m_p=\frac{\Delta\omega_m}{\Omega}=\frac{\Delta f_m}{F} \tag{7.2.14}$$

调相波的相关波形如图 7.2.1(b)所示。

3. 调频波与调相波的比较

从图 7.2.1 的波形来看，调频波与调相波相似，都是等幅疏密波。

如果原调制信号 $u_\Omega(t)$ 的表达式不确定，则仅从波形或表达式上无法判断是调频波还是调相波。因此，由式(7.2.6)或(7.2.13)可以写出调角波的通式为

$$u(t)=U_{cm}\cos(\omega_c t+m\sin\Omega t) \tag{7.2.15}$$

由式(7.2.7)或(7.2.14)可以写出调角指数的通式为

$$m=\frac{\Delta\omega_m}{\Omega}=\frac{\Delta f_m}{F} \tag{7.2.16}$$

例 7.2.1　被单一频率的正弦波 $U_{\Omega m}\sin\Omega t$ 调制的调角波，其瞬时频率 $f(t)=10^6+10^4\cos(2\pi\times10^3 t)$Hz；调角波的幅度为 10V。(1)问该调角波是调频波还是调相波；(2)写出这个调角波的数学表达式。

解　(1) 若是调频波，则由式(7.2.1)得 $f(t)=f_c+\Delta f(t)=f_c+K_f U_{\Omega m}\sin\Omega t$，显然与题中给定的 $f(t)$不符，故不是调频波。若为调相波，则 $\varphi(t)=\omega_c t+K_p U_{\Omega m}\sin\Omega t$，由瞬时角频率 $\omega(t)=\dfrac{d\varphi(t)}{dt}=\omega_c+K_p U_{\Omega m}\dfrac{d\sin\Omega t}{dt}=\omega_c+K_p U_{\Omega m}\Omega\cos\Omega t$ 得 $f(t)=f_c+K_p U_{\Omega m}F\cos\Omega t$，显然与给定的 $f(t)$相符合，故为调相波。

(2) 由已知的瞬时频率表达式可知，$f_c=10^6$Hz，$\Delta f_m=10^4$Hz，$F=10^3$Hz，故由式(7.2.14)得 $m_p=\dfrac{\Delta f_m}{F}=\dfrac{10^4}{10^3}=10$，所以

$$u_{PM}(t)=10\cos(2\pi\times10^6 t+10\sin2\pi\times10^3 t)\text{V}$$

7.2.2　调角信号的频谱和有效频带宽度

1. 调制信号为单频信号

1) 调角波频谱

无论调频还是调相，其数学表达式均可由式(7.2.15)表示，利用三角函数公式将该式展开得

$$u(t)=U_{cm}\cos(m\sin\Omega t)\cos\omega_c t-U_{cm}\sin(m\sin\Omega t)\sin\omega_c t$$

引入贝塞尔函数

$$\begin{aligned}\cos(m\sin\Omega t)&=J_0(m)+2J_2(m)\cos2\Omega t+2J_4(m)\cos4\Omega t+\cdots\\&=J_0(m)+2\sum_{n=1}^{\infty}J_{2n}(m)\cos2n\Omega t\end{aligned}$$

$$\begin{aligned}\sin(m\sin\Omega t)&=2J_1(m)\sin\Omega t+2J_3(m)\sin3\Omega t+2J_5(m)\sin5\Omega t+\cdots\\&=2\sum_{n=0}^{\infty}J_{2n+1}(m)\sin(2n+1)\Omega t\end{aligned}$$

所以

$$\begin{aligned}u(t)=&U_{cm}J_0(m)\cos\omega_c t && \text{载频}\\&+U_{cm}J_1(m)[\cos(\omega_c+\Omega)t-\cos(\omega_c-\Omega)t] && \text{第一对边频}\\&+U_{cm}J_2(m)[\cos(\omega_c+2\Omega)t+\cos(\omega_c-2\Omega)t] && \text{第二对边频}\\&+\cdots\\&+U_{cm}J_n(m)[\cos(\omega_c+n\Omega)t+\cos(\omega_c-n\Omega)t] && \text{第 } n \text{ 对边频}\\&+\cdots\end{aligned}$$

可见，在单频信号调制时，调角波的频谱具有以下特点。

(1) 在载频分量上下各有无数对边频分量，它们与载频相隔 $n\Omega(n=1,2,3,\cdots)$。当 n 为奇数时，上下边频分量相位相反；各分量的振幅由 U_{cm}和贝塞尔函数 $J_n(m)$决定。

(2) 从贝塞尔函数曲线图 7.2.2 可以看出，对于某些 m 值，$J_0(m)$或 $J_n(m)$为零，即载频或某一边频分量可能为零。

(3) m 越大,具有较高振幅的边频分量越多。这与调幅波中边频数目与 m_a 无关是不同的。

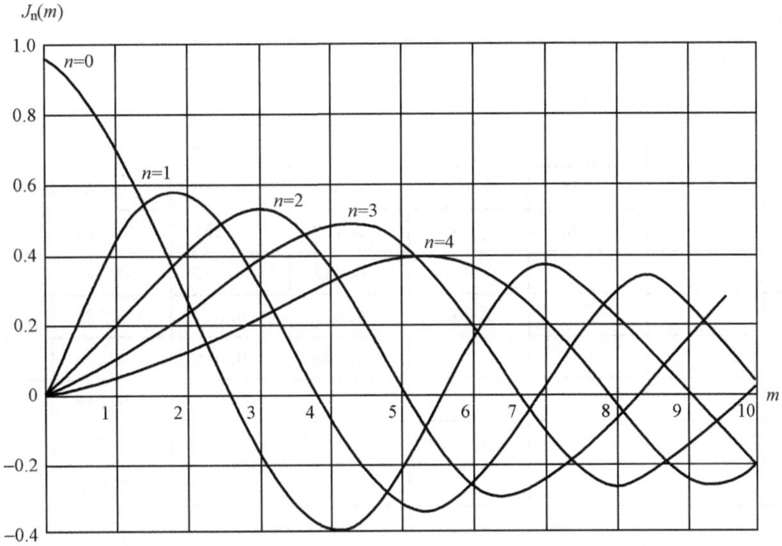

图 7.2.2　第一类贝塞尔函数曲线

2) 调角波功率

当调角波作用在电阻 R 上时,由调角波的表达式可得调角波的功率为

$$P=\frac{U_{cm}^2}{2R}\left[J_0^2(m)+2J_1^2(m)+2J_2^2(m)+2J_3^2(m)+\cdots\right] \tag{7.2.17}$$

根据贝塞尔函数的性质,$J_0^2(m)+2J_1^2(m)+2J_2^2(m)+2J_3^2(m)+\cdots=1$,则式(7.2.17)可写为

$$P=\frac{U_{cm}^2}{2R} \tag{7.2.18}$$

式(7.2.17)、式(7.2.18)表明,当 U_{cm} 一定时,调角波的平均功率也就确定下来,且等于未调制时载波的功率,其值与 m 无关。也就是说,改变 m 仅引起载频分量和各边频分量之间功率的重新分配,不会引起总功率的改变。因此调角电路又称为功率分配器。

3) 调角波的有效频带宽度

为了便于说明,给出贝塞尔函数 $J_n(m)$ 数值表,如表 7.2.1 所示。

从贝塞尔函数 $J_n(m)$ 数值分析表中可看出,虽然边频分量理论上有无限多对,但是当 $n>(m+1)$ 时,$J_n(m)$ 的数值都小于 0.1,通常规定可忽略 $n>(m+1)$ 的边频分量,这样调角波的有效频宽可表示为

$$BW\approx 2(m+1)\Omega \quad 或 \quad BW\approx 2(m+1)F \tag{7.2.19}$$

由式(7.2.16)可得

$$BW\approx 2(\Delta\omega_m+\Omega) \quad 或 \quad BW\approx 2(\Delta f_m+F) \tag{7.2.20}$$

(1) 当 $m\ll 1$ 时,$BW\approx 2F$,相当于调幅波频宽,称为窄带调角波。

(2) 当 $m\gg 1$ 时,$BW\approx 2mF=2\Delta f_m$,称为宽带调角波。

表 7.2.1　n 阶第一类贝塞尔函数值

$J_n(m)$ n \ m	0.5	1	2	3	4	5	6	7
0	0.939	0.765	0.224	−0.261	−0.397	−0.178	0.151	0.300
1	0.242	0.440	0.577	0.339	−0.066	−0.328	−0.277	−0.005
2	0.030	0.115	0.353	0.486	0.364	0.047	−0.243	−0.301
3	0.003	0.020	0.129	0.309	0.430	0.365	0.115	−0.168
4		0.003	0.034	0.132	0.281	0.391	0.358	0.158
5			0.007	0.043	0.132	0.261	0.362	0.348
6			0.001	0.011	0.049	0.131	0.246	0.339
7				0.003	0.015	0.053	0.130	0.234
8					0.004	0.018	0.057	0.120
9						0.006	0.021	0.056
10						0.002	0.007	0.024
11								0.008

2. 调制信号为多频信号

以上讨论的只是单频调制的情况，实际上调制信号都是包含很多频率的复杂信号。在多频调制情况下，会增加许多新的频率组合，并不是每个调制频率单独调制时所得频谱的简单相加。因此角度调制又称为非线性调制，其频谱搬移过程也称为非线性频谱搬移过程。有效带宽仍可用式(7.2.19)、式(7.2.20)表示，只是其中的 F 和 m 用最大调制频率 F_{max}和对应的 m 来表示，Δf_m用峰值频偏$(\Delta f_m)_{max}$来表示。

例如，调频广播规定$(\Delta f_m)_{max}=75$kHz、$F_{max}=15$kHz，则 $BW=2(75+15)=180$(kHz)。

3. 调幅与调角方式的比较

因为已调波的调制指数 m 表明了高频载波受调制信号调制的程度，它反映了有用信息的强弱。即相对于一定的噪声和干扰而言，能够达到的调制指数 m 越大，则该调制系统的抗干扰性越强。由于 AM 调制的 $m_a<1$，而调角波的 m 可以远大于 1，所以在相同的条件下，FM 或 PM 的抗干扰性比 AM 好。另外，常见的干扰为幅度干扰，对于 FM 或 PM 来说，只要加限幅器就可以去掉，因为调角波的幅度不包含调制信号的信息，但对于 AM 来说，这个干扰很难克服。

设调制信号的角频率为 Ω，这一信号若用于调幅，则产生的 AM 信号的带宽为 2Ω；若用于调角，则产生的调角信号的有效带宽为 $2(m+1)\Omega$，而 m 一般远大于 1，所以调角信号的带宽总是远大于调幅信号的带宽。因此，调频或调相的电台只能设置在超短波波段(一般为30～300MHz)，而调幅电台可设置在中、短波波段(30MHz)内。

例 7.2.2　已知 $u(t)=500\cos(2\pi\times10^8 t+20\sin2\pi\times10^3 t)$mV，(1)若为调频波，试求调频指数 m_f、最大频偏 Δf_m、有效频谱宽度 BW 和平均功率 P(设负载电阻 $R_L=50\Omega$)；(2)若为调相波，试求调相指数 m_p、调制信号 $u_\Omega(t)$(设调相电路比例系数 $K_p=5$rad/V)、最大频偏 Δf_m。

解　(1) 由已知的 $u(t)$ 表达式中可以看出：$U_{cm}=0.5V$，$f_c=10^8Hz$，$F=10^3Hz$，$m_f=20rad$。由此可得

$$\Delta f_m=m_fF=20\times10^3=20(kHz)$$

$$BW\approx2(m_f+1)F=2(20+1)\times10^3=42(kHz)$$

$$P=\frac{U_{cm}^2}{2R_L}=\frac{0.5^2}{2\times50}=2.5(mW)$$

(2) 从已知的 $u(t)$ 表达式中不难看出：$f_c=10^8Hz$，$m_p=20rad$，$F=10^3Hz$。由此得

$$\Delta f_m=m_pF=20\times10^3=20(kHz)$$

由 $\Delta f_m=K_pU_{\Omega m}F$ 得 $U_{\Omega m}=\frac{\Delta f_m}{K_pF}=\frac{20\times10^3}{5\times10^3}=4(V)$，所以

$$u_\Omega(t)=4\sin2\pi\times10^3tV$$

7.3　调频信号的产生电路

7.3.1　调频电路的类型和技术指标

1. 调频电路的类型

频率调制是对调制信号的频谱进行非线性变换，而不是线性频谱搬移，不能简单地用相乘器和滤波器来实现。产生调频信号的方法很多，归纳起来主要有两类。

1) 直接(direct)调频

直接调频是利用调制信号直接控制载波振荡器的振荡频率，使其不失真地反映调制信号的变化规律。振荡器的中心频率即为载波频率 f_c。因此，凡是能够受调制信号控制，并且能直接影响载波瞬时频率的元件或参数，都可以完成直接调频的任务。在直接调频法中，常采用第 5 章介绍的压控振荡器作为频率调制器来产生调频信号。

在直接调频电路中，振荡器与调制器合二为一。其优点是在实现线性调频的要求下，可以获得相对较大的频偏；缺点是会导致 FM 波中心频率的偏移，频率稳定度差。可见，直接调频的特点是频偏大，载频稳定度差。

2) 间接(indirect)调频

根据调频信号和调相信号的内在联系，将调制信号 $u_\Omega(t)$ 先进行积分，然后再进行调相，从而获得调频信号。实现框图如图 7.3.1 所示。

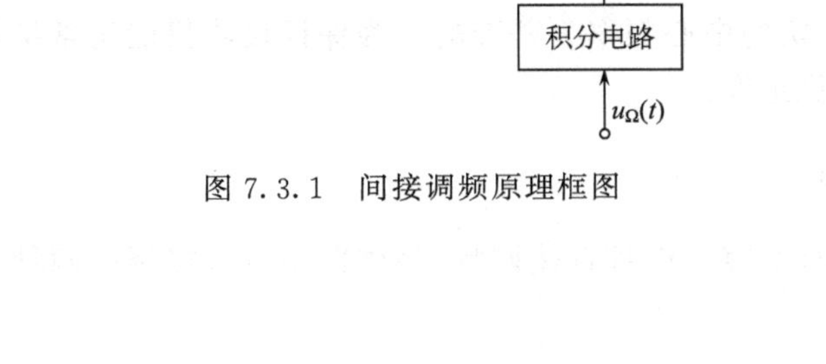

图 7.3.1　间接调频原理框图

在图 7.3.1 中，由主振器(一般为晶体振荡器)产生载波电压 $u_c(t)=U_{cm}\cos\omega_c t$。若将调制信号 $u_\Omega(t)$先进行积分得 $u'_\Omega(t)=K_1\int u_\Omega(t)\mathrm{d}t$，用积分后的调制信号 $u'_\Omega(t)$对载波进行调相，则调相电路输出的信号为

$$u_{FM}(t)=U_{cm}\cos[\omega_c t+K_p u'_\Omega(t)]=U_{cm}\cos\left[\omega_c t+K_p K_1\int u_\Omega(t)\mathrm{d}t\right]$$
$$=U_{cm}\cos\left[\omega_c t+K_f\int u_\Omega(t)\mathrm{d}t\right]$$

式中，$K_f=K_p K_1$。显见，对于 $u_\Omega(t)$来说，上式就是调频波的数学表达式。间接调频是借用调相的方法来实现调频，因此间接调频的关键是调相电路。

间接调频电路的特点是载频稳定度高(因把调制器与振荡器分开)，但频偏较小。

2. 调频电路的技术指标

在无线通信中，衡量调频电路性能的好坏，主要从调制性能和载波性能两方面来进行。

1) 调频特性

调频电路的调制特性称为调频特性。它是指调频信号的频率(或频偏)随调制信号变化的规律。通常用 $f(t)$或 $\Delta f(t)$与 $u_\Omega(t)$之间的关系曲线表示，称为调频特性曲线，如图 7.3.2 所示。为了避免调制失真，要求调频特性线性度要好。但在实际电路中总会产生一定程度的非线性失真，只是应尽可能减小这一失真。

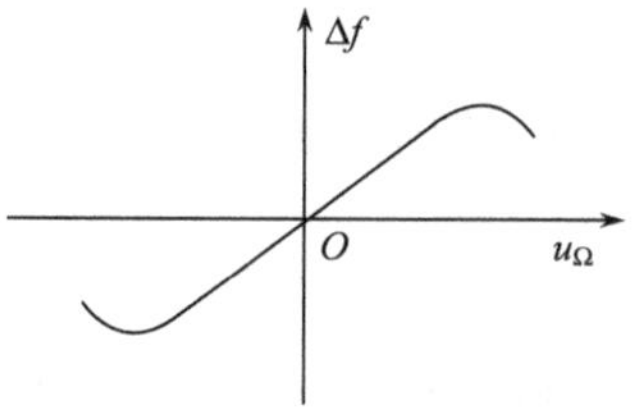

图 7.3.2 调频特性曲线

2) 调频灵敏度

单位调制电压所产生频偏的大小称为调频灵敏度。它表示了调制电压对调频信号频率偏移的控制能力，可表示为

$$S_F=\frac{\Delta f}{u_\Omega} \tag{7.3.1}$$

式(7.3.1)表明，当调制电压一定时，S_F 越大，越容易产生大频偏的调频信号，但过高的灵敏度会对调频电路的性能带来不良影响。

3) 最大频偏

最大频偏是指在调制电压作用下所能产生的最大频率偏移 Δf_m。当调制电压幅度一定时，要求 Δf_m在调制信号频率范围内保持不变，并且在保证调制线性度的条件下，尽可能地使 Δf_m大一些，以满足调频系统的要求。例如，调频广播系统要求是 75kHz，调频电视伴音系统要求是 50kHz。

4) 中心频率的稳定度

未调制的载波频率也就是调频波的中心频率。虽然调频波的瞬时频率随调制信号而变化，但这种变化是以稳定的中心频率为基准的。为保证接收机能正常接收调频信号，要求中心频率应具有足够高的稳定度。

7.3.2 直接调频电路

直接调频法主要有变容二极管直接调频、晶体振荡器直接调频两种。

1. 变容二极管直接调频电路

变容二极管调频电路是一种常用的直接调频电路，广泛应用于移动通信和自动频率微调系统。其优点是工作频率高，固有损耗小且线路简单，能获得较大的频偏；其缺点是中心频率稳定度低。

1）变容二极管的调频原理

图 7.3.3(a)给出了变容二极管结电容随反偏电压变化的关系曲线。

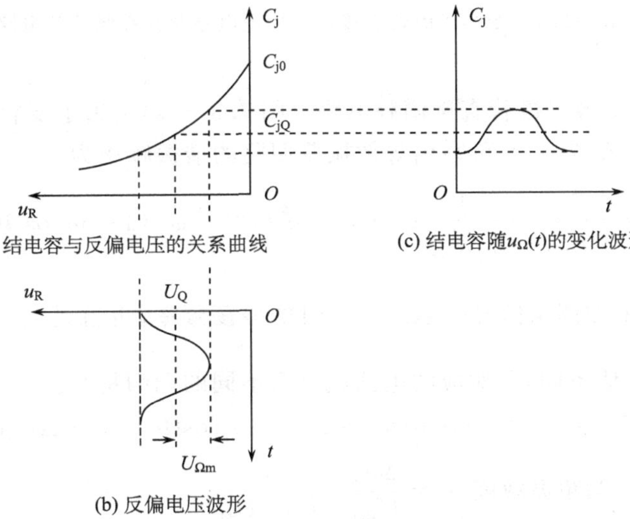

图 7.3.3　用调制信号控制变容二极管结电容

为了保证变容二极管在调制电压变化范围内始终反偏，加在变容二极管上的反偏电压应包括直流偏置 U_Q 和调制电压 $u_\Omega(t)$。假设加在变容二极管两端的反偏电压为

$$u_R = U_Q + u_\Omega(t) = U_Q + U_{\Omega m}\cos\Omega t \tag{7.3.2}$$

且满足 $U_{\Omega m} < U_Q$。由图 7.3.3(a)和图 7.3.3(b)可画出在反偏电压 u_R 控制下结电容的变化情况，如图 7.3.3(c)所示。若将式(7.3.2)代入式(5.7.1)得

$$C_j = C_{j0}\left(1+\frac{U_Q+U_{\Omega m}\cos\Omega t}{U_B}\right)^{-\gamma} = C_{j0}\left(\frac{U_B+U_Q}{U_B}\right)^{-\gamma}\cdot\left(1+\frac{U_{\Omega m}}{U_B+U_Q}\cos\Omega t\right)^{-\gamma}$$

令 $C_{jQ}=C_{j0}\left(\frac{U_B+U_Q}{U_B}\right)^{-\gamma}$ 为变容二极管在 $u_\Omega(t)=0$ 时的结电容，$m=\frac{U_{\Omega m}}{U_B+U_Q}$ 为变容二极管结电容的调制指数，它反映了结电容受调制的深浅程度。由于 $U_{\Omega m}<U_Q$，所以 m 恒小于 1。变容二极管在单频余弦调制电压 $u_\Omega(t)$ 控制下的结电容 C_j 的数学表达式可写为

$$C_j = C_{jQ}\,(1+m\cos\Omega t)^{-\gamma} \tag{7.3.3}$$

式(7.3.3)表明，变容二极管的结电容 C_j 受调制信号 $u_\Omega(t)$ 所调制，C_j 的变化规律是否与 $u_\Omega(t)$ 成正比，取决于变容二极管的变容指数 γ。

2）变容二极管调频电路

变容二极管直接调频原理电路及其高频等效电路如图 7.3.4 所示。为了保证变容二极管反偏，直流电源 V_{CC} 经 R_1、R_2 分压后给变容二极管提供合适的直流反偏电压 U_Q。

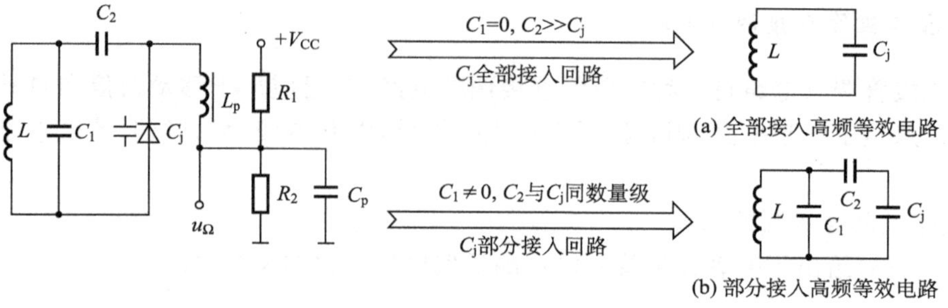

图 7.3.4 变容二极管直接调频原理电路及其高频等效电路

(1) 全部接入式变容二极管直接调频电路。图 7.3.4(a)给出了变容二极管为回路总电容的高频等效电路。由式(7.3.3)可写出等效振荡回路的谐振频率为

$$\omega \approx \frac{1}{\sqrt{LC_j}} = \frac{1}{\sqrt{LC_{jQ}}}(1+m\cos\Omega t)^{\gamma/2} = \omega_c(1+m\cos\Omega t)^{\gamma/2} \tag{7.3.4}$$

式中，$\omega_c=\dfrac{1}{\sqrt{LC_{jQ}}}$是未加调制信号($u_\Omega(t)=0$)时的振荡频率，也就是调频振荡器的中心频率，即载波频率。显见 γ 值不同，所对应的电路就具有不同的调频特性。

① 若 $\gamma=2$，则有 $\omega=\omega_c(1+m\cos\Omega t)=\omega_c+m\omega_c\cos\Omega t=\omega_c+\Delta\omega_m\cos\Omega t$，此时为线性调制，并且 $\Delta\omega_m=m\omega_c$。调频灵敏度 $S_F=\dfrac{\Delta\omega_m}{U_{\Omega m}}=\dfrac{\omega_c}{U_B+U_Q}$。

② 若 $\gamma\neq2$，式(7.3.4)可利用二项式$(1+x)^\gamma=1+\gamma x+\dfrac{\gamma(\gamma-1)x^2}{2!}+\cdots$展开。当 $x=m\cos\Omega t<1$ 且忽略高次项时，有

$$\begin{aligned}\omega &= \omega_c\left[1+\frac{\gamma}{8}\left(\frac{\gamma}{2}-1\right)m^2\right]+\frac{\gamma}{2}m\omega_c\cos\Omega t+\frac{\gamma}{8}\left(\frac{\gamma}{2}-1\right)m^2\omega_c\cos2\Omega t\\ &=(\omega_c+\Delta\omega_c)+\Delta\omega_m\cos\Omega t+\Delta\omega_{2m}\cos2\Omega t\end{aligned} \tag{7.3.5}$$

式中，第一项为中心角频率 ω_c 及其偏离量，偏离量为 $\Delta\omega_c=\dfrac{\gamma}{8}\left(\dfrac{\gamma}{2}-1\right)m^2\omega_c$；第二项是单频调制时调频波的频偏，其中最大角频偏 $\Delta\omega_m=\dfrac{\gamma}{2}m\omega_c$；第三项是二次谐波产生的频偏，最大角频偏 $\Delta\omega_{2m}=\dfrac{\gamma}{8}\left(\dfrac{\gamma}{2}-1\right)m^2\omega_c$。可见，只有 m 很小时，才能近似认为 $\Delta\omega_c$ 和 $\Delta\omega_{2m}$ 为零，调频特性是线性的。但 m 过小，最大角频偏 $\Delta\omega_m$ 和调频灵敏度 $S_F(=\Delta\omega_m/U_{\Omega m})$也都要减小。因此在实际电路中欲实现线性调频，应尽量选取 γ 接近于 2 的超突变结变容二极管。

(2) 部分接入式变容二极管直接调频电路。图 7.3.4(b)示出了变容二极管为部分接入的高频等效电路。此时 C_j 为回路电容的一部分，且总电容 C_Σ 为

$$C_\Sigma=C_1+\frac{C_2C_j}{C_2+C_j}=C_1+\frac{C_2C_{jQ}}{C_2(1+m\cos\Omega t)^\gamma+C_{jQ}}$$

所以

$$\omega=\frac{1}{\sqrt{LC_\Sigma}}=\frac{1}{\sqrt{L\left[C_1+\dfrac{C_2C_{jQ}}{C_2\ (1+m\cos\Omega t)^\gamma+C_{jQ}}\right]}}$$

当 C_1、C_2 确定后，根据上式可求出变容二极管部分接入时直接调频电路产生的角频偏为

$$\Delta\omega(t)=\frac{\gamma}{2p}m\omega_c\cos\Omega t \tag{7.3.6}$$

式中，$\omega_c=\dfrac{1}{\sqrt{L\left(C_1+\dfrac{C_2C_{jQ}}{C_2+C_{jQ}}\right)}}$；$p=(1+p_1)(1+p_1p_2+p_2)$，$p_1=\dfrac{C_{jQ}}{C_2}$，$p_2=\dfrac{C_1}{C_{jQ}}$。最大角频偏 $\Delta\omega_m=\dfrac{\gamma}{2p}m\omega_c$。

由于 $p>1$，所以与全部接入比较，部分接入时的 $\Delta\omega_m$ 和 $S_F(=\Delta\omega_m/U_{\Omega m})$ 都减小。如果 C_1 较大，C_2 较小，即 p 增大，C_j 对频率的变化影响就小，那么由温度及电源电压等外界因素对 C_{jQ} 影响所造成的载波频率的变化也同样减小，即载频的稳定度提高了 p 倍。可见，变容二极管采用部分接入可提高中心频率的稳定性，减小寄生调制。如果将回路总电容看成一个等效的变容管，那么它的等效变容指数必将小于变容二极管的变容指数 γ，因此为了实现线性调频，必须选用 $\gamma>2$ 的变容二极管，并反复调节 C_1、C_2 和 U_Q 值，就能在一定的调制电压变化范围内获得接近线性的调频特性曲线。

3）实用电路举例

图 7.3.5(a)给出了某通信机中变容二极管调频电路，图 7.3.5(b)为其简化原理图。显然主振器采用的是变容二极管部分接入电容三点式振荡回路方式。在图 7.3.5(a)中，C_7、C_8、L_{p4} 组成 π 形低通滤波器，可防止调频信号进入直流电源。L_{p2}、C_9 组成低通滤波器，可防止高频信号进入调制信号源，同时保证调制信号顺利地加至变容二极管上，以实现调频。L、C_2、C_3、C_5、C_{j1}、C_{j2} 组成电容三点式振荡器。直流反向偏置电压 $-U_R$ 同时加在背靠背的两个变容二极管的阳极，改变偏置电压 U_R 和电感 L 的数值可使振荡器的振荡频率在 50～100MHz 范围内变化。

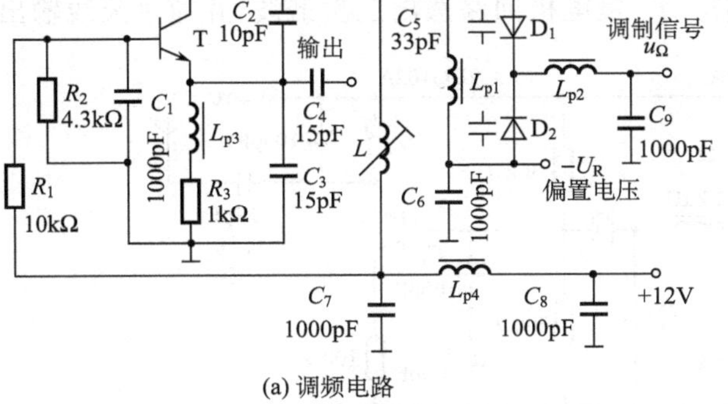

(a) 调频电路

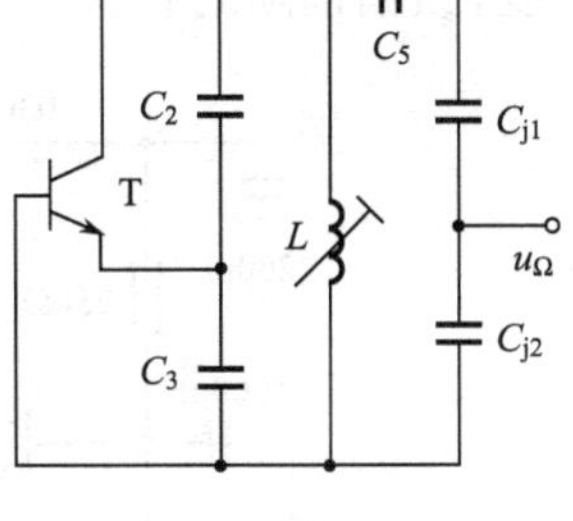

(b) 简化原理图

图 7.3.5　实用变容二极管调频电路及其简化原理图

假设 $C_{j1}=C_{j2}=C_j$，则 $u_\Omega(t)=0$ 时的振荡频率 $f_c=\dfrac{1}{2\pi\sqrt{LC_\Sigma}}$，式中，$C_\Sigma=\dfrac{C_2C_3}{C_2+C_3}+\dfrac{C_5(C_{jQ}/2)}{C_5+(C_{jQ}/2)}$。

图 7.3.5(a)中采用两只变容二极管的连接方式，可以克服单变容二极管直接调频电路中心频率不稳定的缺点。因为加在变容二极管两端的电压，除了存在直流偏置电压和低频调制电压，还作用有高频振荡电压，此电压会引起 C_j 的变化，造成调频波中心频率的变化。为此该电路采用了两个背靠背连接的变容二极管，高频振荡信号对于两管相当于反向串联，使高频电压对两管引起的电容 C_{j1} 和 C_{j2} 的变化正好相反。在一定程度上互相抵消，从而提高了中心频率的稳定度。

2. *石英晶体振荡器直接调频电路*

上述直接调频电路的主要优点是可以获得较大的频偏，但其中心频率稳定度较差。欲稳定调频波的中心频率，通常采用以下三种方法：一是采用石英晶体振荡器直接调频电路，二是采用自动频率控制电路，三是利用锁相环路。其中后两种在第 8 章介绍，在此仅介绍第一种方法，它适用于要求调频波中心频率稳定度较高，而频偏较小的场合。

图 5.7.3 是石英晶体振荡器直接调频原理图。图中变容二极管与石英晶体相串联，由于变容二极管 C_j 受调制信号 $u_\Omega(t)$ 的控制，所以振荡器的振荡频率也受调制信号的控制，从而得到调频波。由于石英晶体振荡器的频率稳定度很高，变容二极管 C_j 的变化引起调频波的频偏是很小的。这个偏移值不会超过石英晶体串联、并联两个谐振频率差值的一半，一般来说其差值只有几十赫兹到几百赫兹。因此，在实际应用中需要采取扩展频偏的措施。下面介绍两种扩展频偏的方法。

一是引入电感的方法扩展频偏。即在晶体支路增加一个电感 L'，与晶体串联或并联，如图 5.7.4 所示，分别相当于使 f_s 左移或 f_p 右移，使可控频率范围 $f_s \sim f_p$ 增大，即加大了频偏，但是扩频有限。

二是采用倍频的方法扩展频偏。图 7.3.6 是一个无线话筒发射机的实际电路。图中，T_1 管为音频放大器，将话筒提供的语言信号放大后，经 2.2μH 的高频扼流圈加至变容二极管上，同时电源电压也通过 2.2μH 的高频扼流圈加至变容二极管上，作为变容二极管的偏置电压。变容二极管与石英晶体串接后和晶体管 T_2、C_1、C_2 构成皮尔斯晶体振荡电路，并由变容二极管直接调频。T_2 管的集电极回路调谐在晶体振荡器的三次谐波 100MHz 上，完成了载频的三倍频功能，频偏也随之扩大了三倍。T_2 集电极回路选出三次谐波，并通过天线输出。

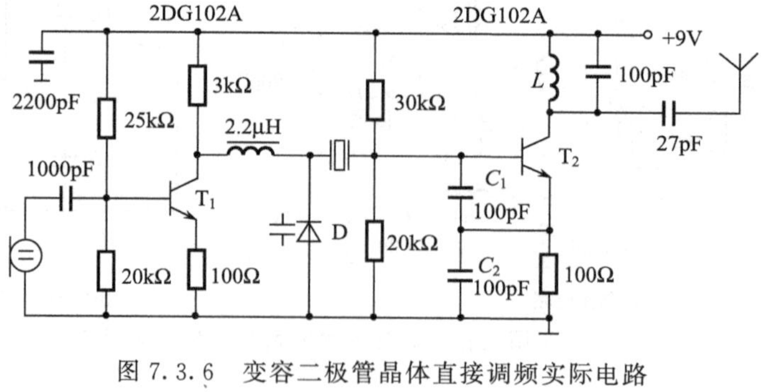

图 7.3.6　变容二极管晶体直接调频实际电路

例 7.3.1　变容二极管直接调频电路如图 7.3.7 所示。其中心频率 $f_c=360\text{MHz}$，变容二极管的 $\gamma=3$，$U_B=0.6\text{V}$，调制电压 $u_\Omega(t)=\cos\Omega t\,\text{V}$。图中 L_1 和 L_3 为高频扼流圈，C_3 为隔直电容，C_4 和 C_5 为高频旁路电容。

(1) 分析电路中各元器件的作用；

(2) 调整 R_2，使加到变容二极管上的反向偏置电压 U_R 为 6V 时，它所呈现的电容 $C_{jQ}=20pF$，试求振荡回路的电感量 L_2；

(3) 试求最大频偏 Δf_m 和调频灵敏度 $S_F=\Delta f_m/U_{\Omega m}$。

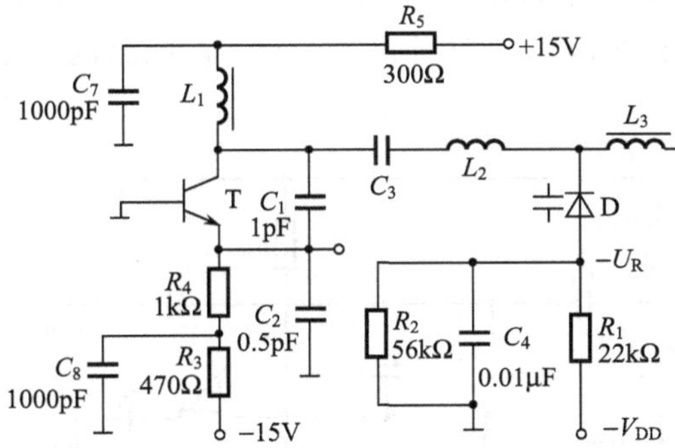

图 7.3.7　例 7.3.1

解　(1) R_1、R_2、$-V_{DD}$ 给变容二极管 D 提供一定的直流反偏电压；L_3、C_6 对 u_Ω 短路；L_2 和 C_1、C_2、C_j 为振荡回路的电感和电容。

(2) 因回路总电容 C_Σ 为 C_1、C_2、C_j 三者串联，即

$1/C_\Sigma=1/C_1+1/C_2+1/C_{jQ}=\frac{1}{1}+\frac{1}{0.5}+\frac{1}{20}=\frac{61}{20}$，$C_\Sigma\approx0.33pF$。所以

$$L_2=\frac{1}{(2\pi f_c)^2C_\Sigma}=\frac{1}{(2\times3.14\times360\times10^6)^2\times0.33\times10^{-12}}\approx0.59(\mu H)$$

(3) 在振荡回路中，C_j 属于部分接入。

$$p_1=\frac{C_{jQ}}{C_{12}}=\frac{C_{jQ}}{C_1C_2/(C_1+C_2)}=\frac{20}{1\times0.5/(1+0.5)}=60,p_2=0,\text{所以}$$

$$p=(1+p_1)(1+p_1p_2+p_2)=1+60=61$$

$$m=\frac{U_{\Omega m}}{U_B+U_R}=\frac{1}{0.6+6}\approx0.15$$

$$\Delta f_m=\frac{\gamma}{2p}mf_c=\frac{3}{2\times61}\times0.15\times360\times10^6\approx1.33(MHz)$$

$$S_F=\frac{\Delta f_m}{U_{\Omega m}}=\frac{1.33}{1}=1.33(MHz/V)$$

7.3.3　间接调频电路

直接调频的优点是能够获得较大的频偏，缺点是中心频率稳定度低，即使是对晶体振荡器直接进行调频，其频率稳定度也会受到调制电路的影响。显见，为了避免调制电路对振荡电路的影响，在调制时应设法把调制与振荡两个功能电路分开，有效的方法就是采用间接调频法，而实现该方法的关键电路是调相器。

调相器的种类很多，常用的有可变移相法、可变时延法和矢量合成法等。

1. 可变移相法调相

变容二极管调相的实际电路如图 7.3.8 所示。图中，晶体管 T 及外围元件构成一级放大器，用于放大载波；L_{c1}、L_{c2} 为高频扼流圈，分别阻止高频信号进入直流电源及调制信号源中；R_1、R_2 构成的分压器为变容二极管提供偏置电压，L、C 及变容二极管的结电容 C_j 构成谐振频率为 ω_c 的并联谐振回路，并作为移相网络。即当 $u_\Omega(t)=0$ 时，回路的谐振频率就是载波的频率。

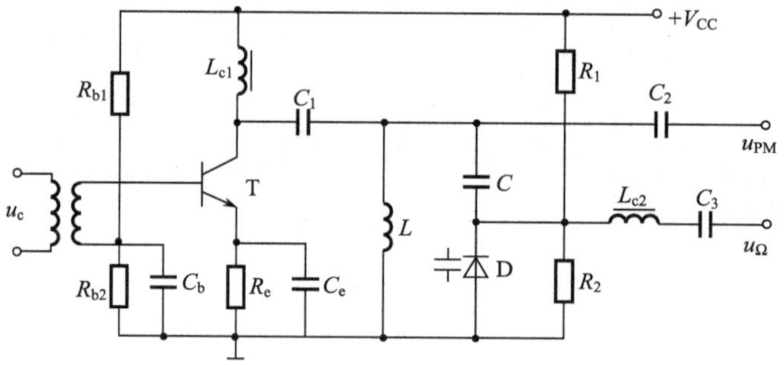

图 7.3.8　变容二极管可变移相法调相电路

当调制信号 $u_\Omega(t)$ 经耦合电容 C_3 加到变容二极管上，变容二极管的结电容 C_j 受调制信号的控制。对载波来说，当 $u_\Omega(t)=0$ 时，回路谐振，不产生相移；当 $u_\Omega(t)\neq 0$ 时，变容二极管两端的反偏电压随着 $u_\Omega(t)$ 的变化而变化，C_j 发生变化，$\omega\neq\omega_c$，回路处于失谐状态。由图 2.2.3(b) 可知，当 $\xi=Q_L\dfrac{2(\omega-\omega_c)}{\omega_c}>0$ 时，回路产生一个负的相移，当 $\xi=Q_L\dfrac{2(\omega-\omega_c)}{\omega_c}<0$ 时，回路产生一个正的相移。显然，当载波经过移相网络后，载波的相位受调制信号的控制，即实现了调相。

由式(2.2.20b)可知，LC 并联谐振回路产生的附加相移为

$$\varphi=-\arctan Q\left(\frac{2\Delta\omega}{\omega_c}\right) \tag{7.3.7}$$

当 $|\varphi|<\pi/6$ 时，可近似写为

$$\varphi\approx -Q_L\frac{2\Delta\omega}{\omega_c} \tag{7.3.8}$$

若 $u_\Omega(t)=U_{\Omega m}\cos\Omega t$，由式(7.3.6)得回路的瞬时角频偏

$$\Delta\omega=\frac{\gamma}{2p}m\omega_c\cos\Omega t$$

将其代入式(7.3.8)可得

$$\varphi=-Q_L\frac{2}{\omega_c}\left(\frac{\gamma}{2p}m\omega_c\cos\Omega t\right)=-\frac{Q_L\gamma m}{p}\cos\Omega t=-m_p\cos\Omega t \tag{7.3.9}$$

在式(7.3.9)中，最大线性相移 $m_p=\dfrac{Q_L\gamma m}{p}$，且应限制在 $m_p<\pi/6=0.52(\text{rad})$。

显然，已调波的相位随调制信号线性变化。若将调制信号积分后再去控制移相网络，则已调波的频率将随调制信号变化，实现了间接调频。

上述调相波的最大不失真相移 m_p 受到谐振回路相频特性非线性的限制。当 $|\varphi|>\pi/6$ 时，回路失谐较大。所以为了增大 m_p，必须采用多级单回路构成的变容二极管调相电路。

例 7.3.2　在图 7.3.9 所示的电路中，已知载波 $u_c(t)=3\cos2\pi\times10^7t\text{V}$，调制信号 $u_\Omega(t)=2\cos2\pi\times10^3t\text{V}$。调相电路的 $K_p=1.5\text{rad/V}$，忽略调相电路对 u'_Ω 的影响。当 $R=30\text{k}\Omega$、$C=0.1\mu\text{F}$，或 $R=200\Omega$、$C=0.03\mu\text{F}$ 时，写出 u_o 的表达式，并说明电路的功能。

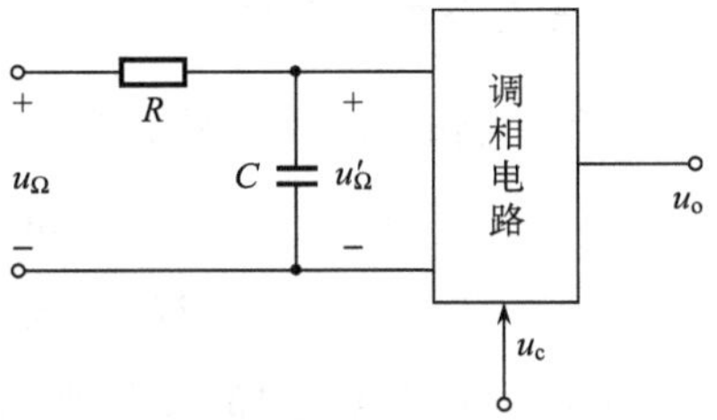

图 7.3.9　例 7.3.2

解　(1) 当 $R=30\text{k}\Omega$、$C=0.1\mu\text{F}$ 时

$$\frac{1}{\Omega C}=\frac{1}{2\pi\times10^3\times0.1\times10^{-6}}\approx1.59\text{k}\Omega\ll R$$

所以 RC 网络为积分电路。

$$u'_\Omega(t)=\frac{1}{RC}\int u_\Omega(t)\text{d}t=\frac{1}{30\times10^3\times0.1\times10^{-6}}\int2\cos2\pi\times10^3t\text{d}t\approx0.11\sin2\pi\times10^3t\text{V}$$

故输出电压的表达式为

$$\begin{aligned}u_o&=3\cos[2\pi\times10^7t+K_pu'_\Omega(t)]=3\cos(2\pi\times10^7t+1.5\times0.11\sin2\pi\times10^3t)\\&=3\cos(2\pi\times10^7t+0.165\sin2\pi\times10^3t)\text{V}\end{aligned}$$

可见该电路是间接调频电路。

(2) 当 $R=200\Omega$、$C=0.03\mu\text{F}$ 时

$$\frac{1}{\Omega C}=\frac{1}{2\pi\times10^3\times0.03\times10^{-6}}\approx5.31\text{k}\Omega\gg R$$

所以 RC 网络为直通电路，$u'_\Omega(t)=u_\Omega(t)$。

故输出电压的表达式

$$\begin{aligned}u_o&=3\cos[2\pi\times10^7t+K_pu_\Omega(t)]=3\cos(2\pi\times10^7t+1.5\times2\cos2\pi\times10^3t)\\&=3\cos(2\pi\times10^7t+3\cos2\pi\times10^3t)\text{V}\end{aligned}$$

可见该电路是调相电路。

2. 可变时延法调相

可变时延法调相就是利用调制信号来控制时延的大小从而实现调相，其原理框图如图 7.3.10所示。

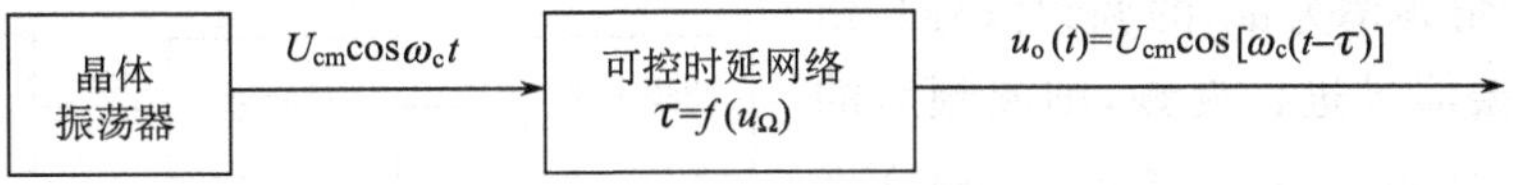

图 7.3.10　可变时延调相原理框图

假设 $u_\Omega(t)=U_{\Omega m}\cos\Omega t$，则 $\tau=ku_\Omega(t)=kU_{\Omega m}\cos\Omega t$。可控时延网络输出的电压为

$$\begin{aligned}u_o(t)&=U_{om}\cos[\omega_c(t-\tau)]=U_{om}\cos[\omega_c(t-kU_{\Omega m}\cos\Omega t)]\\&=U_{om}\cos(\omega_ct-m_p\cos\Omega t)\end{aligned}\tag{7.3.10}$$

式中，$m_p=\omega_c k U_{\Omega m}$。

可变时延调相系统的最大优点是调制线性好，相位偏移大。广泛应用于调频广播发射机及激光通信系统。

3. 矢量合成法调相

单频调制时，调相信号的表达式为

$$\begin{aligned}u_{PM}(t)&=U_{cm}\cos(\omega_c t+m_p\cos\Omega t)\\&=U_{cm}\cos\omega_c t\cos(m_p\cos\Omega t)-U_{cm}\sin\omega_c t\sin(m_p\cos\Omega t)\end{aligned}\tag{7.3.11}$$

当 $m_p<\pi/12$（或 15°），即调相为窄带调相时，有

$$\cos(m_p\cos\Omega t)\approx 1$$

$$\sin(m_p\cos\Omega t)\approx m_p\cos\Omega t$$

式(7.3.11)便简化为

$$u_{PM}(t)\approx U_{cm}\cos\omega_c t-U_{cm}m_p\cos\Omega t\sin\omega_c t\tag{7.3.12}$$

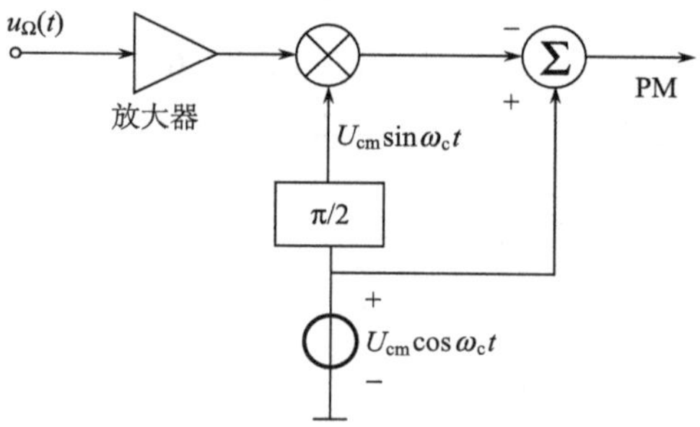

图 7.3.11　矢量合成法调相电路的组成原理图

此时产生的误差小于 3%。若误差允许小于 10%，则 m_p 可限制在 $m_p<\pi/6$ 即 30°以下。

可见，窄带调相波可近似由一个载波信号和一个双边带调幅信号叠加而成。如果用矢量表示，那么窄带调相波就是这两个正交矢量进行合成。如图 7.3.11 所示，这种调相方法称为矢量合成法，又称为阿姆斯特朗法。从理论上分析，这种方法只能不失真地产生 $m_p<\pi/12$rad 的窄带调相波。

7.3.4　扩展最大线性频偏的方法

在实际调频电路中，为了获得载波频率稳定而失真又很小的调频信号，往往很难使它的最大频偏达到要求，因此常采用倍频器和混频器来获得所需要的载波频率及最大频偏，如图 7.3.12 所示。

对于一个瞬时角频率为 $\omega_1=\omega_c+\Delta\omega_m\cos\Omega t$ 的调频信号，当它通过 n 次倍频器后，其输出信号的瞬时角频率将变为 $\omega_2=n\omega_c+n\Delta\omega_m\cos\Omega t$。显见，倍频器可以不失真地将调频信号的载波角频率和最大角频偏同时增大 n 倍，换句话说，倍频器可以在保持调频信号的相对角频偏不变（$\Delta\omega_m/\omega_c=n\Delta\omega_m/n\omega_c$）的条件下，成倍地扩展其最大角频偏。

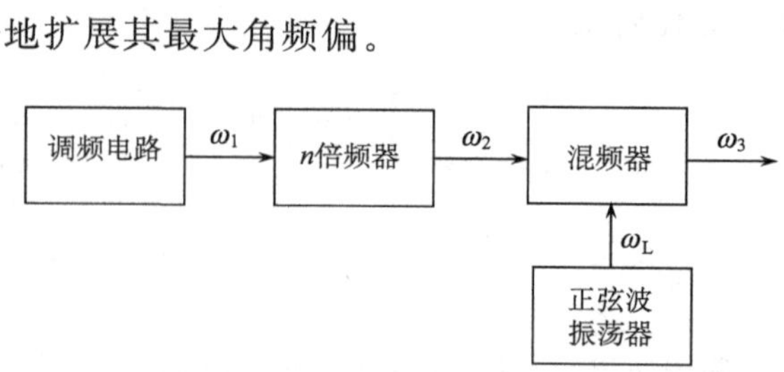

图 7.3.12　扩展线性频偏框图

如果将瞬时角频率为 ω_2 的调频信号与角频率为 ω_L 的本振信号进行混频，则混频后的瞬时角频率 $\omega_3=\omega_L\pm\omega_2=(\omega_L\pm n\omega_c)\pm n\Delta\omega_m\cos\Omega t$。混频器具有频率加减的功能，可以使调频信号的载频增大或减小为$\omega_L\pm n\omega_c$，但不会引起最大角频偏 $n\Delta\omega_m$ 的变化。即混频器可以不失真地改变调频信号的相对角频偏。

可见，合理运用倍频器和混频器，就可以在要求的载波频率上达到对频偏的要求。这种方法对于直接调频电路和间接调频电路所产生的调频波都是适用的。

例 7.3.3 一调频设备组成框图如图 7.3.13 所示。已知两个倍频器倍频次数 $n_1=5$、$n_2=10$。本振频率 $f_L=40\text{MHz}$，调制信号频率 $F=(100\sim15000)\text{Hz}$。设混频器输出频率 $f_{c3}=f_L-f_{c2}$。要求输出调频信号的载波频率 $f_c=100\text{MHz}$，最大频偏 $\Delta f_m=75\text{kHz}$。试求：(1)LC 直接调频电路输出频率 f_{c1} 和最大频偏 Δf_{m1}；(2)两放大器的通频带 BW_1 和 BW_2。

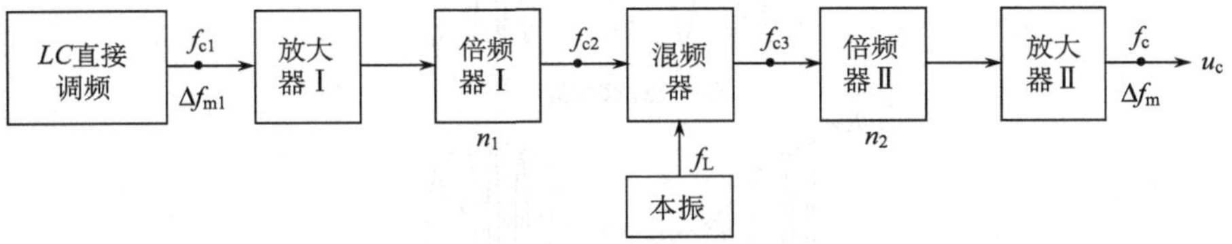

图 7.3.13 例 7.3.3

解 (1) 因为 $f_c=n_2f_{c3}=n_2(f_L-n_1f_{c1})$，所以

$$f_{c1}=\frac{n_2f_L-f_c}{n_1n_2}=\frac{10\times40-100}{5\times10}=6(\text{MHz})$$

因为 $\Delta f_m=n_1n_2\Delta f_{m1}$，所以

$$\Delta f_{m1}=\frac{\Delta f_m}{n_1n_2}=\frac{75}{5\times10}=1.5(\text{kHz})$$

(2) 根据 $BW=2(\Delta f_m+F_{max})$得

放大器Ⅰ的 $BW_1=2(\Delta f_{m1}+F_{max})=2(1.5+15)=33(\text{kHz})$

放大器Ⅱ的 $BW_2=2(\Delta f_m+F_{max})=2(75+15)=180(\text{kHz})$

7.4 调频信号的解调电路

对调频波而言，调制信息包含在调频波瞬时频率的变化中，因此解调的任务是把调频波瞬时频率的变化不失真地转变成电压的变化，即实现“频率-电压”转换，完成这一功能的电路称为频率检波器，简称鉴频器。

7.4.1 鉴频方法和鉴频器的技术指标

1. 实现鉴频的方法

实现鉴频常用的方法有以下几种。

1) 利用波形变换进行鉴频

将等幅调频波先通过一个线性波形变换网络，变换成振幅与调频波的瞬时频率成正比的调幅-调频波，然后用包络检波器将调幅-调频波进行振幅检波，即可恢复出原调制信号。其组成框图和波形图如图 7.4.1 所示。采用这种方法鉴频的电路有斜率鉴频器、相位鉴频器和比例鉴频器等。这三种鉴频器是本节讨论的重点。

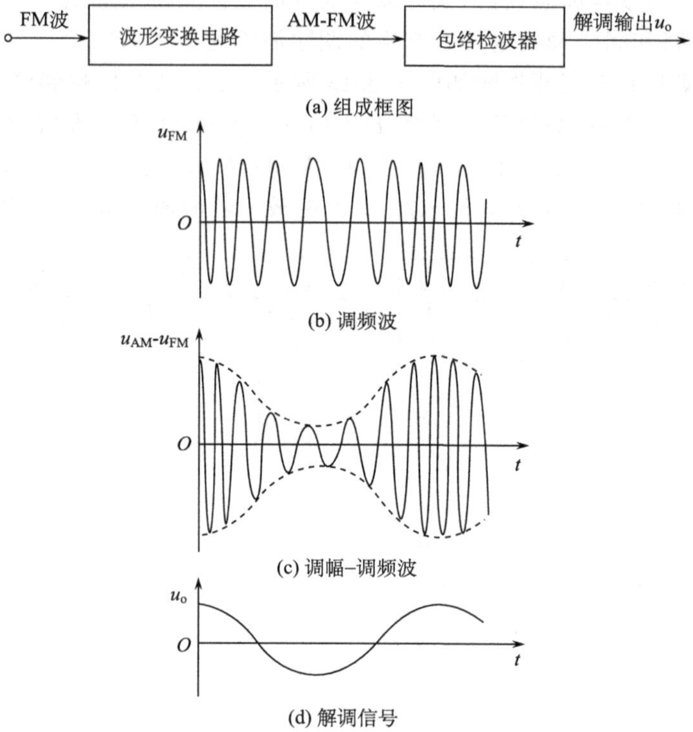

图 7.4.1 利用波形变换实现鉴频的组成框图及波形图

由于信号的最后检出还是利用高频振幅的变化，这就要求输入的调频波本身“干净”，即不带有寄生调幅。否则，这些寄生调幅将混在转换后的调幅-调频波中，使最后检出的信号受到干扰。

2）利用相移进行鉴频

这种鉴频的原理是将调频波经过移相电路变成调相-调频波，其相位的变化正好与调频波瞬时频率的变化呈线性关系；然后将此调相-调频波与未经过相移的调频波（为参考信号）进行相位比较，即可得到鉴频电路输出的解调信号。由于相位比较器一般都选用乘法电路，所以此类鉴频电路称为相移乘法电路。其组成框图如图 7.4.2 所示。

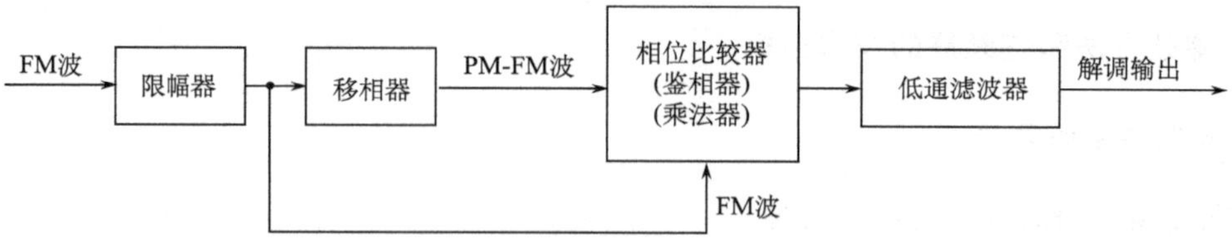

图 7.4.2 相移乘法鉴频器组成框图

在集成电路中广泛应用这种鉴频电路，其主要特点是性能良好，片外电路十分简单，通常只有一个可调电感，调整非常方便。

3）利用脉冲计数方式进行鉴频

这是利用调频波单位时间内过零数目的不同来实现解调的一种鉴频器。因为调频波的频率是随调制信号变化的，当瞬时频率较高时，过零的数目就较多，反之则数目较少。利用此特点实现解调的组成框图如图 7.4.3 所示。

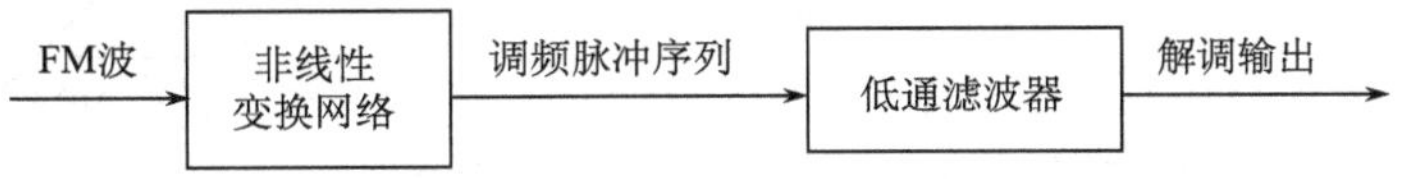

图 7.4.3　脉冲计数式鉴频器组成框图

非线性变换网络将调频波变为调频脉冲。由于该脉冲序列的平均量与输入调频波的频率成正比，所以通过低通滤波器就能取出该平均分量，得到所需要的解调电压。

这种方法的最大优点是线性好，频带宽、便于集成。

4）利用锁相环路实现鉴频（这种方法将在第 8 章介绍）

2. 鉴频器的技术指标

1）鉴频特性

鉴频器的主要特性是鉴频特性，也就是鉴频器输出电压的大小与输入调频波瞬时频偏之间的关系，表示这一关系的曲线称为鉴频特性曲线。

在理想情况下，u_o 与 Δf 呈线性关系，即鉴频特性曲线为一条直线。但实际的鉴频特性曲线会弯曲，像英文字母“S”，如图 7.4.4 所示。通常只有在 $\Delta f=0$ 附近才有较好的线性。

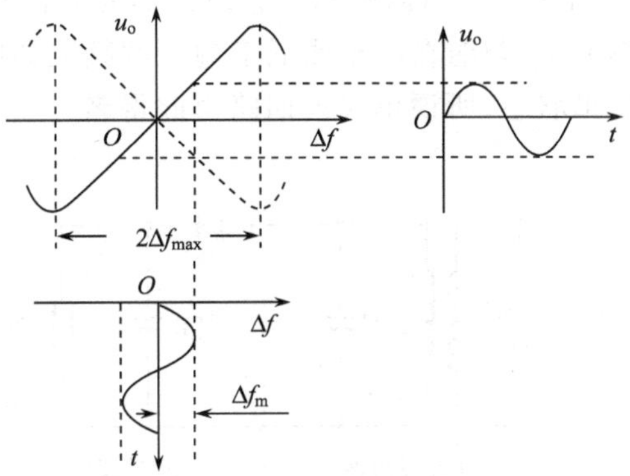

图 7.4.4　鉴频特性曲线

2）鉴频灵敏度

通常将鉴频特性曲线直线部分的斜率称为鉴频灵敏度，可表示为

$$S_D=\frac{u_o}{\Delta f} \tag{7.4.1}$$

鉴频灵敏度的单位为 V/Hz。由图 7.4.4 可以看出，当 $\Delta f=\Delta f_m$ 时，u_o 达到最大值。可见鉴频特性曲线越陡峭，S_D 就越大，表明鉴频电路将输入信号频率的变化转换为电压的能力越强。

3）线性范围

线性范围指鉴频特性曲线近似为直线所对应的最大频率范围，又称为鉴频器的带宽，用 $2\Delta f_{max}$ 表示，如图 7.4.4 所示。对于鉴频器而言，要求线性范围大于调频信号最大频偏的两倍，否则将产生严重的失真。

4）非线性失真

在频偏范围内，因鉴频特性曲线不是理想直线而引起的失真。

例 7.4.1　已知某鉴频器的输入调频信号 $u_I(t)=5\cos(2\pi\times10^8t+20\sin2\pi\times10^3t)$V，鉴频灵敏度 $S_D=-5$mV/kHz，鉴频器带宽 $2\Delta f_{max}=100$kHz，试写出该鉴频器输出电压的表达式，画出鉴频特性曲线并标出相关参数。

解 由已知的表达式可知，调频波的瞬时频偏为

$$\Delta f=\frac{\Delta\omega}{2\pi}=\frac{1}{2\pi}\cdot\frac{\mathrm{d}}{\mathrm{d}t}(20\sin2\pi\times10^3t)=20\cos2\pi\times10^3t\,\mathrm{kHz}$$

输出电压

$$u_o=S_D\Delta f=-5\times20\cos2\pi\times10^3t=-100\cos2\pi\times10^3t\,\mathrm{mV}$$

因为鉴频器的带宽 $2\Delta f_{max}=100\mathrm{kHz}$，由此可计算出该鉴频器所能输出的最大不失真幅值 $U_{om}=S_D\Delta f_{max}=5\times50=250(\mathrm{mV})$；鉴频器的中心频率 $f_I=10^5\mathrm{kHz}$，鉴频特性曲线如图 7.4.5 所示。

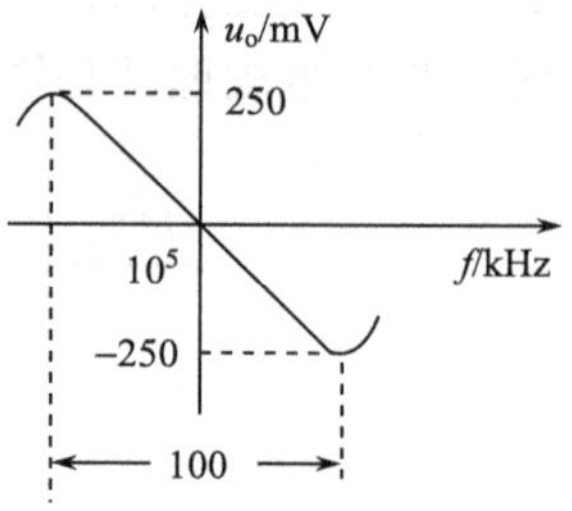

图 7.4.5 例 7.4.1 的鉴频曲线

7.4.2 斜率鉴频器

1. 单失谐回路斜率鉴频器

1）电路组成

如图 7.4.6(a)所示。它由波形变换器和包络检波器两部分组成。LC 并联谐振回路的谐振频率 ω_p 调谐在高于或低于输入调频波的中心频率 ω_I 上，此时对中频载波(ω_I)来说，回路处于失谐状态，所谓单失谐回路由此得名。

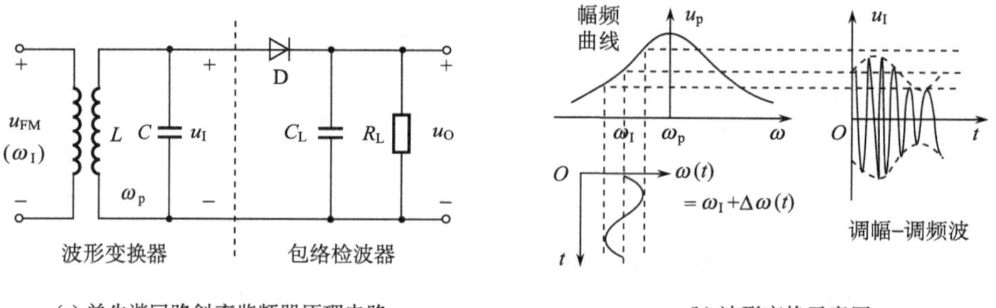

(a) 单失谐回路斜率鉴频器原理电路 (b) 波形变换示意图

图 7.4.6 单失谐回路斜率鉴频器原理电路及其波形变换示意图

2）工作原理

假设 LC 并联谐振回路的谐振频率 ω_p 高于输入调频波中心频率 ω_I，如图 7.4.6(b)所示。当加在并联谐振回路的调频波角频率 $\omega(t)$ 随时间变化时，回路两端电压的振幅也将随之产生相应的变化。显然，它是利用 LC 并联谐振回路幅频特性曲线的斜坡部分，将频率的变化转换成电压的变化，从而实现了将等幅的调频波变换成振幅与调频信号频偏成正比的调幅-调频波，即用失谐回路实现调频波到调幅-调频波的变换。再将得到的调幅-调频波 u_I 经包络检波器解调出原调制信号。图 7.4.7 示出了单失谐回路斜率鉴频器中各点波形示意图。

由于特性曲线的斜坡部分不完全是直线，或者说线性范围较窄，当输入调频波的频偏较大时，非线性失真就很严重，故在实际中很少采用。

2. 双失谐回路斜率鉴频器

为了获得较好的线性鉴频特性以减小失真，并适用于解调较大频偏的调频信号，一般采用图 7.4.8 所示的双失谐回路斜率鉴频器。

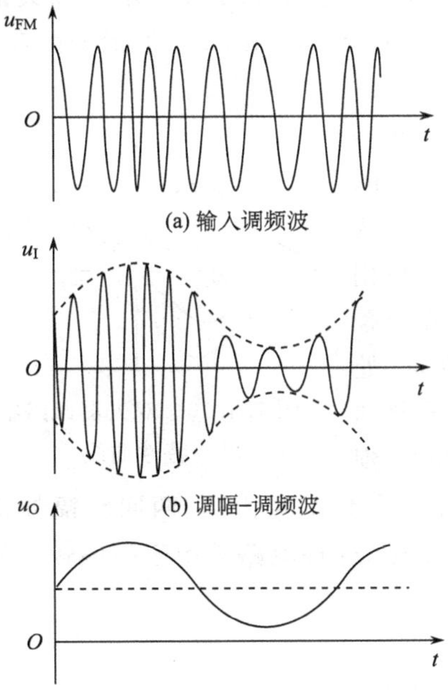

图 7.4.7　单失谐回路斜率鉴频器各点波形示意图

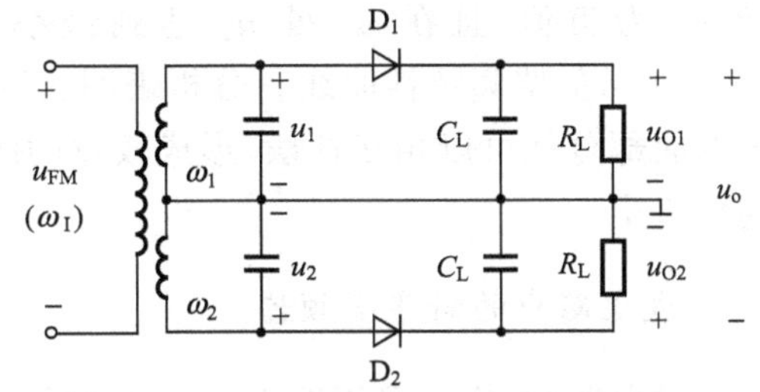

图 7.4.8　双失谐回路斜率鉴频器原理电路

1）电路组成

设 $\omega_1>\omega_I>\omega_2$，且 $\omega_1-\omega_I=\omega_I-\omega_2$。这样对 ω_I 来说，次级上、下两个调谐回路处于对称失谐状态，故由此得名。

2）工作原理

对于图 7.4.8 所示的上失谐回路而言，由于 $\omega_1>\omega_I$，从图 7.4.9(a)可以看出，当输入调频波瞬时角频率 $\omega(t)$变化时，利用上失谐回路幅频特性曲线的左侧斜坡部分，可使图 7.4.9(b)所示的等幅调频波变化成调幅-调频波，再经过峰值包络检波器得到图 7.4.9(c)所示的输出电压 u_{O1} 的波形；此情形与图 7.4.6 和图 7.4.7 所示的单失谐回路斜率鉴频器的工作原理一致。对于图 7.4.8 所示的下失谐回路而言，与上失谐回路相反。若假设两个二极管检波器参

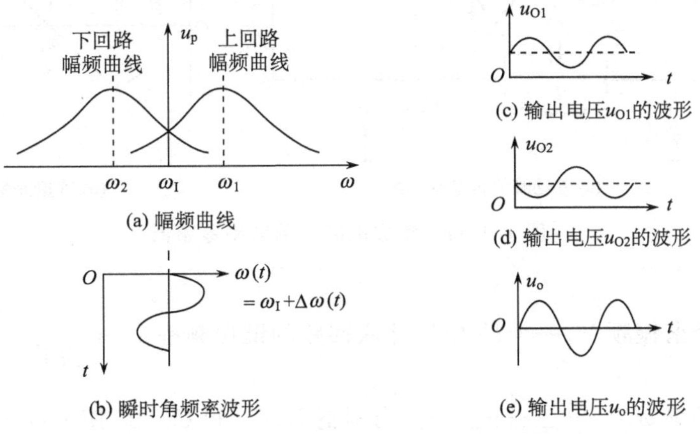

图 7.4.9　双失谐回路幅频曲线及其输出波形示意图

数一致，则可得到图 7.4.9(d)所示的输出电压 u_{O2} 的波形。由于图 7.4.8 所示的双失谐回路斜率鉴频器的输出负载为差动连接，所以鉴频器输出电压 $u_o=u_{O1}-u_{O2}$，u_o 波形如图7.4.9(e)所示。

由于双失谐回路斜率鉴频器的输出电压为 $u_o=u_{O1}-u_{O2}$，即 u_o 由 u_{O1} 和 $-u_{O2}$ 相叠加而得，为了分析方便，画出 $-u_{O2}$ 的幅频特性曲线，如图 7.4.10 中虚线表示的幅频特性曲线。从图中可以看出，当调频波的频率为 ω_I 时，u_{O1} 和 $-u_{O2}$ 大小相等、极性相反，正好可以互相抵消，此时 $u_o=0$；当调频波的频率大于 ω_I 时，u_{O1} 和 $-u_{O2}$ 叠加的结果使 u_o 为正值，且在 ω_1 处 u_o 达到最大；当调频波的频率小于 ω_I 时，u_{O1} 和 $-u_{O2}$ 的叠加结果使 u_o 为负值，且在 ω_2 处 u_o 达到最小。因此可得到图 7.4.10所示的鉴频特性曲线。分析表明，只要回路元件参数配置恰当，两回路幅频特性曲线中的弯曲部分就可以相互补偿，形成较宽的线性鉴频范围，这种电路常用于频偏较大的微波接力通信机中。

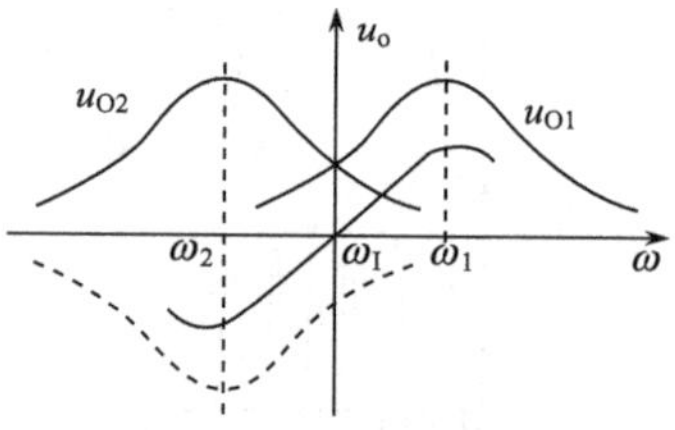

图 7.4.10　双失谐回路鉴频特性曲线

3. 集成电路中的斜率鉴频器

在集成电路中，广泛采用图 7.4.11(a)所示的差动峰值斜率鉴频器。图中 LC_1 与 C_2 组成波形变换网络，将 $u_{FM}(t)$ 转变成两个振幅随输入信号频率变化的调幅-调频电压 u_1 和 u_2，u_1 和 u_2 分别经过 T_1 和 T_2 组成的射极输出器后，送至由 T_3、C_3 和 T_4、C_4 组成的两个晶体管包络检波器检出低频调制信号，再经过 T_5 和 T_6 组成的双端输入单端输出的差动放大器放大，最后由集电极输出解调后的信号。

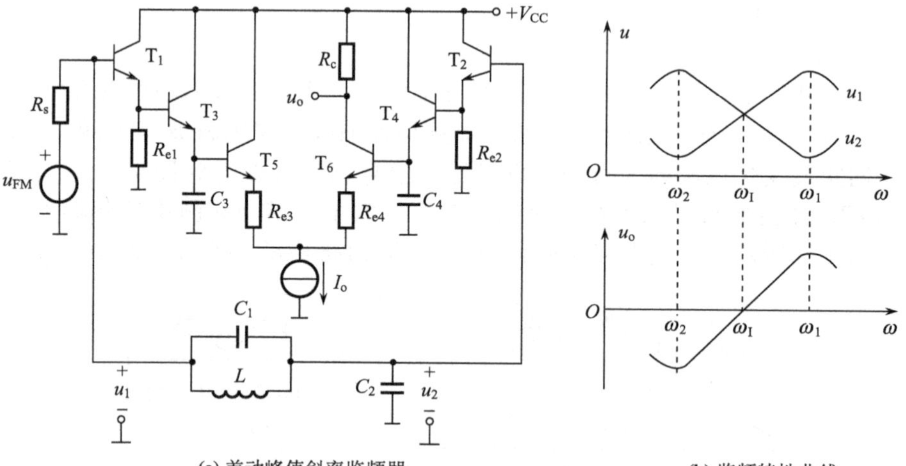

(a) 差动峰值斜率鉴频器　　(b) 鉴频特性曲线

图 7.4.11　集成电路中的斜率鉴频器

该电路有两个谐振频率，一个是 LC_1 并联回路的谐振频率 $\omega_1\approx\frac{1}{\sqrt{LC_1}}$，一个是 LC_1 和 C_2 串联回路的谐振频率 $\omega_2\approx\frac{1}{\sqrt{L(C_1+C_2)}}$。当调整 L、C_1 和 C_2 值，使 $u_{FM}(t)$ 的瞬时频率接近

ω_1 时，$u_1(t)$的幅值 U_{1m} 最大，而 $u_2(t)$ 的幅值 U_{2m} 最小；当 $u_{FM}(t)$ 的瞬时频率接近 ω_2 时，$u_1(t)$的幅值 U_{1m} 最小，而 $u_2(t)$ 的幅值 U_{2m} 最大。u_1 和 u_2 随频率变化的曲线如图7.4.11(b)所示。因为差放的输出电压与两个输入电压的差值成正比，所以将两条曲线相减，得到鉴频特性曲线。电路可以通过改变 L、C_1 和 C_2 的值来调整鉴频器的带宽、中心频率及曲线的对称性等，通常情况下固定 C_1 和 C_2，调整 L。由于它的鉴频线性范围可达 300kHz，所以在集成电路中得到广泛的应用。例如，AN5250 电视伴音通道集成电路中采用了这种鉴频电路。

7.4.3 相位鉴频器

1. 分类

模拟相位鉴频器分为叠加型和乘积型两类，分立元件的相位鉴频器通常为叠加型，乘积型常用于集成电路中。

2. 叠加型相位鉴频器

叠加型相位鉴频器是利用回路的相位-频率特性将调频波变换为调幅-调频波，然后利用振幅检波器解调出原调制信号。叠加型相位鉴频器又分为互感耦合相位鉴频器和电容耦合相位鉴频器，本节只介绍前者。

1) 电路形式

图 7.4.12(a)示出了互感耦合相位鉴频器。其中，u_I 是等幅调频波；L_1C_1 和 L_2C_2 构成互感耦合双谐振回路作为移相网络，两回路都谐振在调频波的中心频率 f_I上，且 L_2 被中心抽头分成对称的两半，每边电压为 $u_2/2$；C_C对高频输入信号可视为短路，L_3 为高频扼流圈，对输入信号呈开路，这样 L_3 两端的电压与 L_1C_1 回路两端的电压近似相等；D_1、D_2、C_3、C_4、R_1、R_2 组成包络检波器。

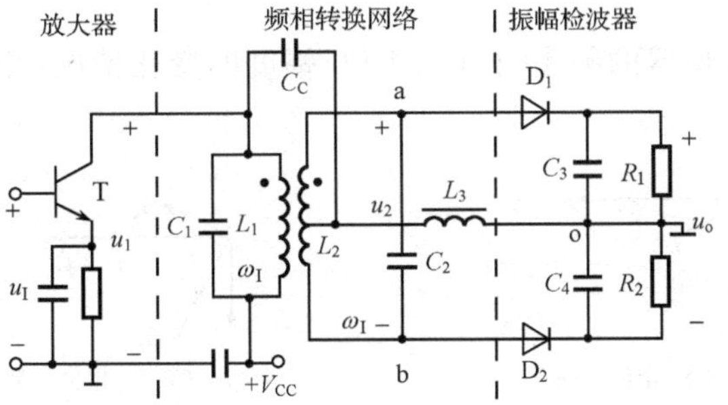

(a) 相位鉴频器原理电路

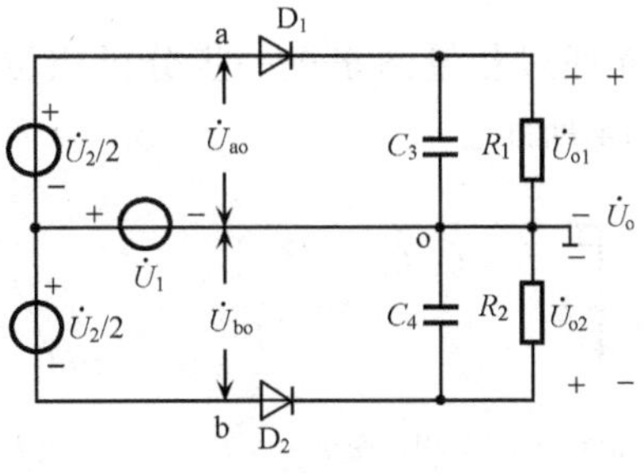

(b) 工作原理图

图 7.4.12 互感耦合相位鉴频器及其工作原理图

图 7.4.12(b)为图 7.4.12(a)的等效电路，此时加至两检波器上的高频输入信号分别为

$$\dot{U}_{ao}=\dot{U}_1+\frac{\dot{U}_2}{2} \tag{7.4.2a}$$

$$\dot{U}_{bo}=\dot{U}_1-\frac{\dot{U}_2}{2} \tag{7.4.2b}$$

如果上下两个包络检波器对称，电压传输系数 k_d 相等，则输出电压分别为

$$|\dot{U}_{o1}|=k_d|\dot{U}_{ao}| \tag{7.4.3a}$$

$$|\dot{U}_{o2}|=k_d|\dot{U}_{bo}| \tag{7.4.3b}$$

$$|\dot{U}_o|=|\dot{U}_{o1}|-|\dot{U}_{o2}|=k_d(|\dot{U}_{ao}|-|\dot{U}_{bo}|) \tag{7.4.4}$$

2) 工作原理

(1) 波形变换器。双谐振回路电流和电压的关系如图 7.4.13(a)所示。由图可得

$$\dot{I}_1=\frac{\dot{U}_1}{r+j\omega L_1}\approx\frac{\dot{U}_1}{j\omega L_1} \tag{7.4.5}$$

$$\dot{U}_2=\frac{\dot{I}_2}{j\omega C_2} \tag{7.4.6}$$

式(7.4.5)表明 $\dot{U}_1$ 超前 $\dot{I}_1 90°$。$\dot{U}$ 为次级感应电动势，且对 $\dot{U}$ 而言，次级回路是串联谐振回路，$\dot{U}=\pm j\omega M\dot{I}_1$。式中的正、负号取决于初次级线圈的绕向。根据图 7.4.13(a)所标同名端及电流的参考方向可知，上式应取正号。故在此条件下 $\dot{U}$ 超前 $\dot{I}_1 90°$，显然 $\dot{U}$ 与 $\dot{U}_1$ 同相。由此可得 $\dot{I}_1$、$\dot{U}_1$、$\dot{U}$ 的相量关系如图 7.4.13(b)所示。

由式(7.4.6)可知，$\dot{I}_2$ 超前 $\dot{U}_2 90°$，相量图如图 7.4.13(c)所示。

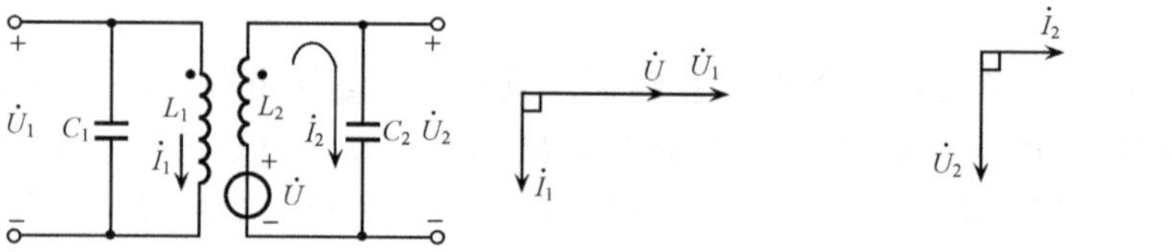

(a) 双谐振回路　(b) 电压、电流相量图　(c) 电压、电流相量图

图 7.4.13　双谐振回路及其电流和电压的相量图

下面通过相量图来进一步分析相位鉴频器的频率-相位、相位-幅度的变化情况，相量图如图 7.4.14 所示。

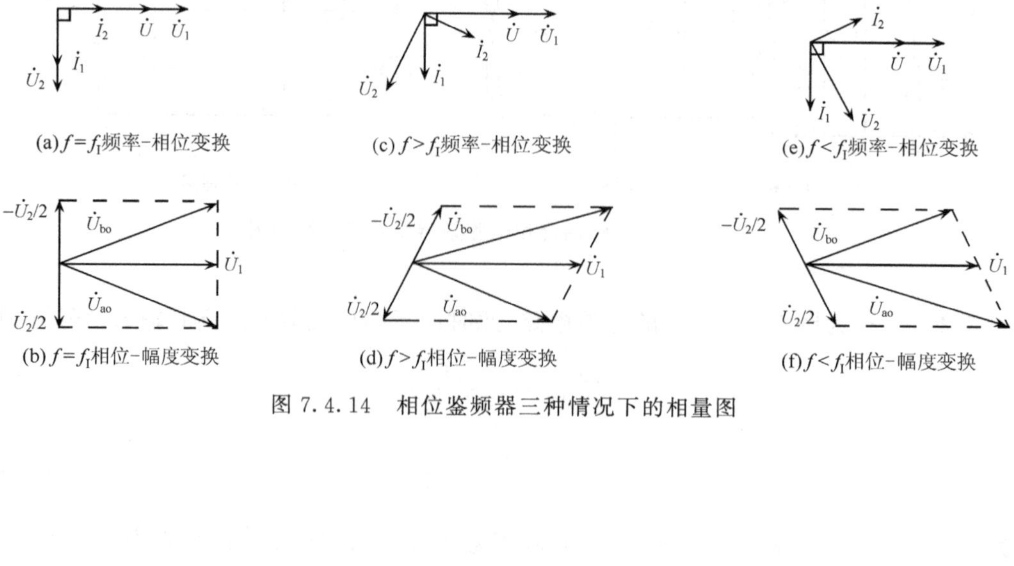

(a) $f=f_1$频率-相位变换　(c) $f>f_1$频率-相位变换　(e) $f<f_1$频率-相位变换

(b) $f=f_1$相位-幅度变换　(d) $f>f_1$相位-幅度变换　(f) $f<f_1$相位-幅度变换

图 7.4.14　相位鉴频器三种情况下的相量图

① 当 $f=f_\mathrm{I}$时，次级回路谐振并呈纯阻性，$\dot{I}_2$ 与 $\dot{U}$ 同相，如图 7.4.14(a)所示。由式(7.4.2)可画出图 7.4.14(b)，此时$|\dot{U}_{ao}|=|\dot{U}_{bo}|$，由式(7.4.4)可知，$|\dot{U}_o|=0$。

② 当 $f>f_\mathrm{I}$时，由次级回路 $Z=r+\mathrm{j}\omega L_2+\dfrac{1}{\mathrm{j}\omega C_2}$ 可知回路失谐并呈感性，$\dot{U}$ 超前 $\dot{I}_2$ 一个角度，如图 7.4.14(c)所示。由式(7.4.2)可画出图 7.4.14(d)，此时$|\dot{U}_{ao}|<|\dot{U}_{bo}|$，由式(7.4.4)可知，$|\dot{U}_o|<0$。

③ 当 $f<f_\mathrm{I}$时，次级回路失谐并呈容性，$\dot{I}_2$ 超前 $\dot{U}$ 一个角度，如图 7.4.14(e)所示。由式(7.4.2)可画出图 7.4.14(f)，此时$|\dot{U}_{ao}|>|\dot{U}_{bo}|$，由式(7.4.4)可知，$|\dot{U}_o|>0$。

从相量图 7.4.14(d)和相量图 7.4.14(f)可以得出，频率增大时$|\dot{U}_{ao}|$减小，$|\dot{U}_{bo}|$增大；频率减小时$|\dot{U}_{ao}|$增大，$|\dot{U}_{bo}|$减小。由此得到图 7.4.15(a)和图 7.4.15(b)所示的调幅-调频波波形。可见，它是利用回路的相位频率特性将等幅调频波变换为调幅-调频波。

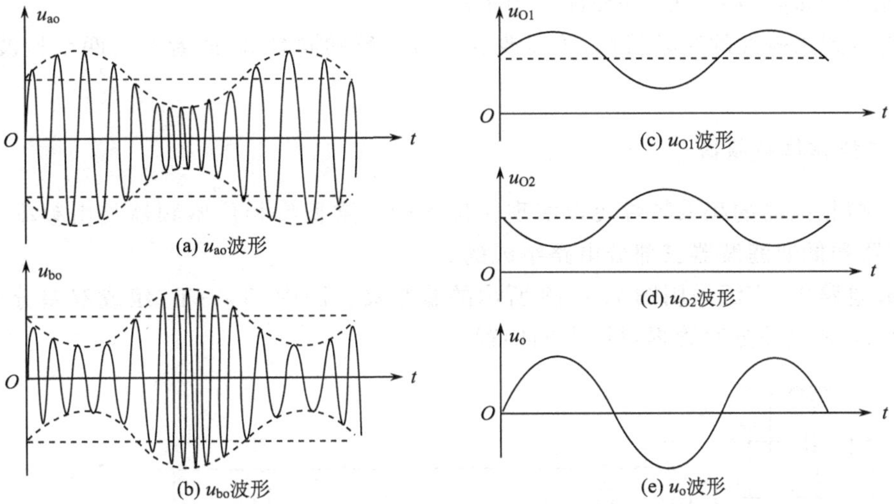

图 7.4.15　相位鉴频器电压波形图

(2) 包络检波器。波形变换器输出的调幅-调频波 u_{ao}和 u_{bo}经上、下两个包络检波器，最后使总输出电压 u_o也随 f 变化，以实现频率解调。包络检波后的 u_{O1}、u_{O2}、u_o 的波形分别如图 7.4.15(c)、图 7.4.15(d)和图 7.4.15(e)所示。

(3) 鉴频特性曲线。由图 7.4.14 可知，当 $f=f_\mathrm{I}$时，$u_o=0$；当 $f>f_\mathrm{I}$时，$u_o<0$；当 $f<f_\mathrm{I}$时，$u_o>0$。由此可画出鉴频特性曲线如图 7.4.16 所示。

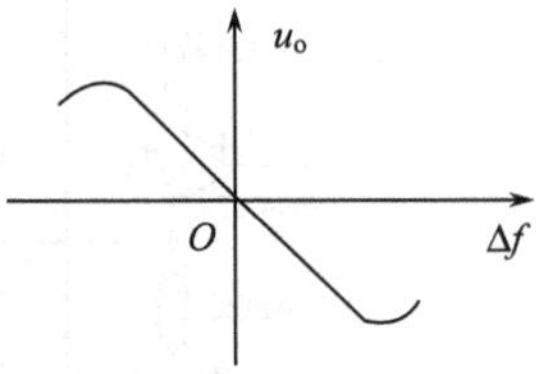

图 7.4.16　相位鉴频器鉴频特性曲线

例 7.4.2　某鉴频器的鉴频特性曲线如图 7.4.17 所示，鉴频器的输出电压为 $u_o(t)=\cos 4\pi\times 10^3 t\,\mathrm{V}$。(1)求鉴频灵敏度 S_D；(2)写出鉴频器输入信号 $u_{FM}(t)$和原调制信号 $u_\Omega(t)$的表达式；(3)若此鉴频器为互感耦合相位鉴频器，则要得到正极性的鉴频特性，应如何改变电路？

解 (1) 由式(7.4.1)和已知的鉴频特性曲线可得鉴频灵敏度为

$$S_D = \frac{U_{om}}{\Delta f_m} = -\frac{1}{100 \times 10^3} = -0.01(\text{V/kHz})$$

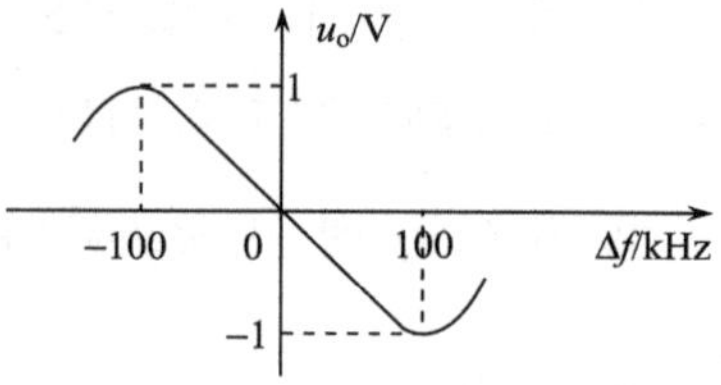

图 7.4.17 例 7.4.2

(2) 由式(7.4.1)得瞬时频偏 $\Delta f = \frac{u_o}{S_D} = \frac{\cos 4\pi \times 10^3 t}{-0.01 \times 10^{-3}}$ $= -100\cos 4\pi \times 10^3 t(\text{kHz})$,则

$$\begin{aligned}\varphi(t) &= \int \omega(t)\text{d}t = \int [\omega_I + \Delta\omega(t)]\text{d}t = \int [2\pi f_I + 2\pi\Delta f(t)]\text{d}t \\ &= \int (2\pi f_I - 2\pi \times 100 \times 10^3 \times \cos 4\pi \times 10^3 t)\text{d}t \\ &= 2\pi f_I t - 50\sin 4\pi \times 10^3 t\end{aligned}$$

所以 $u_{FM}(t) = U_{Im}\cos\varphi(t) = U_{Im}\cos(2\pi f_I t - 50\sin 4\pi \times 10^3 t)\text{V}$

原调制信号 $u_\Omega(t) = -U_{\Omega m}\cos 4\pi \times 10^3 t\,\text{V}$

(3) 要得到正极性的鉴频特性,可以改变耦合互感的同名端,或者改变两个检波二极管的方向等。

3. 乘积型相位鉴频器

利用模拟相乘器的相乘特性可以实现相位鉴频。乘积型相位鉴频器是由频率-相位变换网络、相乘器和低通滤波器三部分电路组成的。

在集成电路中,广泛采用图 7.4.18 所示的鉴频器。图中,$T_3 \sim T_9$ 组成双差分对相乘器,$D_1 \sim D_5$ 为 T_2 和双差分对管提供所需的偏置。

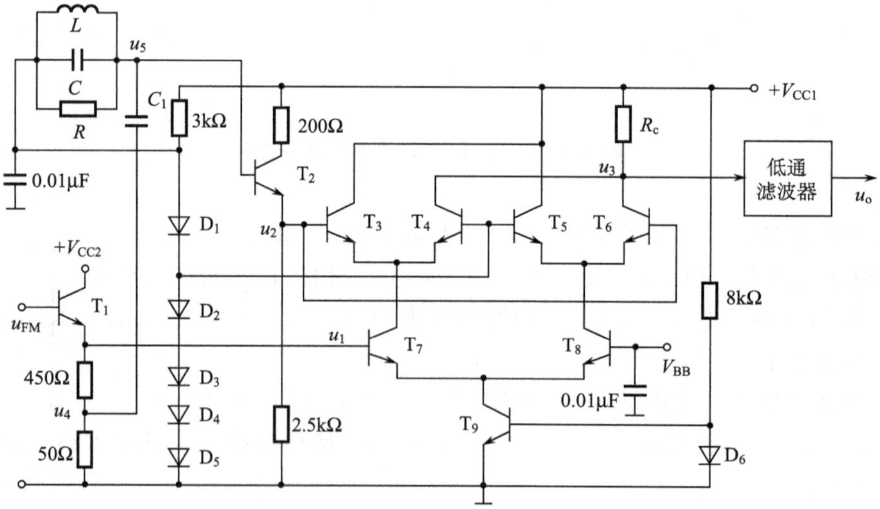

图 7.4.18 乘积型相位鉴频器的实用电路

设输入调频信号为 $u_{FM} = U_{Im}\cos\left[\omega_I t + K_f \int u_\Omega(t)\text{d}t\right] = U_{Im}\cos\omega t$,该电压经射极跟随器 T_1 后分为 u_1、u_4 两路电压。其中

$$u_1 \approx u_{FM} = U_{Im}\cos\omega t$$

$$u_4 = \frac{50}{450+50}u_1 = 0.1U_{Im}\cos\omega t$$

u_1 以单端方式加到 T_7 的基极，作为相乘器的一个输入电压，其值较大，保证 T_7、T_8 差分对管工作在开关状态，T_8 基极上接恒定的直流偏压 V_{BB} 并通过 0.01μF 电容高频接地。u_4 是一小信号，经由 C_1、RLC 并联谐振回路组成的 $\frac{\pi}{2}-\Delta\varphi(t)$ 频相转换网络后得到调相-调频波 u_5，可表示为

$$u_5 = U_{5m}\cos\left[\omega t + \frac{\pi}{2} - \Delta\varphi(t)\right] = -U_{5m}\sin[\omega t - \Delta\varphi(t)]$$

u_5 经射极跟随器 T_2 后产生电压 u_2，大小为

$$u_2 \approx -U_{2m}\sin[\omega t - \Delta\varphi(t)]$$

u_2 从 T_3、T_6 的基极双端输入，作为相乘器的另一个输入电压，由于 u_2 很小，可以认为双差分对管工作在小信号状态，T_4、T_5 的基极是固定偏置。

由式(2.3.30)可得

$$u_3 \approx \frac{1}{2}\cdot\frac{I_oR_c}{2U_T}u_2S'(\omega t) = -\frac{I_oR_c}{4U_T}U_{2m}\sin[\omega t - \Delta\varphi(t)]\,S'(\omega t)$$

将式(2.3.22)双向开关函数的表达式代入上式，并经过低通滤波器后的输出电压为

$$u_o = \frac{I_oR_c}{2\pi U_T}U_{2m}\sin\Delta\varphi(t)$$

当 $|\Delta\varphi(t)| \leqslant \frac{\pi}{12}$ 时，$\sin\Delta\varphi(t) \approx \Delta\varphi(t)$，$\Delta\varphi(t) = -\arctan\xi \approx -\xi = -Q_L\frac{2\Delta\omega(t)}{\omega_I}$，对于调频波，$\Delta\omega(t) = K_fu_\Omega(t)$，所以输出电压为

$$u_o \approx \frac{I_oR_cU_{2m}}{2\pi U_T}\Delta\varphi(t) = -\frac{I_oR_cU_{2m}Q_L}{2\pi U_T}\cdot\frac{2\Delta\omega(t)}{\omega_I} = -\frac{I_oR_cU_{2m}Q_LK_f}{\pi U_T\omega_I}u_\Omega(t) = A_du_\Omega(t)$$

式中，$A_d = -\frac{I_oR_cU_{2m}Q_LK_f}{\pi U_T\omega_I}$。

可见，电路只能对相移较小的调频波实现线性解调。

7.4.4 比例鉴频器

从图 7.4.14 所示的矢量图中不难看出，当输入调频信号的振幅发生变化时，相位鉴频器的输出电压也会发生变化。为了抑制由各种噪声和干扰引起的输入信号的寄生调幅，需要在相位鉴频器之前增设限幅器。但限幅器要求在较大输入信号下才能有效地起到限幅作用，这样势必导致接收机高频放大级数的增加。

下面将要介绍的比例鉴频器是一种兼有限幅作用的鉴频器，它是在相位鉴频器的基础上改进而来的。目前调频接收机和电视机伴音部分，为了降低成本、减小体积，广泛采用比例鉴频器。

1. 电路组成

比例鉴频器电路形式及其工作原理图如图 7.4.19 所示。图 7.4.19(a)中的波形变换部

分和相位鉴频器完全一样，差别在于包络检波部分，主要区别如下。

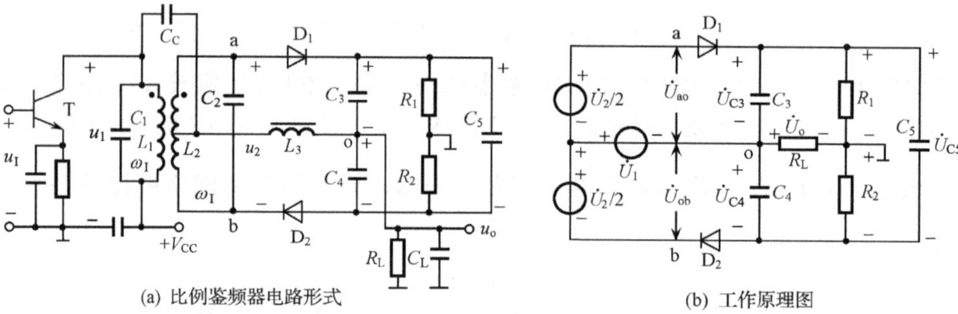

图 7.4.19　比例鉴频器及其工作原理图

(1) 二极管 D_2 极性反接，因此 C_3、C_4 上的电压极性一致，$|\dot{U}_{C5}|=|\dot{U}_{C3}|+|\dot{U}_{C4}|$。

(2) 输出电压不从 R_1、R_2 两端取出，而是由 C_3、C_4 中点与 R_1、R_2 中点之间输出。

(3) R_1、R_2 两端并联一个大电容 C_5（一般为 $10\mu F$），$\tau=(R_1+R_2)C_5$ 很大，约 0.1～0.2s，使 U_{C5} 在检波过程中保持不变。

在图 7.4.19(b)中，加至两检波器上的中频输入电压分别为

$$\dot{U}_{ao}=\dot{U}_1+\frac{\dot{U}_2}{2} \tag{7.4.7a}$$

$$\dot{U}_{ob}=-\dot{U}_1+\frac{\dot{U}_2}{2} \tag{7.4.7b}$$

假设电路上下两边对称，则有

$$\dot{U}_{C3}+\dot{U}_o=\frac{1}{2}\dot{U}_{C5} \tag{7.4.8a}$$

$$\dot{U}_{C4}-\dot{U}_o=\frac{1}{2}\dot{U}_{C5} \tag{7.4.8b}$$

式(7.4.8a)、式(7.4.8b)相减得

$$\dot{U}_o=\frac{\dot{U}_{C4}-\dot{U}_{C3}}{2} \tag{7.4.9}$$

考虑到上、下两包络检波器对称，检波效率 k_d 相等，且有 $|\dot{U}_{C3}|=k_d|\dot{U}_{ao}|$，$|\dot{U}_{C4}|=k_d|\dot{U}_{ob}|$，故

$$|\dot{U}_o|=\frac{|\dot{U}_{C4}|-|\dot{U}_{C3}|}{2}=-\frac{k_d(|\dot{U}_{ao}|-|\dot{U}_{ob}|)}{2} \tag{7.4.10}$$

2. 工作原理

1) 波形变换器

仿照相位鉴频器的相量关系画出图 7.4.20 的三种情况。

2) 包络检波器

波形变换器输出的调幅-调频波经上下两个包络检波器后，解调出原调制信号。

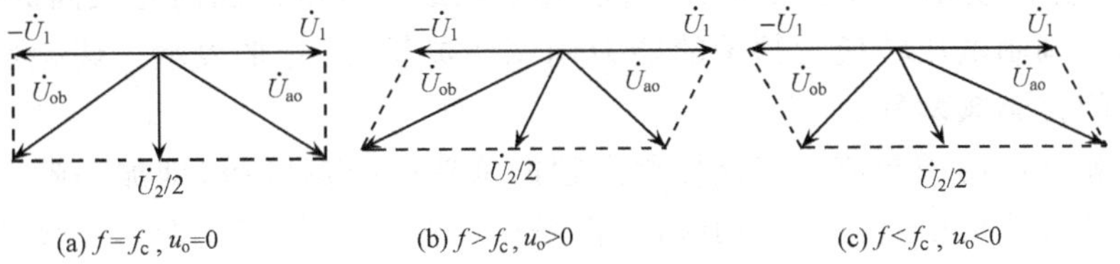

图 7.4.20　比例鉴频器三种情况下的电压相量关系

3) 鉴频特性曲线

(1) 从输出表达式看鉴频特性曲线。比较式(7.4.4)和式(7.4.10)可知,比例鉴频器的输出电压减小一半,即鉴频灵敏度 $S_D = u_o/\Delta f$ 减小一半;两式符号相反,说明两鉴频特性曲线反相。两个鉴频特性曲线的比较如图 7.4.21 所示。图中,实线 a 表示相位鉴频特性曲线,实线 b 表示比例鉴频特性曲线。

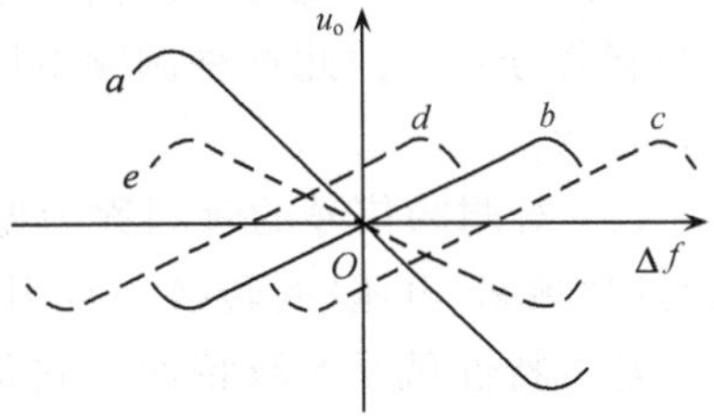

图 7.4.21　鉴频特性曲线

(2) 二极管反接对鉴频特性曲线的影响。若将图 7.4.19(a)中的 D_1、D_2 反接,则比例鉴频曲线如图 7.4.21 中的虚线 e。

(3) 次级回路失谐对鉴频特性曲线的影响。在波形变换器中,若次级回路的谐振频率 $f \neq f_I$,则比例鉴频曲线分别如图 7.4.21 中的虚线 c($f > f_I$)和虚线 d($f < f_I$)所示,此时将使鉴频器线性鉴频范围减小,输出波形容易产生失真。

3. 限幅作用

因为 $|\dot{U}_{C5}| = |\dot{U}_{C3}| + |\dot{U}_{C4}|$,则输出电压式(7.4.10)可表示为

$$|\dot{U}_o| = \frac{|\dot{U}_{C4}| - |\dot{U}_{C3}|}{2} = \frac{|\dot{U}_{C4}| + |\dot{U}_{C3}| - 2|\dot{U}_{C3}|}{2} \cdot \frac{|\dot{U}_{C5}|}{|\dot{U}_{C3}| + |\dot{U}_{C4}|}$$

$$= \frac{1}{2}|\dot{U}_{C5}|\left(1 - \frac{2}{1 + |\dot{U}_{C4}|/|\dot{U}_{C3}|}\right) = \frac{1}{2}|\dot{U}_{C5}|\left(1 - \frac{2}{1 + |\dot{U}_{ob}|/|\dot{U}_{ao}|}\right) \tag{7.4.11}$$

若输入调频波存在寄生调幅,则使得调频波的幅度改变,$|\dot{U}_{ao}|$、$|\dot{U}_{ob}|$ 将同时增大或减小,但其比值 $|\dot{U}_{ao}|/|\dot{U}_{ob}|$ 不变,这样比例鉴频器的输出电压 $|\dot{U}_o|$ 保持不变,从而实现了限幅。当然大电容 C_5 的接入是保证此电路具有限幅能力的关键所在。总之,比例鉴频器兼有限幅和鉴频功能。

本章小结

本章主要内容体系为:调角信号的分析→调频信号的产生电路→调频信号的解调电路。

(1) 用低频调制信号控制高频载波信号的频率或相位,使其按照调制信号的规律来变化的过程称为角度调制,所得到的已调信号称为调角信号。调角信号包括调频信号和调相信号,都是振幅为 U_{cm} 的等幅波。角度调制属于非线性调制。

(2) 调频电路的基本特性就是调频特性，要求在最大频偏范围内有较高的线性度，尽可能减小调制失真。调制电压转换为频偏的能力用调频灵敏度 S_F 来表示。调频信号的实现方法有直接调频和间接调频两种。

直接调频就是利用调制信号直接控制高频振荡器的振荡频率，即振荡器与调制器合二为一。这种调频的方法可以获得较大的频偏，但是中心频率的稳定度低。直接调频电路中广泛采用变容二极管直接调频电路。为了提高中心频率的稳定度，也采用晶体振荡器直接调频电路。

间接调频是首先对调制信号进行积分，然后用其对载波进行调相而实现的调频，即振荡器与调制器分开。因此这种调频电路的中心频率稳定度高，但难以获得大的频偏而且实现起来较为复杂。

(3) 对调频信号的解调称为鉴频，相应的电路称为鉴频器。它的任务就是尽可能不失真地实现"频率-电压"的转换。常用的鉴频器有斜率鉴频器、相位鉴频器和比例鉴频器。鉴频电路的基本特性就是鉴频特性。它是指鉴频器输出电压与输入调频波频偏之间的关系。鉴频特性曲线近似直线的范围称为线性范围，也称为鉴频器的带宽。衡量鉴频器鉴频能力的指标是鉴频灵敏度，用 S_D 表示。

自 测 题

一、填空题

1. 由于调频与调相都表现为载波信号的瞬时相位受到调制，常将调频与调相统称为__________，简称__________。

2. 载波频率为 25MHz，振幅为 4V，调制信号频率为 400Hz 的单频正弦波，最大频偏 $\Delta f=10\text{kHz}$，试分别写出调频波表达式 $u_{FM}(t)=$__________，调相波表达式 $u_{PM}(t)=$__________。

3. 一个调频信号可看成是瞬时相位 $\Delta\varphi(t)$ 按调制信号的__________规律变化的调相信号；而一个调相信号则可以看成是瞬时频率 $\Delta\omega(t)$ 按调制信号的__________规律变化的调频信号。

4. 对于调频信号，当调制信号幅度确定后，__________与__________就会被确定下来，不随输入信号频率变化，而__________与调制信号的频率成反比。

5. 调频波与调相波都是等幅信号，二者的频率和相位都随__________而变化，均产生__________与__________。

6. 在变容二极管调频电路中，其中心频率为 5MHz，调制信号频率为 5kHz，最大频偏 2kHz，通过三倍频后的中心频率是__________，调制信号频率__________，最大频偏是__________，调频指数__________。

7. 间接调频先将调制信号进行__________，再用其值进行__________。

8. 比例鉴频器与相位鉴频器相比，其主要优点是__________，实现该功能的关键是电路中接入了一个__________。

9. 若鉴频曲线为正 S 曲线，比例鉴频器的初次级回路均调谐在输入信号的载波频率 f_o 上，当输入信号频率 $f_I>f_o$ 时，若 f_I 增大，则鉴频器的输出电压__________，当输入信号幅度突然增大，输出电压__________，其原因为__________。

二、选择题

1. 若载波 $u_c(t)=U_{cm}\cos\omega_c t$，调制信号 $u_\Omega(t)=U_{\Omega m}\cos\Omega t$，则调频波的最大相移为__________。

A. m_f　B. $K_f U_{\Omega m}$　C. $K_f U_{cm}$　D. $K_f \Omega/U_{\Omega m}$

2. 给定调频波的 $\Delta f_m=12\text{kHz}$，若调制信号频率为 3kHz，则 $BW=$__________。

A. 40kHz　B. 24.6kHz　C. 30kHz　D. 6kHz

3. 已调波 $u(t)=U_m\cos(\omega_c+A\omega_1 t)t$，则其 $\Delta\omega(t)$ 表达式为__________。

A. $A\omega_1 t$　B. $A\omega_1 t^2$　C. $2A\omega_1 t$　D. $A\omega_c t$

4. 调频波的调频指数与调制信号的__________成正比，与调制信号的__________成反比。

A. 频率　B. 相位　C. 振幅

5. 下面电路中不属于线性频谱搬移电路的是__________。

A. 混频器　B. 调幅器　C. 检波器　D. 鉴频器

6. 关于直接调频和间接调频的说法__________是正确的。

A. 直接调频是用调制信号控制振荡器的工作状态

B. 间接调频的频偏小，但中心频率比较稳定

C. 直接调频的频偏小，但中心频率稳定度好

D. 间接调频的频偏大，但中心频率稳定度好

7. 石英晶体调频电路的优点是__________。

A. 频偏大　B. 频率稳定度高　C. 抗干扰能力强

8. 调频过程完成的是__________，调相过程完成的是__________。

A. 电压-相位转换　B. 电压-频率转换

C. 频率-电压转换　D. 相位-电压转换

9. 调频或调相接收机解调之前用限幅器的目的__________。

A. 抑制干扰　B. 增加频带　C. 限幅器的作用不大

三、判断题

1. 角度调制的信号频谱是原调制信号频谱在频率轴上的线性平移。(　　)

2. 仅从波形或表达式不能判断是调频波还是调相波。(　　)

3. 调角信号的频谱包括无限多对边频分量，它的频谱宽度是无限大的。(　　)

4. 石英晶体调频电路属于间接调频电路。(　　)

5. 变容管作为回路总电容直接调频，实现大频偏线性调频的条件是 $\gamma=2$。(　　)

6. 单失谐回路斜率鉴频器的鉴频特性就是单调谐回路的幅频特性。(　　)

7. 相位鉴频器和斜率鉴频器都有包络检波器存在。(　　)

8. 目前的调频广播和电视伴音都采用相位鉴频器。(　　)

9. 比例鉴频器兼有限幅和鉴频功能。(　　)

习　题

7.1　已知调角波 $u(t)=5\sin(2\pi\times10^6 t+3\cos4\pi\times10^3 t)\text{V}$，试求：(1)载波频率和调制信号频率；(2)调制信号 $u_\Omega(t)$；(3)最大频偏和最大相移；(4)信号带宽；(5)该调角波在单位电阻上消耗的平均功率。

7.2 在调频广播系统中，按国家标准，$\Delta f_m=75\text{kHz}$，若调制信号频率的变化范围为 50～15000Hz，试计算调频指数和频带宽度。

7.3 调角波的数学表达式为 $u(t)=10\sin(10^8t+3\sin 10^4t)\text{V}$，问这是调频波还是调相波？求其调制频率、调制指数、频偏以及该调角波在 100Ω 电阻上产生的平均功率。

7.4 已知载波频率 $f_c=25\text{MHz}$，振幅 $U_{cm}=4\text{V}$；调制信号为单频正弦波，频率为 400Hz，最大频偏为 $\Delta f_m=10\text{kHz}$。(1)写出调频波和调相波的数学表达式；(2)若仅将调制信号频率变为 2kHz，其他参数不变，试写出调频波与调相波的数学表达式。

7.5 已知调制信号频率的变化范围为 20～15000Hz，若要求最大频偏 $\Delta f_m=45\text{kHz}$，求出相应调频信号及调相信号的调制指数和带宽，其结论说明了什么？

7.6 若调制信号频率为 400Hz，振幅为 2.4V，调制指数为 60，求最大频偏 Δf_m。当调制信号频率减小为 250Hz，同时振幅增大为 3.2V 时，调制指数将变为多少？

7.7 用 $u_\Omega(t)=\cos2\pi\times10^3t+\cos2\pi\times500t\,\text{V}$ 的调制信号进行调频，频偏均为 $\Delta f_{max}=20\text{kHz}$；载波 $f_c=100\text{MHz}$，其幅度 $U_{cm}=5\text{V}$，试写出调频波的数学表达式。

7.8 有一变容二极管调频原理电路如习题 7.8 图所示。图中，$V_{CC}>U_Q$，C_2 为耦合电容，C_3～C_5 为旁路电容，L_p 为高频扼流圈。试改正图中的错误，并说明理由；分析该调频电路的原理。

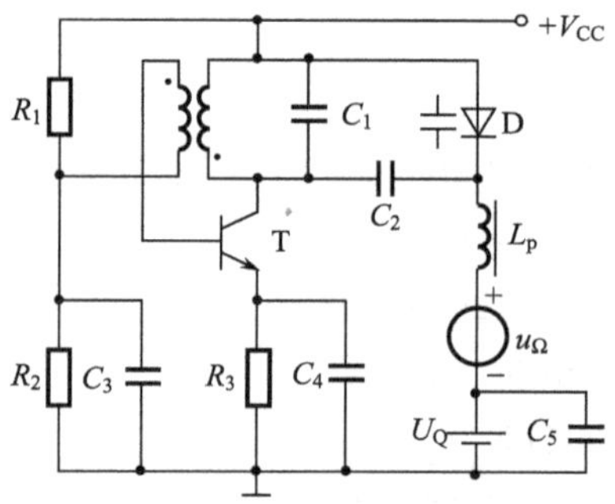

习题 7.8 图

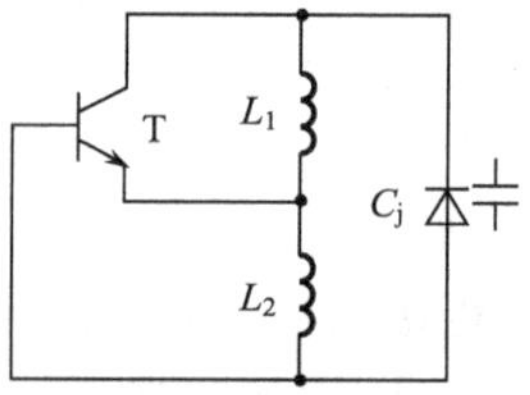

习题 7.9 图

7.9 变容二极管直接调频的交流等效电路如习题 7.9 图所示。已知 $C_{jQ}=40\text{pF}$，$U_B+U_Q=10\text{V}$，$\gamma=2$，$u_\Omega(t)=2\cos2\pi\times10^3t\,\text{V}$，$L_1=15\mu\text{H}$，$L_2=10.33\mu\text{H}$。试求：(1)调频波的载波频率 f_c、最大瞬时频率 f_{max} 和最小瞬时频率 f_{min}；(2)调频波的最大频偏 Δf_m，有效频带宽度 BW。

7.10 变容二极管调频电路如习题 7.10 图所示，L_C 为高频扼流圈。变容二极管的 $U_B=0.6\text{V}$，变容指数 $\gamma=3$；中心频率 $f_c=360\text{MHz}$；调制信号 $u_\Omega(t)=\cos\Omega t\,\text{V}$。(1)分析电路的工作原理；(2)调节 R_3 使变容二极管反偏电压为 6V，此时 $C_{jQ}=20\text{pF}$，求振荡回路电感 L 为多大？

7.11 变容二极管调频电路和变容管特性曲线如习题 7.11 图所示。当调制信号电压 $u_\Omega(t)=\cos2\pi\times10^3t\,\text{V}$ 时，试求：(1)调频波的中心频率 f_o；(2)最大频偏 Δf_m。

7.12 中心频率为 60MHz 的调频电路如习题 7.12 图所示。(1)试画出电路的高频通路；(2)若 $U_Q=6\text{V}$，$C_{jQ}=20\text{pF}$，试求振荡回路的电感量 L；(3)设变容二极管的 $\gamma=3$，$U_B=0.6\text{V}$，$u_\Omega(t)=0.5\cos\Omega t\,\text{V}$。试求调频电路的最大频偏 Δf_m。

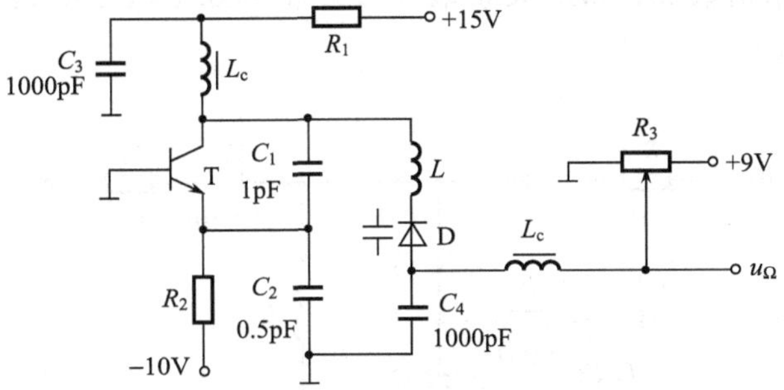

习题 7.10 图

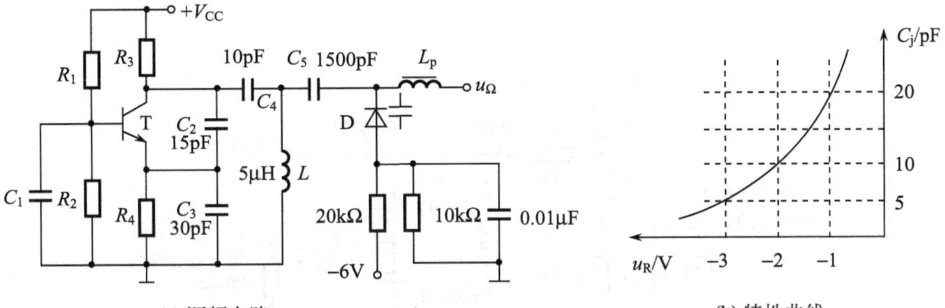

习题 7.11 图

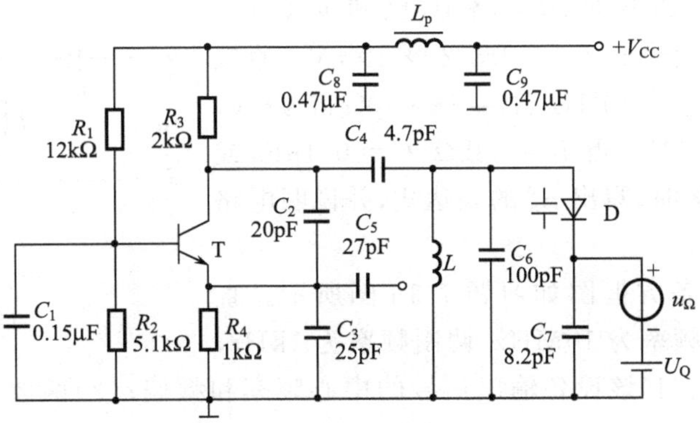

习题 7.12 图

7.13　变容二极管调角电路如习题 7.13 图所示，图中，$u_c(t)$为载波信号，$u_\Omega(t)$为调制信号。(1)调制信号的频率 $F=300\sim1000\text{Hz}$，试说明输出电压 $u_o(t)$是调相波还是调频波？若要实现线性调制，计算输出的已调波 $u_o(t)$可能的最大频偏 Δf_m；(2)若将图中的 R_3 由 51kΩ 改为 470kΩ，C_3 由 0.001μF 改为 0.047μF，其余参数不变。变容二极管的 $U_B=0.6\text{V}$，变容指数$\gamma=2$；回路等效品质因数 $Q=10$。输入调制信号 $u_\Omega(t)=0.2\cos2\pi\times10^3t\,\text{V}$；试分析此电路是变容二极管间接调频电路，并计算最大频偏 Δf_m。

7.14　单回路变容二极管调相电路如习题 7.14 图所示。图中，C 为高频旁路电容；变容二极管的 $U_B=1\text{V}$，变容指数 $\gamma=2$；回路等效品质因数 $Q=20$；调制信号 $u_\Omega(t)=U_{\Omega m}\cos\Omega t\,\text{V}$。

试求下列情况时的调相指数 m_p 和最大频偏。(1)$U_{\Omega m}=0.1\text{V}$,$\Omega=2\pi\times10^3\text{rad/s}$;(2)$U_{\Omega m}=0.05\text{V}$,$\Omega=4\pi\times10^3\text{rad/s}$。

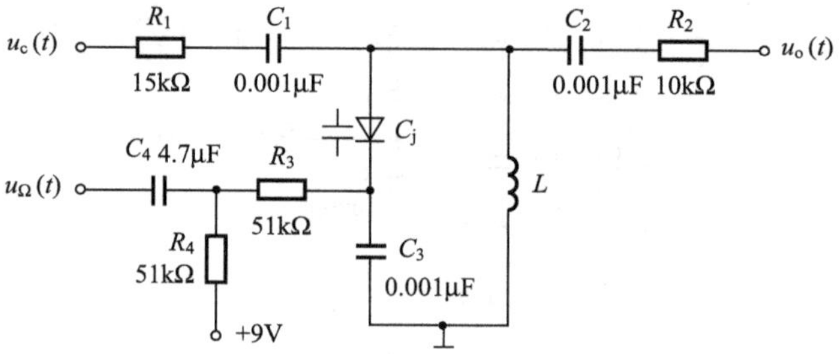

习题 7.13 图

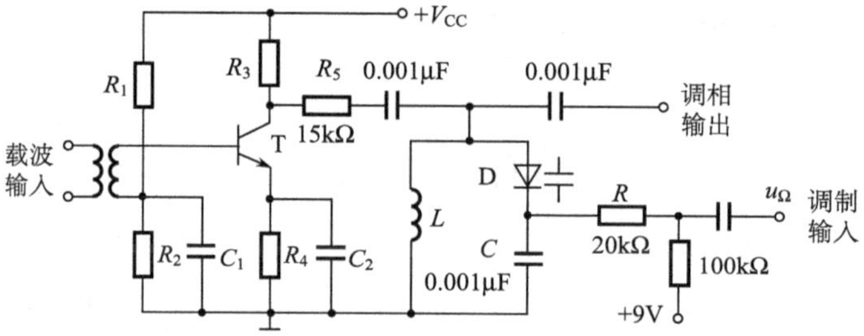

习题 7.14 图

7.15 在习题 7.15 图所示电路中,已知 $u_c(t)=3\cos2\pi\times10^8t\,\text{V}$,调制信号 $u_\Omega(t)=3\cos2\pi\times10^3t\,\text{V}$。直接调频电路的中心频率 $f_c=10^8\,\text{Hz}$,$K_f=2\pi\times10^4\,\text{rad/s·V}$,输出电压振幅 $U_{om}=3\text{V}$。当 $R=33\text{k}\Omega$、$C=0.1\mu\text{F}$,或 $R=100\Omega$、$C=0.03\mu\text{F}$ 时,写出 u_o 的表达式,并说明电路的功能。

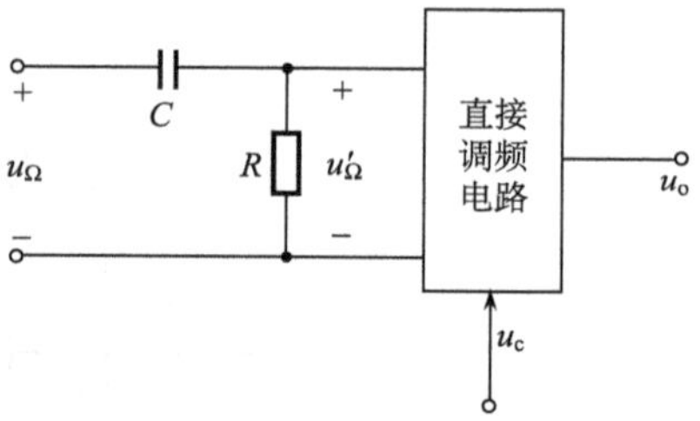

习题 7.15 图

7.16 某调频设备方框图如习题 7.16 图所示。直接调频器输出的中心频率为 10MHz,调制频率为 1kHz,频偏为 15kHz。试求:(1)该设备输出信号的中心频率和频偏;(2)两放大器的中心频率和通频带各为多少?

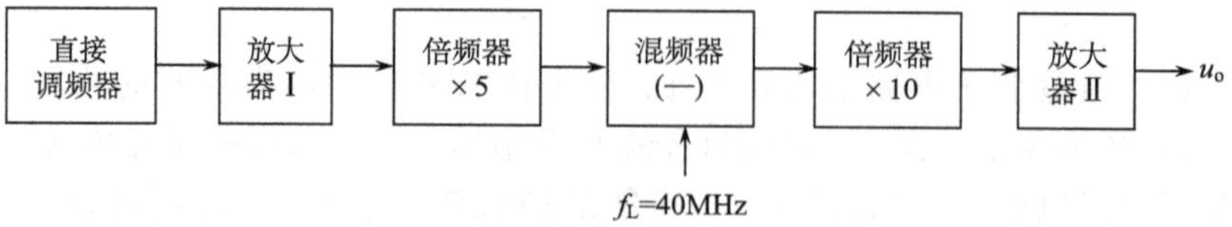

习题 7.16 图

7.17 习题 7.17 图所示的是窄带间接调频系统,经倍频和混频后产生宽带调频信号。传输的调制信号频率为 100~15000Hz,窄带调频的载频为 $f_{c1}=200\text{kHz}$,由晶体振荡器提供。

窄带调频信号的最大频偏 $\Delta f_{m1}=20\text{Hz}$，混频器的本振频率 $f_L=11\text{MHz}$，两个倍频器的参数 $n_1=65$、$n_2=51$。试求：(1)窄带调频信号的带宽；(2)经倍频和混频后输出的宽带调频信号的载频、最大频偏和带宽；(3)如果去掉混频器，则最后输出的宽带调频信号的载频是多少？说明混频器的作用。

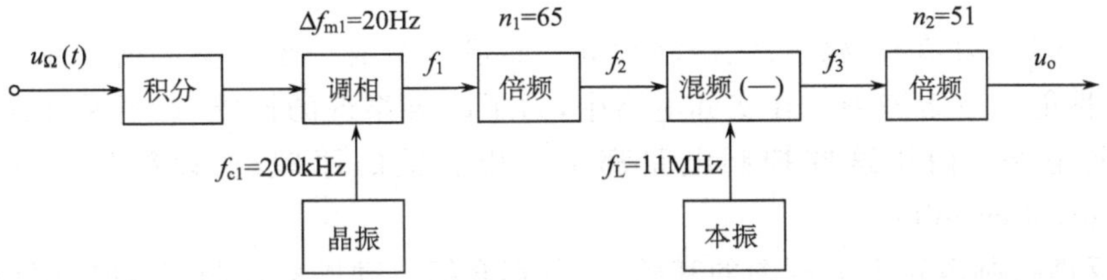

习题 7.17 图

7.18　某调频发射机组成如习题 7.18 图所示。直接调频器输出调频信号的中心频率为 10MHz，调制信号 $u_\Omega(t)$ 的频率范围为 100～1000Hz，F_{max} 时的调频指数 $m=5$，调制信号幅度保持不变。混频器输出取差频信号。试求：(1)输出信号 $u_o(t)$ 的中心频率 f_o 及最大频偏 Δf_m；(2)放大器的通频带应为多少？

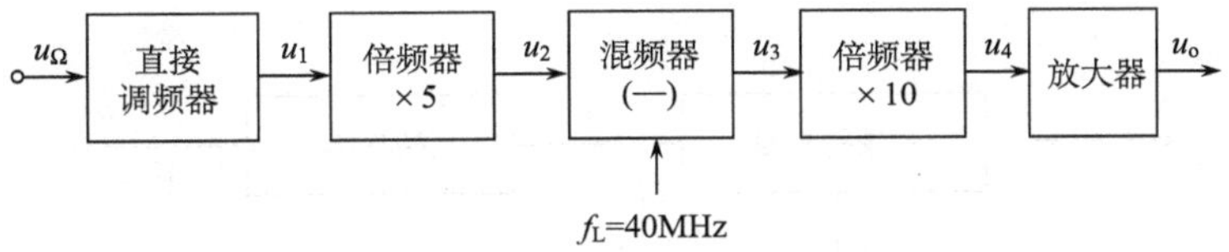

习题 7.18 图

7.19　若某调频接收机限幅中放的输出电压为 $u_I(t)=100\cos(2\pi\times10^7t+5\sin2\pi\times10^3t)\text{mV}$，后面所接鉴频电路的鉴频特性如习题 7.19 图所示，其中 $\Delta f=f-f_I$。试求：(1)该调频信号的最大频偏。(2)写出鉴频器输出电压 $u_o(t)$ 的表达式。

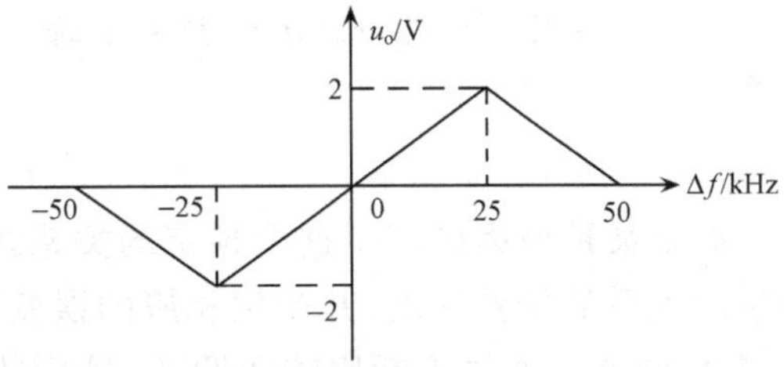

习题 7.19 图

7.20　鉴频器输入信号 $u_{FM}(t)=3\cos(\omega_ct+10\sin2\pi\times10^3t)\text{V}$，鉴频特性的鉴频跨导 $S_D=-5\text{mV/kHz}$，线性鉴频范围大于 $2\Delta f_m$。求鉴频器输出电压 u_o。

7.21　单调谐回路在斜率鉴频器中和选频放大器中的应用目的有何不同？Q 值高低对两者的工作特性各有何种影响？若将双失谐回路鉴频器的两个检波二极管 D_1、D_2 都调换极性反接，则电路还能否工作？只接反其中一个二极管，电路还能否工作？有一个损坏(开路)，电路还能否工作？

7.22　在图 7.4.12(a)所示的互感耦合相位鉴频器中，试回答下列问题：(1)当耦合互感的同名端变化时鉴频特性曲线(即 S 曲线)如何变化？(2)当两个检波二极管 D_1、D_2 同时反接时 S 曲线如何变化？(3)当初级回路未调谐在中心频率 f_c 上时 S 曲线如何变化？(4)当次级回路未调谐在中心频率 f_c 上时 S 曲线如何变化？(5)当次级回路中的电感线圈中心抽头向下偏移时 S 曲线如何变化？(6)若包络检波器的负载电容选择较大，足以旁路调制信号时能否鉴频？

第 8 章　反馈控制电路

由谐振放大器、振荡器、混频器、调制和解调器可以组成一个完整的通信系统或其他电子系统，但系统性能不一定完善。在实际电路中，为了改善系统的性能，广泛采用了具有自动调节作用的控制电路。由于这些控制电路都是运用反馈的原理，所以统称为反馈控制电路(feedback control circuit)。

本章在反馈控制电路组成框图的基础上，分别介绍自动增益控制、自动频率控制和自动相位控制三种反馈控制方式。

8.1　概　　述

反馈控制电路是一种自动调节系统。其作用是通过环路自身的调节，使输出量与输入量之间保持某种预定的关系。系统组成框图如图 8.1.1 所示，它由反馈控制器和受控对象两部分构成。

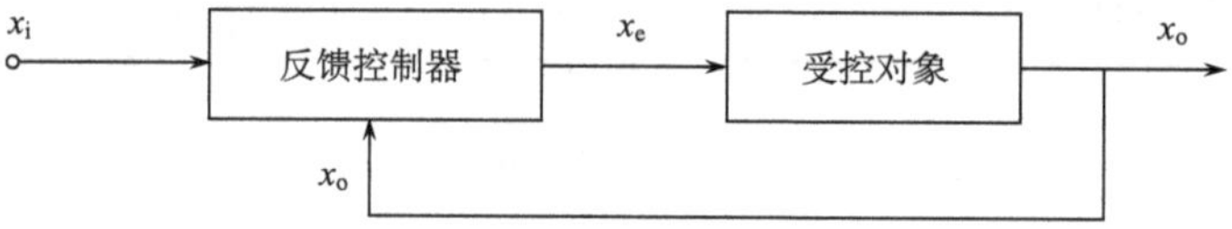

图 8.1.1　反馈控制电路的组成框图

图 8.1.1 中，x_i 和 x_o 分别表示系统的输入量和输出量，它们之间应满足所需要的确定关系：

$$x_o = f(x_i) \tag{8.1.1}$$

如果某种原因破坏了这个预定的关系式，反馈控制器就对 x_o 和 x_i 进行比较，检测出它们与预定关系的偏差程度，并产生相应的误差量 x_e 加到受控对象上，受控对象依据 x_e 对输出量 x_o 进行调节。通过不断比较和调节，最后使 x_o 和 x_i 之间接近到预定的关系，反馈控制电路进入稳定状态。必须指出，反馈控制电路是依据误差进行调节的，因此 x_o 和 x_i 之间只能接近，而不能恢复到预定关系，它是一种有误差的反馈控制电路。

按需要比较和调节的参量不同，反馈控制电路可分为以下三种。

自动增益控制(Automatic Gain Control，AGC)电路，受控量是增益，受控对象是可控放大器，相应的 x_i 和 x_o 为电压或电流，用于维持输出电平的恒定。

自动频率控制(Automatic Frequency Control，AFC)电路，受控量是频率，受控对象是压控振荡器，相应的 x_i 和 x_o 为频率，用于维持工作频率的稳定。

自动相位控制(Automatic Phase Control，APC)电路，受控量是相位，受控对象是压控振荡器，相应的 x_i 和 x_o 为相位。它又称为锁相环路(Phase Locked Loop，PLL)，用于锁定相位，是一种应用很广的反馈控制电路，目前已制成通用的集成组件。

8.2　自动增益控制电路

自动增益控制(AGC)电路广泛用于各种电子设备中,它的基本作用是减小因各种因素引起系统输出信号电平的变化。例如,减小接收机因电磁波在传播过程中衰落等引起输出信号强度的变化,并在一定范围内进行调整;可作为信号发生器的稳幅机构或输出信号电平的调节机构等。

8.2.1　基本工作原理

AGC 电路的基本组成框图如图 8.2.1 所示。其反馈控制器由检波器、直流放大器、比较器及低通滤波器组成,受控对象是可控增益放大器。当输入电压 u_i 的幅度变化使输出电压 u_o 的幅度也发生变化时,此变化通过检波器检出反映信号强度变化的电压,经直流放大器后加至比较器,产生与外加参考信号 u_r 之间的差值电压 u_e,经低通滤波器滤除不需要的较高频率分量,取出与幅度相关的缓慢变化的电压作为控制电压 u_c 加到可控增益放大器,用来调整放大器的增益,使输出信号电平保持在所需要的范围内。也就是当输入电压 u_i 减小使输出电压 u_o 减小时,误差电压 u_e 经过低通滤波器控制可控放大器的增益使其变大,从而使 u_o 增大。反之,使 u_o 减小。这样通过环路不断循环反馈,就能使输出电压 u_o 的幅度保持基本不变或仅在较小的范围内变化。

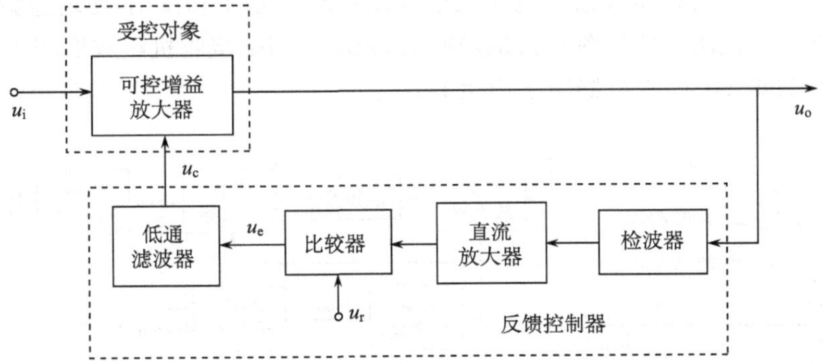

图 8.2.1　AGC 电路的基本组成框图

这种控制是通过改变可控放大器的静态工作点、输出负载值、反馈网络的反馈量或与可控放大器相连的衰减网络的衰减量来实现的。

8.2.2　AGC 电路的应用

1. 简单 AGC 电路的应用

AGC 电路通常用于调幅接收机。图 8.2.2 为具有简单 AGC 电路的调幅接收机原理框图。图中各级放大器组成环路可控增益放大器,检波器和 RC 低通滤波器组成环路反馈控制器,与图 8.2.1 相比,省略了直流放大器,并用检波器兼作比较器。

图 8.2.2 中的包络检波器输出的信号电压主要由两部分组成:一部分是低频信号 $u_\Omega(t)$,它反映了调幅波包络的变化规律;另一部分是反映中频振幅的直流电压,该电压通过具有较大

时间常数的 RC 低通滤波器后，得到一个随输入载波幅度变化的 U_{AGC}，用以改变可控级(中放和高放)的增益，从而使接收机的增益随输入信号的强弱而变化，实现了 AGC 功能。

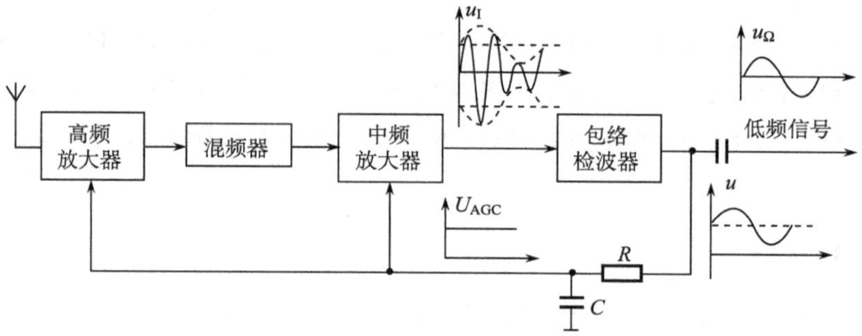

图 8.2.2 具有简单 AGC 电路的调幅接收机原理框图

简单 AGC 电路的优点是电路简单，缺点是在信号很小时，放大器的增益也受控制而下降。也就是只要有输入信号就立即产生控制电压，并起控制作用。所以该电路适合于输入信号振幅较大的场合。

2. 延迟 AGC 电路的应用

为了克服简单 AGC 电路的缺点，一般采用延迟式 AGC 电路。在延迟式 AGC 电路里，有一个起控门限电压 u_r，只有输入信号电压大于 u_r，AGC 电路才起作用，使增益减小；反之，可控放大器增益不变。其控制特性如图 8.2.3(a)所示，相应的调幅接收机组成框图如图 8.2.3(b)所示。图中单独设置的 AGC 检波器用于产生 U_{AGC}。

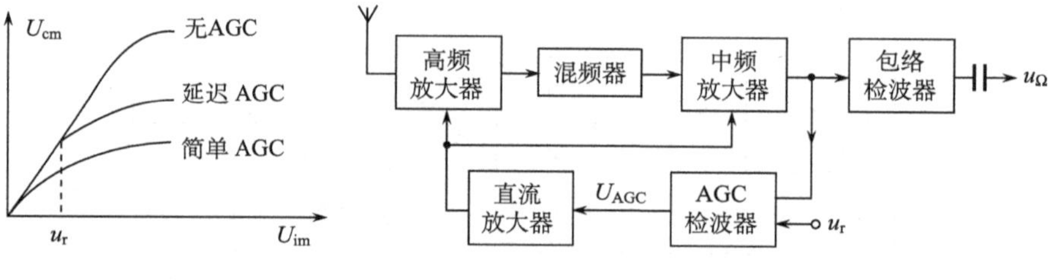

(a) 控制特性曲线　　(b) 组成框图

图 8.2.3 延迟式 AGC 控制特性及其接收机组成框图

常用的最简单的延迟式 AGC 电路如图 8.2.4 所示。它有两个检波器，一个是由 D_1 等元件组成的包络检波器，另一个是由 D_2 等元件组成的 AGC 检波器。当天线感应的信号很小时，AGC 检波器的输入信号很小，由于经过 R_2、R_3 分压获得的门限电压的存在，D_2 一直不导通，$U_{AGC}=0$；只有当 L_2C_2 回路两端信号电平增大到使 D_2 导通时，AGC 检波器才开始工作，所以称为延迟 AGC 电路。由于延迟电路的存在，包络检波器必然要与 AGC 检波器分开。这里要注意的是，包络检波器输出的是反映包络变化的解调电压，而 AGC 检波器仅输出反映输入载波电压振幅的直流电压。

3. AGC 电路的实际应用

图 8.2.5 是白鹤牌超外差调幅收音机的部分电路。

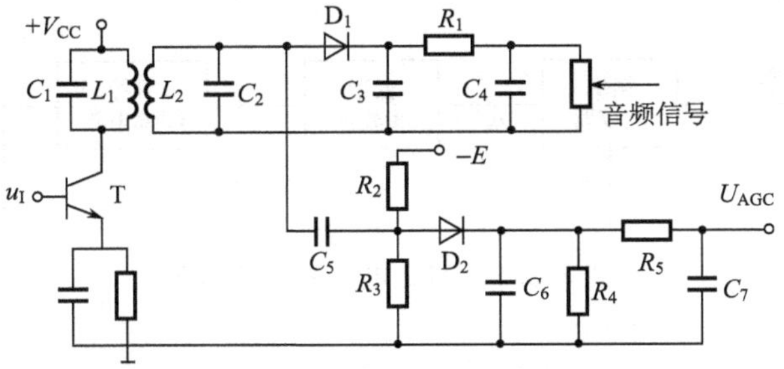

图 8.2.4　延迟 AGC 电路

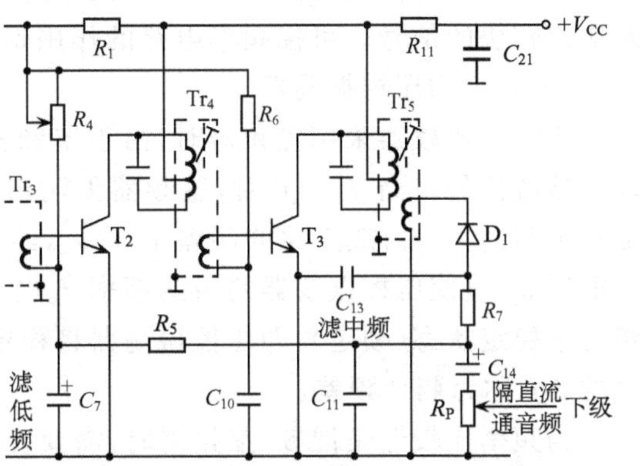

图 8.2.5　白鹤牌七管检波、AGC 电原理图

图中，T_2、T_3 组成两级中频放大器。中频信号由变压器 Tr_5 的初级线圈耦合到次级送至检波二极管 D_1。为了避免产生负峰切割失真，将检波负载电阻分为 R_7 和 R_p，其中音量电位器 R_p 的一部分与下一级电路相连；为了提高滤波效果，又将负载电容分为 C_{13}、C_{11}，检波电路与图 6.4.4(a)相似。耦合电容 C_{14} 起隔直作用，使音频信号通过音量控制电位器 R_p 传送到下一级。该电路还有两个附加电路。

(1) 为检波二极管 D_1 提供一定的正偏压。直流电源 V_{CC}(+)→R_{11}→R_1→R_4(一部分)→R_5→R_7→D_1→Tr_5(次级)→地→(经开关至)V_{CC}(−)构成一个直流通路，为检波二极管 D_1 提供一定的正偏压，避免产生截止失真。

(2) AGC 电路。由 R_5、C_7 组成 AGC 低频滤波电路，滤除检波器输出信号中的音频信号，取出直流分量并送至第一中放管 T_2 的基极，作为控制电压 U_{AGC} 来调整中频放大器的增益。由于检波器输出的直流电压分量与中频调幅电压大小成正比，所以当接收信号增强时，中放输出幅度随之增大，由检波二极管 D_1 的极性可知 $-U_{AGC}$ 增大，进而使 T_2 的基极电位降低，放大器增益下降；反之，使放大器增益减小，最后起到了 AGC 的作用。

8.3　自动频率控制电路

自动频率控制(AFC)电路也是通信电子设备中常用的反馈控制电路。它广泛用于接收机和发射机中的自动频率微调电路，能自动调整振荡器的频率，使振荡器的频率稳定在某一预期的标准频率附近。例如，在调频发射机中，如果振荡频率漂移，则利用 AFC 反馈控制作用减小频率的变化，提高频率的稳定度；在超外差接收机中，依靠 AFC 自动控制本振频率，使其与外来信号频率之差维持在接近于中频的数值上。

8.3.1　基本工作原理

图 8.3.1 为 AFC 电路的原理框图，它由频率比较器、低通滤波器和可控频率电路组成，受控对象是可控频率电路，反馈控制器为频率比较器和低通滤波器。f_r 表示标准频率(或参考频

率)，f_o表示输出信号频率。

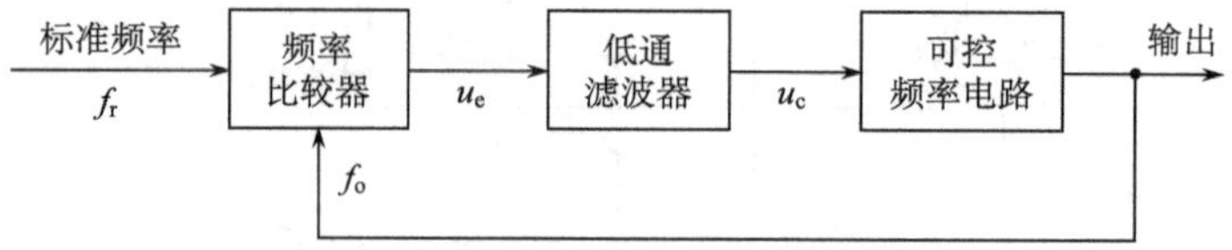

图 8.3.1　AFC 电路的原理框图

在 AFC 电路中，频率比较器用于检测出 f_r和 f_o两个频率的差值，并将频差转换为误差电压(或电流)，它通常有鉴频器和混频-鉴频器两种电路形式。因为误差电压 u_e 反映了频差 $|f_r-f_o|$随时间变化的快慢，所以滤波器的作用是只允许频差变化较慢的信号通过，而滤除频差变化较快的信号。可控频率电路的作用是在控制信号 u_c 的作用下，用以改变输出信号的频率，它通常采用压控振荡器。

当频率比较器采用鉴频器时，由于鉴频器的中心频率就起参考频率 f_r的作用，所以不需外加参考信号。当 $f_o=f_r$时，鉴频器无输出，压控振荡器不受影响；当 $f_o\neq f_r$时，鉴频器将输出一个与$|f_r-f_o|$成正比的误差电压 u_e，经过低通滤波器滤除干扰和噪声后，输出的直流控制电压 u_c 迫使压控振荡器的振荡频率 f_o向 f_r 接近，当$|f_r-f_o|$减小到某一最小值 Δf 时，电路趋于稳定状态(锁定)，即压控振荡器将稳定在 $f_o=f_r\pm\Delta f$ 的频率上，自动微调过程停止，此时的 Δf 称为剩余频差。

当频率比较器是混频-鉴频器时，需要外加一个频率为 f_r的参考信号，并使鉴频器的中心频率为 $f_I=|f_r-f_o|$，其中$|f_r-f_o|$为混频器输出信号的频率。当 $f_I=|f_r-f_o|$时，频率比较器输出为零；当 $f_I\neq|f_r-f_o|$时，频率比较器输出误差电压 u_e。

由于 AFC 电路是负反馈回路，只能把输入的大频差变成输出的小频差，而无法完全消除频差，即必定存在剩余频差，当然希望 Δf 越小越好。这是 AFC 电路的一个重要特点。

8.3.2　AFC 电路的应用

1. AFC 在调幅接收机中的应用

在超外差式接收机中，中频是本振信号频率与外来信号频率之差。为了提高本地振荡器的频率稳定度，稳定中频频率，通常在较好的接收机中加入 AFC 电路。

图 8.3.2 是采用 AFC 电路的调幅接收机组成框图，它与普通调幅接收机相比，增加了限幅鉴频器和低通滤波器，且用压控振荡器代替了本机振荡器，形成了 AFC 电路。由于鉴频器的中心频率调整在规定的中频频率 f_I上，在正常情况下，接收机输入的载波频率为 f_s，本振频率为 f_L，混频器输出的中频为 $f_I=f_L-f_s$，它正好等于鉴频器的中心频率 f_I，此时鉴频器输出电压为零，压控振荡器频率不变。如果某种不稳定因素使压控振荡器频率发生偏移而变成 $f_L+\Delta f_L$，则混频后的中频变为 $f_I+\Delta f_L$。中放输出信号加到限幅鉴频器，因为偏离了鉴频器的中心频率 f_I，鉴频器将产生一个相应的误差输出电压 u_e，通过低通滤波器控制压控振荡器，使 Δf_L减小，经过反馈系统的反复循环后，使压控振荡器频率平衡在趋于 f_L的频率上，从而实现了稳定中频的目的。

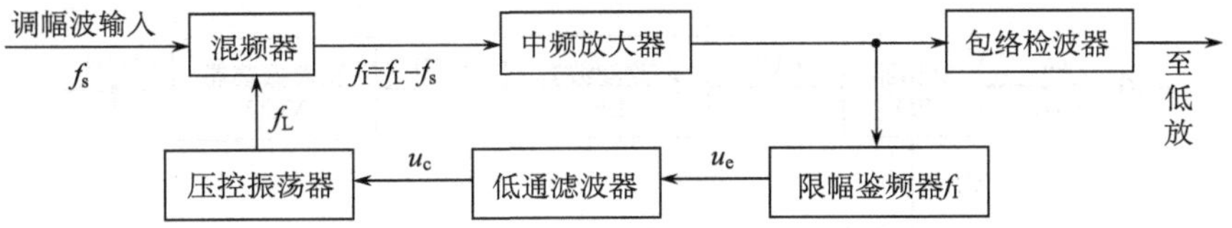

图 8.3.2　采用 AFC 电路的调幅接收机组成框图

2. AFC 在调频发射机中的应用

为使调频发射机既有较大的频偏，又有稳定的中心频率，往往需要采用图 8.3.3 所示的调频发射机方框图。图中，晶体振荡器提供参考频率 f_r，作为 AFC 电路的标准频率；调频振荡器的中心频率为 f_c；鉴频器的中心频率调整在 f_r-f_c上，由于 f_r稳定度很高，当 f_c产生漂移时，反馈系统的自动调节作用就可以使 f_c的偏离减小。其中，低通滤波器用于滤除鉴频器输出电压中的边频调制信号分量，使加在调频振荡器上的控制电压只是反映调频信号载波频率偏移的缓慢电压。

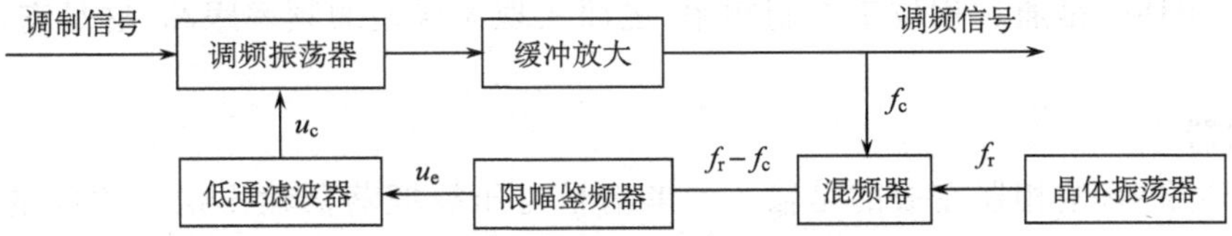

图 8.3.3　采用 AFC 电路的调频发射机组成框图

8.4　锁相环路

锁相环路(PLL)和 AGC、AFC 电路一样，也是一种反馈控制电路，它是依据相位误差进行调节的。由于锁相环路采用了具有相位比较功能的鉴相器，所以相比较的参考信号相位与输出信号相位之间只能接近，而不能相等。锁相环路正是利用相位差来控制压控振荡器输出信号的频率，最终使两信号之间的相位差保持恒定，从而达到两信号频率相等的目的。在达到同频的状态下，仍有剩余相位误差存在，这是锁相环路的一个重要特点，只要合理选择环路参数，就可使环路相位误差达到最小值。

锁相环路可分为模拟锁相环路和数字锁相环路两大类，本节只讨论模拟锁相环路。模拟锁相环路的显著特征是相位比较器(鉴相器)输出的误差信号是连续的，对环路输出信号的相位调节也是连续的，而不是离散的。

8.4.1　基本工作原理

1. 锁相环路的基本组成及其数学模型

图 8.4.1 是锁相环路的基本组成框图。它的受控对象仍然是压控振荡器(VCO)，而反馈控制器则由能检测出相应误差的鉴相器(Phase Detector，PD)和环路滤波器(Loop Filter，LF)组成。

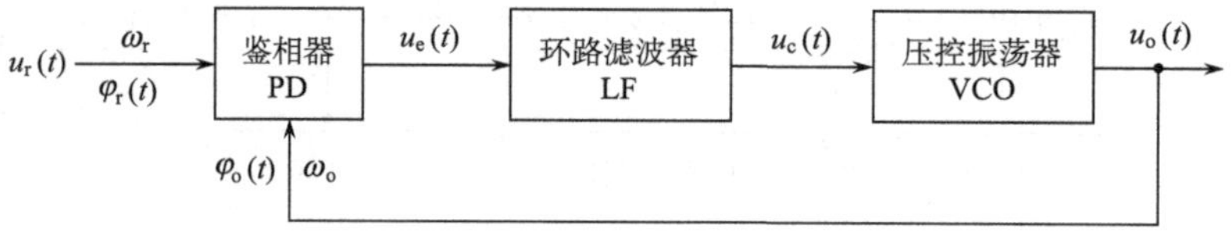

图 8.4.1　锁相环路的基本组成框图

在图 8.4.1 中，$u_r(t)$是输入参考电压，ω_r 是参考信号的角频率；$u_o(t)$是压控振荡器的输出电压，ω_o 是压控振荡器的固有角频率。若 $\omega_o(t) \neq \omega_r$，则输入鉴相器的电压 $u_r(t)$和 $u_o(t)$之间势必产生随时间变化的相位差 $\varphi_e(t)$，那么鉴相器就会输出一个与瞬时相位差成正比的误差电压 $u_e(t)$，该电压经环路滤波器后，取出其中缓慢变化的直流或低频电压分量 $u_c(t)$作为控制电压，控制压控振荡器的频率，使两信号的相位差 $\varphi_e(t)$不断减小，当 $\varphi_e(t)$最终减小到某一较小的恒定值时(即剩余相差)，由 $\Delta\omega(t)=\frac{d\varphi_e(t)}{dt}=0$ 可知，此时 $\Delta\omega(t)=\omega_r-\omega_o(t)=0$，即 $\omega_o(t)=\omega_r$，锁相环路进入锁定状态。

可见，锁相环路是通过相位来控制频率，进而实现无误差的频率跟踪，这是它优于 AFC 电路之处。

1）鉴相器

在锁相环路中，鉴相器完成的是输入参考信号与压控振荡器输出信号之间的相位差到电压的变换。一般来说，$u_o(t)$与 $u_r(t)$均有初相角，设环路输出电压和输入参考电压分别为

$$u_o(t)=U_{om}\cos[\omega_o t+\varphi_o(t)] \tag{8.4.1}$$

$$u_r(t)=U_{rm}\sin[\omega_r t+\varphi_r(t)] \tag{8.4.2}$$

式中，$\varphi_o(t)$是以 $\omega_o t$ 为参考相位的初相角；$\varphi_r(t)$是以 $\omega_r t$ 为参考相位的初相角。

一般情况下 $\omega_r \neq \omega_o$，因此相位比较不方便。由于 ω_o 是已知的，所以为了讨论的方便，常选择 $\omega_o t$ 作为 $u_o(t)$和 $u_r(t)$的公共参考相位，这样式(8.4.2)可改写为

$$u_r(t)=U_{rm}\sin[\omega_o t+(\omega_r-\omega_o)t+\varphi_r(t)]=U_{rm}\sin[\omega_o t+\varphi_1(t)] \tag{8.4.3}$$

式中

$$\varphi_1(t)=(\omega_r-\omega_o)t+\varphi_r(t)=\Delta\omega_o t+\varphi_r(t) \tag{8.4.4}$$

其中，$\Delta\omega_o=\omega_r-\omega_o$ 称为环路的固有频率差，是环路的一个基本参数。

鉴相器有各种实现电路，在作为原理来分析时，通常使用具有正弦鉴相特性的鉴相器，它可以用模拟相乘器与低通滤波器实现，电路模型如图 8.4.2(a)所示。设相乘器的系数为 k，则 $u_r(t)$与 $u_o(t)$经过相乘器后得

$$ku_r(t)u_o(t)=\frac{1}{2}kU_{rm}U_{om}\left\{\sin[2\omega_o t+\varphi_1(t)+\varphi_o(t)]+\sin[\varphi_1(t)-\varphi_o(t)]\right\}$$

再经过低通滤波器滤除高频分量(上式中第一项)，便得到低频误差电压为

$$u_e(t)=\frac{1}{2}kU_{rm}U_{om}\sin[\varphi_1(t)-\varphi_o(t)]$$

令 $K_e=\frac{1}{2}kU_{rm}U_{om}$ 为鉴相器的最大输出电压，$\varphi_e(t)=\varphi_1(t)-\varphi_o(t)$为鉴相器参考信号与

输出信号之间的瞬时相位误差，则上式可写为

$$u_e(t)=K_e\sin[\varphi_1(t)-\varphi_o(t)]=K_e\sin\varphi_e(t) \tag{8.4.5}$$

式(8.4.5)对应的正弦鉴相器数学模型如图 8.4.2(b)所示，它与原理框图 8.4.1 的区别在于所处理的对象是 $\varphi_1(t)$和 $\varphi_o(t)$，不是原信号 $\varphi_r(t)$本身。该模型表明鉴相器具有把相位误差转换为误差电压的作用。

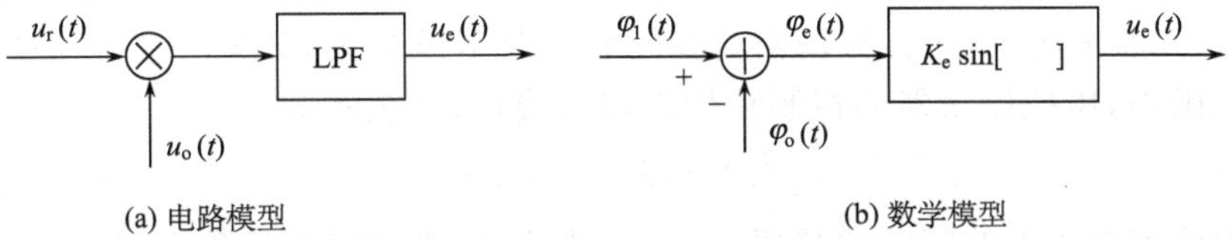

(a) 电路模型　　(b) 数学模型

图 8.4.2　正弦鉴相器的模型

如果 $\omega_r=\omega_o$(锁定状态)，即 $\Delta\omega_o=0$，此时由式(8.4.4)可知，$\varphi_1(t)=\varphi_r(t)$，则有

$$u_e(t)=K_e\sin[\varphi_r(t)-\varphi_o(t)]=K_e\sin\varphi_e(t) \tag{8.4.6}$$

式(8.4.6)所得的正弦鉴相器数学模型，其处理的对象是 $\varphi_r(t)$和 $\varphi_o(t)$，将与原理框图 8.4.1 一致。

在上面的分析中，是假设两个输入信号分别为正弦和余弦形式下进行的，目的是得到正弦鉴相特性。实际上，两者同时都用正弦或余弦表示也可以，只不过此时得到的是余弦鉴相特性。

2）环路滤波器

环路滤波器为低通滤波器，常用的环路滤波器有 RC 积分滤波器、RC 比例积分滤波器和有源比例积分滤波器，对应的电路如图 8.4.3 所示。

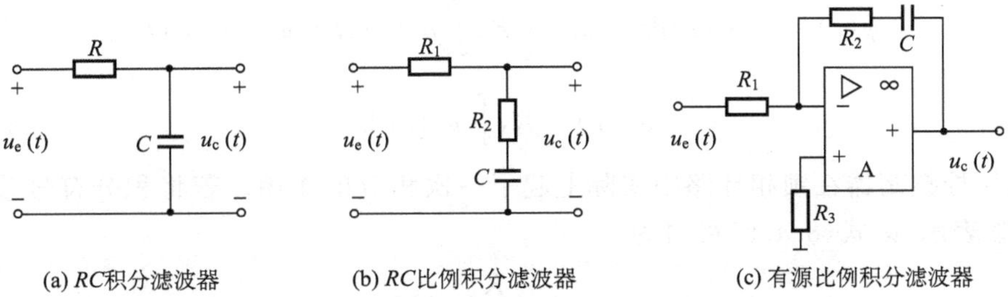

(a) RC积分滤波器　　(b) RC比例积分滤波器　　(c) 有源比例积分滤波器

图 8.4.3　环路滤波器的三种形式

以图 8.4.3(b)为例进行分析。由电路可写出它的电压传输函数为

$$F(s)=\frac{U_c(s)}{U_e(s)}=\frac{R_2+1/sC}{R_1+R_2+1/sC}=\frac{1+s\tau_2}{1+s(\tau_1+\tau_2)}$$

式中，$U_c(s)$、$U_e(s)$分别为输出和输入电压的拉氏变换；s 为复频率；$\tau_1=R_1C$；$\tau_2=R_2C$。

如果将 $F(s)$中的复频率 s 用微分算子 p 替换，就可以写出描述滤波器激励与响应之间关系的微分方程，即

$$u_c(t)=F(p)u_e(t) \tag{8.4.7}$$

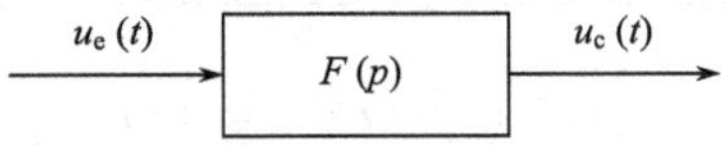

图 8.4.4　环路滤波器数学模型

由式(8.4.7)可得环路滤波器的数学模型如图 8.4.4 所示。它是一个低通滤波器，其作用是

抑制鉴相器输出电压中的高频分量及干扰杂波，而让鉴相器输出电压中的低频分量或直流分量顺利通过，因此它也是锁相环路中的一个基本环节。

3）压控振荡器

压控振荡器的电路形式很多，最常见的是用变容二极管的结电容 C_j 充当调谐回路中的电容而构成的振荡电路。

在锁相环中，压控振荡器受环路滤波器输出电压 $u_c(t)$ 的控制，其振荡角频率 $\omega_o(t)$ 随 $u_c(t)$ 而变化。一般情况下，压控振荡器的控制特性是非线性的，如图 8.4.5(a)所示。在有限的控制电压范围内，压控振荡器的控制特性近似为线性，可表示为

$$\omega_o(t) = \omega_o + K_V u_c(t) \tag{8.4.8}$$

式中，$\omega_o(t)$ 为压控振荡器的瞬时角频率；ω_o 为压控振荡器的固有角频率；K_V 为特性曲线的斜率，称为压控振荡器的增益或控制灵敏度，单位为 rad/s · V。

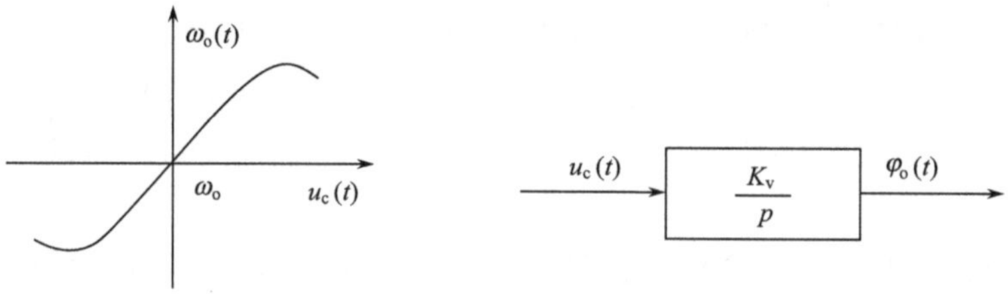

(a) 压控振荡器控制特性　　(b) 压控振荡器数学模型

图 8.4.5　压控振荡器的控制特性及数学模型

在锁相环路中，对鉴相器起作用的不是压控振荡器输出的瞬时角频率，而是它的瞬时相位。该瞬时相位可由式(8.4.8)积分获得，即

$$\varphi(t) = \int_0^t \omega_o(t)\mathrm{d}t = \omega_o t + K_V\int_0^t u_c(t)\mathrm{d}t = \omega_o t + \varphi_o(t)$$

式中

$$\varphi_o(t) = K_V\int_0^t u_c(t)\mathrm{d}t \tag{8.4.9}$$

显见，压控振荡器在锁相环路中实际上起了一次积分的作用。若将积分符号改用微分算子 p 的倒数表示，则式(8.4.9)可写为

$$\varphi_o(t) = \frac{K_V}{p}u_c(t) \tag{8.4.10}$$

由式(8.4.10)可画出压控振荡器的数学模型如图 8.4.5(b)所示。可见，压控振荡器可以把电压的变化转化为相位的变化。

2. 锁相环路的数学模型和基本方程

将图 8.4.2(b)、图 8.4.4 和图 8.4.5(b)所示三个基本环路部件的数学模型按照图 8.4.1 所示的环路连接起来，就组成了图 8.4.6 所示的锁相环路的数学模型。

根据此模型可以写出锁相环路的基本方程为

$$\varphi_e(t) = \varphi_1(t) - \varphi_o(t) = \varphi_1(t) - \frac{K_V}{p}u_c(t) = \varphi_1(t) - \frac{K_V}{p}F(p)K_e\sin\varphi_e(t) \tag{8.4.11}$$

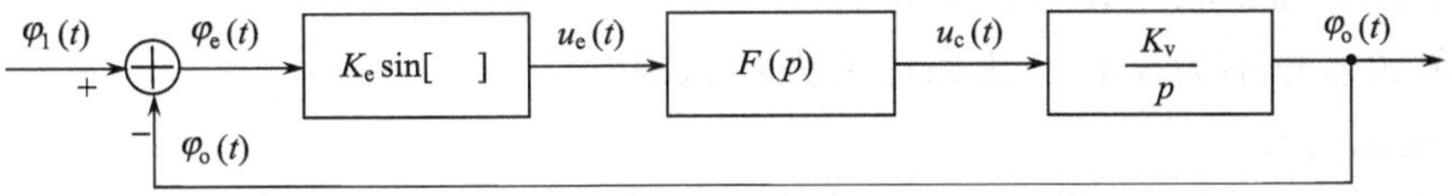

图 8.4.6 锁相环路的数学模型

因为式(8.4.11)中含有 $\sin\varphi_e(t)$,所以它是一个非线性微分方程。其物理意义如下。

(1) $\varphi_e(t)$是鉴相器的输入参考信号和压控振荡器输出信号之间的瞬时相位差。

(2) $\frac{K_V}{p}F(p)K_e\sin\varphi_e(t)$称为控制相位差,它是 $\varphi_e(t)$通过鉴相器、环路滤波器逐级处理后得到的相位差。

(3) 锁相环路的基本方程描述了环路相位的动态平衡关系,即在任何时刻环路的瞬时相位差 $\varphi_e(t)$和控制相位差$\frac{K_V}{p}F(p)K_e\sin\varphi_e(t)$之代数和等于输入参考信号以 $\omega_o t$ 为参考相位的瞬时初相角 $\varphi_1(t)$。

将式(8.4.11)对时间微分,可得锁相环路的频率动态平衡关系。因为 $p=\frac{d}{dt}$是微分算子,故可得

$$p\varphi_e(t)=p\varphi_1(t)-K_VF(p)K_e\sin\varphi_e(t)$$

经移项可得

$$p\varphi_e(t)+K_VF(p)K_e\sin\varphi_e(t)=p\varphi_1(t) \tag{8.4.12}$$

式中,$p\varphi_e(t)$称为瞬时角频差,表示压控振荡器瞬时角频率偏离输入参考信号角频率 ω_r 的数值;$K_VF(p)K_e\sin\varphi_e(t)$称为控制角频差,表示压控振荡器在 $u_c(t)=F(p)K_e\sin\varphi_e(t)$的作用下,振荡角频率 $\omega_o(t)$偏离振荡器固有角频率 ω_o 的数值;$p\varphi_1(t)$称为固有角频差,表示输入参考信号角频率 ω_r 偏离 ω_o 的数值。可见,式(8.4.12)完整地描述了环路闭合后所发生的控制过程,可表示为

瞬时角频差 + 控制角频差 = 固有角频差

如果固有角频差不变,环路闭合后,由于环路的自动调整作用,控制角频差不断增大,而瞬时角频差不断减小,最终达到控制角频差等于固有角频差、瞬时角频差等于零情况下的环路锁定状态。

3. 锁相环路的自动调节过程

由于式(8.4.12)表示的是一个非线性的微分方程,对它求解比较困难。所以只能对锁相环路的工作过程进行定性分析。

锁相环路有锁定和失锁两个状态,在这两个状态之间的转变存在两个动态过程,分别称为跟踪与捕捉。

1) 锁定和失锁状态

在环路的作用下,当控制角频差逐渐趋于固有角频差时,瞬时角频差趋于零,即

$$\lim_{t\to\infty}p\varphi_e(t)=0$$

此时 $\varphi_e(t)$为一固定值,不再变化。如果这种状态一直保持下去,就可以认为锁相环路进

入了锁定状态。在锁定状态，$\omega_o(t)=\omega_r$。

当瞬时角频差总不为零时的状态称为失锁状态。

2）环路跟踪过程

在环路锁定的前提下，如果某种原因使得输入参考信号的频率或相位在一定的范围内以一定的速率发生变化，输出信号的频率或相位以同样的规律跟随变化，这一过程称为跟踪过程或同步过程。在跟踪过程中，能够维持环路锁定所允许的输入信号频率偏移的最大值称为同步带或跟踪带，也称为同步范围或锁定范围。当输入参考信号的频率偏移超出同步带，环路进入失锁状态。

3）环路捕捉过程

跟踪过程是在假设环路锁定的前提下来分析的。在实际情况中，环路在开始时往往是失锁的。但在环路的作用下，使压控振荡器的频率逐渐向输入参考信号的频率靠近，靠近到一定程度后，环路进入锁定状态，这一过程称为捕捉过程。在捕捉过程中，环路能够由失锁进入锁定所允许输入信号频率偏移的最大值称为捕捉带或捕捉范围。

跟踪和捕捉是锁相环路的两种不同自动调节过程。捕捉带不等于同步带，且前者小于后者。

4. 锁相环路的主要特点

(1) 锁定特性。锁相环路锁定时，压控振荡器输出信号的频率等于输入参考信号的频率（$\omega_o(t)=\omega_r$）。说明锁相环路是利用相位差来产生误差电压，锁定时只有剩余相位差，没有剩余频差。

(2) 跟踪特性。环路锁定后，当输入参考信号的频率在一定范围内变化时，锁相环路输出信号的频率能够精确地跟踪其变化。

(3) 窄带滤波特性。锁相环路就频率特性而言，相当于一个低通滤波器，而且带宽可以做得很窄。例如，在几百兆赫兹的中心频率上，实现几十赫兹甚至几赫兹的窄带滤波，能够滤除混入输入信号中的噪声和干扰，从而减小噪声和干扰对压控振荡器的影响。

(4) 易于集成化。组成环路的基本部件易于集成化。环路集成化可减小体积、降低成本及提高可靠性，更主要的是减小了调整的难度。

8.4.2 锁相环路的应用

1. 锁相调频电路

在普通的直接调频电路中，振荡器的中心频率稳定度较差，而采用晶体振荡器的调频电路其调频范围又太窄。解决的方法是采用锁相环路组成的调频电路，如图 8.4.7 所示，它能够得到中心频率稳定度高、频偏大的调频信号。

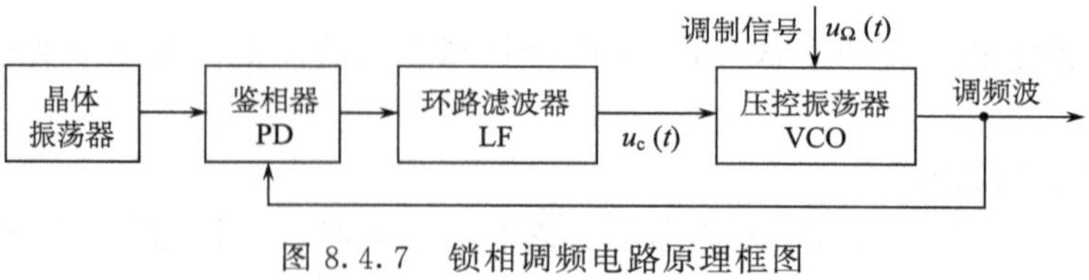

图 8.4.7 锁相调频电路原理框图

实现锁相调频的条件是：调制信号的频谱要处于低通滤波器的通带之外，并且调制指数不能太大，这样调制信号在锁相环路内不能形成交流反馈，对环路无影响；锁相环路只对 VCO 中心频率不稳定所引起的频率变化(处于环路滤波器通带内)起作用。当环路锁定后，VCO 的中心频率锁定在晶振频率上，同时调制信号加在 VCO 上，对中心频率进行调制。若将调制信号经过微分电路送入压控振荡器，则环路输出的就是调相信号。

2. 锁相鉴频电路

锁相鉴频电路原理框图如图 8.4.8 所示。调频信号输入给鉴相器，当环路锁定后，压控振荡器的振荡频率就能够跟随输入调频波瞬时频率的变化而变化。只要压控振荡器的控制特性是线性的，则控制压控振荡器的控制电压 $u_c(t)$ 与输入调频波具有相同的调制特性，也就是说从环路滤波器取出的电压 $u_c(t)$ 就是解调信号。实现锁相鉴频的条件是环路滤波器的通带足够宽，使鉴相器的输出电压顺利通过。

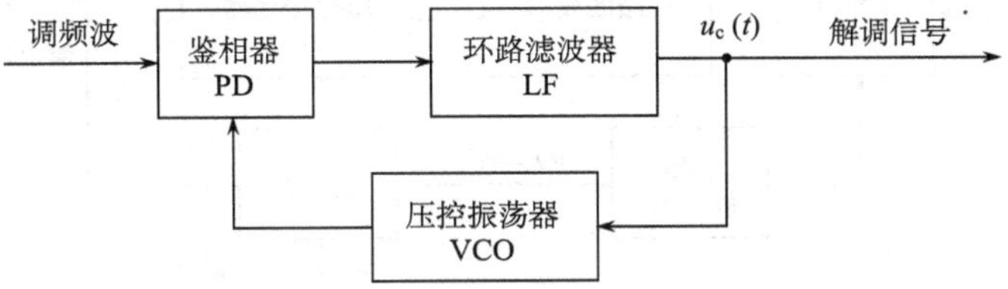

图 8.4.8　锁相鉴频电路原理框图

3. 锁相倍频电路

锁相倍频电路原理框图如图 8.4.9 所示，它是在锁相环路的反馈通道上插入分频器。当环路锁定后，鉴相器的输入信号角频率 ω_i 与压控振荡器经分频器反馈到鉴相器的信号角频率 $\omega_n=\omega_o/n$ 相等，即 $\omega_i=\omega_n=\omega_o/n$，则有 $\omega_o=n\omega_i$，实现了倍频。若采用具有高分频次数的可变数字分频器，则锁相倍频电路可做成高倍频次数的可变倍频器。

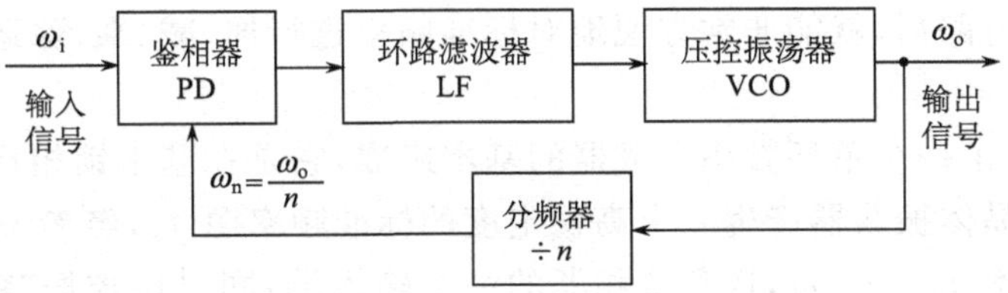

图 8.4.9　锁相倍频电路原理框图

4. 锁相分频电路

锁相分频电路在原理上与锁相倍频电路相似，它是在锁相环路的反馈通道上插入倍频器，如图 8.4.10 所示。当环路锁定后，鉴相器的两个输入信号频率相等，即 $\omega_i=n\omega_o$，从而实现了 $\omega_o=\omega_i/n$ 的分频作用。

5. 锁相混频电路

锁相混频电路原理框图如图 8.4.11 所示，它是在锁相环路的反馈通道上插入混频器和中

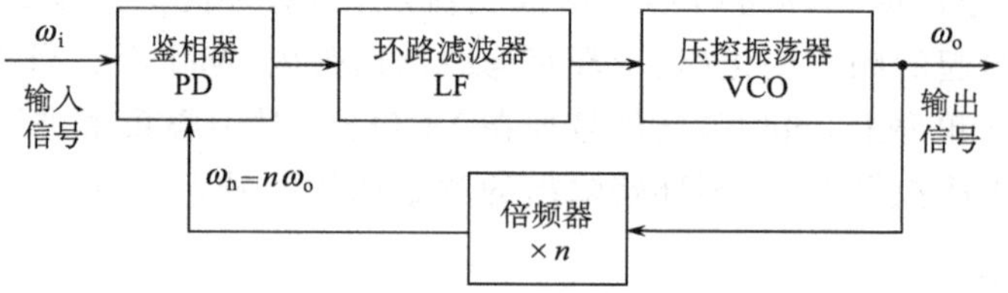

图 8.4.10　锁相分频电路原理框图

频放大器。若设混频器的本振信号 $u_L(t)$ 的角频率为 ω_L，混频器输出中频取差频（也可取和频），即 $|\omega_o-\omega_L|$，经中频放大器放大后，加到鉴相器上。当环路锁定后，$\omega_i=|\omega_o-\omega_L|$。当 $\omega_o>\omega_L$ 时，则 $\omega_o=\omega_L+\omega_i$；当 $\omega_o<\omega_L$ 时，则 $\omega_o=\omega_L-\omega_i$，从而实现混频作用。

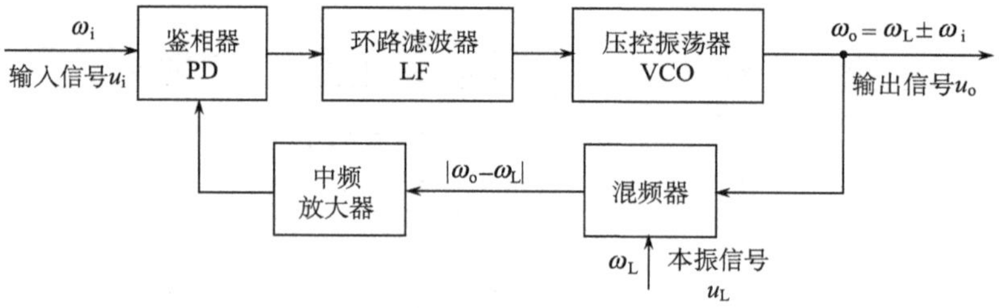

图 8.4.11　锁相混频电路原理框图

锁相混频电路特别适用于 $\omega_L\gg\omega_i$ 的场合。因为用普通混频器对这两个信号进行混频时，输出的和频（$\omega_L+\omega_i$）与差频（$\omega_L-\omega_i$）相距很近，这样对滤波器的要求太苛刻，特别是当 ω_i 和 ω_L 在一定范围内变化时更难实现。而利用上述锁相混频电路进行混频却很方便。

6. 频率合成器

频率合成器是利用一个（或几个）标准信号源的频率来产生一系列所需频率的技术。锁相环路加上一些辅助电路后，就能非常方便地对标准频率进行加、减、乘、除运算而产生所需的信号频率。

图 8.4.12 给出了一个单环频率合成器的基本组成，它是在基本锁相环路的反馈通道中插入分频器。由石英晶体振荡器产生一个高稳定度的标准频率源 f_s，经参考（前置）分频器进行分频后得到参考频率 $f_r=f_s/m$，送到鉴相器的一个输入端；同时压控振荡器经可变分频器得到的频率 f_o/n 也反馈到鉴相器的另一输入端。当环路锁定时，输入到鉴相器的两个信号频率相等，即 $f_s/m=f_o/n$，进而得到

$$f_o=\frac{nf_s}{m}=nf_r$$

说明环路的输出频率 f_o 为输入参考频率 f_r 的 n 倍，实际上就是锁相倍频器，改变可变分频次数 n 就可以得到不同频率的信号输出，f_r 为各输出信号频率之间的频率间隔，即为频率合成器的频率分辨率。

显然，设计频率合成器的关键在于确定参考分频器 m 和可变分频器 n，在选定标准频率源 f_s 后通常分两步进行：首先是由给定的频率间隔求出参考（前置）分频器的分频比 m，其次是由输出频率范围确定可变分频比 n。

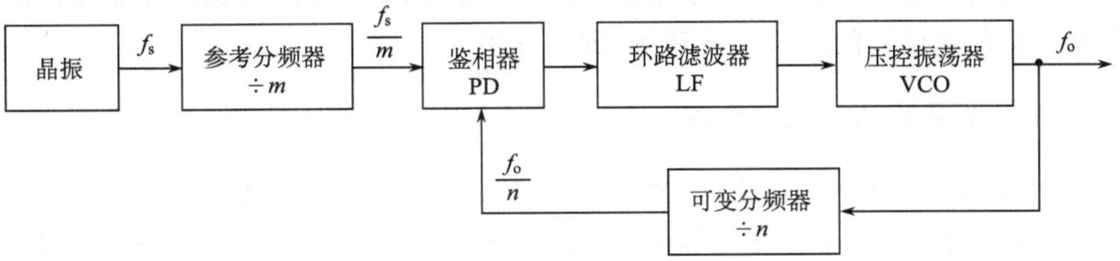

图 8.4.12　频率合成器的基本组成框图

为了减小频率间隔而又不降低参考频率 f_r，可采用多环构成的频率合成器。在此以例题的方式加以说明。

例 8.4.1　三环频率合成器如图 8.4.13 所示。若取 $f_r=100\text{kHz}$，$m=10$，$n_1=10\sim109$，$n_2=2\sim20$。试求输出频率范围和频率间隔。

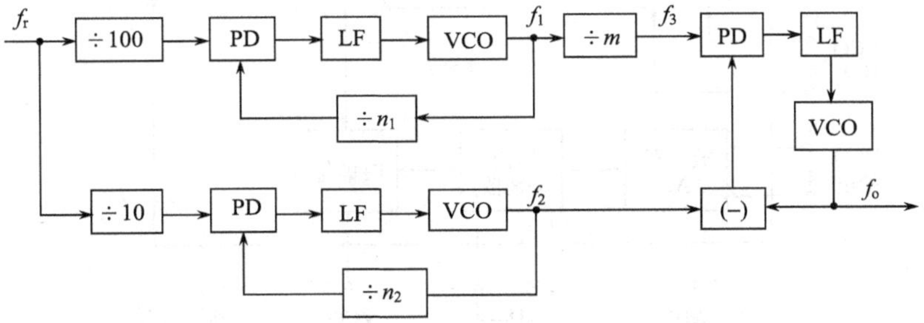

图 8.4.13　例 8.4.1

解　它由三个锁相环路组成，环路 1 和环路 2 为单环频率合成器，环路 3 内含取差频输出的混频器，称为混频环。

环路 1 锁定时，由 $\frac{f_r}{100}=\frac{f_1}{n_1}=\frac{mf_3}{n_1}$ 得 $f_3=\frac{n_1f_r}{100m}=\frac{n_1\times100}{100\times10}=(10\sim109)\times0.1(\text{kHz})$

环路 2 锁定时，由 $\frac{f_r}{10}=\frac{f_2}{n_2}$ 得 $f_2=\frac{n_2f_r}{10}=\frac{n_2\times100}{10}=(2\sim20)\times10(\text{kHz})$

环路 3 锁定时，由 $f_3=f_o-f_2$ 得 $f_o=f_3+f_2$

当 $n_1=10$，$n_2=2$ 时，$f_3=1\text{kHz}$，$f_2=20\text{kHz}$，此时 $f_o=21\text{kHz}$ 为最小值；

当 $n_1=109$，$n_2=20$ 时，$f_3=10.9\text{kHz}$，$f_2=200\text{kHz}$，此时 $f_o=210.9\text{kHz}$ 为最大值。

由 f_3 的表达式可知，频率间隔为 0.1kHz。可见，接入固定分频器 m，使输出频率间隔缩小了 m。

8.4.3　集成锁相环简介

锁相环电路的应用日益广泛，迫切要求降低成本、提高可靠性，所以不断促使其向集成化、数字化、小型化和通用化的方向发展。目前已生产出数百种型号的集成锁相环电路。

集成锁相环电路的特点是依靠调节环路滤波器和环路增益，可对输入信号的频率和相位进行自动跟踪，对噪声进行窄带过滤。现已成为继运算放大器之后第二种通用的集成器件。它有两大类，一类是主要由模拟电路组成的模拟锁相环，另一类是主要由数字电路组成的数字锁相环，每一类按其用途又分为通用型和专用型。通用型都具有鉴相器与 VCO，有的还附加有放大器和其他辅助电路，其功能为多用型；专用型均为单功能设计，如调频立体声解调环、电视机中用的正交色差信号的同步检波环等，即属此类。

1. L562 单片集成锁相环组成框图

L562 单片集成锁相环组成框图如图 8.4.14 所示，其内部电路参见参考文献。它是工作频率可达 30MHz 的多功能单片集成锁相环，它的内部主要由鉴相器、压控振荡器及放大器三部分组成。为了达到多用性，把压控振荡器与鉴相器断开，以便能把分频或混频电路插入环路，用于倍频或变频。

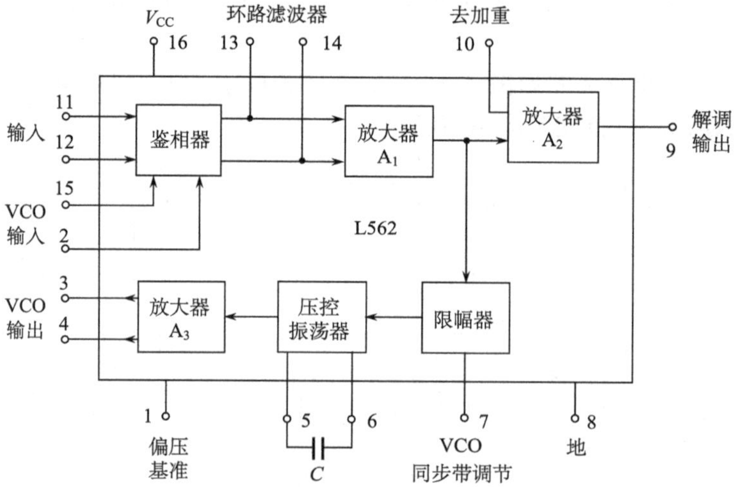

图 8.4.14　集成模拟锁相环 L562 的组成框图

L562 的鉴相器采用双差分对模拟相乘器电路。鉴相器有两个输入脚：一是输入信号从 11、12 脚加到鉴相器输入端；二是压控振荡器输出电压从 3、4 脚输出，通过外接电路从 2、15 脚加到鉴相器输入端。鉴相器的输出端作为环路滤波器的输入端。

L562 的 13、14 脚外接阻容元件构成环路滤波器。

L562 的压控振荡器采用射极耦合多谐振荡电路，定时电容外接在 5、6 脚之间，改变容值其振荡频率可在很大范围内变化。压控振荡器的输入端来自限幅器，并通过放大器 A_3 从 3、4 脚输出。

L562 中的限幅器用来限制锁相环的直流增益，以控制环路同步带的大小。由 7 脚注入的电流可以控制限幅器的限幅电平和直流增益，当注入电流增加时，VCO 的跟踪范围减小，当注入的电流超过 0.7mA 时，鉴相器输出的误差电压对 VCO 的控制被截断，VCO 处于失控的自由振荡工作状态。环路中的放大器 A_1、A_2、A_3 用于隔离、缓冲放大。L562 电源供电接在 16 脚上。

2. L562 在调频信号解调中的应用

采用集成片 L562 和外接电路组成的调频信号锁相解调电路如图 8.4.15 所示。输入调频信号电压 u_{FM} 经耦合电容 C_B 由鉴相器 11、12 脚双端输入，VCO 的输出电压从 3 脚经耦合电容 C_B 传到鉴相器的其中一个输入端 2 脚，鉴相器的另一端 15 脚则通过 0.1μF 旁路电容高频接地，以构成闭环。从 1 脚取出的稳定基准电压经 1kΩ 电阻分别加到 2、15 脚，作为双差分对管的基极偏置电压。放大器 A_3 的输出 4 脚外接 12kΩ 电阻接地。其上输出 VCO 电压。13、14 脚外接的阻容串联元件构成环路滤波器，由于要求环路工作在宽带状态，所以必须适当设计环路滤波器的带宽，以保证调制信号的频率成分能顺利通过。放大器 A_2 的输出 9 脚外接 15kΩ 电阻到地，其上输出解调电压。7 脚注入直流电流，用于调节环路的同步带。10 脚外接去加重电容 C_3，提高解调电路的抗干扰性。

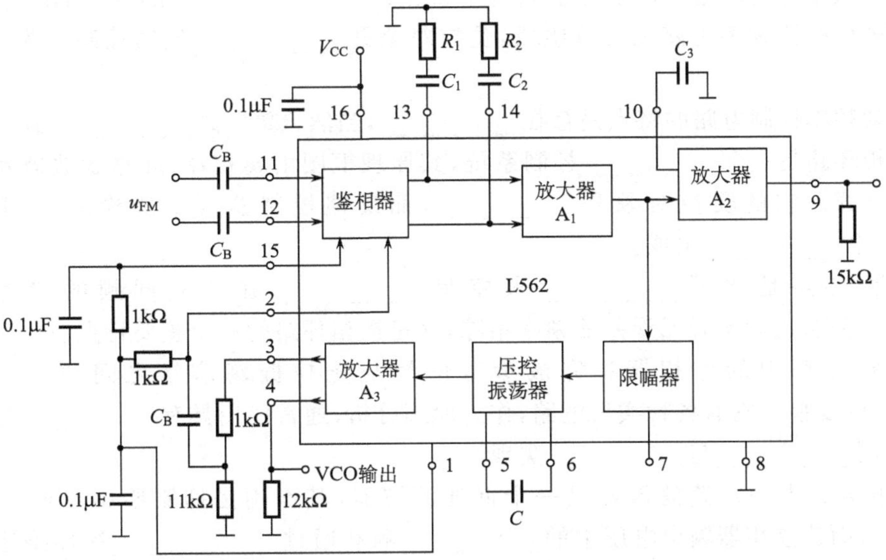

图 8.4.15　采用 L562 组成调频波锁相解调器的外接电路

其实，集成调频信号锁相解调电路图 8.4.15 的工作原理也可以从锁相鉴频电路原理框图 8.4.8的角度来理解。

本 章 小 结

本章主要内容体系为：自动增益控制电路→自动频率控制电路→锁相环路。

(1) 反馈控制电路是一种自动调节系统。其作用是通过环路自身的调节，使输入信号与输出信号间保持某种预定的关系。它由反馈控制器和受控对象构成。根据需要比较和调节的参量不同，反馈控制电路可分为：AGC、AFC 和 PLL 三种。在组成上分别采用电平比较器、频率比较器(鉴频器)和相位比较器(鉴相器)取出误差信号，通过低通滤波器控制放大器的增益或 VCO 的频率，使输出信号的电平、频率和相位稳定在一个规定的参量上，它们分别存在电平、频率和相位的剩余误差。

(2) AGC 电路的作用是保证输出信号的幅度基本不变。特点是控制作用只在一定的范围内成立。如果系统进入非线性后，系统的自动调整功能可能被破坏，所以实际的反馈控制系统存在一定的控制范围。

(3) AFC 电路的作用是维持工作频率的稳定。特点是当环路锁定时，仍有剩余频差。

(4) PLL 电路的作用是利用相位的调节来消除频率误差。特点是锁定特性、跟踪特性和窄带滤波特性。

自　测　题

一、填空题

1. 自动增益控制电路分为__________电路和__________电路。其中前者的优点是__________，缺点是__________；后者有一个起控门限电压，只有输入信号电压大于它时，AGC电路__________，使增益__________；反之，可控放大器增益__________。

2. 自动频率控制电路是通信电子设备中常用的__________，其原理框图由频率比较器、低通滤波器和可控频率电路三部分组成，受控对象是__________，反馈控制器为__________和__________。

3. 自动频率控制电路的特点是存在__________，当然希望它越__________越好。

4. 锁相环路是一个__________控制系统，其原理框图由鉴相器、环路滤波器和压控振荡器三部分组成。它的受控对象是__________，而反馈控制器则由能检测出相应误差的__________和__________组成。

5. 锁相环路是通过__________来控制__________，在达到同频的状态下，仍有__________存在，进而实现无误差的频率跟踪，这是锁相环路的一个重要特点。

6. 锁相环路中的鉴相器将完成参考信号与压控振荡信号之间的__________到__________的变换。它有各种实现电路，作为原理分析，通常使用具有__________特性的鉴相器，它可以用__________与__________实现。

7. 锁相环路中的环路滤波器是一个低通滤波器，其作用是抑制鉴相器输出电压中的__________，而让鉴相器输出电压中的__________顺利通过。__________受环路滤波器输出电压的控制，实际上是一种__________变换器。

8. 在锁相环路中，如果固有角频差不变，则环路闭合后，由于环路的自动调整作用，__________不断增大，而__________不断减小，最终达到__________等于固有角频差，__________等于__________情况下的环路锁定状态。

9. 锁相频率合成器由________和锁相环路两部分组成。________具有良好的________特性，使频率准确地锁定在参考频率或其某次谐波上，并使被锁定的频率具有与参考频率一致的频率稳定度和较高的频谱纯度。

二、选择题

1. 反馈控制电路只能把误差__________。

A. 增大　　B. 减小　　C. 消除　　D. 完全消除

2. AGC电路的控制信号为__________。

A. 变化缓慢的直流　　B. 低频　　C. 交流　　D. 任意

3. AGC信号控制接收系统的__________、__________。

A. 高放　　B. 混频　　C. 中放　　D. 检波　　E. 低放

4. 调幅接收机采用AGC电路的作用是__________。

A. 稳定频偏　　B. 稳定中频　　C. 稳定相移　　D. 稳定输出电压

5. AFC电路锁定后的误差称为__________。

A. 剩余频率　　B. 剩余频差　　C. 剩余相位　　D. 剩余相差

6. 调频接收机采用AFC电路的作用是__________。

A. 稳定中频　　B. 稳定输出　　C. 稳定AGC输出　　D. 稳定频率

7. 在跟踪过程中，锁相环路所能保持跟踪的最大频率范围称为__________。

A. 捕捉带　B. 同步带　C. 通频带　D. 捕捉范围

8. 属于锁相环路重要特性的是__________。

A. 环路在锁定状态时有剩余频差存在

B. 锁相环路的输出信号频率无法精确地跟踪输入参考信号的频率

C. 窄带滤波特性

D. 不容易集成化

9. 锁相环路闭合后的任何时刻，瞬时角频差、控制角频差和固有角频差之间具有的动态平衡关系是__________。

A. 固有角频差＋控制角频差＝瞬时角频差

B. 固有角频差＋瞬时角频差＝控制角频差

C. 瞬时角频差＋控制角频差＝固有角频差

D. 以上结论都不对

三、判断题

1. 反馈控制电路主要由反馈控制器和受控对象两部分构成。(　　)

2. AGC 电路主要用于接收机中，受控对象是压控振荡器。(　　)

3. AFC 电路的被控量是频率，受控对象是鉴频器。(　　)

4. 锁相环路的被控量是相位，反馈控制器由鉴相器和压控振荡器组成。(　　)

5. 反馈控制系统只能把误差减小，而不能完全消除。(　　)

6. 锁相环路中鉴相器的作用是把频率误差转换为误差电压输出。(　　)

7. 压控振荡器事实上是一种电压-频率变换器。(　　)

8. 利用频率跟踪特性，锁相环路可实现倍频、分频、混频等频率变换功能。(　　)

9. 锁相混频电路是在基本锁相环路的基础上加入了混频器和中频放大器。(　　)

习　　题

8.1　简述反馈控制电路的主要组成，电路的种类和用途。

8.2　简述 AGC 电路的作用。

8.3　锁相环路与 AFC 电路有何区别？

8.4　简述锁相环路进入锁定状态的过程。

8.5　已知锁相频率合成器原理图如习题 8.5 图所示。(1)试在图中相应位置填写基本锁相环路的组成名称。(2)若晶体振荡器振荡频率为 1200kHz，当要求输出频率范围为 60～560kHz，频率间隔为 2kHz 时，试确定图中分频器的分频比 m 及 n。

8.6　在习题 8.6 图所示的 PLL 方框图中，设 $f_s=2\text{MHz}$，$f_o=100\sim200\text{MHz}$，求可变分频器 n 的范围。

8.7　在习题 8.7 图所示电路中，已知 $n=200\sim300$，试求 f_o，并指出频率间隔。

8.8　在习题 8.8 图所示的锁相频率合成器中，已知 $f_L=40\text{MHz}$，$f_s=10\text{MHz}$，要求输出频率的频率间隔为 0.1MHz，输出频率 $f_o=70\sim99.9\text{MHz}$，求 f_r、m 和 n 的值。

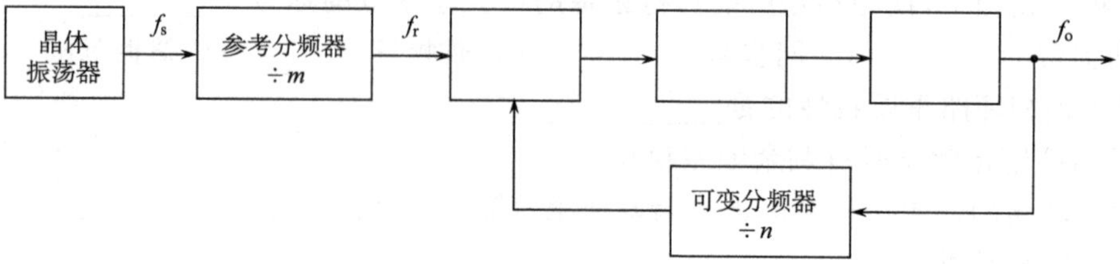

习题 8.5 图

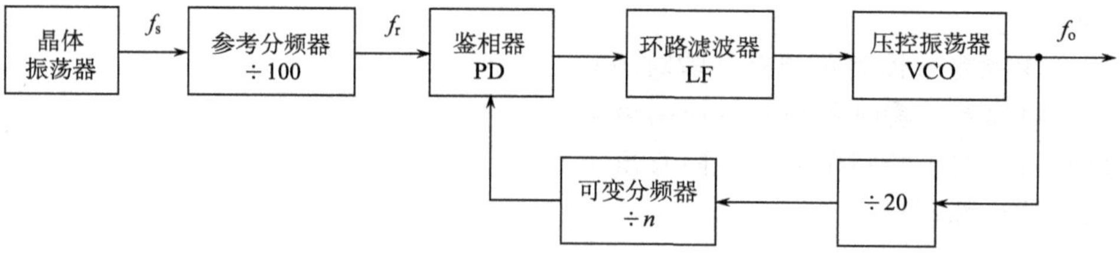

习题 8.6 图

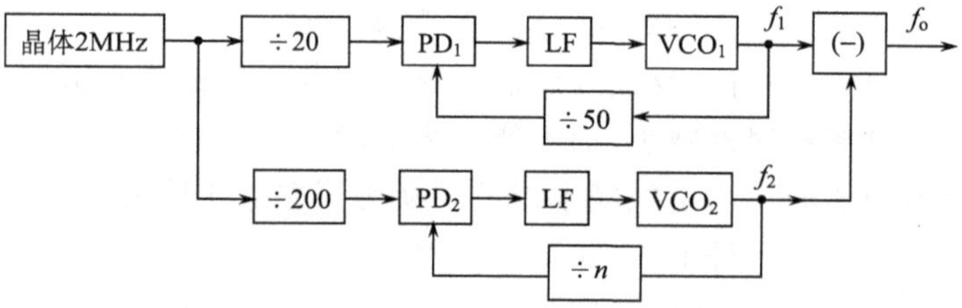

习题 8.7 图

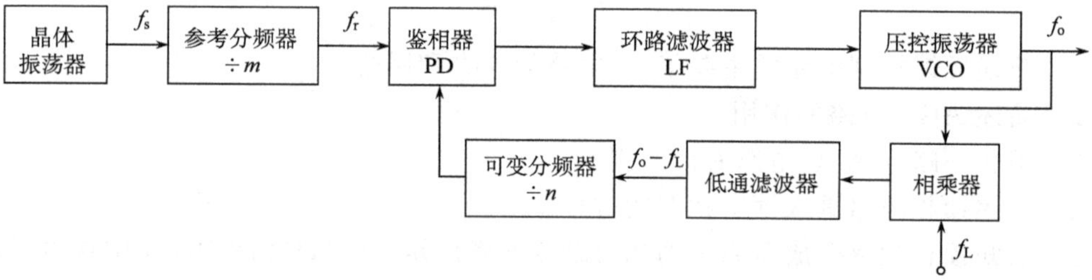

习题 8.8 图

第 9 章　无线电技术的应用

9.1　概　　述

《高频电子线路》主要介绍了高频信号的选择、放大、产生、处理和控制等内容，它是组成无线电收、发信机射频部分的基本单元电路，是一门技术性很强的电子、通信等专业的必备专业基础课。

本章试图通过调幅、调频发射机和接收机的具体电路带动本课程所涉及的主要知识内容，通过理论与实际的结合，全方位地再现《高频电子线路》课程的基本理论，使初学者进一步加深对基本单元电路的理解。此外，介绍一些移动通信技术方面的知识，使初学者了解 CDMA 手机的组成框图。

9.2　调幅发射机和接收机的组成及其电路分析

9.2.1　调幅发射机和接收机的组成框图

调幅发射机和接收机的组成框图在第 1 章已经介绍过，它是了解和认识调幅发射机和接收机具体电路的指导思想。为了引领本课程学习的主要内容，下面以调幅发射机和超外差调幅接收机的整机线路为例，进一步认识调幅发射机和接收机的组成并体会各章节单元电路在实际电路中的应用。

9.2.2　调幅发射机电子线路的分析

1. 电路原理图

某调幅发射机的简化线路如图 9.2.1 所示，它由主振器、高频放大器、低频放大器、振幅调制器、高频功率放大器组成。图中仅画出了反映基本原理的线路，而在实际线路中，往往还要考虑主振频率的稳定、自动激励控制、安全保护、键控及显示等问题。因此图 9.2.1 所示线路不能作为实际发射机的装配线路。

2. 单元电路分析

1）主振器

主振器是发射机的第一级，其作用是产生一个频率稳定的高频正弦波，为后级提供激励信号。它是由 T_1 构成的皮尔斯振荡器，如图 9.2.2 所示，它与图 5.5.2(a)所示的振荡器相同。该电路具有频率稳定度高、波段内振幅均匀以及输出波形好等特点。

在图 9.2.2 中，振荡管 T_1 的基极对高频信号接地，晶体接在基极与集电极之间；R_1、R_2、R_3 为直流偏置电路，晶体作为电感与 C_1、C_2 组成电容三点式谐振回路。晶体的杂散电容非常小，所以晶体振荡回路与振荡管之间的耦合非常弱，从而使频率稳定性大为提高。

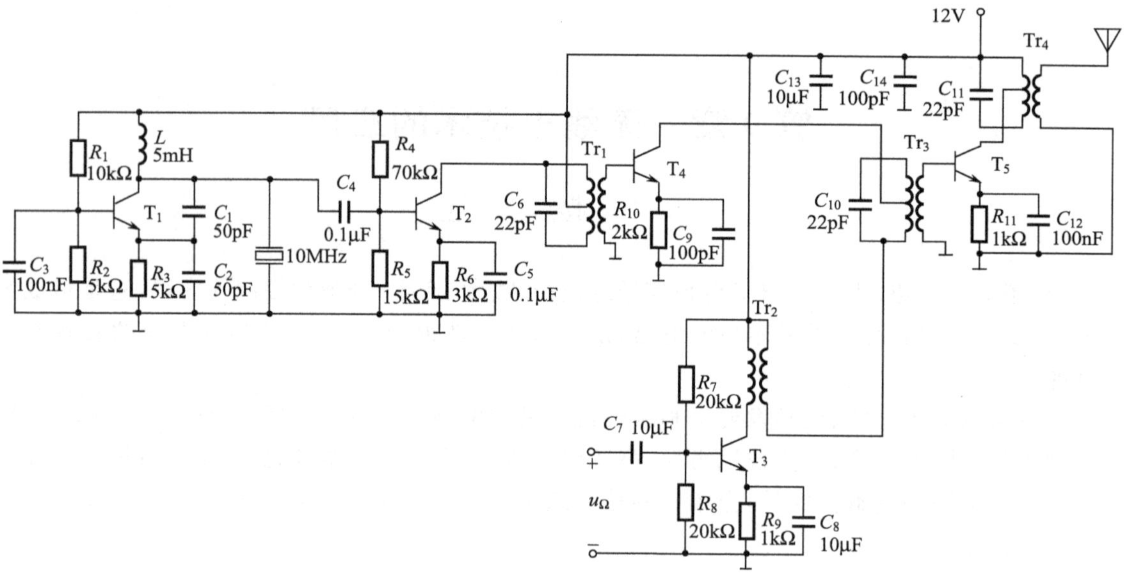

图 9.2.1　调幅广播发射机电路原理图

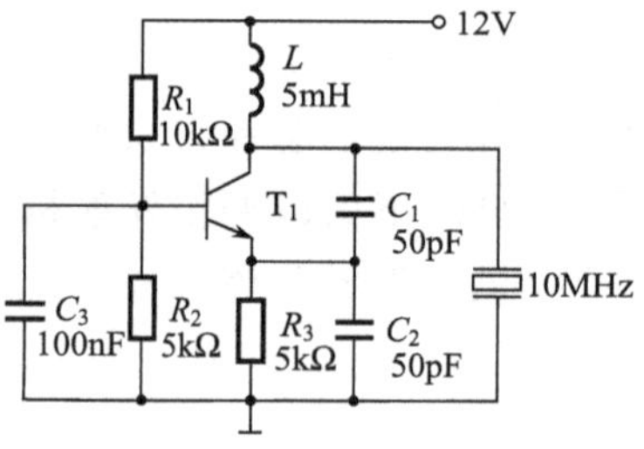

图 9.2.2　皮尔斯振荡器

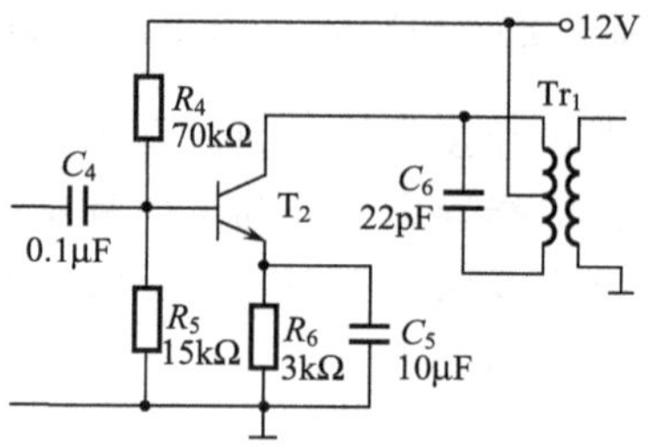

图 9.2.3　高频放大器

2）高频放大器

该放大器通常是在振荡器后面，一方面起隔离缓冲作用，另一方面把高频振荡信号加以放大。如图 9.2.3 所示，它与图 3.2.3(a)相似。高频放大器由 T_2 等元件组成共发射极放大器，R_4、R_5、R_6 组成直流偏置电路，R_6 还具有直流负反馈作用，C_5 为 R_6 的交流旁路电容，放大的信号经并联调谐回路选频后，输出至下级。C_6 与 Tr_1 组成调谐回路作为集电极负载，晶体管采用部分接入，可以减小晶体管对谐振回路的影响。

3）低频放大器

图 9.2.4 是低频放大器。该电路采用分压式静态工作点稳定共射放大器，R_7、R_8、R_9 组成直流偏置电路，同时 R_9 具有直流负反馈作用，C_8 为 R_9 的交流旁路电容，以提高放大倍数；Tr_2 作为 T_3 的集电极负载，一方面给集电极提供直流电压，另一方面把放大的低频调制信号耦合到调幅电路。

4）振幅调制器

振幅调制器的任务是产生调幅信号。调幅电路有低电平和高电平两种形式，本机属于高电平调制电路。它是利用高频功率放大器的集电极调制特性实现调幅，如图 9.2.5 所示，其工作原理与图 6.3.2 相似。

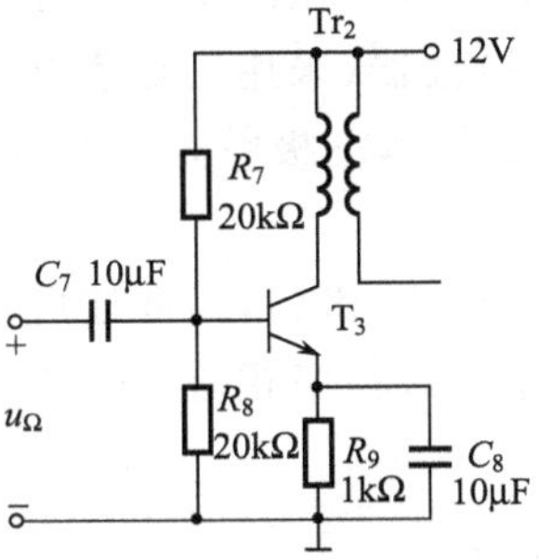

图 9.2.4　低频放大器

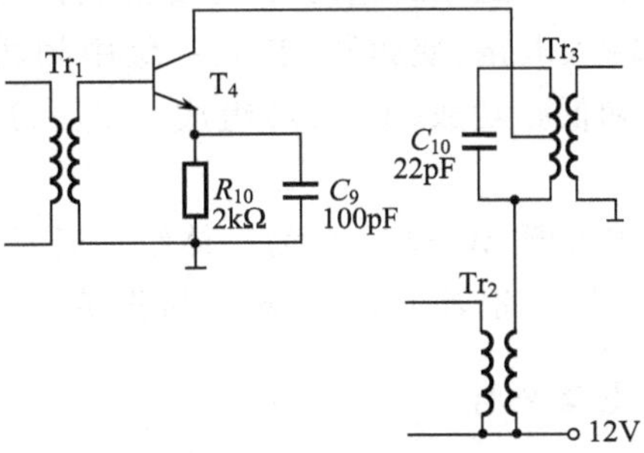

图 9.2.5　振幅调制器

在图 9.2.5 中，Tr_1 将放大的高频振荡信号耦合至调制电路的基极回路；Tr_2 将放大的调制信号耦合到调制电路的集电极回路，与 12V 的直流电压叠加等效为集电极电源；高频功放的基极馈电电路采用的是自偏压，R_{10} 两端的直流电压保证功放工作在丙类状态；集电极馈电电路采用的是串馈。经过调制电路产生的调幅信号由 Tr_3 耦合输出。

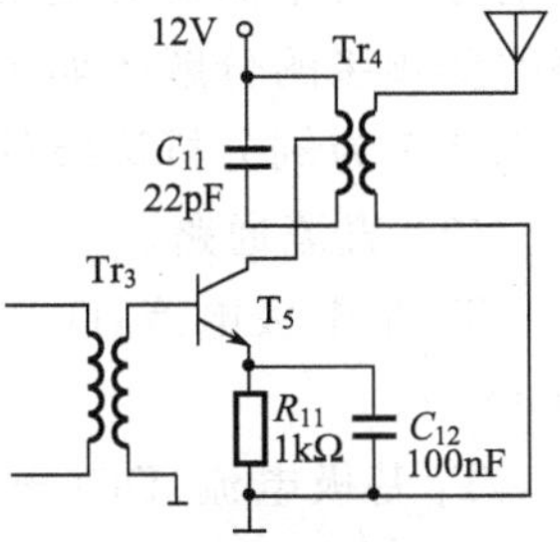

图 9.2.6　高频功率放大器及输出电路

5）功放和输出电路

对功放级的要求是：高效率地输出大功率，良好的滤波性能及输出端能适应各种天线匹配。本机的功放级由 T_5 及外围元件组成，如图 9.2.6 所示。其电路结构与图 9.2.5 相似，放大后的调幅信号经过 Tr_4 耦合给天线发射出去。

9.2.3　调幅接收机电子线路的分析

1. 电路原理图

为了简单起见，这里仅以民用咏梅牌收音机为例来进行分析。

咏梅系列型收音机，是无锡无线电五厂生产的六管中波段袖珍式半导体管收音机，它体积小、外形美观、音质清晰、噪声低，机内装有磁性天线，并设有外接耳机插口。咏梅牌 834 型收音机电路原理图如图 9.2.7 所示。

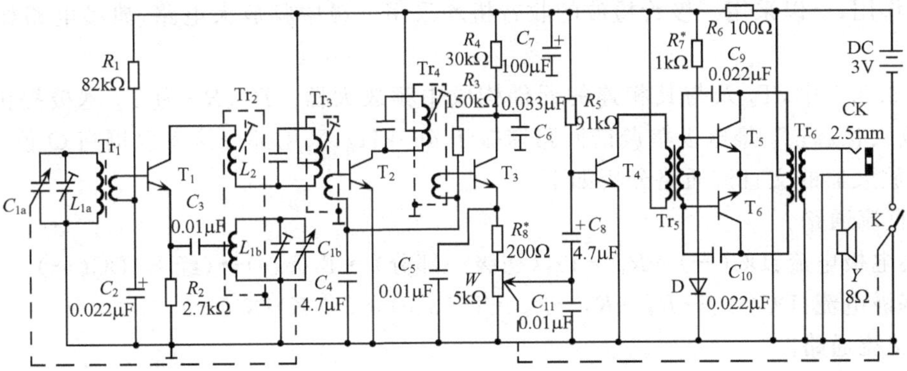

图 9.2.7　咏梅牌 834 型收音机电路原理图

该机属于一次混频的超外差式接收机，工作频率为 535～1605kHz，中频为 465kHz。它由磁性天线输入电路、变频器(T_1)、一级中频放大器(T_2)、检波器(采用三极管 T_3)、低频电压放大器(T_4)和低频功放(T_5、T_6)组成。T_1～T_4 为 3DG202 晶体三极管，T_5、T_6 为 9013H 晶体三极管。

为了使用方便，W 和 K 合为一体组成开关电位器。另外，C_{1a}和 C_{1b}是双连可变电容器，它们的动片装在同一根轴上，以实现本机振荡频率与输入回路谐振频率相差 465kHz。

2. 单元电路分析

1) 变频级

变频级的任务是把调谐回路选出来的高频调幅信号转变为频率固定的 465kHz 的中频调幅信号。对于简易的调幅收音机，变频级一般既包含混频器，又含有振荡器，图 9.2.7 所示电路的变频级的分解图如图 6.5.4 所示，其相应的工作原理已经在 6.5.2 节中介绍过，在此只以图 9.2.7 为例分析该级的交直流通路。

(1) 直流通路。

T_1 集电极电流：DC(＋)→R_6→Tr_3(初级一部分)→Tr_2(初级)→T_1(c、e)→R_2→(经 K)DC(－)。

T_1 基极电流：DC(＋)→R_6→R_1→Tr_1(次级)→T_1(b、e)→R_2→(经 K)DC(－)。

(2) 交流通路。

T_1 混频输入回路：Tr_1(次级上端)→T_1(b、e)→C_3→Tr_2(次级一部分)→地→C_2→Tr_1(次级下端)。

T_1 集电极回路：T_1(c)→T_1(e)→C_3→Tr_2(次级一部分)→地→C_7→Tr_3(初级一部分)→Tr_2(初级)→T_1(c)。

2) 中频放大级

中频放大器的任务是从变频级输出的许多信号中选出中频信号进行放大。中频放大器的典型电路就是第 3 章介绍的分散选频放大器。

一般由两级共射极放大电路担任，在简易机中也有只用一级的。对于调幅收音机，检波电路分为二极管检波和三极管检波。由于二极管对信号具有较大的衰减作用，为了弥补这一损耗，需要在检波电路的前级多加一级放大，所以采用二极管检波的收音机均采用两级中频放大电路，如图 8.2.5 所示的白鹤牌调幅接收机。而对于三极管检波电路，由于三极管本身具有一定的放大作用，所以采用三极管检波的收音机均采用一级中频放大电路，典型电路如图 9.2.7 所示。

在图 9.2.7 中，T_2 及与其相连的元件构成中频放大器。R_4、R_3 为 T_2 基极提供偏压，使 T_2 处于放大状态；T_2 集电极单调谐回路谐振于 465kHz，采用部分接入以提高 Q 值。

中频放大器的交直流通路分析如下。

(1) 直流通路。

T_2 集电极电流：DC(＋)→R_6→Tr_4(初级一部分)→T_2(c、e)→(经 K)DC(－)。

T_2 基极电流：DC(＋)→R_6→R_4→R_3→T_2(b、e)→(经 K)DC(－)。

(2) 交流通路。

T_2 输入回路：向中放管注入中频信号，即 Tr_3(次级上端)→T_2(b、e)→地→C_4→Tr_3(次级下端)。

T_2 输出回路:T_2(c、e)→地→C_7→Tr_4(初级一部分)→T_2(c)。

T_2 选频回路:T_2 集电极回路的中周 Tr_4 选出 465kHz 的中频信号。

3) 检波和自动增益控制级

检波的任务是把所需要的低频信号从中频调幅信号中取出来,并耦合至下级低放。自动增益控制电路(简称 AGC 电路)的任务是当 u_i 变化很大时,保证收音机输出功率几乎不变,它是通过改变受控级放大管的工作点,达到增益控制。它实际上是一个负反馈电路。

在图 9.2.7 中,T_3 及与其相连的元件构成三极管检波器。R_3、R_4 为 T_3 提供合适偏压(使其工作在非线性区)。当中频信号经 T_3 检波后,由 T_3 发射极输出低频信号,该信号经 C_5、C_{11} 先后滤除中频载波信号,在 R_8、W 上形成低频压降,并由 W 的中心抽头取出低频信号送往低放。此外,因 T_3 的集电极电位 u_{c3} 会随输入信号而变,此变化由 C_6、C_4 滤波后形成直流 AGC 信号,反馈到 T_2 基极,以控制 T_2 发射结的变化,最终达到 AGC 的目的。

在图 9.2.7 中的检波、AGC 电路对应的直流、交流通路分析如下。

(1) 直流通路。

基极回路:DC(+)→R_6→R_4→R_3→Tr_4(次级)→T_3(b、e)→R_8→W→地→(经 K)DC(−)。

集电极回路:DC(+)→R_6→R_4→T_3(c、e)→R_8→W→地→(经 K)DC(−)。

(2) 交流通路。

检波器主要是从中频调幅信号中选出音频信号。音频信号回路如下。

Tr_4(次级上端)→T_3(b、e)→R_8→W→地→C_6→R_3→Tr_4(次级下端)。

检波后的残留中频信号经滤波电路滤除掉。残留中频滤波回路如下。

Tr_4(次级上端)→T_3(b、e)→C_5→C_6→R_3→Tr_4(次级下端)。

AGC 信号只取检波后的直流成分,因此必须将音频滤除。AGC 音频滤波电路如下。

T_3(c)→R_3→C_4→地→C_6→T_3(c)。

4) 低频放大电路

它主要包括低频小信号放大电路和低频功率放大电路两部分。其中,低频小信号放大电路要有足够的放大倍数(具有两级时,前级为前置级,后级为推动级或激励级;仅有一级时,此级既为前置级,又为推动级),以推动后级的功放工作。低频功率放大电路是对输入的低频信号进行功率放大,功放级电路的电流很大,目的是保证收音机有足够的功率输出。要求是输出功率大、失真小、效率高。

就图 9.2.7 而言,T_4 为推动级(即低频小信号放大电路),R_5 为其基极偏置电阻;T_5、T_6 构成变压器功放输出级。电容 C_9、C_{10} 的作用是防止电路自激;二极管 D 处于导通状态,为 T_5、T_6 提供静态偏压,使其工作在甲乙类状态。下面分析低放级的交直流通路。

低频小信号放大电路是由 T_4 及相关元件组成。

(1) 直流通路。

基极回路:DC(+)→R_6→R_5→T_4(b、e)→地→(经 K)DC(−)。

集电极回路:DC(+)→R_6→Tr_5(初级)→T_4(c、e)→(经 K)DC(−)。

(2) 交流通路。

基极输入回路(从音量电位器 W 上取出一部分音频信号注入 T_4 基极):

$W \to C_8 \to T_4$(b、e)→地→$C_{11} \to C_8$。

集电极输出回路：

T_4(c、e)→地→$C_7 \to Tr_5$(初级)→T_4(c)。

低频功率放大电路是由 T_5、T_6 及相关元件组成。

(1) 直流通路。

T_5 基极回路：DC(+)→$R_6 \to R_7 \to Tr_5$(次级中心抽头)→T_5(b、e)→地→(经 K)DC(−)。

T_5 集电极回路：DC(+)→Tr_6(初级中心抽头)→T_5(c、e)→地→(经 K)DC(−)。

T_6 基极回路：DC(+)→$R_6 \to R_7 \to Tr_5$(次级中心抽头)→T_6(b、e)→地→(经 K)DC(−)。

T_6 集电极回路：DC(+)→Tr_6(初级中心抽头)→T_6(c、e)→地→(经 K)DC(−)。

(2) 交流通路(以 T_5 为例)。

输入回路：Tr_5(次级上端)→T_5(b、e)→地→$C_7 \to R_7 \to Tr_5$(次级中心抽头)。

输出回路：T_5(c、e)→地→$C_7 \to R_6 \to Tr_6$(初级中心抽头)→T_5(c)。

9.3 调频发射机和接收机的组成及其电路分析

9.3.1 调频发射机和接收机的组成框图

1. 调频发射机的组成

为了对调频发射机的组成有一个完整的概念，图 9.3.1 给出了一个调频广播发射机的组成框图。调频广播发射机的载波频率 $f_c = 88 \sim 108\text{MHz}$(调频广播波段)；输入调制信号频率 $F_{min} \sim F_{max} = 50 \sim 15000\text{Hz}$；要求输出的 FM 信号最大频偏 $\Delta f_m = 75\text{kHz}$；频率调制器的载频 $f_{c1} = 200\text{kHz}$，调频波的最大频偏 $\Delta f_{1m} = 25\text{Hz}$。

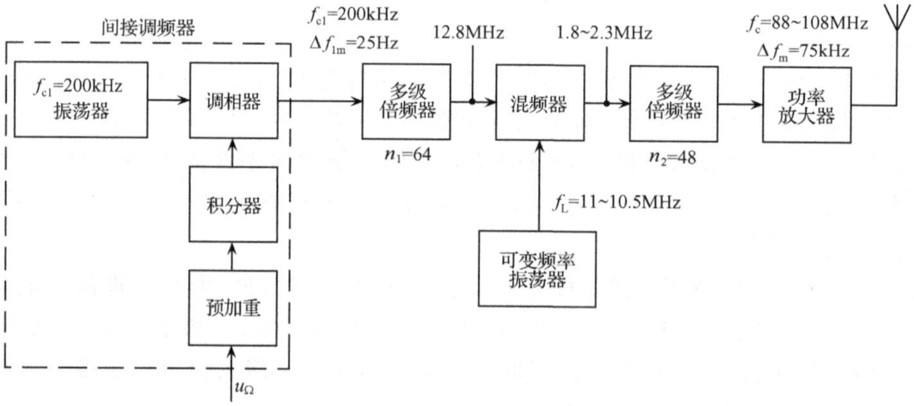

图 9.3.1 调频广播发射机的组成框图

在图 9.3.1 中，FM 波的产生是采用间接调频方式。从理论上证明，调频信号的噪声频谱呈三角形，即频率越高，噪声越大。可是一般的音乐、语音信号的能量大部分集中在中、低频范围，高频部分幅度很低，这样将使高频部分的信噪比更低。为了改善这一状况，需要在发送端将输入 u_Ω 先经“预加重”网络，再经积分器输入到调相器，以设法预先把高音部分提高，加大高频部分的信噪比(称为预加重)。同时，由高稳定度晶体振荡器产生 $f_{c1} = 200\text{kHz}$ 的初始载频信号也输入到调相器，因此调相器输出的调相波，实质上是对 u_Ω 而言的调频波。线性调相的范围很窄，因而间接调频器输出的是载频 f_{c1} 为 200kHz 的调频波，它的频偏 $\Delta f_{1m}=25\text{Hz}$，调制指数 $m_f<0.5$。

要把窄带调频波 25Hz 的频偏提高到发射机输出 FM 信号要求的 $\Delta f_m=75\text{kHz}$，需要发射机采用多级倍频器，它们的总倍频次数 n 应为 $n=\Delta f_m/\Delta f_{1m}=75\times10^3/25=3000$。

总倍频次数 $n=3000$ 是在混频前后经过两次多级倍频后获得的。混频前多级倍频器的总倍频次数 $n_1=64$，混频后的多级倍频器的总倍频次数 $n_2=48$，可实现的总倍频次数 $n'=n_1\times n_2=64\times48=3072$，$n'>n$，发射机整机提供的总倍频次数是满足要求的。经过 n 次倍频后，发射机输出调频波的频偏 $\Delta f_m=n'\times\Delta f_{1m}=3072\times25=76.8(\text{kHz})$ 满足了指标要求，但是经过 n' 次倍频后，f_c 也要倍增 n' 倍，这时 $f_c=n'f_{c1}=3072\times200=614.4(\text{MHz})$。广播调频发射机要求输出 FM 信号的载频 $f_c=88\sim108\text{MHz}$，为此必须采用带有可变频率(f_L)振荡器的混频器。若 $f_L=11\sim10.5\text{MHz}$，与 $n_1 f_{c1}=64\times200=12.8(\text{MHz})$ 混频，将载波频率降低到 $1.8\sim2.3\text{MHz}$，再经 48 次倍频后，发射机输出载频为 $86.4\sim110.4\text{MHz}$，即可覆盖 $88\sim108\text{MHz}$ 的频率范围。

在要求 $\Delta f_m=75\text{kHz}$ 时，调频广播发射机的 FM 信号带宽取决于最高调制信号频率 $F_{max}=15\text{kHz}$。对于 F_{max}，$m_f=\Delta f_m/F_{max}=75/15=5$。输出 FM 信号的带宽 $BW=2(m_f+1)F_{max}=2(5+1)\times15=180(\text{kHz})$。

由以上分析可见，图 9.3.1 所示的调频发射机框图，调频波的中心频率稳定度较高，可以在要求的调频广播工作频率范围(88～108MHz)内，获得符合要求的频偏 $\Delta f_m=75\text{kHz}$。在最高调制信号频率 $F_{max}=15\text{kHz}$ 上，$m_f=5$，此时调频信号带宽为 180kHz，各调频电台之间的频率间隔应取为 200kHz，远高于 10kHz 的调幅电台之间的频率间隔，这是 FM 的一个缺点，也是调频发射机必须工作在超高频段以上的原因。当然，为了大大增加信号带宽所付出的代价是有报偿的，这个报偿就是允许 FM 波具有较高的调制指数 m_f，从而使调频波具有优良的抗噪声性能。

2. 调频接收机的组成

图 9.3.2 是一个调频广播接收机的典型框图。为了获得较好的接收灵敏度和选择性，除了限幅器、鉴频器及几个附加电路，其主要组成均与 AM 超外差接收机一样。要求它能接收频率范围为 88～108MHz，调制信号频率 $F_{min}\sim F_{max}=50\sim15000\text{Hz}$，频偏 $\Delta f_m=75\text{kHz}$ 的调频信号。

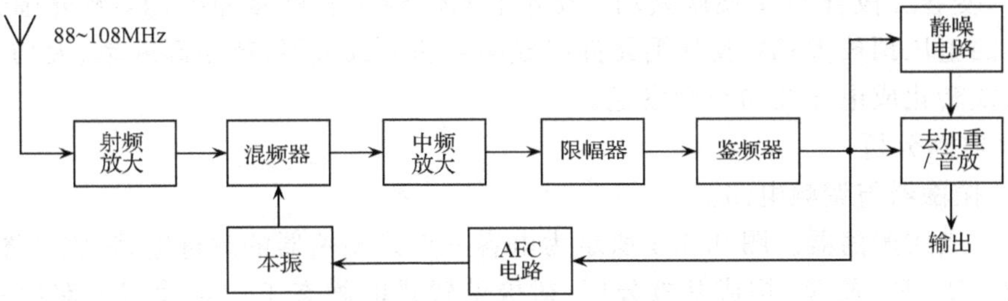

图 9.3.2　调频广播接收机的组成框图

根据要求，调频广播接收机的通频带 BW 确定为 200kHz。这是因为发送调频信号的 $\Delta f_m=75\text{kHz}$、$F_{max}=15\text{kHz}$，由此计算得出发送 FM 信号的带宽 $BW=180\text{kHz}$。再考虑发射机、接收机的载频不稳定度后，为接收机通频带留有 ±10kHz 的裕度，因而把接收机的通频带 BW 定为 200kHz 是正确的。

调频广播接收机的中频信号频率值 f_I 选为 10.7MHz，选择足够高的中频频率，才能保证中频回路在考虑了收、发载频不稳定度后通过带宽达 180kHz 的调频信号。10.7MHz 的中频频率值，略大于调频广播频段范围（108－88＝20MHz）的一半，这样可以避免镜像干扰。例如，当 $f_s=88\text{MHz}$ 时，本机振荡器频率 $f_L=f_s+10.7\text{MHz}$，镜像干扰频率为 $f_N=f_L+f_I=f_s+2f_I=88+2\times10.7=109.4(\text{MHz})$，这个镜像干扰频率已处于接收机最高的接收频率 108MHz 以外，因而可以避免 $f_s=88\text{MHz}$ 上的镜像干扰。当然，更能抑制 $f_s>88\text{MHz}$ 的其他工作频率上的镜像干扰。

图 9.3.2 中的自动频率控制（AFC）电路的作用是微调本振频率 f_L，通过对 f_L 的频率微调，使 f_L-f_s 的差值基本保持在中频频率 $f_I=10.7\text{MHz}$ 上，这对提高调频接收机的整机选择性、灵敏度和保真度是极其有益的。对于晶体管收音机，常采用改变变容二极管两端的电压来控制振荡器的振荡频率。

静噪电路的目的是使接收机在没有收到信号时（此时噪声较大），自动将低频放大器闭锁，使噪声不在终端出现。当有信号时，噪声小，又能自动解除闭锁，使信号通过低放输出。

图 9.3.2 中的去加重是针对发送端预加重而设置的。预加重的结果改变了原调制信号高低频分量的比例关系，需要在调频接收机鉴频器的输出端加接一个去加重网络，使去加重网络的传输特性恰好与预加重网络的相反，就可以把人为提升的高频端信号的振幅降下来，使调制信号中高、低频端的各频率分量的振幅保持原来的比例关系，避免了因发送端采用加重网络而造成的解调信号失真。可见，发送端和接收端分别采用预加重和去加重技术后，既保证了鉴频器在调制信号的高、低频端都具有较高的输出信噪比，又避免了采用预加重后造成的解调信号失真，而且采用的预加重和去加重网络又简便易行，所以在调频广播、调频通信和电视伴音信号收发系统中都广泛采用预加重和去加重技术。

9.3.2 调频发射机电子线路的分析

1. 分立元件调频发射机的电路分析

1）电路组成

图 9.3.3 是一个调频发射机的电路原理图。它主要由四部分组成：T_1 及其外围元件构成高频振荡器，变容二极管 D 实现调频；T_2 及外围元件构成隔离缓冲级；T_3 及外围元件用于实现高频信号的电压预放大；T_4 及外围元件组成高频功率放大器，产生高效率、大功率的高频已调信号经天线转化成电磁波向空间发送。

2）单元电路分析

（1）LC 振荡器与调频电路。

① LC 三点式振荡器。图 9.3.4 所示为电容三点式振荡器的改进电路，它与图 5.3.11 相似。其中 R_1、R_2、R_3 及 R_4 构成基极分压、射极偏置式的静态工作点稳定电路决定其静态工作点；C_1 为基极旁路电容，L_1 和 C_2、C_3、C_4、C_5 共同组成调谐回路，回路的谐振频率 f_0 主要由 L_1 和 C_5 决定，即 $f_0\approx\dfrac{1}{2\pi\sqrt{L_1C_5}}$，产生的高频信号在 T_1 的集电极经耦合电容 C_6 输出。

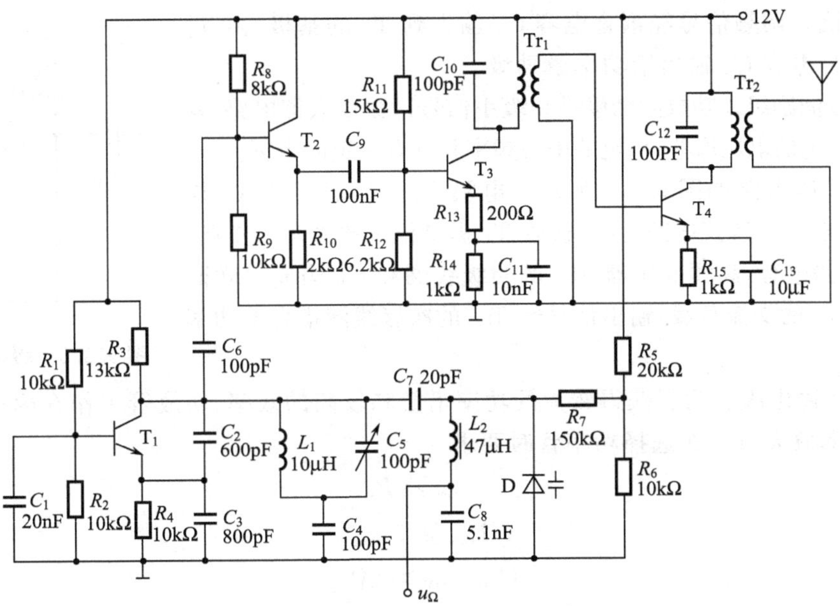

图 9.3.3　调频广播发射机电路原理图

② 变容二极管调频电路。由变容二极管 D 组成的变容二极管调频电路如图 9.3.5 所示。C_7 为耦合电容，R_5 与 R_6 为变容二极管提供静态时的反向偏置电压 U_Q，即 $U_Q=\dfrac{12R_6}{R_5+R_6}$。电阻 R_7 为隔离电阻，常取 $R_7\gg R_5$、$R_7\gg R_6$，以减小调制信号 u_Ω 对 U_Q 的影响。C_8 与高频扼流圈 L_2 给 u_Ω 提供通路，变容二极管 D 通过 C_7 接入振荡回路，变容二极管结电容能灵敏地随着反偏电压在一定范围内变化，从而改变了振荡器的谐振频率以实现调频。

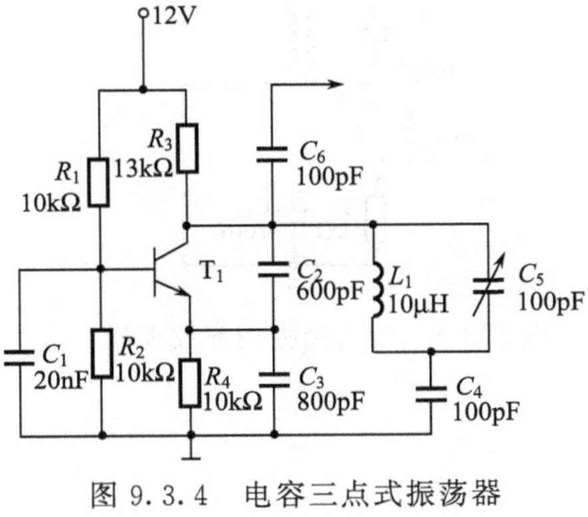

图 9.3.4　电容三点式振荡器

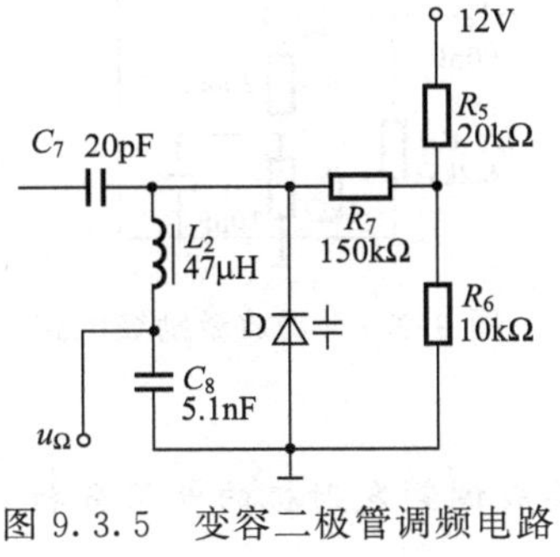

图 9.3.5　变容二极管调频电路

(2) 缓冲隔离级。该电路将振荡级与功放级隔离，以减小功放级对振荡级的影响。功放级输出信号较大，工作状态的变化(如谐振阻抗)会影响振荡级的频率稳定度，使得波形失真或输出电压减小。为减小级间相互影响，通常在中间插入缓冲隔离级。缓冲隔离级常采用射极跟随器，如图 9.3.6 所示。

电阻 R_8、R_9 和射极电阻 R_{10} 为三极管 T_2 提供静态工作点，调节射极电阻 R_{10} 可以改变其静态工作点，保证其位于交流负载线的中央位置，同时调节 R_{10} 还可以改变射极跟随器输入阻抗和输出阻抗。调频信号经耦合电容 C_6 输入到 T_2 的基极，由 T_2 发射极经耦合电容 C_9 输出给功率激励级。

（3）功放激励级。功放激励级是一级小信号谐振放大器电路，要求该级具有一定的电压增益、稳定的中心频率并具有一定的带宽。

功放激励级电路如图 9.3.7 所示。电阻 R_{11}、R_{12}、R_{13} 和 R_{14} 构成基极分压、射极偏置式电路，为三极管 T_3 提供稳定的静态工作点，C_{11} 为射极旁路电容，高频变压器 Tr_1 的初级线圈和 C_{10} 构成并联谐振回路作为 T_3 的交流负载，输出信号经 Tr_1 的次级线圈耦合至功率放大输出级。

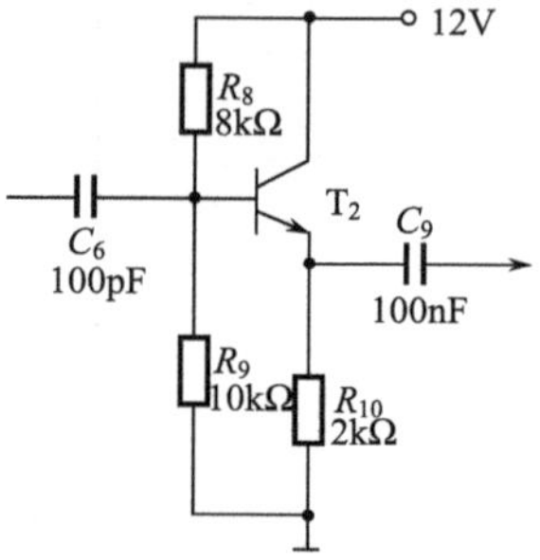

图 9.3.6　缓冲隔离电路

（4）功率输出级。为了获得较大的功率增益和较高的效率，功放管工作在丙类状态，组成丙类谐振功率放大器。在选择功率管时要求

$$P_{CM} \geqslant P_o$$

$$I_{CM} \geqslant i_{Cmax}$$

$$U_{(BR)CEO} \geqslant 2V_{CC}$$

$$f_T \geqslant (3 \sim 5) f_o$$

具体电路如图 9.3.8 所示。图中，T_4 管工作在丙类状态，既有较高的效率，同时可以防止 T_4 管产生高频自激而引起的二次击穿损坏。丙类功放的基极负偏置电压是利用发射极电流的直流分量 $I_{E0}(\approx I_{C0})$ 在射极电阻 R_{15} 上产生的压降来提供的，即为自给偏压电路。调节偏置电阻 R_{15} 可改变 T_4 管的导通角。C_{12}、Tr_2 构成的输出回路用来实现阻抗匹配并进行滤波，即将天线阻抗变换为功放管所要求的负载值，并滤除不必要的高次谐波分量。

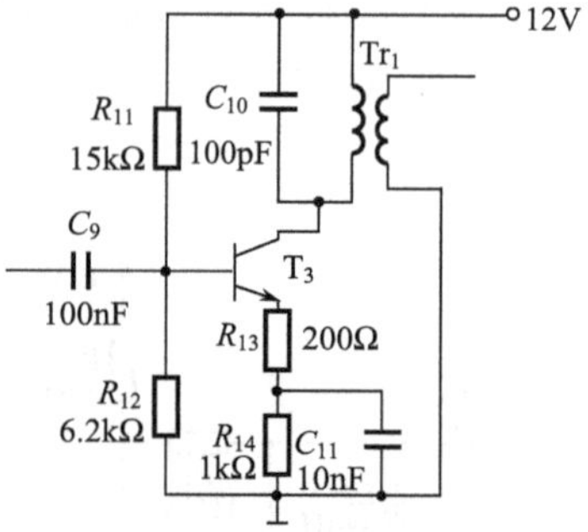

图 9.3.7　功放激励级电路

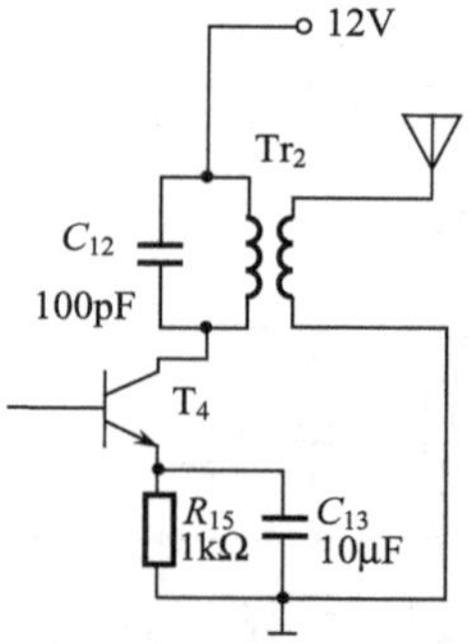

图 9.3.8　丙类谐振功率放大器

2. 集成调频发射机的电路分析

1）MC2831 芯片简介

随着集成电路技术的发展，通信设备整机的体积由大变小直到超小型，重量大为减轻。另外，元器件的减少，使整机的可靠性成倍增长。在单片集成发射系统中，目前已广泛应用的是小功率单片集成 FM 发射系统 ASIC，其中，比较典型的是 Motorola 公司的 MC2831 和 MC2833。MC2833 是 MC2831 的同类改进型产品。这类 ASIC 主要用于无线寻呼、无绳电话、无线遥控、对讲机等 FM 调制无线发射机中。

（1）芯片特点。MC2831 片内带有音频放大器、最高工作频率可达 30MHz 的高频振荡器

(该射频振荡器采用可变电抗实现 FM 调制)、用于产生导频式数据信令的音频振荡器和电源检测器等部分。

(2) 引脚功能。MC2831 引脚功能表如表 9.3.1 所示。

表 9.3.1　MC2831 引脚功能表

引脚	功能	引脚	功能
1	可变电抗输出	9	单音振荡线圈
2	去耦端	10	显示
3	调制器输入	11	电池检测器
4	电源输入	12	内部参考电平的电源输入
5	音频放大器输入	13	接地端
6	音频放大器输出	14	射频输出
7	单音开关	15	射频振荡器
8	单音输出	16	射频振荡器

2) 典型应用电路分析

图 9.3.9 为由 MC2831 组成的甚高频(VHF)发射机电路。工作频率为 49.7MHz。缺点是发射功率太低。

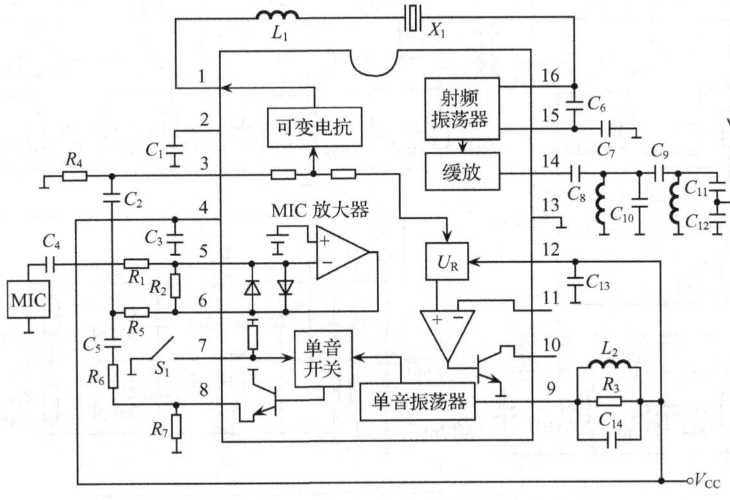

图 9.3.9　MC2831 内部框图及典型应用

麦克风接芯片 5 脚音频信号输入端,将音频信号送入内置音频放大器放大。它通过外接电阻 R_1 和 R_2 构成典型的反相运算放大器,其增益由外接 R_1 和 R_2 的比例决定。为了限制 FM 调制的频偏,片内两只二极管将运放输出电压幅度限制在一定的电压范围内。放大后的音频信号从 6 脚输出加到 3 脚调制信号输入端,可通过电位器调整输出音频信号的大小,从而调整 FM 的调制深度。

单音振荡器是一个典型的 LC 振荡器,其振荡频率取决于 9 脚的外接 LC 振荡回路,振荡幅度可通过外接电阻 R_3 调节,当 $R_3=47\text{k}\Omega$ 时,幅度达最大值 1V,单音开关控制单音振荡器是否从 8 脚输出。当 S_1 闭合时,片内单音振荡器的振荡信号不能通过 8 脚输出;当 S_1 断开时，单音振荡信号可通过 8 脚输出，此时单音振荡信号和从 6 脚输出的音频信号一起送到 3 脚调制信号输入端，控制可变电抗，进行 FM 调制。

可变电抗由 1 脚外接小电感 L_1 和基频石英晶体加到 16 脚，这些元件与片内的晶体三极管，外接电容 C_6、C_7 组成高频电容三点式振荡器，产生调频波输出。其中基频石英晶体的振荡频率为 16.56MHz，最大频偏为 ±3kHz；串接的电感 L_1 用于补偿可变电抗调制器的阻抗，并对输出频率进行微调。

调频波经片内缓冲放大器放大，三倍频器产生中心频率为 49.7MHz 的射频信号，并由 14 脚及其外接调谐匹配网络至发射天线，发送射频信号。

11 脚为电源检测输入端，与加在同相端的片内参考电压相比较后，通过电压比较器由 10 脚输出，此管脚为集电极开路门，可直接驱动发光二极管。

9.3.3 调频接收机电子线路的分析

1. 分立元件调频接收机的电路分析

1）电路组成

图 9.3.10 是一个调频接收机的电路原理图。天线将空间电磁波转换为高频电信号，经过

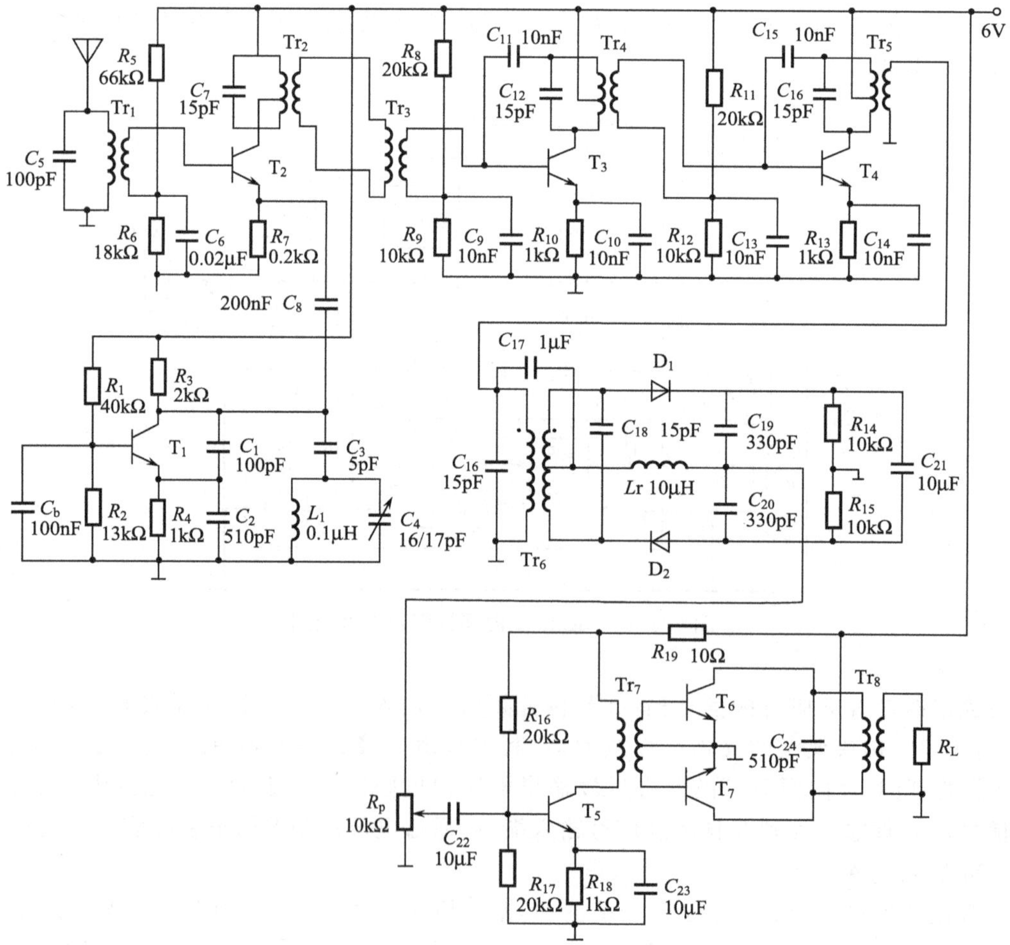

图 9.3.10　调频接收机的电路原理图

由 C_5、Tr_1 构成的选频回路选出一定频率的信号送入由 T_2 构成的高频小信号放大器放大，放大后的信号与由 T_1 构成的本机振荡器产生的本振信号一起混频输出固定频率的中频信号，经过由 T_3、T_4 构成的中频放大器放大后再由 D_1、D_2 构成的鉴频器进行鉴频，鉴频出的低频信号经由 T_5 构成的电压放大器和由 T_6、T_7 构成的功率放大器放大后送入接收器件。

2）单元电路分析

(1) 本机振荡器。图 9.3.11 采用了与图 5.3.11 相似的西勒振荡器。电路的直流通路构成基极分压、射极偏置式电路，其静态工作点由 R_1、R_2、R_3、R_4 决定，R_4 实现直流负反馈，保证静态工作点的稳定。C_b 为基极旁路电容，L_1 和 C_1、C_2、C_3、C_4 作为交流信号正反馈和选频网络实现振荡，调节 C_4 可以改变其振荡频率，保证该频率比发送端的载波频率高出一个固定中频。

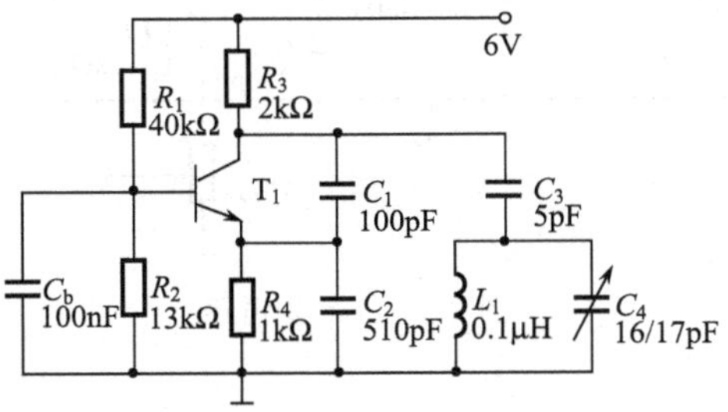

图 9.3.11 本机振荡器

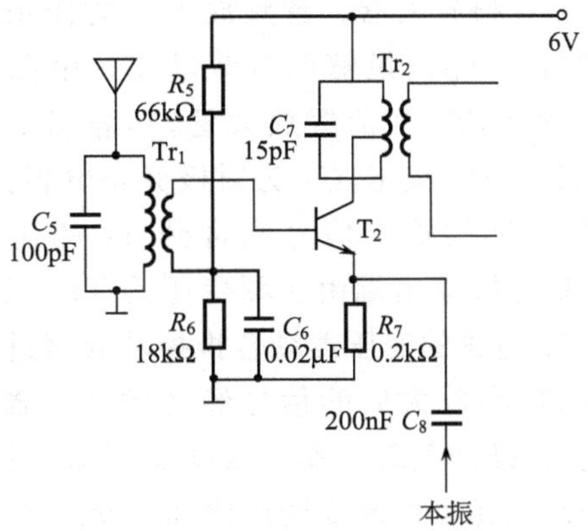

图 9.3.12 混频器

(2) 混频器。如图 9.3.12 所示。天线将空间电磁波转换为高频电信号送入接收机的输入回路，输入回路由 C_5 和变压器 Tr_1 的初级线圈构成谐振回路，调节 C_5 的参数可以选择出不同频率的电信号。

T_2 构成晶体管混频器，其静态工作点由 R_5、R_6 及 R_7 决定，保证混频管工作在非线性区。晶体管混频器具有一定的混频增益。

Tr_1 将输入回路的高频小信号耦合至晶体管 T_2 的基极上，电容 C_8 将本机振荡器输出的频率为 f_L 的信号耦合至混频管 T_2 的发射极，与频率为 f_s 的高频已调信号进行混频。由 LC 选频网络选出频率为 $f_I=f_L-f_s$ 的中频信号，经中频变压器 Tr_2 耦合至中频放大器。

(3) 中频放大器。中频放大器主要有两个作用：一是提高增益，因为超外差接收机解调前的总增益主要取决于中放；二是抑制邻近干扰。中频放大器如图 9.3.13 所示，它是由 T_3、T_4 构成两级相同的放大器，与图 3.2.8(b)相似，图中的 C_{11} 和 C_{15} 为中和电容。

(4) 鉴频器。如图 9.3.14 所示，它与图 7.4.19(a)相似，是典型的比例鉴频器。变压器 Tr_6 的初、次级线圈分别与 C_{16}、C_{18} 构成互感耦合双调谐回路作为移相网络，均谐振在中频调频波的中心频率上；Tr_6 次级线圈采用中心抽头；C_{17} 对中频输入信号可视为短路；L_r 是高频扼流圈，对中频信号可视为开路；R_{14}、C_{19}、R_{15}、C_{20} 组成振幅检波器，鉴频后的信号从 C_{19}、C_{20} 的中点输出到电位器 R_p 上，经 R_p 分压后进入音频放大器放大输出。C_{21} 是一个大电容，保证振幅检波器的输入电压在检波过程中保持不变，起限幅作用。

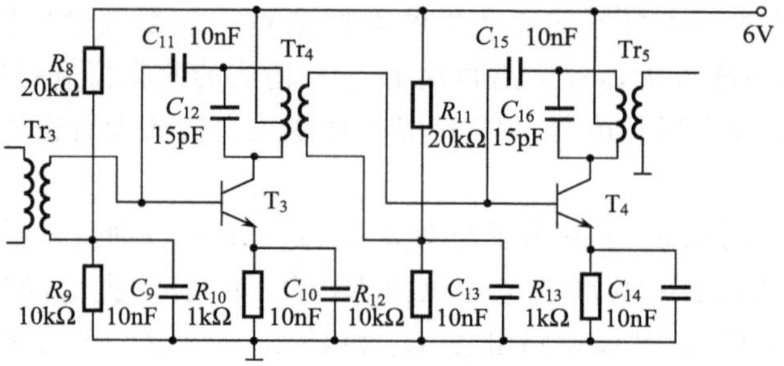

图 9.3.13　中频放大器

(5) 音频放大器。音频放大器的作用是放大音频信号，输出足够的音频功率。电路如图 9.3.15 所示，T_5 为前置放大管，其静态工作点由 R_{16}、R_{17}、R_{18} 决定，C_{23} 为射极旁路电容，电容 C_{22} 将鉴频器的输出信号耦合到 T_5 的输入回路，T_5 集电极输出端由音频变压器 Tr_7 耦合至由 T_6、T_7 构成的变压器耦合推挽功放级进行功率放大，功率放大后的信号经音频变压器 Tr_8 耦合输出，推动负载工作。改变变压器的初、次级线圈匝数比可以改变变压比和实现阻抗匹配。

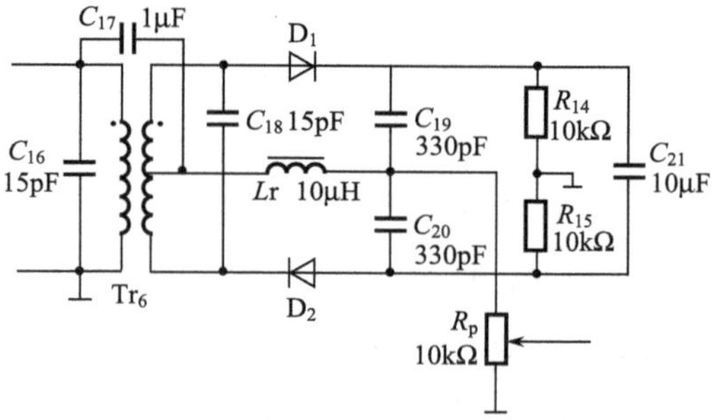

图 9.3.14　鉴频器

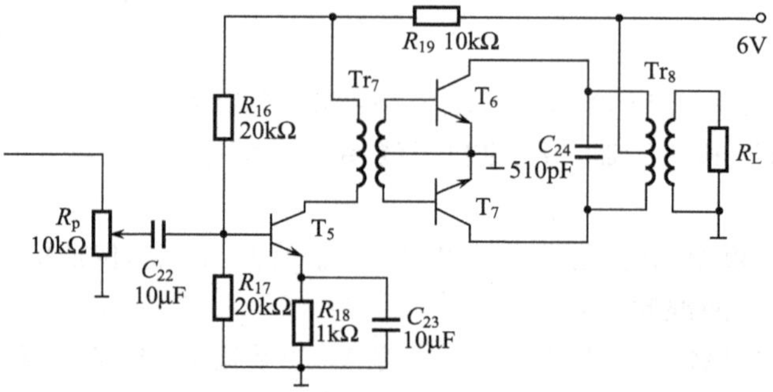

图 9.3.15　音频放大器

2. 集成调频接收机的电路分析

1) MC3362 芯片简介

集成 FM 接收机电路有单变频和双变频两种，这类集成电路将从射频输入到音频输出的整个接收机电路集成在一个芯片内，这类集成电路有 MC3362、MC3363、MC13135、MC13136 等。

(1) 芯片特点。MC3362 是低功耗窄带双变频超外差式调频接收机系统集成电路，它的片内包含两个本振、两个混频器、两个中放和正交鉴频等功能电路。因此，它是一个除高放以外，包含从第一混频到音频放大器输出的全二次变频超外差式完整的集成接收机电路。

MC3362 的接收频率可达 450MHz，采用内部本振时，也可达 200MHz。因此，MC3362 的接收频率很宽。MC3362 的工作电压范围宽，$V_{CC}=2\sim7V$，且适合低电压工作。

（2）引脚功能。MC3362 引脚功能表如表 9.3.2 所示。

表 9.3.2　MC3362 引脚功能表

引脚	功能	引脚	功能	引脚	功能
1	第一混频输入	9	限幅器去耦	17	第二混频输入
2	第二本振输出	10	显示驱动	18	第二混频输入
3	第二本振发射极	11	载波检波	19	第一混频输出
4	第二本振基极	12	90°相移线圈	20	第一本振输出
5	第二混频输出	13	鉴频器输出	21	第一本振回路
6	V_{CC}	14	比较器输入	22	第一本振回路
7	限幅器输入	15	比较器输出	23	第一本振控制
8	限幅器去耦	16	电源接地	24	第一混频输入

（3）典型应用电路分析。图 9.3.16 为 MC3362 的典型应用电路。

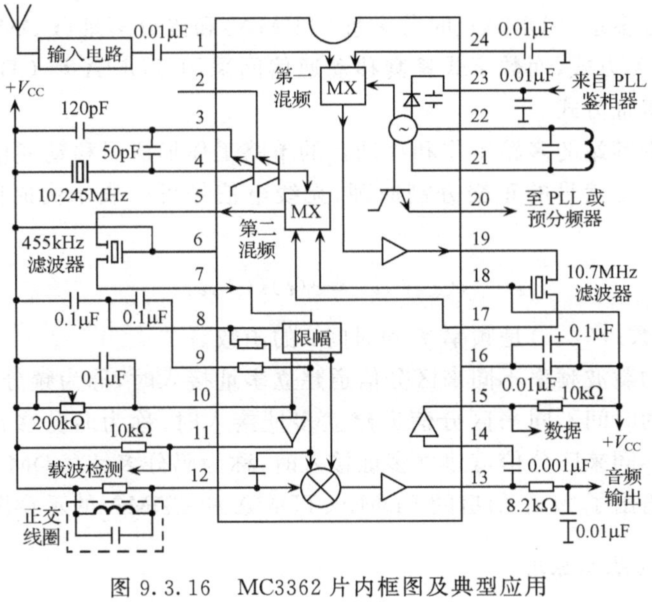

图 9.3.16　MC3362 片内框图及典型应用

接收信号通过天线和匹配输入电路送到由 1 脚和 24 脚组成的第一混频电路的输入端，MC3362 可以采用平衡输入和非平衡输入，如用平衡输入时 24 脚可用电容高频旁路。21 脚、22 脚上的 LC 选频电路和 23 脚上的变容二极管决定第一本振的振荡频率，该频率来自 23 脚 PLL 鉴相器输出电压的控制，显然 MC3362 的片内第一本振电路为一个 LC 压控振荡器，第一本振频率从 20 脚送到锁相环路 PLL。此时，接收信号和第一本振的振荡频率在第一混频器中完成混频、放大后，从 19 脚送到 10.7MHz 的陶瓷滤波器。

17 脚和 18 脚是第二混频器的输入端，输入的信号是由第一混频器输出并经滤波后得到的 10.7MHz 的第一中频信号。3 脚和 4 脚外接由晶体构成的选频电路与片内放大器组成第二本振电路。10.7MHz 的第一中频信号与 10.245MHz 的第二本振同时加至第二混频器，产生 455kHz 第二中频信号，从 5 脚送到 455kHz 的陶瓷滤波器，它的输出由 7 脚送至限幅放大器的输入端。

8 脚和 9 脚接限幅放大器的去耦滤波电容；10 脚和 11 脚是检测限幅放大信号强弱的相关端子，其中 10 脚是显示驱动指示端，可通过显示判断信号的强弱，11 脚是第二中频载波检测端。12 脚外接一个正交相移线圈端子，第二中频信号和被相移后的第二中频信号共同加给相乘器进行相乘移相鉴频，经放大后由 13 脚输出给低频滤波器获得音频信号。若是传送数据信号，则在 13 脚上的数据信号通过比较放大器由 15 脚输出。

9.4 移动通信技术简介

9.4.1 移动通信中的多址接入技术

在移动通信系统中，有许多用户都要同时通过一个基站和其他用户进行通信，因而必须对不同用户台和基站发出的信号赋予不同特征，使基站能从众多用户台的信号中区分出是哪一个用户台发出来的信号，而各用户台又能识别出基站发出的信号中哪个是发给自己的信号，解决这个问题的办法称为多址技术。

多址方式有频分多址（FDMA）、时分多址（TDMA）和码分多址（CDMA）。模拟式蜂窝移动通信网采用 FDMA 方式，而数字式蜂窝移动通信网采用 TDMA 和 CDMA 方式。实际上，也常用到其他一些多址方式。

移动通信系统中基站的多路工作和移动台的单路工作形成了移动通信的一大特点。多址接入方式的数学模型是信号的正交分割原理，无线电信号可以表示为时间、频率和码型的函数，即可写为

$$s(c,f,t)=c(t)s(f,t)$$

式中，$c(t)$是码型函数；$s(f,t)$是频率 f 和时间 t 的函数。

当以传输信号的载波频率不同来区分信道建立多址接入时，称为频分多址（FDMA）方式；当以传输信号存在的时间不同来区分信道建立多址接入时，称为时分多址（TDMA）方式；当以传输信号的码型不同来区分信道建立多址接入时，称为码分多址（CDMA）方式。

图 9.4.1 分别给出了 N 个信道的 FDMA、TDMA 和 CDMA 的示意图。

1. FDMA 技术的基本原理

FDMA 系统是基于频率划分信道（即把总频段划分成若干个等间隔的频道分配给不同用户使用，这些频道互不交叠，其宽度应能传输一路语音信息，而在相邻频道之间无明显的串扰）。在 FDD 系统中，分配给用户一个信道，即一对频谱，其中一个频谱用于前向（下行）信道，另一个频谱用于反向（上行）信道。

为使信道中各用户的信号不互相发生碰撞，FDMA 是在频率空间上使信号正交。

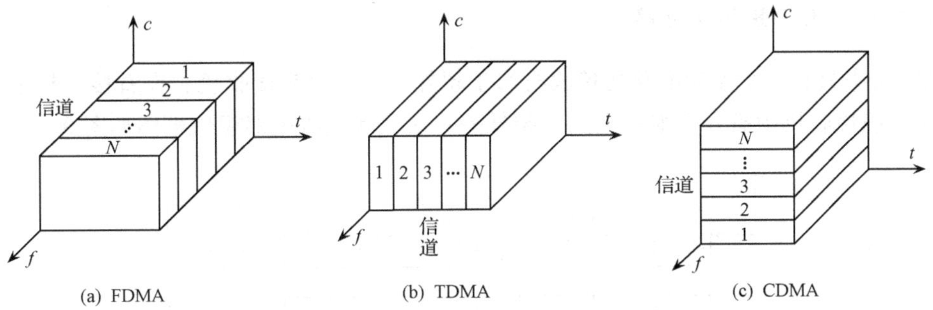

图 9.4.1　FDMA、TDMA、CDMA 示意图

2. TDMA 技术的基本原理

TDMA 是把时间分割成周期性的帧，每一帧再分割成若干个时隙（无论帧或时隙都是互不重叠的），每个时隙就是一个通信信道，分配给一个用户。然后根据一定的时隙分配原则，使各移动台在每帧内只能按指定的时隙向基站发送信号，在满足定时和同步的条件下，基站可以分别在各个时隙中接收到各移动台的信号而不混扰。同时，基站发向多个移动台的信号都按顺序安排在预定的时隙中传输，各移动台只要在指定的时隙内接收，就能把发给它的各路信号区分出来。

为使信道中各用户的信号不互相发生碰撞，TDMA 是在时间空间上使信号正交。

3. CDMA 技术的基本原理

CDMA 技术特征是：通信网内各站点所发射的信号都占用相同的带宽，发射时间任意、各信号依靠结构上的（准）正交性（码型）来区分。即在 CDMA 体系中，不同的移动台占用同一频率，且每一移动台被分配一个独特的与其他台码序列不同的随机码序列，彼此互不相关，或相关性很小，以便区分不同的移动台，在这样一个信道中，可容纳比 TDMA 还要多的用户数。

为使信道中各用户的信号不互相发生碰撞，CDMA 是在编码空间上使信号正交。

9.4.2　CDMA 手机电路的组成框图

由于第三代移动通信的三种标准均采用 CDMA 这一核心技术，所以以 CDMA 手机电路结构为线索，兼与其他接收机相比较的方式加以介绍。

GSM 手机品种繁多，但其电路结构归纳起来并不繁杂。其接收电路结构通常有下列三种：超外差一次变频接收机、超外差二次变频接收机和直接变换的线性接收机。发射电路结构也有三种：带发射上变频的发射机、带发射变换的发射机和直接调制的发射机。而 CDMA 手机则与之不同，众多的 CDMA 手机基本上就只有一种接收电路结构与一种发射电路结构，即超外差一次变频接收机和带发射上变频的发射机。同时，GSM 与 CDMA 手机还有更多的区别。在电路形式上，不同的厂商生产的 GSM 手机的具体电路是有很大区别的（即使电路结构是一致的）。对于 CDMA 手机，由于各厂商基本上都使用美国高通公司（QUALCOMM）的 CDMA 技术方案，不同的厂商所生产的 CDMA 手机的射频与基带电路基本一致。相对来说，CDMA 手机的电路结构比 GSM 手机的电路结构简单。

1. 超外差一次变频接收电路

射频电路中只有一个混频电路的接收机属于超外差一次变频接收机。在看接收机射频组成框图时,应注意该接收机中有几个混频电路。超外差一次变频接收电路组成框图如图 9.4.2 所示。

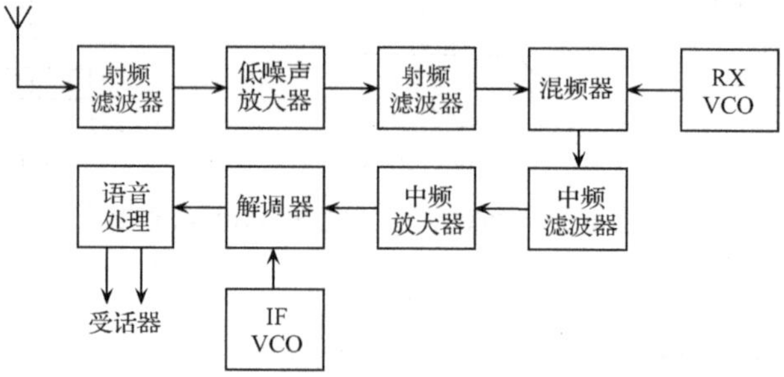

图 9.4.2　超外差一次变频接收电路组成框图

在图 9.4.2 中,超外差一次变频接收机的电路包括天线电路、低噪声放大器、混频器、中频放大器、解调电路和音频处理电路等。

1) 天线电路

接收机天线的作用是感应接收空中的高频电磁波,将电磁波转化为高频电流。天线电路中的滤波器或开关电路形成一个接收机信号通道,只允许接收信号经天线电路进入接收机低噪声放大电路。

CDMA 手机的天线电路多采用双工滤波器电路。在这方面,CDMA 手机与模拟手机很相似。

2) 低噪声放大器

低噪声放大器是接收机的第一级放大器。它对天线电路输送来的微弱的射频信号进行放大,以满足后级电路的需要。低噪声放大器通常需要对一段频率范围内的信号进行放大。在收音机、电视机等电路中,低噪声放大器通称为高放。不论接收机的电路结构是哪一种,低噪声放大器输出的信号都要送到混频电路。

在我们所见的 CDMA 手机低噪声放大器中,通常都有自动增益控制(AGC)电路。控制信号来自基带电路中的中央处理单元。

3) 混频器

混频器是超外差接收机的核心电路。在混频器中,射频滤波器送来的射频信号与本机振荡器送来的本机振荡信号进行混频,两个信号的差频就是混频器输出的中频信号。中频信号是接收机进行故障检测的重要信号之一。

混频器输出的中频信号频率是远小于接收射频信号的频率,且中频信号的中心频率是固定的。在所有的 CDMA 手机中,接收中频信号的频率都是 85.38MHz。滤波后的中频信号通常被送到接收机的中频放大器。

从理论上讲,混频器输出的不仅是接收机中频信号,还包括许多其他无用信号。所以在混频器的输出端,通常都会有一个中频滤波器(特别是 GSM 手机)。

4) 中频放大器

中频放大器是接收机的重要电路之一。接收机的主要增益都来自中频放大器。中频放大器的作用是对混频器输出的中频信号进行放大。中频放大器放大后的中频信号送到接收机的解调电路。

5）解调电路

中频放大器输出的中频信号被送到解调电路。无论模拟技术的收音机、电视机，还是数字式的 GSM 手机、CDMA 手机，解调电路都是将包含在中频信号中的低频信号还原出来。解调电路输出的信号也是接收机故障检修的重点。所不同的是，在使用模拟技术的接收机中，解调电路输出的信号通常不再需要进行其他处理，而是直接进行功率放大，送到相应的终端上。

数字式接收机的解调电路输出的信号还不能直接放大输出到终端，它包含的是许多数字信息，还需进行一系列的 A/D 转换、解密、解码、D/A 转换等，才能还原出类似于模拟接收机中解调电路输出的模拟低频信号。该部分电路也就是图 9.4.2 中的语音处理电路。在收音机中，该部分电路是音频功率放大器。

CDMA 手机的解调电路实际上是 RXI/Q 解调，与 GSM 手机的 RXI/Q 解调相同。但不同的是，GSM 手机的 RXI/Q 解调输出的 RXI/Q 信号的频率约为 60kHz，而 CDMA 手机的 RXI/Q 解调输出的 RXI/Q 信号的频率约为 600kHz。

6）RXVCO

图 9.4.2 中的 RXVCO 是混频时所需要的本机振荡器。不论是哪一种接收机，都离不开本机振荡器。

本机振荡器有一些不同的名称，在收音机、电视机电路中，它直接称为本机振荡器；而在 CDMA 手机或 GSM 手机中，它通常称为第一本机振荡器、RXVCO、RFVCO、UHFVCO、MAINVCO 或 SHFVCO 等。不论怎样称谓，它都是给混频器提供信号的振荡器。该振荡器通常是给接收机的第一个混频器提供本机振荡信号。

该电路输出信号的频率是在一定范围内变化的。在手机电路中，这个信号既要用于接收机的第一混频器，还要用于发射机最终信号的产生电路。在进行射频电路故障检查时，有时可利用其在接收、发射方面的相关性来分析故障。

7）IFVCO

IFVCO 电路是接收机的第二个本机振荡器，又称为中频 VCO、VHFVCO。在不同结构的接收机中，IFVCO 电路产生的信号的作用不同。图 9.4.3 中 IFVCO 信号用于接收机的 RXI/Q 解调。

与 RXVCO 电路相比，IFVCO 电路最大的差异是其输出信号的频率是固定不变的。在所有的 CDMA 手机中，IFVCO 信号的频率都是 170.76MHz。

2. 带发射上变频器的发射电路

带发射上变频器的发射电路结构如图 9.4.3 所示。

在组成框图中，发射音频电路将送话器转换得到的模拟话音信号送到数字语音处理电路，经加密、编码、QPSK（CDMA 采用 QPSK 调制，GSM 采用 GMSK 调制；两者调制输出的信号都称为 I/Q 信号）等一系列处理后，从基带电路输出发射机的基带信号 TXI/Q。TXI/Q 信号被送到射频电路中的 I/Q 调制电路，并调制在发射中频载波上。得到发射已调中频信号。在所有的 CDMA 手机中，发射已调中频信号的频率都是 130.38MHz。

用于 TXI/Q 调制的载波信号由一个专门的发射中频 VCO 电路产生。该电路产生的信号频率是发射已调中频信号的 2 倍频——即 260.76MHz。

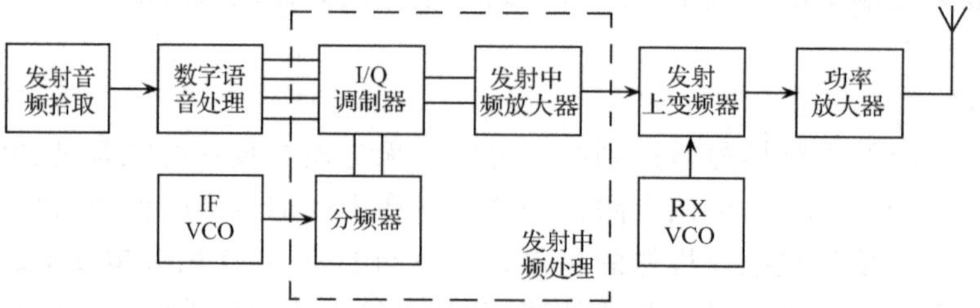

图 9.4.3　带发射上变频器的发射电路组成框图

发射 I/Q 调制电路输出的发射已调中频信号被送到发射上变频器。在发射上变频器中，发射已调中频信号与 RXVCO 信号进行混频，得到最终发射信号，并经功率放大器进行功率放大后，由天线辐射出去。

本章小结

本章首先介绍了调幅、调频发射机和接收机的组成，使初学者对通信系统有一个宏观的认识；然后通过调幅、调频发射机和接收机的电路分析，从微观的角度再现本课程的教学内容，达到理论联系实际的目的，使初学者认识到学习本课程理论知识的重要性。并在此基础上简介了移动通信技术，以扩充初学者的知识面。

思　考　题

9.1　简述图 9.2.1 所示电路的工作原理。

9.2　分析图 9.2.7 所示的调幅收音机电路的工作原理。

9.3　画出调频发射机和接收机的组成框图。

9.4　移动通信技术中常用的多址接入技术有哪些？其中哪个多址接入技术是以扩频技术为基础的？试说明在移动通信的发展过程中，它们是如何被采用的？

参 考 文 献

高吉祥. 2005. 高频电子线路学习辅导及习题详解. 北京:电子工业出版社.

高吉祥. 2009. 高频电子线路. 2 版. 北京:电子工业出版社.

胡宴如,耿苏燕. 2006. 高频电子线路学习指导. 北京:高等教育出版社.

胡宴如,耿苏燕. 2009. 高频电子线路. 北京:高等教育出版社.

教育部高等学校电子电气基础课程教学指导分委员会. 2011. 电子电气基础课程教学基本要求. 北京:高等教育出版社.

林冬梅. 2002. 高频电子技术习题与答案. 北京:机械工业出版社.

刘宝玲,胡春静. 2005. 通信电子电路. 北京:北京邮电大学出版社.

刘彩霞,刘波粒. 2008. 高频电子线路. 北京:科学出版社.

钱聪,陈英梅. 2004. 通信电子线路. 北京:人民邮电出版社.

沈伟慈. 2004. 通信电路. 西安:西安电子科技大学出版社.

王卫东. 2009. 高频电子线路. 2 版. 北京:电子工业出版社.

严国萍,龙占超. 2005. 通信电子线路. 北京:科学出版社.

严国萍. 2003. 高频电子线路学习指导与题解. 武汉:华中科技大学出版社.

阳昌汉. 2013. 高频电子线路. 2 版. 北京:高等教育出版社.

阳昌汉. 2013. 高频电子线路学习指导与题解. 2 版. 北京:高等教育出版社.

杨霓清. 2007. 高频电子线路. 北京:机械工业出版社.

曾兴雯,陈健,刘乃安. 2004. 高频电子线路学习指导. 西安:西安电子科技大学出版社.

曾兴雯. 2009. 高频电子线路. 2 版. 北京:高等教育出版社.

张澄. 2008. 高频电子线路学习指导. 北京:人民邮电出版社.

张肃文. 2009. 高频电子线路. 5 版. 北京:高等教育出版社.

张肃文. 2009. 高频电子线路学习指导书. 5 版. 北京:高等教育出版社.